KB169342

캣 센스

CAT SENSE

캣 센스

고양이는
세상을
어떻게
바라보는가

존 브래드쇼 지음
한유선 옮김

CAT SENSE

글항아리

진정한 고양이 얼루기(1988~2004)에게

고양이와 놀면 내가 고양이와 놀아주는 건지,
고양이가 나와 놀아주는 건지 알 수가 없더라.
— 몽테뉴

인생에 고양이를 더하면 그 합은 무한대가 된다.
— 라이너 마리아 릴케

개는 우리를 올려다보지만 고양이는 내려다본다.
— 윈스턴 처칠

어떤 사람이 고양이를 사랑한다면 그 사실만으로
나는 그의 친구이자 동료다.
— 마크 트웨인

머리말

고양이란 도대체 어떤 녀석일까? 처음 우리 인간과 함께 살기 시작한 때부터 고양이는 늘 호기심의 대상이었다. 아일랜드 전설에 따르면 '고양이 눈은 또 다른 세상을 들여다볼 수 있게 해주는 창문'이라고 한다. 고양이 눈을 통해서 만나게 되는 또 다른 세상이라니, 얼마나 신비로운가! 개는 천성이 숨김없고 솔직해서 관심을 보이는 사람한테 자기 속마음을 드러낸다. 반려동물을 기르는 사람이라면 대부분 공감할 수 있을 것이다. 반면에 고양이는 파악하기 어려운 녀석이다. 우리는 고양이 입장에서 생각해보려고 애쓰지만, 고양이는 자기가 무슨 생각을 하는지 제대로 드러내는 법이 없다. 자신이 키우는 고양이 '조크'를 '특별보좌관'이라고 부른 윈스턴 처칠은 러시아 정치에 대해 다음과 같이 유명한 말을 남겼다. "그것은 수수께끼 상자 안에 있는 또 하나의 수수께끼다. 그래도 열쇠는 있을 것이다." 아마 처칠은 고양이를 두고도 같은 말을 했을 것이다.

과연 열쇠는 존재할까? 나는 그렇다고 확신한다. 나아가 그 열쇠를 과학에서 찾을 수 있다고 믿는다. 집에서 수많은 고양이와 뒹굴며 살다보니 나는 '주인'이라는 개념이 고양이와의 관계를 나타내기에 적절한 용어가 아니라는 것을 알게 되었다. 나는 새끼 고양이 여럿이 한배에서 태어나는 순간을 지켜보았고, 오랜 시간 함께한 고양이가 늙어 병들었을 때 극진히 보살피다가 결국 가슴 아픈 이별을 경험하기도 했다. 먹이를 주는 손까지 물려고 덤비는 상처투성이 유기 고양이를 구조하고 치료소로 옮기는 일을 돕기도 했다. 하지만 고양이에 얽힌 개인적인 경험만으로는 녀석들의 정체를 제대로 알 수가 없었다. 오히려 여러 과학자 — 현장생물학자, 고고학자, 발달생물학자, 동물심리학자, DNA 화학자 그리고 나와 같은 인류동물학자 — 의 노고 덕분에 고양이의 진정한 본성을 파악할 수 있는 퍼즐 조각들을 찾을 수 있었다. 아직 퍼즐 조각 몇 개가 빠져 있기는 하지만 거의 완벽한 그림이 모습을 드러내고 있다. 따라서 바로 지금이 우리가 알아낸 사실은 무엇이고 미지의 영역은 무엇인지 차분하게 정리하기에, 무엇보다 그런 바탕 위에서 고양이의 삶을 개선하는 방법을 연구하기에 최적의 순간이다.

　하지만 고양이의 속마음을 알아내는 데에 골몰하다가 고양이와 함께하는 즐거움까지 놓쳐서는 안 된다. 반려동물을 '덩치만 작을 뿐 우리와 똑같은 사람'으로 생각해야만 녀석들과 함께하는 것을 즐길 수 있다는 주장도 있다. 그런데 이와 같은 접근 방법은 동물의 현실과 동떨어진 채로 그저 우리 생각과 필요를 동물에게 투영하는 결과를 가져올 뿐이다. 우리가 하는 말을 이해도 못 하고 신경도 안 쓰는 동물에게 점점 실망하다가 결국에는 어느 날 갑자기 사랑이 식어버리는 안타까운 결말을 맞이할 수도 있다. 나는 반려동물을 사람과 똑같이 생각해야 한다는 견해에 동의하지 않는다. 인간의 사고방식은 동물에 대해 완전히 상반된 두 가지 견해 — 사람과 비슷하다는 견해와 사람과 완전히 다르다는 견해―를 동시에 완벽하게 받아들일 수 있는 능력이 있고, 그 두 가지가 결합된 견해는 여러 만화와 연하장에서 훌륭한 유머 소재로 등장한다. 만약 동물과 사람이 모든 면에서 똑같거나 공통점이 전혀 없다면, 그런 유머는 하나도 재미없을 것이다. 사실 동물과 사람은 비슷한 면과 다른 면을 모두 가지고 있다. 그래서 내가 진행하는 연구와 다른 과학자들의 조사를 통해서 고양이에 대해 알면 알수록, 나는 인생을 녀석들과 함께할 수 있다는 즐거움에 더욱더 감사하게 된다.

고양이는 어릴 때부터 줄곧 내 마음을 사로잡았다. 내가 자랄 때 우리 집은 고양이를 기르지 않았고 이웃에도 고양이를 키우는 집은 없었다. 다만, 우리 집에서 좁은 길을 따라 내려가면 농장이 하나 나왔는데, 내가 아는 고양이는 거기 사는 고양이가 전부였다. 녀석들은 반려고양이가 아니라 쥐 잡는 고양이였다. 헛간에서 별채 쪽으로 뛰어가는 녀석들 중 한 마리가 우리 형과 나를 가끔 호기심 어린 눈으로 힐끔 보기도 했지만, 대부분은 자기 할 일을 하느라 바빴고 사람들, 특히 장난기 많은 사내아이들한테 그리 우호적이지도 않았다. 한번은 농부가 건초 더미에 있는 보금자리에서 새끼 고양이가 뒹구는 모습을 보여주기도 했다. 농부는 고양이를 애써 길들일 마음은 없는 듯했다. 그저 농장에 해를 끼치는 야생동물들을 방어하려고 데리고 있는 것 같았다. 그래서 나는 고양이도 농장 동물 가운데 하나일 뿐이라고 생각했다. 마당을 쪼면서 돌아다니는 닭이나, 저녁이면 농부가 외양간으로 데리고 들어가 우유를 짜는 젖소와 다름없는 동물 말이다.

내가 처음으로 알게 된 반려고양이는 그런 농장 고양이와 완전히 다른, 잠시도 가만있지 못하고 전전긍긍하는 버마고양이 켈리였다. 우리 어머니 친구분이 기르던 고양이였는데, 오랜 병환으로 고생하시던 그분이 병원에 입원하시게 되자 녀석을 돌봐줄 사람이 없어 결국 우리와 함께 살게 되었다. 원래 살던 집으로 돌아가버릴까봐 집 안에서만 길렀는데, 켈리는 비통한 목소리로 쉬지 않고 울부짖었다. 녀석은 농장 고양이와 달리 오직 삶은 대구만 먹었고, 자신에게 열중해 있는 새 주인인 형과 내가 보내는 호기심과 관심 어린 시선도 불편해하지 않는 듯했다. 하지만 켈리는 대부분의 시간을 소파 뒤에 숨어서 보냈다. 그러다가 전화벨이 울리면 바로 기어 나와서 통화에 정신이 팔린 어머니에게 슬금슬금 다가가 장딴지를 꽉 물어버리곤 했다. 그래서 우리 집에 자주 전화를 거는 사람들은 통화한 지 20초 정도만 지나면 비명과 함께 화가 나서 중얼거리는 소리가 들린다는 사실에 익숙해졌다. 당연히 우리는 켈리를 별로 좋아하지 않게 되었고, 녀석이 자기 집으로 돌아가게 되었을 때는 해방감마저 들었다.

나만의 반려동물이 생기기 전까지 나는 평범한 고양이와 함께 사는 즐거움을 제대로 알지 못했다. 쓰다듬으면 가르랑거리고, 주인의 다리에 몸을 비비며 인사하는 고양이가 주는 즐거움을. 이러한 특성은 수천 년 전에 고양이를 처음 집에 들인 사람들에게도 환영받았을 것이다. 이렇게 사람에 대한 애정을 표현하는 행동은 길든 아프리카 야생고양이의 특징이기도 하다. 아프리카 야생고양이는 집고양이domestic cat의 간접적인 조상이다. 수 세기가 지나는 동안 사람들은 고양이의 사랑스러운 모습과 행동을 점점 더 중요하게 생각하게 되었고, 그래서 오늘날 고양이를 기르는 사람 대부분은 그 무엇보다 고양이가 보여주는 애정 때문에 녀석들을 소중하게 여긴다. 하지만 사실 집고양이는 인간과 함께한 대부분의 역사 동안 주로 쥐 잡는 일로 '밥벌이'를 해왔다.

오랜 시간 동안 고양이와 함께 뒹굴며 지내다보니 녀석들의 실용적인 기원에 대해서도 점점 더 이해할 수 있게 되었다. 딸아이가 원치 않았던 이사를 한 후, 나는 딸아이에게 하얀 털과 까만 털이 솜털처럼 폭신폭신한 새끼 고양이 '얼루기'를 선물했다. 녀석은 금세 덩치 크고 덥수룩한 털을 가진 성질 고약한 사냥꾼으로 자라났다. 대부분의 집고양이와는 다르게 얼루기는 커다란 쥐를 만나도 조금도 두려워하지 않았다. 쥐의 사체를 부엌 바닥에 놓아두는 행동이 아침을 먹으러 내려온 가족들로부터 환영받지 못함을 알아챈 후로도, 녀석은 은밀하게 사냥을 계속했다. 우리 눈에 자주 들키지 않았을 뿐, 쥐한테 숨 돌릴 틈조차 주지 않고 열심히 했다.

얼루기는 쥐한테는 용감무쌍했지만 다른 고양이들은 대체로 멀리했다. 때때로 얼루기가 집에 황급히 뛰어 들어오는 바람에 고양이 출입문이 덜커덕하는 소리를 듣곤 했는데, 이때 재빨리 창문 밖을 내다보면 대개 이웃에 사는 덩치 큰 고양이가 우리 집 뒷문 쪽을 노려보고 있었다. 얼루기는 근처 공원에서 사냥하는 것을 제일 좋아했는데, 그곳에 갈 때는 아주 은밀하게 움직였다. 녀석은 다른 고양이, 특히 수고양이에 대해서 자신 없는 모습을 보였다. 이것은 사실 대부분의 고양이가 보이는 전형적인 특징은 아니다. 하지만 이 또한 고양이의 서툰 사교성을 보여주는 예가 되며 아마도 고양이와 개 사이의 가장 커다란 차이점일 것이다. 개는 다른 개들과 대부분 쉽게 어울린다. 하지만 고양이는 대체로 다른 고양이를 하나의 도전이라고 생각한다. 그런데도 오늘날 고양이를 키우는 사람들은 두 번째 고양이를 갖기를 원할 때나, 이사를 가서 자기 고양이가 다른 고양이의 영역으로 들어갔을 때, 자기 고양이가 다른 고양이를 아무 문제 없이 받아들여주기를 기대한다. 고양이를 위해서는 안정된 사회적 환경만으로 충분하지 않다. 녀석들은 자기 주인이 안정된 물리적 환경도 제공해주기를 기대한다. 고양이는 근본

얼루기

적으로 영역 동물이고, 몇몇 녀석들은 자기 주인이 사는 집만 자기 영역으로 삼으려 한다. 내가 키우던 또 다른 고양이 루시는 사냥에는 전혀 흥미가 없었다. 타고난 사냥꾼인 얼루기의 증손녀쯤 되는데도 말이다. 루시는 발정기 때 딱 한 번 담벼락을 넘어 몇 시간 동안 사라진 것을 제외하면 우리 집에서 10미터 이상 벗어난 적이 거의 없었다. 루시의 새끼인 암고양이 리비도 우리 집에서 태어났다. 그 녀석은 얼루기만큼 용감한 사냥꾼이었지만 사냥보다는 수고양이 여러 마리와 어울려 노는 것을 좋아했다. 세 녀석 모두 한 핏줄이고 같은 집에서 길러졌지만 이렇듯 얼루기, 루시, 리비는 각각 성격이 달랐다. 즉 내가 이 고양이들을 관찰하면서 알게 된 사실은 성격이 같은 고양이는 없다는 것, 저마다 개성을 지녔다는 것이다. 그래서 나는 녀석들 사이에 나타나는 여러 가지 차이점이 어떻게 생겨나는지 호기심을 갖고 연구하게 되었다.

고양이가 쥐 잡는 동물에서 인간과 함께 살아가는 동반자로 변화한 것은 비교적 최근, 그것도 아주 급격하게 일어난 일이고, 특히 고양이 입장에서 보면 아직도 진행 중인 과정이다. 그런데도 오늘날 고양이를 기르는 사람들은 100년 전과는 완전히 다른 자질을 고양이에게 요구한다. 자기 고양이가 방어 능력 없는 작은 새나 생쥐를 죽이는 것을 원하지 않는 것이다. 그래서 전례 없이 높아진 인기에도 불구하고 고양이는 힘겨워하고 있다. 반려동물보다 야생동물에 더 많은 관심을 갖는 사람들도 고양이의 포식성에 반대하는 목소리를 점점 더 높이고 있어, 어찌 보면 고양이는 지난 두 세기의 그 어느 때보다 바로 지금 많은 반감과 비난에 직면해 있는지도 모른다. 인간에게 피해를 주는 동물을 없애는 해결사로서의 유산을, 타고난 사냥꾼으로서의 본능을 과연 고양이가 몇 세대 내에 고개를 저어 거부할 수 있을까?

고양이는 자신의 포식성이 불러온 논란은 알지 못하지만 다른 고양이를 마주치는 어려움에 대해서는 너무나도 잘 알고 있다. 고양이를 손이 덜 가는 이상적인 반려동물로 만들어준 것은, 혼자서 잘 지내는 타고난 독립성이다. 고양이를 기르는 많은 사람은 개가 다른 개와 잘 어울리듯 고양이도 다른 고양이와 잘 지내기를 바라지만, 이 독립성으로 인해 고양이는 그런 기대에 부응하지 못하는 경우가 많다. 사실 개는 독립성보다 사회성이 뛰어나기에 누구와도 금방 친해질 수 있지만 빈집에 혼자 남겨지기를 극도로 싫어하는, 손이 많이 가는 반려동물이다. 고양이가 독립성이라는 고유한 매력을 잃지 않으면서도 다른 고양이가 다가와도 동요하지 않는 사회성을 기를 수 있을까?

내가 이 책을 쓰는 이유 가운데 하나는 전형적인 보통 고양이가 지금부터 50년 후에는 어떤 모습일지를 예상해보기 위해서다. 나는 우리에게 큰 기쁨을 주는 고양이와의 동행을 사람들이 계속 즐기기 바란다. 하지만 고양이라는 종種이 동행을 계속할 수 있는 방향으로 변화하고 있는지는 확신할 수 없다. 야생성을 가장 많이 가진 길고양이부터 주인이 애지중지하며 응석받이로 키운 샴고양이에 이르기까지 고양이를 연구하면 할수록, 나는 우리가 고양이의 진정한 가치를 더 이상 대수롭지 않게 여겨서는 안 된다고 확신하게 된다. 고양이의 미래를 위해서 고양이 사육과 번식에 대한 보다 깊이 있는 연구가 필요한 시점이다.

감사의 말

나는 고양이 행동에 대해 30년 넘게 연구했다. 처음에는 반려동물 영양학을 연구하는 월섬 연구소에서, 이후에는 사우샘프턴대에서, 지금은 브리스틀대 인류동물학 연구소에서 연구하고 있다. 내가 배운 것의 많은 부분은 고양이를 공들여 관찰하면서 알게 된 것이다. 내가 기르는 고양이는 물론이고 이웃집에 사는 고양이, 동물 보호소에서 새 가정에 입양되기를 기다리는 고양이, 인류동물학 연구소에 살던 고양이 가족 등 많은 야생고양이와 농장 고양이를 관찰하면서 말이다.

개를 연구하는 과학자는 많지만 고양이를 전문적으로 연구하는 과학자는 드물며, 그중에서도 집고양이에 초점을 맞추는 과학자는 더욱 드물다. 고양이가 세상을 어떻게 바라보는가에 대한 내 생각을 정립하는 데 많은 사람의 도움이 있었다. 크리스토퍼 손, 데이비드 맥도널드, 이언 로빈슨, 세라 브라운, 세라 벤지(결혼 전 성은 로), 데버러 스미스, 스튜어트 처치, 존 앨런, 루드 반 덴 보스, 샬럿 캐머런보몬트, 피터 네빌, 세라 홀, 다이앤 소여, 수잰

홀, 자일스 호스필드, 피오나 스마트, 리앤 러벳, 레이철 케이시, 킴 호킨스, 크리스틴 볼스터, 엘리자베스 폴, 캐리 웨스트가스, 제나 키디, 앤 시라이트, 제인 머리, 그 외에도 아주 많다. 이들과 함께 일할 수 있었다는 것은 나에게는 특권이었다.

나는 또한 국내외 여러 동료와 토론하며 정말 많은 것을 배웠다. 고故 폴 레이하우젠 교수, 데니스 터너, 질리언 커비, 유지니아 나톨리, 줄리엣 클러튼 브록, 샌드라 매큔, 제임스 서펠, 리 자슬로프, 마거릿 로버츠와 그녀의 고양이보호협회Cats Protection 동료들, 다이앤 에디, 아이린 로홀리츠, 데버러 굿윈, 셀리아 해든, 세라 히스, 그레이엄 로, 클레어 베상트, 패트릭 페이지트, 다니엘 건 무어, 폴 모리스, 커트 코트르첼, 앨리 히비, 세라 엘리스, 브리타 오스타우스, 카를로스 드리스콜, 앨런 윌슨과 너무나 보고 싶은 고故 페니 번스타인에게 고마운 마음을 전한다. 브리스틀대 수의학과의 크리스틴 니콜과 마이크 맨들 교수, 인류동물학 연구소와 그곳의 연구를 육성한 데이비드 메인과 베키 와이 박사에게도 특별한 감사를 전한다.

내 고양이 연구는 고양이를 기르는 수많은 사람들(그리고 그들의 고양이들!)의 자발적 협조 덕분이다. 그들에게 항상 고마운 마음을 가지고 있다. 우리 연구의 많은 부분은 고양이에게 새 가정을 찾아주는 영국동물보호협회Royal Society for the Prevention of Cruelty to Animals, 블루크로스Blue Cross, 세인트 프랜시스동물복지협회St Francis Animal Welfare 같은 동물 구호단체의 아낌없는 지원이 없었다면 불가능했을 것이다. 고양이보호협회가 지난 20년 동안 실질적인 지원과 재정적인 지원을 해준 것에도 감사한다.

고양이 행동에 관한 30년에 걸친 연구를 고양이를 키우는 일반 독자가 이해할 수 있는 형태로 간추리는 것은 쉬운 일이 아니었다. 베이식 출판사의 라라 헤이머트 편집장, 펭귄북스의 톰 펜 편집장과 지칠 줄 모르는 에너지를 지닌 나의 대리인 패트릭 월시가 전문적인 도움을 주었다. 모두 감사드린다.

내 이전 저서들의 삽화를 그려주었던 사랑하는 친구 앨런 피터스가 이번에도 여러 동물에게 생명을 불어넣는 삽화를 그려주었다. 늘 그랬듯이, 이번에도 최고의 그림이었다.

마지막으로, 내가 손녀 비어트리스가 '할아버지 사무실'이라고 부르는 우리 집을 어쩔 수 없이 많이 비운 것을 참아준 우리 가족에게 감사한다.

CAT SENSE

차 례

고양이와 인간의 유쾌한 동반을 위하여

오늘날 고양이는 세계에서 가장 인기 있는 반려동물이다. 전 세계에는 '인간의 베스트 프렌드'인 개보다 세 배 많은 고양이가 살고 있다.[1] 많은 사람이 도시―개한테는 이상적이지 않은 환경―에 살게 되면서 도시 환경에 더 적합한 고양이가 개보다 반려동물로 더 많이 선택되는 추세다. 영국에서는 4분의 1이 넘는 가정에서, 미국에서는 3분의 1이 넘는 가정에서 한 마리 이상의 고양이를 기른다. 심지어 고양이를 캥거루나 코알라 같은 멸종 위기의 유대류 새끼를 사냥하는 냉혹한 살인마로 부르는 호주에서도 가정의 5분의 1이 고양이를 기른다. 세계 곳곳에서 향수부터 가구, 과자류에 이르기까지 각종 소비재 광고에 고양이 이미지를 사용한다. 고양이 캐릭터 '헬로 키티'는 60개국 이상에서 5만 개가 넘는 브랜드 이미지로 쓰여 그 캐릭터를 개발한 회사는 수십 억 달러의 순이익을 로열티로 벌어들이고 있다. 사실 다섯 명 가운데 한 명에 해당하는 제법 많은 사람이 고양이를 안 좋아하지만 나머지 사람들은 고양이를 소중하고 사랑스럽게 여기며, 고양이를 반려동물로 삼는 사람들이 보여주는 고양이 사랑도 식을 줄 모른다.

고양이는 다정하고 살가우면서도 동시에 자립적인 동물이라, 온종일 혼자 지낼 수 있어 개와 비교하면 손이 덜 간다. 따로 훈련이 필요하지 않으며 털도 스스로 깨끗하게 관리한다. 즉 개처럼 주인을 옴짝달싹 못하게 만들지 않는다. 그럼에도 불구하고 우리가 집에 오면 다정하게 반겨준다(다는 아니지만 비교적 많은 고양이가 그렇다). 반려동물 식품 산업 덕택에 녀석들의 식사 준비도 간편해졌다. 한마디로 고양이는 키우기 편리한 반려동물이다.

고양이는 별다른 노력 없이 도시에 사는 세련된 동물로 변한 것처럼 보이지만 사실 고양이의 네 발 가운데 셋은 여전히 야생이라는 대지 위에 굳건히 서 있다. 개의 사고방식은 조상인 회색 늑대의 사고방식과 근본적으로 달라졌지만, 고양이는 여전히 사냥꾼의 사고방식을 가지고 있다. 그래서 고양이는 두 세대 안에 다시 1만 년 전 조상의 독립적인 생활양식으로 돌아갈 수 있다. 오늘날에도 전 세계의 수많은 고양이가 쓰레기통을 뒤지거나 사냥을 하면서 독립적으로 살아간다. 사람 주변에 살면서도 의심 많은 본성으로 인해 사람을 경계하면서 말이다. 한편으로 고양이는 짧은 시간 안에 완전히 다른 생활양식에 적응할 수 있다. 그래서 길고양이 사이에서 태어난 고양이도 반려동물로 길러지면 다른 반려고양이와 전혀 구별이 되지 않을 수도 있다. 또한 주인에게 버림받은 후 새 주인을 찾지 못한 반려고양이는 쓰레기 더미를 뒤지기 시작할 것이고, 녀석의 후손은 우리가 사는 도시에서 그림자처럼 살아가는 수많은 길고양이와 구별이 어려워질 것이다.

고양이가 점점 인기를 얻게 되고 그 수가 엄청나게 늘어나자 고양이를 싫어하는 사람들의 목소리가 커졌다. 고양이 혐오자들은 수 세기 전부터 있었지만, 그들의 고양이에 대한 적대감은 오늘날에 이르러 최고조에 달한 듯하다. 역사적으로 개와 돼지가 불결하다는 선입견을 가진 사람들은 늘 있어왔지만, 고양이에게 그런 꼬리표를 붙이는 사람들은 없었다.[2] 그런데 고양이가 널리 받아들여지고 있는 문화권에서도 고양이를 싫어하는 사람들이 여전히 존재하며, 스무 명 가운데 한 명 정도는 고양이를 혐오스럽고 불결한 동물로 여긴다. 서양 사람 가운데 개를 안 좋아하는 사람은 거의 없다. 간혹 있다면 그들은 동물 자체를 안 좋아하거나[3] 어릴 때 개한테 물린 경험 등 안 좋은 추억이 있는 사람들이다. 고양이 공포증Cat-phobia[4]을 가진 사람들은 자신의 병을 잘 드러내지 않는다. 뱀이나 거미는 독 때문에 누구나 무서워할 만하지만 고양이는 그렇지 않기 때문이다. 하지만 고양이 공포증으로 고생하는 사람들에게 고양이를 마주하는 경험은 치가 떨리는 일일 것이다. 그들이 만약 중세 유럽에 살았다면, 종교적 명분으로 고양이를 박해한 사람들의 선두에 섰을 것이다. 즉 당시에도 지금처럼 고양이만 보면 식은땀을 흘리고 고개를 돌리는 사람들이 있었다. 그런 역사를 생각해보면, 고양이의 인기가 앞으로도 계속되리라는 보장은 없다. 우리가 개입하지 않는다면, 후에 20세기를 '특별했던' 고양이 황금시대로 기억하게 될지도 모른다.

오늘날 고양이는 특히 '무고한' 야생동물을 타당한 이유 없이 불필요하게 죽인다는 비난을 받고 있다. 이러한 목소리는 호주와 뉴질랜드에서 가장 크게 일고 있지만 영국과 미국에서도 점점 커지고 있다. 고양이를 반대하는 압력 단체들은 고양이 사냥을 막기 위해 고양이는 실내에서만 키워야 하며, 길고양이는 아예 박멸해야 한다고 주장한다. 그래서 고양이를 실외에서 키우는 사람은 집 주변의 야생동물을 위험에 빠뜨린다는 이유로 비난받는다. 어떤 수의사들은 길고양이의 복지를 위해서라는 명분으로 녀석들에게 중성화 수술을 시키고 백신 접종을 한 후 원래 살던 곳으로 돌려보내는 일을 한다. 하지만 같은 수의학계 내에 있는 몇몇 전문가와 교수는 그런 행위는 고양이는 물론 근처 야생동물에게도 아무런 이득이 안 되는, 일종의 불법 유기라고 주장한다.[5]

이 논쟁의 양측 진영은 모두 고양이가 '타고난' 사냥꾼이라는 사실은 인정하지만, 이러한 행동을 어떻게 다룰지에 대해서는 이견을 나타낸다. 호주와 뉴질랜드에서는 고양이를 북반구에서 유입된 '외래 포식자'로 규정한다. 그래서 몇몇 지역은 고양이를 키우는 행위 자체를 금지하고, 다른 몇몇 지역은 고양이 통행 금지령이나 고양이 몸에 마이크로칩을 심는 것을 의무화하고 있다. 수백 년 전부터 고양이가 토착 야생동물과 함께 살아온 영국이나 미국 같은 곳에서도, 고양이를 반려동물로 키우는 사람들이 늘어나자 고양이 규제를 주장하는 사람들이 생기기 시작했다. 하지만 고양이를 키우는 사람들은 특정한 야생 조류나 야생 포유류의 개체 감소가 고양이 탓이라고만은 할 수 없다고 지적한다. 사실 야생동물 생태를 위협하는 요인은 서식지 파괴를 포함해 여러 가지가 있다. 따라서 반려고양이에게 어떠한 제약을 가하더라도, 사라져가는 야생동물 종이 부활할 가능성은 거의 없어 보인다.

물론 고양이는 우리가 더 이상 녀석들의 사냥 솜씨를 가치 있게 여기지 않음을 모르고 있다. 고양이 스스로는 자신의 행복에 가장 큰 위협이 되는 것은 사람이 아니라 다른 고양이라고 생각한다. 고양이는 사람을 좋아하는 천성이 없는 것과 마찬가지로(물론 새끼일 때 그런 감정을 배워야 하겠지만) 다른 고양이를 좋아하는 천성도 없다. 사실 고양이는 자기가 만나는 낯선 고양이 모두를 의심하고 심지어 두려워하기까지 한다. 개는 아주 사교적인 늑대의 피를 물려받았지만, 고양이는 혼자 생활하는 것을 좋아하고 무엇보다 자신의 영역을 중요시하는 조상의 피를 물려받았기 때문이다. 고양이는 사람과 관계를 맺기 시작한 1만 년 전부터 어쩔 수 없이 다른 고양이를 받아들이게 되었음에 틀림없다. 사람들이 처음에는 우연히, 이후에는 계획적으로 고양이에게 먹이를 제공해주었기 때문이다. 그래서 오늘날 고양이는 도시 같은 좁은 지역에서 다른 고양이들과 서로 부대끼며 살 수 있게 되었을 것이다.

고양이는 아직 개처럼 동족과 접촉하고자 하는 긍정적인 관심을 발달시키지는 못했다. 개는 그런 천성을 타고났지만, 고양이에게는 그런 천성이 없기 때문이다. 그래서 지금도 많은 고양이가 서로 마주치는 상황을 가급적 피하려고 애쓰면서 살아간다. 그런데도 주인은 무신경하게도 신뢰할 이유가 전혀 없는 낯선 고양이, 가령 이웃집 고양이나 친구를 만들어주겠다는 명목으로 데려온 고양이와 잘 지내기를 자기 고양이에게 강요한다. 반려동물로서 인기가 높아짐에 따라 고양이는 어쩔 수 없이 다른 고양이와 함께 지내야 하는 경우가 많아졌고, 따라서 고양이가 경험하는 긴장과 불안도 증가하고 있다. 많은 고양이가 다른 고양이와의 사회적인 충돌을 피하기 어려워졌다는 사실을 알게 되면서 마음 편히 쉬지 못하고 있고, 이런 스트레스는 녀석들의 행동은 물론 건강에도 영향을 미친다.

이렇듯 많은 반려고양이가 스스로 누려야 하는 행복에 못 미치는 삶을 살고 있다. 고양이의 복지가 개의 복지만큼 이목을 끌지 못해서일 수도 있고, 고통을 겉으로 드러내지 않는 고양이의 성향 때문일 수도 있다. 2011년에 수의사들로 조직된 영국의 한 동물 구호단체는 반려고양이의 물리적, 사회적 환경 점수가 100점 만점에 64점에 지나지 않으며, 고양이 여러 마리가 함께 있는 가정의 점수는 그보다 더 못하다고 발표했다. 고양이 행동에 대한 주인의 이해도는 100점 만점에 66점이었다.[6] 당연한 얘기지만, 주인이 자기 고양이가 보이는 행동의 이유를 보다 잘 이해하게 된다면 고양이는 더 큰 행복을 누릴 수 있을 것이다.

오늘날의 고양이는 많은 압박과 부담을 짊어지고 살아간다. 고양이를 키우는 사람들은 이러한 상황을 걱정하며 고양이에게 더 많은 애정을 쏟으려고 노력한다. 하지만 고양이가 원하는 것은 애정이 아니라 자신들에 대한 이해다. 즉 고양이에게 정말 필요한 것은 그들을 잘 파악하는 주인이다. 개는 자기 감정을 여과 없이 표현하는 동물이다. 꼬리를 흔들어대거나 깡충깡충 뛰면서 우리를 반기는 모습은 녀석들의 기분이 좋다는 것을 분명하게 보여준다. 개는 괴로움도 그처럼 정확한 표현으로 알린다. 반면에 고양이는 감정을 잘 표현하지 않는다. 배가 고파서 먹이를 요구할 때를 제외하면, 자기가 원하는 것이 무엇인지 겉으로 드러내는 법이 거의 없다. 즉 감정을 꺼내지 않고 마음속에 담아두기만 한다. 심지어 오랫동안 만족감을 나타내는 신호라고 여겨졌던 고양이의 가르랑거리는 소리도, 그보다 더 복잡한 감정을 표현하는 소리임이 밝혀졌다. 개의 진정한 본성에 대한 지식은 과학을 통해 밝혀졌고, 그로 인해 개는 많은 혜택을 얻게 되었다. 우리는 고양이에 대한 지식 역시 필수적으로 알아야 하는데, 특히나 고양이는 견딜 수 없을 지경에 이르기 전에는 자기 문제를 인간에게 알리지 않기 때문이다. 고양이가 우리의 도움을 절실히 필요로 하는 때는 갑자기 사회적 생활이 엉망이 되었을 때이며, 그런 일은 꽤나 자주 일어난다.

개에 대한 과학적 연구가 개에게 많은 혜택을 주었듯이 고양이에게도 그들에게 혜택이 돌아가는 고양이 본성에 대한 연구가 절대적으로 필요하다. 하지만 불행하게도 고양이에 대한 연구 활동은 개에 대한 연구 활동처럼 폭발적이지 않다. 고양이는 개만큼 과학자들의 관심을 끌지 못하기 때문이다. 그럼에도 불구하고 지난 20년 동안 중대한 발전이 있었으며, 그로 인해 과학자들은 고양이가 세상을 어떻게 바라보고 무엇이 녀석들을 행동하게 하는지에 대해 보다 더 깊이 고민하게 되었다. 바로 그 고민이 이 책의 핵심 내용을 이루고 있다.

고양이는 인간과 함께 살 수 있는 능력을 스스로 발전시켜왔지만 동시에 야생의 습성도 많이 간직하고 있다. 개는 끊임없는 품종개량을 겪었기에 어찌 보면 지금의 개는 인간의 창조물이라고 볼 수도 있다. 반면 고양이는 소수의 특정 품종을 제외하면 인간의 창조물이라고 볼 수 없기에, 우리가 뜻하지 않게 부과한 다음 두 가지 역할을 녀석들 스스로가 받아들이면서 진화했다고 보는 것이 맞다. 인간이 고양이에게 부과한 첫 번째 역할은 인간에게 해를 끼치는 동물을 관리하는 것이다. 야생고양이는 대략 1만 년 전 인간의 곡식 창고로 들어온 수많은 설치류를 잡아먹기 위해 인간 사회로 들어왔다가 인간 주변에 머물게 되었다. 사람들은 쥐만 잡아먹고 곡식이나 작물에는 아무런 관심이 없는 고양이가 얼마나 유익한 존재인지를 깨닫고 때때로 남아도는 우유나 동물 내장 등을 주면서 녀석들을 곁에 머물게 했을 것이다. 고양이의 두 번째 역할은, 오늘날 가장 중요하게 여겨지는 인간의 동반자 역할이다. 녀석들이 언제부터 그런 역할을 했는지 정확하게 밝혀지지는 않았지만, 그 첫 번째 증거는 4000년 전 이집트 유적에서 찾아볼 수 있다. 하지만 아마 여성이나 아이들은 그보다 훨씬 전부터 야생고양이 새끼를 반려동물로 여겼을 것이다.

이렇듯 오랜 세월 동안 고양이는 쥐 잡는 동물과 반려동물이라는 두 가지 역할을 해왔지만, 지난 수십 년 사이에 갑작스럽게 쥐 잡는 역할을 버리도록 강요당했다. 예전에는 사람들이 녀석들의 뛰어난 사냥 솜씨를 소중하게 생각했지만, 지금은 고양이를 기르는 사람들조차 자기 고양이가 피가 뚝뚝 떨어지는 쥐의 사체를 부엌 바닥에 놔두는 것을 좋아하지 않는다.

고양이는 여전히 원시적인 유산을 간직하고 있기에 많은 행동에서 야생 본능이 묻어난다. 그런 고양이를 이해하려면 녀석들이 어디에서 왔고 어떤 이유로 오늘날과 같은 모습을 하게 되었는지를 추적해야만 한다. 그래서 이 책의 1~3장에는 고양이가 야생의 고독한 사냥꾼에서 고층 아파트 주민이 되기까지의 과정을 담았다. 고양이의 품종개량은 개와는 다르게 아주 소수의 품종을 대상으로 이루어졌다. 이는 오직 외모를 위한 것이었을 뿐 개처럼 집을 지키거나 가축을 몰거나 사냥을 돕는 능력을 향상시키기 위해 품종개량을 한 적은 없다. 그러나 고양이는 야생 곡물을 수확하고 저장하던 시절부터 기계화된 기업식 농업이 이루어지는 오늘날에 이르기까지, 농업 발전 수준에 딱 맞는 역할을 충실히 수행하며 진화해왔다.

사람들은 수천 년 전 고양이가 처음 사람들이 사는 정착지로 들어왔을 때부터 고양이에게 매력을 느꼈다. 그때의 고양이 역시 아이처럼 귀여운 얼굴과 눈, 보드라운 털을 가지고 있었기 때문이다. 게다가 사람들은 고양이가 인간을 살갑게 대하는 방법을 익히기 시작하자, 그에 결정적으로 매료되어 고양이를 반려동물로 선택했다. 그 후 일부 사람들은 신비주의 정신에 입각해 고양이를 우상의 지위로까지 승격시켰다. 이와 같이 극단적으로 종교적인 관점은 고양이를 대하는 일반 사람들의 태도뿐 아니라 고양이의 행동 방식 및 외모에도 영향을 미쳤다.

고양이는 사람과 함께 살기 위해 변화해왔다. 하지만 물리적으로는 같은 세계에 살지언정 고양이와 사람은 생존하기 위해 각각 다른 정보를 수집하고, 그 정보를 해석하는 관점도 다르다. 4~6장에서는 이러한 차이점에 대해 살펴본다. 인간과 고양이는 모두 포유류지만 감각과 두뇌는 다르게 작동한다. 고양이를 키우는 사람들은 이러한 차이점을 종종 과소평가하고 환상에 빠진다. 합리성과 과학의 시대를 사는 오늘날의 사람들도 바다 위 하늘에 떠 있는 별들을 보면서 그 모두를 영혼을 가진 존재로 착각할 때가 있다. 그러니 의사소통 능력이 있고 때때로 우리를 다정하게 대하는 고양이를 덩치 작은 털북숭이 인간으로 생각하는 오류를 범하기가 얼마나 쉽겠는가.

하지만 과학적으로 보면 고양이는 결코 덩치 작은 털북숭이 인간이 아니다. 그래서 4~6장에서는 고양이가 특히나 예민한 후각으로 주변 정보를 획득하는 방법과 그 정보를 해석하고 사용하는 방법을 다룬다. 또한 고양이가 기회와 도전의 때를 맞았을 때 감정적으로 어떻게 반응하는지도 살펴본다. 사실 과학계가 동물의 감정에 관해 논의하기 시작한 것은 정말 최근의 일이다. 여전히 어떤 학파는 인식을 가진 인간을 포함한 소수의 영장류만이 인식의 부산물인 감정을 가질 수 있다고 주장한다. 하지만 상식적으로 볼 때 우리와 기본적인 뇌 구조와 호르몬 체계가 비슷한 동물이 무언가에 겁먹은 것처럼 보인다면 두려움이라는 감정을 겪고 있는 것이 틀림없다. 두려움을 경험하는 방식이 우리와 같지는 않아도, 분명 두려움이라는 감정 자체는 느낄 것이다.

생물학은 무엇보다 고양이가 포식자로서 진화해왔음을 밝혔지만 그것이 다는 아니다. 고양이 역시 사회적 동물이다. 그렇지 않다면 고독한 사냥꾼인 고양이는 결코 반려동물이 될 수 없었을 것이다. 오늘날의 고양이는 사람의 생활 영역 안에서 생활하면서 사람과 다정한 관계를 맺고 다른 고양이와 함께 살 줄도 안다. 그래야 사람이 주는 혜택을 받을 수 있기 때문이다.

즉 오늘날의 고양이는 야생에서 생활하던 녀석들의 조상과 달리 사회적 관계를 확장하고 있다. 7~9장에서는 바로 고양이의 사회적 관계에 대해 자세히 알아본다. 이는 고양이 각각의 개성을 알아보는 것이기도 하다. 고양이는 낯선 고양이나 사람을 인식했을 때 저마다 다른 방법으로 상대에게 다가가기 때문이다.

이 책은 고양이의 현재 위치를 진단하고 향후 수십 년 동안 그 위치가 어떻게 변화할 것인지를 살펴보는 것으로 마무리된다. 현재 고양이를 향해 쏟아지는 다양한 관심은 고양이에게 우호적인 것도 있고 비우호적인 것도 있다. 개는 지난 수십 년 동안 오직 인간의 만족을 위해서 끊임없이 품종개량이 이루어졌기 때문에 많은 부작용을 낳았다. 이를테면 크고 돌출되도록 개량된 시추의 눈은 귀엽고 매력적으로 보이지만 감염에 취약하여, 시추는 다른 품종에 비해 안구 질환으로 자주 고통을 겪는다. 그런데 고양이의 경우에는 소수의 혈통 있는 고양이를 제외하면 거의 품종개량이 이루어지지 않아서 전문 사육사들이 고양이의 복지를 위해 노력한다면 개에게 나타났던 부작용을 피할 수 있는 여지가 아직 남아 있다.[7] 그러나 벵골고양이가 만들어진 과정과 같이 집고양이와 다른 고양잇과 동물을 교배시키는 일이 유행처럼 늘어나고 있는데, 이는 의도하지 않은 결과를 가져올 수 있다. 우리는 이런 고양이 교배가 진정으로 고양이 복지를 중요하게 생각하는 사람들에 의해 일어나고 있는지를 검토해봐야 한다. 한편 원치 않는 새끼 고양이가 태어나는 일을 줄이기 위해 가능한 한 많은 고양이에게 중성화 수술을 시행하는 방법은, 장기적으로 보면 인간과 조화를 잘 이룰 수 있는 고양이의 특성을 지워버리는 결과를 낳을 수도 있다. 중성화 수술을 피할 수 있는 녀석들은 사람에 대한 경계심이 가장 많고 사냥에도 능숙한 녀석들이기 때문이다. 즉 그 방법은 가장 다정하고 온순한 고양이에게는 새끼를 낳을 기회를 빼앗아버리고 사납고 다루기 힘든 길고양이에게만 마음껏 새끼를 낳을 수 있는 기회를 허용하는 것이다. 그로 인해 고양이는 인간 사회와 더 나은 융합을 이루는 방향이 아니라 그 반대 방향으로 진화할지도 모른다.

사실 우리는 고양이에게 무리한 요구를 하고 있다. 수천 년 동안 우리에게 해를 끼치는 동물을 사냥해줌으로써 이득을 주었던 동물에게, 이제는 사냥이 혐오스럽다며 포기하라고 강요하고 있다. 또한 고양이가 혼자 있기를 좋아하고 텃세가 매우 심한 동물이라는 사실을 무시한 채 새 친구나 이웃과 잘 지내라고 강요하고 있다. 고양이도 개 특유의 사교성과 융통성을 가질 수 있다는 듯이 말이다. 하지만 그것은 순전히 우리의 편의를 위한 생각일 뿐이다.

이삼십 년 전까지만 해도 고양이는 인간의 여러 요구에 보조를 맞출 수 있었지만 사냥하지 말라는, 집에서 나와 마음대로 돌아다니지 말라는 오늘날 인간의 요구는 버거워서 실로 고군분투하고 있다. 대부분의 동물은 오랜 세월 인간에 의해 엄격하게 품종개량되면서 가축화되었지만, 고양이의 가축화는 소수의 혈통 있는 고양이를 제외하면 모두 '자연선택'에 의해 이루어졌다. 즉 인간은 고양이가 자신이 원하는 짝을 찾도록 놔두었고, 그 결과 태어난 새끼들 가운데 인간과 함께 살기에 적합한 녀석들이 스스로 인간에게 부합하도록 진화해왔다.

그러나 이런 자연선택적 진화 과정을 통해 사냥 충동도 없고 개만큼 사회성 있는 고양이가, 그것도 고양이를 싫어하는 사람들이 받아들일 수 있는 기간 내에 생겨날 수는 없을 것이다. 물론 고양이는 적응력이 뛰어난 동물이다. 서로 도움을 주며 함께 살아가자던 '약속'을 깨고 인간이 종교적인 이유로 고양이 박해를 일삼던 중세 시대 때 다시 인간 사회를 벗어나서 자립할 수 있었던 건, 긴 세월의 진화 과정을 거치면서 얻은 적응력 덕분이었다. 그러나 그런 고양이도 최근 몇 년간 갑자기 늘어난 인간의 요구에는 적절히 대처할 수 없는 지경에 이르렀다. 고양이가 아무리 새끼를 많이 낳는 동물이라 해도 자연선택만으로는 우리 요구에 부합하는 방향으로 나아갈 수 없을 것이다. 인간과 함께하는 삶에 잘 적응하고, 고양이를 싫어하는 사람들을 포함하여 많은 사람에게 사랑받는 고양이는, 오직 신중하고 주의 깊은 품종개량을 통해서만 생겨날 수 있을 것이다.

우리는 고양이의 미래를 위해 녀석들의 유전적 특징을 바꿀 수 있을 뿐 아니라 오늘을 살아가고 있는 수많은 고양이의 삶도 개선할 수 있다. 즉 고양이가 우리의 요구에 잘 적응할 수 있도록 새끼 고양이에게 더 나은 사회화 기회를 제공하고, 고양이가 진정으로 필요로 하는 환경을 더 잘 이해하며, 고양이가 스스로 스트레스 상황에 잘 대처하게 만든다면, 사람과 고양이 사이의 유대감도 더욱 돈독해질 것이다.

고양이는 많은 점에서 21세기에 이상적인 반려동물이지만 과연 22세기에도 그럴 수 있을까? 고양이가 우리의 사랑 속에 계속 남아 있으려면, 그리고 과거에 고양이가 받았던 박해가 다시 발생하지 않으려면, 고양이 구호단체와 환경보호론자 및 고양이 애호가 사이에서 사람들이 좋아하는 요소를 모두 갖춘 고양이 유형을 어떻게 만들어낼 것인가에 대한 합의가 이루어져야 한다. 또한 그 합의는 반드시 과학의 안내를 받아야 한다. 그러나 우선은 무엇보다 고양이 주인과 일반 대중 모두가 고양이가 어디서 왔고 왜 그와 같이 행동하는지를 보다 잘 이해해야 한다. 또한 고양이 주인들이 녀석들의 사냥 습성 등 몇몇 행동을 개선하는 방법을 배운다면, 나날이 좁아지고 있는 녀석들의 입지를 넓힐 수 있을 것이다. 장기적으로 보면, 동물의 행동과 성격의 유전 관계를 밝히는 행동유전학이 고양이와 주인 모두에게 더욱 복잡해져가는 세상에 잘 적응할 수 있는 능력을 선물할 것이다.

역사를 통해서 알 수 있듯이, 고양이는 여러 가지 면에서 혼자 힘으로 살아갈 수 있는 동물이다. 하지만 고양이가 인간 사회의 요구에 부응하기 위해서는 인간의 도움이 필요하다. 또한 우리가 진정으로 고양이를 이해하려면 녀석들의 본성에 대한 존중이 수반되어야 함은 물론이다.

새로운 삶의
문턱에 선
고양이

고양이를 반려동물로 삼는 것은 이제
전 세계적인 현상이 되었지만, 녀석들이 어떻게 야생고양이에서 집고양이로
자신을 변화시켰는지는 여전히 미스터리다. 우리 주변에 있는 동물 대부분
은 실용적인 필요 때문에 길들여졌다. 소, 양, 염소는 우리에게 고기와 젖과
가죽을 준다. 돼지는 고기를, 닭은 고기와 달걀을 제공한다. 우리가 두 번째
로 좋아하는 동물인 개는 훌륭한 동반자일 뿐만 아니라 우리에게 여러 가
지 혜택을 준다. 몇 가지 예를 들면 사냥을 돕고, 양 떼를 몰고, 집을 지키고,
무언가를 추적하기도 한다. 이러한 측면에서 보면 고양이는 위에서 언급한
어떤 동물보다도 유용하지 않다. 심지어 쥐를 잡는 동물이라는 전통적인 명
성도 다소 과장된 것일지도 모른다. 그것이 역사적으로 고양이가 인간과 함
께하면서 보여준 가장 실용적인 모습이었음에도 말이다. 그러므로 쓸모가
많은 개와는 대조적인 고양이가 어떻게 그토록 효과적으로 인간 문화의 환
심을 사게 되었는지는 쉽게 대답할 수 없다. 그 해답을 찾기 위한 연구는 고

양이가 우리의 현관 앞에 처음으로 도착한 시점인 약 1만 년 전으로 거슬러 올라가 시작해야 할 것이다.

고양이 가축화의 기원: 쥐사냥꾼

대략 3500년 전 이집트에서 처음 고양이가 인간의 집에서 살게 되었다는 것이 고고학적, 역사적 기록을 바탕으로 한 고양이 가축화에 대한 전통적 이론이다. 그러나 이 이론은 최근 분자생물학이 찾은 새로운 증거에 의해 도전받고 있다. 집고양이와 야생고양이의 유전자를 검사해 그 차이를 살펴보면, 가축화가 1만5000년 전에서 1만 년 전 사이(기원전 1만3000년에서 기원전 8000년 사이)에 발생했다고 추정할 수 있기 때문이다. 고양이 가축화의 시발점을 기원전 1만3000년 이전으로 보는 것은 인류의 진화 과정을 생각해볼 때 이치에 맞지 않다. 수렵과 채집을 하던 석기시대 인간이 고양이를 키울 필요가 있었다고 보기는 어렵기 때문이다. 따라서 고양이 가축화는 최소 1만 년 전 무렵에 중동 몇몇 지역에서 비슷한 시기에, 혹은 약간의 시간차를 두고 일어났을 것으로 보인다. 기원전 8000년경에 고양이 가축화가 시작됐다고 가정한다면 이집트에서 발견된 집고양이에 대한 최초의 기록으로 볼 때 6500년이라는 공백이 생긴다. 어쨌거나 지금까지 인간과 고양이가 처음으로 함께하기 시작한 시점을 연구한 과학자는 분야를 막론하고 거의 없다.

고양이 가축화가 시작된 시기의 것으로 추정되는 유물 중에 집고양이에 대한 것은 매우 드물다. 이라크에서 시작해 시리아, 요르단, 지중해, 이집트 동쪽 해안까지 포함하는 '문명의 요람'인 비옥한 초승달 지역과 팔레스타인 예리코에서 발굴된 고양이 이빨과 뼈는, 기원전 7000년에서 기원전 6000년 사이 것으로 추정된다. 하지만 그것들은 집고양이가 아니라 야생고양이의 것일 수도 있다. 이스라엘과 요르단 지역에서는 기원전 6000년에서 기원전 5000년 사이에 만들어진 것으로 추측되는, 고양이와 아주 유사한 동물이 묘사된 암벽화와 조각상이 발견되었다. 초기 집고양이 모습으로 추측되지만 확실히 단언하기는 어렵다. 그림의 배경이 인간 거주지가 아니기에 덩치 큰 야생고양이의 모습일 가능성도 크다. 아시아와 유럽, 북아메리카 여러 지역에서는 기원전 8000년경에 사람이 죽으면 개를 함께 묻는 순장이 일상적으로 행해질 만큼 인간과 개의 관계가 발전해 있었다. 반면 고양이를 함께 묻는 이집트의 순장 관습은 기원전 1000년경에 이르러서야 일반화된다.[1] 그 시기에 이미 고양이가 반려동물이었다고 확정하려면 보다 명확한 증거를 찾아야 한다.

인간과 고양이의 동반적 관계가 어떻게 시작되었는지 알려주는 최고의 실마리는 비옥한 초승달 지역이 아니라 키프로스에서 찾을 수 있다. 키프로스는 지중해에 있는 섬 가운데 하나로 해수면이 가장 낮았던 시기에도 본토와 연결된 적이 없었기에, 날거나 헤엄치지 못하는 동물들은 본토와 키프로스를 왔다 갔다 할 수 없었다. 하지만 약 1만2000년 전에 인간이 원시적인 형태의 배를 타고 키프로스로 건너갈 수 있게 되면서 상황은 달라졌다. 그 시기 지중해 동쪽 지역에서는 개를 제외하고는 가축을 찾아볼 수 없었다. 그러므로 키프로스 초기 정착자들과 함께 바다를 건넌 동물들은 개인적으로 길들인 야생동물이거나 우연하게 배를 타게 된 '히치하이커'였음에 틀림없다. 본토의 고대 유적지에서 발견된 고양이 유골이 야생고양이 것인지 집고양이 것인지는 알 수 없지만, 키프로스에서 발견된 고양이 유골은 모두 인간에 의해 어느 정도 가축화된 고양이의 유골일 것이다. 오늘날과 마찬가지로 그 시대의 고양이도 수영하는 것을 싫어했을 것이기에, 키프로스에서 발견된 고양이 유골은 키프로스 초기 정착자들이 중동 본토에서 데려간 고양이의 것이거나 그 후손의 것일 가능성이 높다는 말이다.

키프로스에서 발견된 가장 오래된 고양이 유골이 기원전 7500년 이후의 것으로 추정되는 점도 이런 가능성을 높인다. 그 시대에 키프로스를 오가던 배에 대해 알려진 것은 거의 없지만, 우연히 배에 올라탄 고양이가 키프로스에 도착할 때까지 사람들 눈에 들키지 않았을 가능성은 거의 없다. 당시의 배는 분명 아주 작았을 것이기 때문이다. 게다가 키프로스에 사람이 정착한 이후 3000년 동안 고양이가 인간 거주지를 벗어나서 살았다는 증거는 발견되지 않았다. 따라서 키프로스 초기 정착자들이 이미 길들여진 고양이를 본토로부터 들여왔다고 하는 것이 가장 설득력 있는 설명이 된다. 또한 그 사람들만이 야생고양이를 길들일 생각을 했다고 보기는 어렵기에, 당시 지중해 동부 지역에서는 야생고양이를 잡아서 길들이는 것이 관행이었다고 추측할 수 있다. 이를 뒷받침하듯이 크레타, 사르디니아, 마요르카 같은 지중해의 다른 큰 섬에서도 길들인 고양이를 들여온 증거가 발견되었다.

키프로스 초기 정착자들은 어느 순간부터 어느 정도 길든 야생고양이를 본격적으로 수입한 것으로 보인다. 그 이유는 본토와 마찬가지로 키프로스에도 생쥐가 들끓었기 때문일 것이다. 생쥐라는 불청객은 식량이나 종자용 곡물을 담은 주머니에 기어들었다가 배를 타고 지중해를 건너게 되고, 그 생쥐들이 본격적으로 키프로스에서 번성하기 시작한 10년 후나 100년 후부터, 정착자들은 길들었거나 반쯤 길든 야생고양이를 수입했을 것이다. 사실 고고학적 기록은 그런 디테일한 부분까지는 알려주지 않지만, 어쨌든 이런 추측이 사실이라면 본토에서는 약 1만 년 전부터 쥐를 통제하기 위해 고양이를 기르는 관행이 생겼을 듯하다. 하지만 본토 곳곳에서 발견되는 고양이 유골은 인간 거주지에서 발견된 것이라 해도 그곳에서 사냥하다 죽은 야생 고양이의 것인지, 인간과 함께 살았던 고양이의 것인지는 구별할 수가 없다.

언제부터 시작되었는지 정확히 알 수는 없어도, 인간에게 해를 끼치는 동물을 통제하기 위해 야생고양이를 길들이는 관행은 오늘날까지 계속되고 있다. 집고양이를 기르는 경우가 드문 아프리카에서도 야생고양이를 길들이는 전통은 이어지고 있다. 1869년에 백나일 강을 여행하던 독일의 식물학자이자 탐험가 게오르크 슈바인푸르트는, 어느 날 식물 표본을 담아둔 상자가 밤사이 설치류의 공격을 받았음을 알게 되었다. 그는 그 일을 회상하면서 이렇게 썼다.

> 이 부근에 가장 흔한 동물 가운데 하나는 광활한 초원에 사는 야생고양이다. 원주민들은 녀석들을 가축으로 기르지는 않지만 아주 어린 고양이 여러 마리를 잡아서 자신들의 오두막과 울타리 주변에서 살게 한다. 고양이들은 그곳에서 자라면서 자연스레 쥐와 '전쟁'을 벌이게 된다. 나는 원주민한테서 그런 고양이 몇 마리를 얻었다. 며칠 동안 도망가지 못하게 묶어두자 녀석들의 야생성이 상당히 누그러진 것 같았고 실내에서 지내는 것에도 익숙해진 듯했다. 나는 밤이면 그 고양이들을 짐 꾸러미 주변에 두었다. 안 그러면 식물 표본을 담아둔 상자들이 위험해지기 때문이었다. 결국 나는 고양이 덕분에 더는 쥐의 약탈을 걱정하지 않고 잠을 청할 수 있었다.[2]

야생고양이를 키프로스로 들여온 초기 정착자들도 슈바인푸르트처럼 녀석들을 묶어놓아야 함을 알았을 것이다. 만약 풀어두었다면 녀석들은 재빨리 도망쳐서 키프로스에서 가장 위협적인 포식자가 되어 토착 동물 생태계를 사정없이 파괴했을 것이다. 수 세기 후 실제로 그런 일이 일어났다. 즉 키프로스 정착자들이 키우던 일부 고양이들이 인간의 영역을 탈출해서 키프로스 전역을 돌아다니며 토착 동물들을 잡아먹었다.[3] 곡식 창고를 지키도록 묶어둔 고양이만 계속 인간 사회에 머물면서 정착자들에게 도움을 주었다. 인간 거주지를 떠나 야생동물을 사냥하면서 살아가던 녀석들의 후손 중 일부는 다시 인간에게 포획되어 살다가 때때로 다른 동물에게 잡아먹혔을 것으로 추측된다. 고양이의 부서진 뼛조각들이 키프로스의 신석기 유적지 몇몇 곳에서 여우나 집에서 키우던 개의 뼈와 함께 발견되었기 때문이다.

야생고양이를 길들이는 관행은 곡물 창고의 곡물을 먹어치우는 생쥐가 출현하면서 시작되었을 것이다. 이 두 동물의 역사는 밀접하게 얽혀 있다. 생쥐는 전 세계적으로 30종이 넘는 쥐 가운데 하나지만 인간과 함께 사는 환경에 적응해 우리 식량을 축내는 유일한 녀석이다.

생쥐는 인류가 진화한 시점보다 훨씬 전인 100만 년 전부터 인도 북부 어딘가에서 살다가 먹이가 되는 야생 곡식이 분포된 지역을 따라 동쪽과 서쪽으로 퍼져 나갔다. 그리고 오랜 세월이 흐른 뒤 그 일부가 비옥한 초승달 지역에 도달해 수확한 곡식이 엄청나게 쌓여 있는 곡물 창고를 만나게 되었다. 그 증거로 한 이스라엘 유적지의 저장 곡물 사이에서 발견된 1만1000년 전 것으로 추정되는 생쥐 이빨, 시리아에서 발견된 9500년 전 것으로 추정되는 생쥐 머리가 조각된 돌 목걸이를 들 수 있다. 인간이 만든 건물은 이렇듯 뜻하지 않게 생쥐에게 풍부한 식량을 제공해주었을 뿐만 아니라 최적의 보금자리 역할도 해주었다. 야생고양이 같은 포식자를 피할 수 있고 습하지 않고 따뜻해서 새끼를 키우기에도 안성맞춤이었기 때문이다. 그곳에서 '인간과의 은밀한 동거'에 적응할 수 있었던 생쥐는 번성한 반면, 적응하지 못했던 녀석들은 멸종되었다. 이러한 자연선택의 결과, 오늘날 생쥐는 인간의 거주지 밖에서는 거의 번식하지 못한다. 숲쥐와 같은 거친 경쟁자들이 있는 지역에서는 더욱 그렇다.

인간은 또한 생쥐가 새로운 지역을 서식지로 개척하는 길을 열어주었다. 현재 비옥한 초승달 지역의 동남 지역에 서식하는 쥐들의 선조들은, 아마도 그 일대의 공동체 사이에서 거래되던 곡물 속에 숨어 있다가 뜻하지 않게 그곳으로 이동하게 되었을 것이다. 당시 곡물 교역은 근동 지역 전역, 지중해 동쪽 연안 지역과 키프로스 같은 인근 섬들 사이에서 활발히 이루어졌다.

생쥐로 인해 최초로 괴로움을 겪게 된 문명은 나투프Natuf 문명〔팔레스타인의 중석기시대 문명〕이었는데, 결과적으로 나투프인들이 고양이가 우리 곁으로 오기까지의 긴 여행을 시작한 듯하다. 나투프인들은 기원전 1만1000년경부터 기원전 8000년경까지 현재의 이스라엘과 팔레스타인, 요르단, 시리아 서남부, 레바논 남부를 포함하는 지역에 살았다. '농사의 발명가'라고 널리 알려진 그들도 처음에는 수렵과 채집을 통해 생활했다. 하지만 머지않아 주변에 풍부하게 자라고 있는 야생 곡물을 수확하기 시작했다. 당시 그 지역은 오늘날과 비교할 수 없을 정도로 비옥한 땅이었다. 수확량이 점점 늘어나자 나투프인들은 낫을 발명해냈다. 나투프인 거주지에서 발견된 낫은 날 표면이 닳아서 반들반들한데 밀, 보리, 호밀 같은 야생 곡식의 거친 줄기를 베느라 그렇게 된 것 같다.

초기의 나투프인들은 작은 촌락을 이루고 살았다. 바닥과 벽이 돌로 되어 있고 지붕에는 잔가지가 덮여 있는 것이 그들의 집이었다. 나투프인들은 기원전 1만800년경까지는 곡물을 심지 않다가, 급격한 기후변화가 있었던 영거 드라이아스기The Younger Dryas가 약 1300년 동안 지속되자 밭을 갈아 곡물 재배를 시작했다. 수확한 곡식의 양이 증가하자 저장고가 필요해졌고, 그래서 그들은 진흙 벽돌로 자신들의 집을 그대로 축소해놓은 모양의 곡식 저장고를 만들었다. '생쥐의 역사에서 인간이 곡식 저장고를 발명한 것보다 획기적인 사건이 있을까? 먹이가 풍부하고 다른 포식자들의 공격을 피할 수 있는 이 신세계에 첫발을 디딘 생쥐는, 결국 인간과 함께 살면서 인간에게 해를 끼치는 최초의 포유류가 되었다.

개체 수가 증가하면서 생쥐는 자연적으로 포식자의 이목을 끌기 시작했음이 틀림없다. 당시 생쥐를 노리던 포식자로는 여우, 자칼, 독수리나 올빼미 같은 맹금류, 나투프인이 키우던 개 그리고 야생고양이가 있었다. 야생고양이는 다른 포식자들과 구별되는 두 가지 장점이 있는데 하나는 아주 민첩하다는 것이고 다른 하나는 야행성이라는 것이다. 특히 이 야행성이라는 특징 때문에 야생고양이는 어둑어둑해지면 활동적으로 돌아다니기 시작하는 생쥐를 사냥하기에 안성맞춤이었다. 당시의 야생고양이가 오늘날의 야생고양이처럼 사람을 두려워했다면, 새롭고 풍성한 먹이의 원천인 저장고를 마음대로 드나들지 못했을 것이다. 즉 당시의 야생고양이는 인간에 대한 경계심이 덜했다.

나투프인이 의도적으로 고양이를 길들였다는 증거는 어디에도 없다. 고양이가 인간 거주지에 나타난 이유는 생쥐와 마찬가지로 농사의 시작과 함께 형성된 새로운 먹이 자원을 마음껏 이용하기 위해서였다. 시간이 흐르면서 재배하는 농작물 종류와 키우는 가축 종류도 늘어나 더욱 정교하게 발전한 나투프인의 농경문화는 다른 지역과 문명에까지 퍼져 나갔고, 고양이 번식지도 그 경로를 따라 확장되었다. 고양이는 그런 과정을 거치면서

고양잇과 동물들의 진화

　위엄이 넘치는 사자부터 조그마한 검은발살쾡이에 이르기까지, 고양잇과에 속하는 동물 모두의 조상은 수델루루스Pseudaelurus다. 중간 크기의 고양이와 비슷했던 수델루루스는 대략 1100만 년 전부터 중앙아시아의 광활한 초원 지대를 누비고 다니다가, 해수면이 비정상적으로 낮아진 시기에 그 일부가 오늘날 우리가 홍해라고 부르는 바다를 건너 아프리카로 이동했다. 그리고 그곳에서 몇 가지 종류의 중간 크기 고양잇과 동물, 즉 카라칼caracal[아프리카살쾡이라고도 하며 아프리카 및 중앙아시아에 서식한다], 서발serval[사하라 사막 이남의 아프리카 지역에 분포하는 살쾡이로 표범과 비슷한 얼룩무늬가 있다] 등으로 진화했다. 또 다른 수델루루스들은 동쪽으로 이동해 베링육교를 건너 북아메리카에 도착한 후 보브캣, 링크스, 퓨마로 진화했다. 이 고양잇과 동물들은 대략

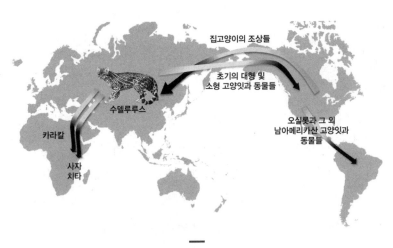

고양잇과 동물의 이동

230만 년 전 파나마 해협을 따라 처음 남아메리카로 건너갔는데, 그곳에서 고립된 채 진화하면서 다른 곳에서는 발견되지 않는 오실롯, 제프로이고양이 같은 몇 가지 종을 형성했다. 수델루루스 중에서 사자, 호랑이, 재규어, 표범 같은 대형 고양잇과 동물의 조상이 된 개체들은 800만 년 전 오늘날의 분포지인 유럽과 북아메리카로 퍼져 나갔고 그중 북아메리카에 있던 것들이 그 200만 년 후에 아시아로 건너간 것으로 보인다. 300만 년 전에는 수델루루스 중 일부가 오늘날 우리가 알고 있는 살쾡이, 모래고양이, 정글살쾡이 등으로 진화하기 시작했다. 아시아 계통 고양잇과 동물인 마눌들고양이와 고기잡이고양이도 이 시기에 갈라져 나오기 시작했다.[4]

인간 거주지 환경에 더욱 잘 적응하게 되었지만, 그렇다고 오늘날의 반려고양이와 같아진 것은 아니었다. 인간 거주지로 내려와 들끓는 쥐를 마음껏 잡아먹었던 녀석들은 본질적으로 야생성을 가지고 있었기에 오늘날의 도시 여우와 비슷하다고 볼 수 있다. 다시 말해 고양이의 가축화는 그때로부터 한참 이후에 시작되었다.

고양잇과 동물의 다양한 분포

놀랍게도 우리는 비옥한 초승달 지역 일대에서 살았던 고양잇과 동물들에 대해 아는 것이 별로 없다(44쪽의 '고양잇과 동물들의 진화'를 보라). 하지만 고고학적 기록을 보면 1만 년 전에 그 지역에 몇몇 고양잇과 동물이 살았다는 것을 알 수 있다. 아마도 곡식을 찾아 모여든 쥐를 잡아먹기 위해서였을 것이다. 나중에 밝혀진 바에 의하면, 당시 그 지역에 살았던 고대 이집트인들은 상당히 많은 정글살쾡이를 길들여 키우고 있었다. 녀석들은 오늘날의 야생고양이보다 훨씬 크고 무게도 5~10킬로그램 정도 더 나가 어린 가젤과 액시스사슴도 죽일 수 있었다. 보통 설치류를 잡아먹고 살았는데 덩치가 매우 커서 생쥐를 사냥하기 위해 곡식 창고에 접근할 때마다 사람들 눈에 띄었을 것이다. 이집트인들은 녀석들을 길들였고 나중에는 훈련까지 시켜보려 했지만 별 성과를 얻지는 못했다. 어쩌면 녀석들은 기질적으로 인간과 함께하는 삶에 맞지 않았을지도 모른다.

그 녀석들과 같은 시기에 살았던 모래고양이는 커다란 귀를 가진 야행성 동물로 예리한 청각을 이용해 주로 밤중에 사냥을 했다. 상대적으로 다른 고양잇과 동물에 비해 사람을 두려워하지 않았기에 길들여서 가축화할 수 있는 훌륭한 후보자감으로 여겨졌다. 하지만 뜨거운 모래로부터 발을 보호하기 위해 발바닥이 두꺼운 털로 덮여 있는, 원래 사막에 살았던 모래고양이는 일반적으로 숲 지역에 건설되었던 나투프인 마을의 곡식 창고 근처에는 별로 나타나지 않았다.

문명이 아시아를 통해 동쪽으로 확산되면서 서로 다른 고양잇과 동물들이 접촉하게 되었다. 오늘날의 파키스탄에 위치해 있던 찬후다로는 인더스 강 유역의 하라파 문명이 건설한 도시다. 그곳에서 고고학자들은 5000년 된 진흙 벽돌을 발견했는데 그 위에 고양잇과 동물 발자국과 개 발자국이 겹쳐서 찍혀 있었다. 새로 만든 벽돌을 햇볕에 말리고 있을 때 한 고양잇과 동물이 개에게 바짝 쫓기면서 그 위를 지나간 듯하다. 그 고양잇과 동물의 발자국은 집고양이 것보다 크고 물갈퀴와 쭉 뻗은 발톱 모양이 찍힌 것으로 보아 고기잡이살쾡이의 것으로 보인다. 오늘날 이 녀석들은 비옥한 초승달 지역에서는 발견되지 않고, 인더스 강 유역 동쪽에서 인도네시아 수마트라 섬에 이르는 지역에 살고 있다. 이름에서도 알 수 있듯이 수영을 기가 막

정글살쾡이

모래고양이

히게 잘하고 물고기나 물새를 잡는 데 선수다. 녀석들은 당시 인간 거주지로 들어와 생쥐를 잡아먹기도 했지만 그렇다고 생쥐를 주식으로 삼았다고 보기는 어렵다.

다른 지역에도 곡식 창고에서 창궐하는 쥐를 잡아먹기 위해 야생에서 나와 인간 거주지로 들어온 고양잇과 동물들이 있었다. 그중 하나가 중앙아시아와 고대 중국에 살던 마눌들고양이(이 고양이를 처음으로 분류한 독일 동물학자 이름을 따서 팔라스고양이라고도 한다)였는데, 사람들은 설치류를 통제하기 위해 이 녀석들을 기르기도 했다. 마눌들고양이는 고양잇과 동물 중에서 털이 가장 텁수룩하고 길어서 귀를 거의 가릴 정도다. 중앙아메리카에서도 콜럼버스가 아메리카 대륙을 발견하기 이전에 재규어런디Jaguarundi를 길들여 쥐를 통제했던 것으로 보인다. 하지만 마눌들고양이나 재규어런디 둘 다 완전히 가축화되지는 못했고 오늘날의 집고양이 조상에도 포함되지 않는다.

다양한 고양잇과 동물 중에 오직 한 종류만 성공적으로 가축화될 수 있었다. 유전자 검사를 통해 그 주인공이 리비아고양이Felis silvestris lybica[5]임이 밝혀졌다. 이전에는 과학자와 고양이 애호가 모두 집고양이에 속한 어떤 품종들은 다른 고양잇과 동물과의 교배를 통해 생겨났다고 주장했다. 그 이유는 가령 페르시아고양이의 솜털로 뒤덮인 폭신폭신한 발은 표면적으로 모래고양이의 발과 비슷하고 녀석의 훌륭한 털은 마눌들고양이 털과 비슷하기 때문이다. 하지만 오늘날의 유전자 분석 결과는 순혈종이든 아니든 모든 집고양이 품종은 리비아고양이에서 유래되었지 다른 고양잇과 동물과의 혼혈이 아님을 보여준다. 무슨 이유인지는 몰라도 리비아고양이만이 모든 경쟁자를 물리치고 교묘하게 인간 사회로 들어와 가축화가 이루어져 전 세

마눌들고양이

재규어런디

계로 퍼져 나갈 수 있었다.

현재 야생고양이는 녀석들이 처음으로 진화한 지역으로 추정되는 서아시아는 물론이고 유럽과 아프리카 그리고 중앙아시아 전역에서 발견되는데, 늑대와 같은 다른 포식 동물처럼 인간의 박해를 피해 인간 거주지에서 멀리 떨어진 곳에서 생활한다. 하지만 처음부터 그랬던 것은 아니다. 5000년 전에 야생고양이는 몇몇 지역에서 별미로 여겨졌다. 그래서 독일이나 스위스에서는 '호상 생활자들lake dwellers'이 남긴 쓰레기 구덩이 속에서 무수한 야생고양이 뼈가 발견되었다.6 당시 야생고양이는 매우 번성했기에 엄청난 수가 덫에 걸려 인간에게 잡아먹힌 것으로 보이며, 그렇게 수 세기가 지나는 동안 개체 수는 점점 줄어들었다. 또한 농경지 개발로 인해 숲에 있는 서식지가 파괴되자 녀석들은 더 먼 숲으로 들어가 새로운 서식지를 찾아야 했다. 게다가 총기류가 발명되자 많은 지역의 야생고양이가 멸종되었다. 19세기에는 영국, 독일, 스위스 등 여러 유럽 국가가 야생동물과 가축에게 피해를 준다며 고양이를 유해 동물로 분류하기도 했다.7 인간은 야생동물 보호지역을 설정한 최근에야 야생고양이가 생태계 안정에 중요한 역할을 한다는 것을 깊이 이해하기 시작했다. 그 결과 많은 야생고양이가 수백 년 동안 떠나 있던 바이에른 주 등 여러 지역으로 다시 돌아오고 있다.

야생고양이와 집고양이의 혈통과 번식

야생고양이는 이제 유럽숲고양이Felis silvestris silvestris, 리비아고양이, 남아프리카야생고양이Felis silvestris cafra, 인도사막고양이Felis silvestris ornata, 이렇게 네 가지 아종 또는 혈통으로 분류된다.8 이 고양이들은 모두 외모가 아주 흡사하며 분포지가 겹치는 지역에서는 서로 번식도 가능하다. 아주 희귀한 중국산고양이Felis bieti를 다섯 번째 아종으로 분류할 수도 있는데, 이 고양이가 약 25만 년 전에 야생고양이의 주요 계통에서 갈라져 나왔음이 유전자 검사를 통해 밝혀졌다[중국산고양이는 때때로 중국사막고양이라고도 불리나 실제로 사막 지역에서 서식하는지는 정확히 밝혀지지 않았다]. 고양이 속屬에 포함되는 정글고양이, 마눌들고양이, 모래고양이 등 다른 종과의 잡종이 발견된 적이 없기 때문에 중국산고양이는 살쾡이 속과 같은 다른 무리에서 유래했다고 생각할 수도 있다. 하지만 녀석들이 살고 있는 중국 쓰촨 성의 산악 지역은 지형이 험준해 외부로부터 고립된 곳이라, 다른 고양이 속에 속하는 동물과 접촉할 수 있는 기회 자체가 없었던 것으로 보인다.

야생고양이는 사는 지역에 따라 사람에게 길들여질 수 있는 정도가 다른데, 가축화는 사람 곁에서 새끼를 기를 수 있을 만큼 길들여진 녀석들을 대상으로 시작된다. 사람 곁에서 태어난 새끼들 중 사람과 더불어 살기에 적합한 녀석들은 그곳에 계속 머무르면서 성장해 새끼까지 낳았을 것이고, 반면 사람과의 동행에 적응하지 못한 녀석들은 대부분 다시 야생으로 돌아갔을 것이다. 이런 '자연선택' 과정이 몇 세대에 걸쳐 반복되면서 사람 곁에 남은 고양이들의 유전자 구성은 사람과 함께 살기에 더욱 적합하게 변해갔을 것이다. 다루기 쉽고 고분고분한 녀석들에게는 먹이를 주고, 물어뜯거나 할퀴는 성향이 있는 녀석들은 떠나게 만든 사람의 행동도 이런 자연선택 과정을 더욱 강화시켰을 것이다. 가축화 과정은 어느 정도 길들여진 유전적 토대가 없으면 이루어질 수 없는데, 그런 유전적 토대는 모든 종류의 야생고양이에게 고르게 분포되어 있지 않다. 현재 전 세계에 퍼져 살고 있는 야생고양이들 중 몇몇 지역에 사는 녀석들은 가축화를 위한 유전적 원료를 거의 가지고 있지 않고, 다른 몇몇 지역에 사는 녀석들은 사람과 함께 살기에 매우 적합한 유전자를 지니고 있다.

때문에 위에서 언급한 네 종류의 야생고양이는 길드는 정도가 저마다 다르다. 유럽숲고양이는 일반적인 집고양이보다 몸집이 크고 두툼하며 꼬리 모양도 독특해서 길이가 짧고 끝부분이 뭉툭하다. 멀리서 보면 가정에서 키우는 줄무늬고양이와 매우 흡사하기에 대부분의 사람이 키우고 싶어 하지만 사실 가장 사나운 동물 중 하나다. 녀석들이 길러진 방식 때문이 아니라 유전자 때문이다. 그래서 녀석들을 길들이려고 노력했던 사람들은 실패만 맛보았다. 야생동물 사진작가인 프랜시스 피트는 1936년에 다음과 같이 썼다.

> 오래전부터 유럽산 야생고양이는 길들일 수 없다는 얘기가 있었다. 하지만 나는 그 말을 별로 믿지 않았다. 그러나 내 긍정적인 생각은 악마 공주 빌제비나를 만나고 나서 완전히 꺾여버렸다. 스코틀랜드 북부의 산악 지역에서 온 그 공주님은 어느 정도 성장한 새끼 고양이였는데, 사람이 다가가면 성난 소리를 짧게 뱉으며 할퀴는 등 사나운 적의를 드러냈다. 옅은 초록색 눈은 인간에 대한 무자비한 증오의 빛이 가득했다. 녀석과 친하게 지내고자 했던 내 노력은 모두 수포로 돌아갔다. 공주님은 자라면서 더욱 겁이 없어져 나날이 더욱 포악해졌다.[9]

피트는 빌제비나가 자신에게 처음 왔을 때 사회화되기에는 너무 자라버린 상태였을 거라고 자위하면서 다시 훨씬 더 어린 수고양이를 얻었다. 그러나 그 녀석도 처음부터 다루기가 너무 어려워서 결국 '사탄'이라는 이름을 붙였다. 녀석이 자라면서 더욱 강하고 대담해지자 만지는 것조차 불가능하

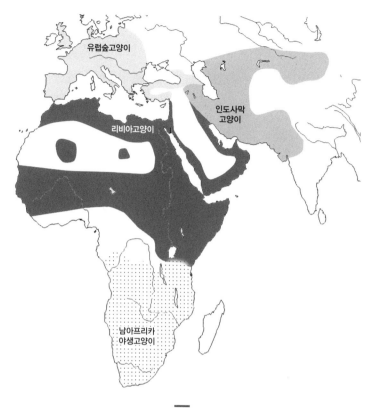

야생고양이 아종들의 역사적 분포

게 되었다. 손으로 먹이를 주면 거칠고 화난 소리를 끊임없이 내다가 먹이를 낚아채듯 물고는 재빨리 뒤로 물러났다. 하지만 녀석이 병적으로 공격적인 성향을 가졌던 것은 아니다. 그저 사람이 싫었을 뿐이다. 피트는 사탄이 아직 다 자라지 않았을 때 어린 암컷 집고양이 '예쁜이'를 소개해주었는데, 녀석은 이 꼬마 아가씨에게는 지극히 다정하고 헌신적인 태도를 보였다. 같이 있던 우리에서 예쁜이를 꺼내기라도 하면 사탄은 엄청나게 괴로워하며 하늘을 찢을 기세로 거칠게 울부짖었다. 예쁜이와 사탄은 새끼 몇 마리를 낳았는데 모두 유럽숲고양이 특유의 외모를 가지고 있었다. 태어나서부터 죽 집에서 키웠음에도 불구하고 몇몇 녀석은 아빠처럼 매우 야생적이었고, 다른 녀석들도 피트와 그녀의 부모에게는 사교적이었지만 낯선 사람에게는 경계심을 늦추지 않았다. 스코틀랜드 태생 야생고양이에 대한 피트의 경험은 야생고양이를 키운 사람들의 전형적인 경험이었던 것으로 보인다. '대자연의 인간'이라 불린 마이크 톰키스는 외딴 스코틀랜드 호숫가 오두막에서 야생고양이 자매 클레오와 파트라를 손수 키웠는데, 그 역시 녀석들을 사회화시킬 수는 없었다.[10]

인도사막고양이에 대해서는 거의 알려진 바가 없지만 녀석들 역시 길들이기 어려운 것은 분명하다. 이 종은 카스피 해 남부와 동부는 물론이고 남쪽으로는 파키스탄을 거쳐 인도 북서부의 구자라트, 라자스탄, 펀자브, 동쪽으로는 카자흐스탄을 거쳐 몽골 지역까지 분포되어 있다. 녀석들의 털은 다른 야생고양이보다 연한 색이고, 줄무늬가 아니라 얼룩무늬다. 녀석들도 다른 야생고양이처럼 설치류를 잡아먹으려고 때때로 농장 근처에 근거지를 마련하기도 했지만 가축화 단계로까지 나아가지는 못했다. 펀자브 지방에 있는 하라파에서는 중간 크기에 다리가 길고 술 모양의 독특한 귀를 가진 카라칼과 정글살쾡이의 흔적이 발견되었고, 고기잡이고양이가 진흙 벽돌에 남긴 발자국도 발견되었다. 하지만 인도사막고양이의 흔적은 없었다. 오랜 세월 생물학자들과 고양이 애호가들은 샴고양이가 초기의 집고양이와 인더스 강 유역에 살던 인도사막고양이의 잡종일 것이라고 생각했다. 그러나 후에 과학자들은 샴고양이나 그와 관련된 어떤 품종에서도 인도사막고양이의 유전적 특성을 찾아내지 못했다. 동남아시아에는 앞에서 언급한 네 가지 야생고양이 아종들이 없었기 때문에, 중동이나 이집트에서 들여온 야생고양이들 중 완전히 가축화된 녀석들이 최초의 샴고양이가 되었을 가능성이 높다.

남아프리카야생고양이, 일명 카프레고양이caffre cat는 유전적으로 독특하다. 이 고양이는 약 17만5000년 전에 야생고양이의 원래 서식지였던 북아프리카에서 남쪽으로 이주했고, 비슷한 시기에 인도사막고양이의 조상은 동쪽으로 이주했다. 남아프리카야생고양이와 리비아고양이의 경계선이 어디에 놓여 있는지는 불분명한데, 아프리카 야생고양이들은 나미비아와 남아프리카공화국에 살고 있는 녀석들을 제외하고는 정확히 어느 지역에서 유래되었는지 규정할 수 없기 때문이다. 나이지리아에 사는 야생고양이들은 경계심이 많고 공격적이며 길들이기 어렵다. 우간다에 사는 야생고양이들은 전형적인 야생고양이와는 다르게 생겼고─귀 뒷면이 황갈색인 것이 특히 독특하다─때때로 사람의 접근을 용인하며 사람에게 우호적인 행동을 하기도 한다. 실제로 녀석들의 유전자에는 가축화의 흔적이 남아 있다. 아프리카 야생고양이들은 그 지역의 길고양이나 반려고양이와 여러 면에서 매우 비슷한 특징을 가지고 있어 서로 구분하기가 어렵다.

그 적절한 예로 남아프리카야생고양이에 속하는 짐바브웨의 야생고양이를 들 수 있다. 동물학자이자 박물관장인 레이 스미더스는 남부 로디지아〔현재의 짐바브웨〕에 살았던 1960년대에 자신의 집에서 야생 암고양이인 고로와 코마니를 각각 다른 우리에 길렀다.[11] 둘 다 우리 밖으로 내보낼 수 있을 만큼 길들여져 있었지만 반드시 한 번에 한 마리만 내보내야 했다. 녀석들이 서로 마주칠 때마다 싸웠기 때문이다. 한번은 코마니가 4개월 동안이나 사라진 적이 있었는데, 어느 날 저녁 스미더스가 비추는 플래시 빛 속에 잠깐 포착되었다. "나는 아내를 불렀다. 그녀가 녀석을 특히 좋아했으니까. 아내가 부드럽게 녀석의 이름을 부르는 동안 나도 그녀 곁에 앉아서 녀석이 다시 나타나기를 기다렸다. 15분 정도 지나자 코마니가 불쑥 나타나 아내 곁으로 다가왔다. 아내와 코마니의 재회는 너무나 감동적이었다. 가르랑거리며 몸을 아내 다리에 문지르는 코마니의 모습은 너무나도 행복해 보였다."

이런 행동은 반려고양이가 자기 주인과 다시 만날 때 보여주는 행동과 똑같다. 아프리카에 사는 야생고양이와 반려고양이의 유사성은 여기서 끝나지 않는다. 고로와 코마니 둘 다 스미더스가 키우던 개한테도 다정했다. 몸을 녀석들 다리에 비비기도 하고 함께 벽난로 앞에 웅크리고 눕기도 했다. 녀석들은 또 스미더스를 향한 넘치는 애정을 표현하곤 했는데 누가 봐도 전형적인 반려고양이의 행동이었다.

> 녀석들은 낮에 밖에 나갔다가 들어오면 나에게 애정 공세를 퍼부어 나는 하던 일을 중단해야 했다. 내가 글을 쓰는 종이 위를 걸어 다니기도 하고, 내 얼굴이나 손에 몸을 문지르기도 하고, 내 어깨 위로 올라와 내가 읽는 책과 내 얼굴 사이로 비집고 들어와 가르랑거리기도 하고 스트레칭을 하거나 몸을 둥글게 말기도 했다. 그래도 내가 호응해주지 않으면 다시 바닥으로 내려와 한눈팔지 말고 자신들에게만 관심을 가져달라고 열정적으로 요구했다.

이것은 사람 손에서 자란 카프레고양이의 전형적인 행동일 수도 있다. 고로와 코마니는 털의 무늬나 사냥 능력으로 봤을 때 의심할 여지없이 야생고양이였기 때문이다. 하지만 녀석들의 DNA 속에 집고양이에게서 물려받은,

사람에게 친화적인 유전자가 섞여 있었을 수도 있다. 최근에 남아프리카공화국과 나미비아에 사는 야생고양이 DNA 조사 결과, 녀석들 스물네 마리 중 여덟 마리가 부분적으로 집고양이의 혈통을 가졌음이 밝혀졌다. 나 또한 미국과 영국 그리고 남아프리카공화국의 여러 동물원에 사는 남아프리카 야생고양이 열두 마리를 조사한 결과, 열 마리는 사육사에게 적당한 애정 표시를 하며 그중 두 마리는 고로와 코마니처럼 주기적으로 사람의 몸을 핥고 비벼대기까지 한다는 것을 알아냈다.[12] 그 두 마리는 집고양이와의 잡종임이 분명했다. 반면 적당한 애정만 표현한 녀석들은 집고양이와 야생고양이 둘 중 어느 쪽인지 불분명했고, 인간에게 전혀 길들지 않았던 녀석들은 순수한 야생고양이가 확실했다.

야생고양이와 집고양이 간의 잡종 형성은 아프리카에만 국한된 현상이 아니다. 한 연구를 보면 몽골에서 수집된 야생고양이 일곱 마리 가운데 다섯은 집고양이 DNA 흔적을 가지고 있었고 오직 두 마리만 '순수한' 인도사막고양이였다. 내가 연구한 동물원 고양이들 중에도 인도사막고양이가 있었는데, DNA 검사를 하니 열두 마리 중 세 마리가 집고양이와의 잡종일 가능성이 매우 높은 것으로 나왔고 행동에서도 사육사에게 자발적으로 몸을 비벼대는 행동을 보였다. 프랑스에서 행해진 연구에서도, 누가 봐도 야생고양이로 보이는 녀석들 가운데 거의 3분의 1이 집고양이 혈통을 가지고 있었다.[13] 이렇듯 DNA 검사 기술로 인해 남아프리카, 중앙아시아, 서유럽 등에 사는 야생고양이의 집고양이와의 잡종 여부를 알아내기가 수월해졌다. 하지만 리비아고양이의 고향인 비옥한 초승달 지역 일대에 사는 고양이들 중에 어느 것이 집고양이고 어느 것이 야생고양이인지를 가려내는 일은 여전히 어려운 일이다. 그런 지역에 사는 고양이들은 유전적 특성이 거의 일치하기 때문이다.

리비아고양이는 현재의 집고양이와 가장 비슷할 뿐만 아니라 최초의 야생고양이와도 가장 비슷하다. 반면 유럽숲고양이와 남아프리카야생고양이 그리고 인도사막고양이는 아주 오래전에 고양이가 중동에서부터 동쪽이나 남쪽, 혹은 서쪽으로 이동하면서 진화된 종이라고 볼 수 있다. 사하라 사막 북쪽에 사는 야생고양이도 리비아고양이에 속할 것으로 보이지만, 아직 이를 검증하기 위한 DNA 검사는 이루어지지 않았다. 북아프리카의 리비아고양이는 대부분의 야생고양이처럼 고등어 무늬 모양의 털을 가졌으며 색깔은 회색부터 갈색까지 다양한데, 숲에 사는 녀석들의 색깔이 가장 짙고 사막 가장자리에 사는 녀석들의 색깔이 가장 연하다. 그리고 일반적인 집고양이보다 대체로 덩치가 크고 호리호리하며 꼬리와 다리가 아주 길다. 특히 앞다리가 매우 길어 앉으면 자세가 꼿꼿해져서 마치 고대 이집트에서 만들어진 고양이 여신 바스테트 조각상처럼 보인다. 리비아고양이는 야행성이어서 사람 눈에 쉽게 띄지 않는 것이지 희귀하지는 않다. 사람 손에서 키워진 리비아고양이는 사람을 잘 따르고 애정이 넘치는 성향을 갖게 된다는 이야기가 있지만, 사실 그런 이야기 속에 등장하는 고양이는 중앙 혹은 남부 아프리카에서 목격된 녀석들이기에 리비아고양이가 아니라 남아프리카야생고양이인 듯하다. 탐험가 게오르크 슈바인푸르트는 길들일 수 있는 야생고양이에 대한 신뢰할 수 있는 설명을 도출해내기 위해서, 리비아고양이와 카프레고양이의 분포가 겹치는 지역인 지금의 남수단과 아프리카 최북단 지역에서 길들여진 야생고양이들을 입수하여 조사하기도 했다.

중동이나 북동 아프리카에 사는 순종 리비아고양이의 행동에 대해서는 알려진 것이 거의 없다. 1990년대에 환경보호론자 데이비드 맥도널드는 사

리비아고양이

우디아라비아 중부에 위치한 자연보호구역 소마마 마을에서 야생고양이 여섯 마리에게 무선송신기를 부착해 녀석들을 추적했다. 다섯 마리는 인간의 활동 영역과 거리를 유지했지만 나머지 한 마리는 종종 마을의 비둘기장 근처까지 들어왔고 때로는 어느 집 마당에서 집고양이와 함께 자는 모습이 발견되기도 했다. 녀석들이 집고양이와 짝짓기를 하는 모습도 종종 발견되었다.[14] 맥도널드는 이 관찰을 통해 야생고양이와 집고양이 사이의 번식

제1장 새로운 삶의 문턱에 선 고양이

이 얼마나 쉽게 일어날 수 있는지를 알 수 있었고, 수천 년 전 이 지역에 살던 야생고양이가 어떻게 길들여질 수 있었는지를 짐작케 하는 실마리도 얻을 수 있었다.

야생에서 집으로, 집고양이화되는 고양이들

집고양이의 지리적 이동 경로를 정확하게 추적하는 것은 결코 쉬운 일이 아니라서 고고학적 증거나 최근의 DNA 증거를 통해서도 결론에 이르기 어렵다. 다만 집고양이는 세계 곳곳으로 퍼져 나갔고, 녀석들은 쉽게 야생고양이와 번식하기에 오늘날 북쪽의 스코틀랜드부터 동쪽의 몽골, 남쪽의 아프리카 최남단에 이르기까지 외관상 야생고양이로 보이는 대부분이 집고양이와의 잡종임에 틀림없다. 프랑스에서 실시된 한 표본 조사는, 야생고양이 서른여섯 마리 중 스물세 마리가 '순수한' 야생고양이이며 다섯 마리만이 야생고양이와 집고양이의 잡종이라고 발표했다. 그런데 이 표본 조사에 사용된 DNA 분석 기술은 고양이 각각의 가계에 미친 주요한 영향만 잡아낼 수 있는 수준이다.

지금까지 밝혀진 모든 것을 고려하면, 완전히 '순수한' 야생고양이는 세상 어디에도 남아 있지 않다는 가정까지 할 수 있다. 야생고양이와 집고양이는 최소 1000년이라는 세월(중동에서는 이보다 4~10배 더 길다)을 접촉했기에 사실상 모든 고양이 혈통에 적어도 잡종 한 마리는 반드시 들어가 있다. 한편 흔히 야생고양이의 특징이라고 알려진 '고등어 무늬' 털을 가진 집고양이가 우연히 인간 거주지로부터 아주 멀리 떨어진 외딴곳으로 가게 되어 차에 치이거나 덫에 걸리면, 녀석은 야생고양이로 분류되기 쉽다. 따라서 그 고양이의 DNA 샘플만이 녀석의 진정한 정체성을 알려줄 것이다.

야생고양이만 보호하려고 애쓰는 환경보호론자들에게 이것은 불편한 진실이다. 어쨌거나 유럽의 많은 지역에서 야생고양이는 보호받는 동물이며 고의적으로 죽이는 것은 위법행위가 된다. 도둑고양이나 길고양이라고 불리는 녀석들은 야생에서 살지만 집고양이의 후손이라서 법의 보호를 받지 못한다. 야생고양이 대부분은 털 색깔이나 무늬로 집고양이 출신의 길고양이와 구분이 가능하지만, 그렇지 못한 경우는 어떻게 해야 할까? 최선의 해결책은 아마도 습성을 통해 야생고양이를 구분하는 것일 듯하다. 이를테면 어떤 고양이가 쓰레기통을 뒤지기보다는 뛰어난 사냥 솜씨를 발휘하며 살아간다면, 녀석을 야생고양이로 분류할 수 있을 것이다. 야생에서 홀로 살아온 길고양이라 해도 야생고양이만큼 사냥 기술이 뛰어난 경우는 거의 없기 때문이다. 게다가 앞으로는 DNA 검사가 더욱 일반화되어 야생고양이는 자신들의 법적 지위를 보다 제대로 누릴 수 있게 될 것이다.

대부분의 지역에서 잡종이 형성되었기에 집고양이의 기원을 정확하게 밝히는 것은 불가능한 일은 아니지만 매우 어려운 일이다. 어떤 한 지역에 있는 야생고양이는 모두 야생고양이 유전자와 집고양이 유전자를 동시에 가지고 있을 것이다. 4000년에 걸쳐 집고양이와 공존하며 서로 짝짓기를 했기 때문이다. 하지만 무엇이 야생고양이 유전자이고 무엇이 집고양이 유전자인지 아직 완전하게 밝혀지지는 않았다. 지금까지의 연구에 따르면 15~20개의 유전자가 고양이를 사람에게 사교적으로 만들기도 하고 그 반대로 만들기도 하는 것으로 보이며, 바로 그것이 집고양이와 야생고양이의 차이를 만들어냈을 것이다.[15] 이 가설을 증명하려면 중동과 북아프리카의 야생고양이 DNA 샘플을 충분히 채취해야 하지만, 불행하게도 오늘날 그 지역은 사회적·정치적으로 불안해서 그러기가 어렵다. 그 지역 고양이에 대한 연구들 중 가장 포괄적인 연구조차도 이스라엘 남부에서 포획한 두 개의 집단 소속 고양이들과 사우디아라비아에서 포획한 세 마리 그리고 아랍에미리트에서 포획한 한 마리에게서 채취한 DNA 샘플로만 이루어졌다. 아직까지 레바논, 요르단, 시리아, 이집트에 사는 고양이 DNA 샘플은 물론이고[16] 리비카lybica라고 불리는 리비아 태생 고양이를 포함한 북아프리카산 고양이의 DNA 샘플도 없다. 이 모든 지역에 사는 고양이 DNA에 대한 정보를 더 많이 얻기 전에는, 가축화가 정확히 어디서부터 시작되었는지 밝혀낼 수 없을 것이다.

인간 사회의 가장자리에 머물며 조금씩 야생을 벗어나던 고양이 개체군은 시간이 흐르면서 점차 가축화되었다. 그런데 오늘날의 집고양이 DNA의 다양성을 보면, 최초로 가축화된 고양이 개체군이 하나가 아니라 여러 개였음을 짐작할 수 있다. 이들 개체군의 가축화는 동시대에 이루어졌을 수도 있지만 수백 년이나 심지어 수천 년의 시간을 두고 일어났을 가능성이 더 크다. 우리는 최초의 고양이 가축화가 일어난 지역이 유럽이나 인도 혹은 남아프리카는 아니라고 단언할 수 있다. 만약 그랬다면 오늘날 그 지역에 사는 집고양이들에게서 그 지역 야생고양이의 DNA 흔적이 발견됐을 것이기 때문이다. 따라서 유럽, 인도, 남아프리카에 사는 집고양이는 그 지역 야생고양이가 가축화된 형태가 아니라 서아시아나 북동아프리카에서 가축화된 고양이의 후손일 것이다. 그러나 서아시아와 북동아프리카에 걸친 지역 중 정확히 어디에서 최초로 고양이 가축화가 시작되었는지를 알아내려면 더 많은 연구가 필요하다.

구할 수 있는 자료들을 동원해보면, 우리는 중동의 한 지역 사람들이 곡식 창고로 몰려드는 설치류를 통제할 목적으로 처음 고양이를 길들였다는 설득력 있는 시나리오를 상정할 수 있다. 즉 고양이 가축화가 처음 시작되었을 가능성이 가장 높은 곳은 농경 생활을 한 나투프인들이 살았던 곳이다. 그러나 그들이 유일한 초기 농경인은 아니었다. 나투프 문명이 시작되기 이전인 1만5000년경 전에 카단Qadan 문명 사람들이 지금의 수단과 이집트 남부 지역에 정착해 많은 양의 야생 곡식을 재배했다. 하지만 카단인들은 그로부터 약 4000년 후 나일 계곡에서 잇따라 무시무시한 홍수가 발생한 뒤 수렵과 채집을 하는 사람들에 의해 쫓겨났다. 때문에 카단인들이 곡식 창고를 보호하기 위해 야생고양이를 길들였다면, 그들의 문명이 사라지면서 그 관행도 자취를 감추었을 것이다. 비슷한 시기에 카단인들의 거주지보다 훨씬 북쪽인 나일 계곡 근처에 살았던 무사비Mushabi인들도 식량 저장법과 무화과 재배법 등 농사 기술 몇 가지를 독자적으로 발전시켜온 것으로 추측된다. 그들 역시 식량 창고를 지키기 위해 길든 야생고양이를 데리고 있었을 것이다. 1만4000년경 전 무사비인들 중 일부가 이집트를 떠나 북동쪽으로 이동하여 시나이 사막에 도착했고 그곳에서 현지 케바라Kebara인과 섞이면서 나중에 나투프인이 되었다.[17] 이주한 무사비인들은 유목 생활을 했으며 수렵과 채집 활동도 했다. 따라서 그들에게는 길든 고양이가 필요 없었지만 고양이의 유용성을 알고 있었기에 그러한 인식이 나중에 나투프 문명에 흡수되었다.

고양이를 처음으로 가축화한 사람들로 유일하게 공인할 수 있는 이들이 나투프인이라 하더라도, 오늘날 고양이가 가진 유전적 다양성으로 볼 때 고양이 가축화는 여러 지역에서 광범위하게 이루어졌음을 알 수 있다. 그리고 어느 곳이든 한 지역의 야생고양이들은 유전적으로 매우 비슷한데, 자신의 영역을 매우 중요하게 생각해서 거의 이주를 하지 않기 때문이다. 즉 고양이의 지역 간 유전자 흐름은 최근 인간이 번식에 개입하기 전에는 늘 아주 느리게 진행되었다. 우리는 집고양이가 다양한 종류의 야생고양이와 짝짓기를 할 수 있고 그런 일을 몹시도 원한다는 것을 알고 있다. 집고양이는 심지어 중동에서 그들의 야생 조상과 분리되어 장구한 세월을 거치면서 유전적으로 달라진 스코틀랜드산 야생고양이와도 짝짓기를 원한다. 어떤 까닭인지, 이러한 '밀통'에서 나온 자손들은 반려고양이 집단에 통합되는 경우가 거의 없고 야생고양이 생활 방식으로 살아간다. 아마도 이 잡종은 인간에게 친화력을 발휘하게 만드는 유전자의 완전한 발현을 억누르는 다른 유전적 요소를 가지고 있는 듯하다.

인간이 여행할 때 길든 고양이들을 데리고 다니기 시작하면서 그 고양이들은 리비아고양이에 속하는 각 지방의 야생고양이들과 만났을 것이고, 그런 과정에서 양쪽의 유전자가 섞인 자손들이 태어났을 것이다. 길든 암고양이와 야생 수고양이는 짝짓기를 하는 데 아무런 생물학적 장벽이 없기 때문에 전자는 후자로부터 많은 구애를 받았을 것이다. 현재 스코틀랜드에 사는 새끼 고양이들을 봐도 알 수 있듯이, 옛날부터 암컷 집고양이와 수컷 야생고양이 사이에서 태어난 후손들은 아빠를 닮아서 길들이기 어려운 경우가 많았다. 하지만 때로는 길들이기 쉬운 온순한 새끼들도 있었을 것이고, 바로 그런 녀석들이 어미와 함께 인간 곁에 머물면서 집고양이 집단에 흡수되었을 것이다. 지금까지의 설명으로 오늘날의 고양이가 가진 유전적 다양성에 대해 모두 알 수는 없지만, 다양한 종류의 수컷 야생고양이로부터 새로운 유전자 원료가 전해졌다는 사실은 짐작할 수 있다. 오늘날의 집고양이는 확실히 다양한 야생 수고양이의 유전적 특징을 많이 가지고 있다. 하지만 또한 대략 다섯 종류의 야생 암고양이의 유전적 특징도 가지고 있는데, 그 각각은 처음에는 분명 중동이나 북아프리카의 몇몇 지역에 살았을 것이다.[18] 그들은 그렇게 서로 다른 지역의 다른 문화권에서 따로 가축화되었을 가능성이 높다. 그리고 그들의 후손이 수백 년 혹은 수천 년 후에 교역을 통해 다른 문화권으로 이동하게 되면서 서로의 게놈이 섞였을 것이다. 물론 이런 설명은 고양이보다는 인간의 역할에 지나치게 비중을 둔 것이기도 하다.

이렇게 초기의 집고양이는 자기 주변에 사는 야생고양이와의 번식을 통해 유전적 다양성을 갖게 되었다. 때로는 길들거나 어느 정도 가축화된 쪽이 수컷인 경우도 있었을 터이고, 그들은 암컷 야생고양이의 냄새와 짝짓기 음성에 이끌려 탈출을 감행했을 것이다. 이렇게 해서 태어난 새끼들 중 일부는 쉽게 길들여질 수 있는 유전자를 가지고 태어났을 것이고, 그들 중 몇몇이 그 지역의 여성이나 아이들에게 발견되어 집에서 키워졌을 것이다. 그렇게 반려동물이 된 새끼들은 자라서 서로 짝짓기를 했을 터이고, 그런 일이 대를 이어 네다섯 번 일어났을 때 그 결과로 태어난 새끼는 벌써 오늘날의 반려고양이와 비슷한 형태의 유전자를 갖게 되었을 것이다.

이처럼 집고양이 역사의 초기 단계는, 귀여운 동물을 향한 인간의 강한 관심과 애정 그리고 고양이의 생명 활동이 상호작용하면서 만들어진 우발적 결과라고 할 수 있다. 즉 고양이 가축화 과정은 같은 시기에 일어난 양, 염소, 소, 돼지 등의 가축화 과정보다 훨씬 계획성 없이 진행되었다. 당시 개는 이미 가축화된 종류가 여럿 있을 만큼 충분히 길들여져 있었는데, 이는 인간이 그때부터 동물을 더욱 유용하고 다루기 쉬운 형태로 바꿀 수 있는 능력을 가지고 있었음을 보여준다. 하지만 집고양이는 그 후로도 수천 년 동안 주변 지역의 야생고양이와 이종번식하면서 본질적으로 야생동물로 남았다. 그래서 오늘날과 달리 과거에는 많은 지역에서 길든 고양이와 야생고양이가 완전히 다른 종류가 아니라 서로 연결된 하나의 동물군으로 이해되었을 것이다. 더욱이 외모도 거의 비슷했기에 오직 사람에 대한 행동을 통해서만 서로 구분될 수 있었다. 초기의 집고양이는 주인에게 인정받기 위해 유능한 사냥꾼이 되어야만 했다. 생쥐가 헛간에서 태평천하를 누리는 것을 놔두거나 가족 중 한 사람이 뱀에 물려 독에 중독되는 것을 보고만 있는 고양이는 사람과 오래 살지 못했다. 온순하고 차분하며 주인 말을 잘 따른다 해도, 사냥꾼이라는 '본업'에 충실하지 못한 고양이는 칭찬이나 사랑을 받지 못했다.

그럼에도 불구하고 고양이가 처음으로 등장하는 예술적인 문자 기록들 속에서, 인간은 고양이를 확고하게 가족의 일원으로 받아들인 것처럼 묘사되어 있다. 즉 본격적인 고양이 가축화가 시작되기 전부터 고양이는 명백히 애정이라는 감정을 인간에게 불어넣고 있었다. 오늘날에 와서야 우리는 과학을 통해 그것이 어떻게, 왜 가능했는지 이해할 수 있게 되었다.

제 2 장

야생을
벗어나는
고양이

고양이가 야생성을 포기하게 된 시간과 장소를 정확히 밝혀낼 수는 없을 것이다. 고양이 가축화는 들끓는 생쥐 때문에 골머리를 앓던 사람이 갑자기 떠올린 묘안에 의해 단숨에 이루어진 것이 아니었다. 고양이는 수천 년에 걸쳐 야생에서 인간 사회로 이동하기도 하고 또 잠시 멈추기도 하면서 우리 가정과 마음속에 서서히 스며들었다.

중동과 북동 아프리카의 많은 사람이 고양이를 처음 길들여보기로 시도했을 때, 무수한 실패를 맛보았을 것으로 보인다. 사람을 잘 따르는 새끼 고양이를 선택해도 실패를 피할 수 없었을 것이다. 그들은 고양이가 두어 번 새끼를 낳을 때까지 기르다가 결국 길들이기를 포기하기도 하고, 때로는 고양이를 잃어버리기도 했을 터이다. 그런 고양이들은 다시 야생화되었을 것이다. 인류가 생쥐를 끌어들이기에 충분할 만큼의 식량을 처음으로 저장하기 시작했던 1만 1000년 전부터 5000년 전 사이에 일어났던 고양이 가축화 과정은 짧게는 몇 세대, 길게는 100~200년 주기로 실패를 반복했을 것이다. 그에 대한 내용이 고고학적 기록에는 거의 없지만, 야생고양이와 길든 고양이가 함께 살며 오직 행동으로만 녀석들을 구별할 수 있었던 지역에서는 더욱 그랬을 듯하다.

키프로스 무덤에서 발견된 고양이 유골

그 시기에 인간과 고양이가 가까운 관계였음을 잘 보여주는 유일한 증거가 있다. 이는 키프로스 남동쪽 해안에 위치한 실로우로캄보스Shillourokambos에서 10여 년 동안 신석기 유적을 발굴한 파리 자연사박물관 소속 고고학자들이 2001년에 발견한 고양이 유골로, 기원전 7500년경 것으로 추정되는 한 남자의 무덤 속에 묻혀 있었다.[1] 사람 무덤 속에 고양이 유골이 온전한 형태로 남아 있었다는 것은, 거기 고양이가 매장된 것이 우연히 일어난 일이 아님을 의미한다. 더욱이 그것은 사람 유골과 40센티미터도 떨어지지 않은 곳에 놓여 있었다. 함께 발견된 광택 나는 석기들, 차돌로 만든 손도끼들과 황토는 무덤 주인이 높은 사회적 지위를 가졌음을 보여준다. 같이 묻힌 고양이는 한 살도 안 된 나이로 보여, 직접적인 증거는 없지만 의도적으로 죽임을 당한 것으로 추측된다.

물론 우리는 무덤에 함께 묻힌 고양이와 사람의 관계를 그저 짐작만 할수 있을 뿐이다. 순장된 개 유골과 달리 고양이 유골은 사람 유골과 닿지 않은 상태로 발견되었다. 이것은 고양이가 개만큼 소중한 반려동물은 아니었음을 암시한다. 다시 말해 사람과 고양이 사이가 오늘날처럼 애정 어린 관계는 아니었을 것이다. 그러나 고양이를 그렇게 정성스레 매장했다는 것은 누군가가, 즉 무덤의 주인이나 살아 있는 그의 친척이 그 고양이를 소중히 여겼음을 보여준다.

키프로스에 매장된 고양이 유골

이런 고양이 유골은 고양이와 사람의 초기 관계를 어렴풋이 보여주는 동시에 수많은 질문을 유발한다. 중동 본토에서 발견된 기록들 중에는 키프로스에서 발견된 고양이의 매장 시기로 추측되는 때로부터 수천 년 뒤에 쓰여진 것에서도 고양이 매장에 대한 내용은 발견되지 않았다. 그러나 만약 그 시기에 중동에서 고양이가 완전히 가축화된 반려동물이었다면 녀석들 중 일부도 개와 같은 방식으로 순장되었을 것이다. 물론 키프로스에서 가축화된 고양이가 최초로 등장했고 그 가운데 몇몇이 중동으로 수출되어 결과적으로 오늘날의 반려고양이로 이어졌을지도 모르지만, 그것을 뒷받침하는 증거는 없다. 사실 그보다는 키프로스인들이 아주 특별한 사람의 무덤에 예외적으로 그가 소중하게 여기며 길들였던 야생고양이를 묻었을 가능성이 더 크다.

고양이는 실용성이 있을 뿐만 아니라 사랑스러운 존재이기에 가축화되었을 가능성이 높다. 즉 오늘날의 집고양이 조상들 중 몇몇은 유해 동물 통제 역할도 했고 반려동물 역할도 했을 것이다. 동지중해 신석기 문화에서 개 외의 반려동물을 길렀다는 직접적인 증거는 없지만, 오늘날까지 그 지역에서 수렵과 채집 생활을 하며 살아가는 소수의 부족이 고양이를 기르는 모습을 통해, 우리 조상들이 야생고양이를 처음 길들인 과정에 대한 단서를 얻을 수 있다. 한편 보르네오 섬과 아마존 강 유역에 사는 몇몇 부족의 여성과 아이들도 야생에서 갓 젖을 뗀 동물을 데려와 반려동물로 삼는다.[2] 즉 고양이를 기르는 습성은 서로 교류가 없었던 문화권의 여러 부족에게서 동시에 발견되기 때문에 인간의 보편적인 특성으로 생각된다. 만약 그렇다면, 지중해 연안에 살던 사람들이 자신이 키우던 야생고양이 새끼들 중 한 마리를 데리고 바다를 건너 키프로스에 정착했을 가능성에 더욱 힘이 실린다. 키프로스에서 발견된, 고양이 유골이 묻혀 있는 무덤의 주인도 아마 그런 사람이었을 것이다.

인간의 거주지에서 살게 된 최초의 고양이들이 길들여진 야생고양이였다 해도, 녀석들이 오늘날 집고양이의 직접적인 조상은 아닌 듯하다. 오늘날까지 사냥과 채집을 하며 살아가는 부족들의 생활을 살펴보면, 종류를 불문하고 야생에서 잡은 어린 동물을 오랫동안 키우는 경우는 거의 없다(또한 오랫동안 그들 손에서 길러진 소수의 동물은 자라도 새끼를 낳는 경우가 드물다). 이 사실로 미루어보건대 최초로 야생동물을 길들였던 사람들은 녀석들이 자라면서 귀여움이 사라지면 다시 야생으로 돌려보내는 경우가 많았던 것 같다(길들여진 야생동물 중 식용이 금기시되지 않았고 맛있다고 알려진 것들은 사람에게 잡아먹히기도 했을 것이다). 호주의 딩고를 보면 그런 추측이 더욱 힘을 얻는다. 딩고는 원래 사람이 키우던 갯과 동물이었다가 사람에게서 버려져 호주 북부로 온 이후부터 그 지역의 야생 포식자가 되었다. 마치 키프로스의 길든 야생고양이가 후에 사람에게서 도망쳐 그 지역의 포식자가 되었던 것처럼 말이다. 지금도 호주 원주민들은 어린 딩고를 발견하면 녀석의 매력에 흠뻑 빠져 집으로 데려와 반려동물로 키우다가, 녀석이 2차 성징을 보일 정도로 자라면 다시 야생으로 돌려보낸다. 음식을 훔쳐 먹고 아이들을 괴롭히는 등 마을의 커다란 골칫거리가 되기 때문이다. 인간과 야생고양이의 관계도 초기에는 이와 비슷했을 것임을 어렵지 않게 상상할 수 있다.

이집트인들이 고양이를 키웠다는 증거

고양잇과 동물이 사람에게 사랑받는 동물로 변화하는 과정을 확실히 보여주는 첫 번째 증거는 4000년경 전의 이집트 그림들과 조각품들이다. 거기 묘사된 고양잇과 동물들이 어떤 종류인지 하나하나 구별하기는 힘들지만, 얼룩무늬가 없는 녀석들은 정글살쾡이임을 쉽게 알아볼 수 있다. 오랜 세월 이집트인들이 정글살쾡이를 길들여 데리고 있었다는 증거는 또 있다. 바로 약 5700년 전에 만들어진 것으로 추정되는 무덤에서 발굴된, 사람에 의해 다리 골절 치료를 받은 흔적이 남아 있는 어린 정글살쾡이의 유골이다.[3] 그러나 사람과 함께 살던 정글살쾡이도 야생 습성을 버리지 못했기에 가축화될 수는 없었다. 또 다른 오래된 이집트 그림들 속에 등장하는 줄무늬가 선명한 고양이들은 갈대밭 같은 야외를 배경으로 제닛, 몽구스 같은 그 지역의 다른 포식자들과 함께 등장하기에 집고양이일 가능성은 낮아 보인다. 실내 장면에 등장하는 고양이들도 때때로 목줄을 차고 있어 집고양이라기보다는 길든 야생고양이로 보인다. 하지만 약 4000년 전인 고대 이집트 중왕조 시대 초기에, 집고양이를 뜻하는 '미유miw'라는 상형문자가 만들어졌다. 머지않아 '미유'는 여자아이의 이름으로 사용되었는데, 이는 당시에 집고양이가 이집트 사회에서 없어서는 안 되는 존재가 되었음을 말해준다.[4]

그보다 2000년 전인 이집트 선왕조 시대에 만들어진 무덤에서는 가젤과 고양이의 뼈가 나왔다. 한 예술가의 것으로 추정되는 그 무덤에 사람들이 가젤을 묻어준 것은 사후 세계에서 가젤을 양식으로 삼으라는 뜻으로 보인다. 고양이를 묻어준 것은 그보다 3000년 전 것으로 추정되는, 역시 고양이가 함께 묻힌 키프로스 무덤을 생각나게 한다. 지중해에서 남쪽으로 800킬로미터 정도 떨어진 나일 강 상류의 고대도시 아비도스에서도 고양이 유골이 묻혀 있는 4000년 전 무덤이 발견되었다. 그 무덤 안에는 열일곱 마리 이상의 고양이 유골이 들어 있었고, 유골 옆에는 우유를 담았던 것으로 추정되는 여러 개의 작은 그릇이 놓여 있었다. 한 장소에 그렇게 많은 고양이를 매장한 이유는 분명하지 않지만, 함께 묻힌 음식 그릇은 그 고양이들이 반려동물이었음을 나타낸다.

이 초기의 이집트 반려고양이는 농장에서 가축화된 고양이 출신이거나 다른 곳에서 수입된 것으로 보인다. 이집트가 문명의 중심으로 떠오르기 한참 전에 그보다 북쪽인 비옥한 초승달 지역이나 키프로스에서 고양이 가축화가 시작됐다면, 고양이는 이국적이고 신기한 동물로 인정받아 교역을 통해 주변 지역으로 전파되었을 가능성이 있다. 이 가정이 맞다면, 이집트 선왕조 시대의 집고양이에 관한 증거가 부족한 이유가 설명된다. 같은 가정하

묶여 있는 고양이 — 기원전 1450년 이집트

반려고양이 — 기원전 1250년 이집트

에 생각을 더 전개해보자면, 비싼 값에 거래되어 주변 지역으로 전파된 집고양이는 가치 있는 소유물로 여겨졌을 것이다. 하지만 녀석들은 숫자가 매우 적어 같은 집고양이 안에서만 짝짓기 대상을 찾는 일은 '하늘의 별 따기'였을 것이기에, 그 지역의 야생고양이나 길든 야생고양이와 짝짓기를 했을 터이다. 때문에 집고양이와 야생고양이의 유전자가 섞이면서 그 후손들은 집고양이의 생활양식을 받아들이기가 점점 어려워졌을 것이다.

그러나 이후 500년 동안 이집트에서 집고양이가 자신들끼리 개체 수를 유지할 수 있을 정도로 늘어나게 되자, 집고양이의 역할은 더욱 분명해졌다. 고양이 가축화의 명백한 증거는 이집트 사원의 여러 그림에서 발견할 수 있다. 3500년에서 4000년 전 것으로 추정되는 그림들에는 바구니에 앉아 있는 고양이들이 등장한다. 약 3300년 전 것으로 보이는 그림들에는 묶이지 않은 고양이가 아내와 같은 중요한 가족 구성원의 의자 밑에 앉아 있다(예상하겠지만 남편 의자 밑에 있는 동물은 일반적으로 개다). 약 3250년 전 것으로 추정되는 한 그림에는 다 자란 고양이가 아내 의자 밑에 앉아 있고, 남편 무릎 위에는 새끼 고양이가 앉아 있다. 특히 귀족들이 고양이를 매우 사랑했고 이집트 왕 아멘호테프 3세의 장남 투트모세도 그랬던 것으로 보인다. 투트모세는 자신이 기르던 오시리스 타미우Osiris, Ta-Miaut(진정한 암고양이 오시리스라는 뜻)를 너무나 사랑해서, 녀석이 죽자 미라로 만들고 그림과 상형문자를 조각한 석관도 만들었다.[5]

이집트 사원의 그림들 속에서 고양이는 대부분 귀족적인 분위기를 배경으로 등장하기에, 고양이가 소수의 특권층만 기를 수 있었던 진귀한 반려동물이었음을 짐작케 한다. 고양이 유골도 일반인들이 살았던 주거지 근처에서는 발견되지 않는데, 그것들이 보관되어 있던 사원이나 사람 무덤은 주기적으로 범람하는 나일 강에서 멀리 떨어진 사막 가장자리에 세워졌기 때문일 것이다. 다행스럽게도 3000년 전에서 3500년 전 사이에 무덤과 사원 건설에 참여한 예술가들이 자신의 즐거움을 위해 그린 것으로 보이는 또 다른 그림들이 남아 있는데, 이는 사원에 그려진 공식적인 그림과는 달리 재미있고 만화 같은 느낌을 준다. 그런 그림들에 묘사된 고양이의 모습은 집 안에서 뒹구는 일상적인 것에서부터 상상 속 모습에 이르기까지 다양하다. 그중에는 나무 막대기에 보따리를 묶어 어깨에 짊어지고 걸어가는 고양이도 있는데, 영국 민간설화 '딕 휘팅턴의 고양이'를 생각나게 한다. 이러한 그림들역시 당시 이집트에서 반려고양이를 키우는 것이 얼마나 유행했는지를 확인시켜준다.

이집트인이 고양이를 애지중지했을 뿐 아니라 아주 유용한 존재로 생각했다는 증거도 있다. 약 3300년 전 것으로 추정되는, 고양이가 주인과 함께 사냥하는 장면이 묘사된 그림들이다. 그러나 그 장면은 상상의 산물이었던 듯하다. 그 어떤 문화에서도 고양이를 사냥에 이용했다는 증거는 발견되지 않았기 때문이다. 여러분이 키우는 고양이를 사냥에 데려갔다고 상상해보면, 그런 광경이 얼마나 현실성이 없는지 쉽게 이해될 것이다. 따라서 고양이의 유용성은 이집트 경제를 좌지우지했던 곡식 창고에 수시로 침입했던 외래 생쥐나 토종 설치류를 막는 것에서 발휘되었다고 생각하는 편이 훨씬 설득력이 높다. 나일 강 유역에서 매년 발생하던 홍수는 농사에 결정적인 역할을 했다. 강 양쪽에 위치한 경작지로 범람하는 물에는 아주 중요한 영양분들이 포함돼 있어 흙을 비옥하게 해주었기 때문이다. 그러나 홍수가 나면 굴에서 살던 나일 강 쥐들이 먹이와 은신처를 찾기 위해 마을이 있는 더 높은 지대로 들어와 인간에게 피해를 입혔다.[6] 고양이는 바로 이 '초대받지 않

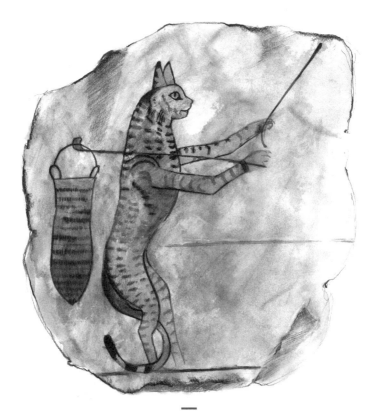

석회석 판에 만화와 같은 느낌으로 그려진 고양이 — 기원전 1100년 이집트

은 손님'을 막는 데 아주 유용했을 것이다.

고양이를 대하는 이집트인들의 태도

고양이는 이렇듯 인간에게 해로운 설치류를 쫓아내는 능력을 가진 데다 뱀을 죽이는 뛰어난 기술도 가지고 있어 이집트인들에게 더욱 중요한 존재였다. 독이 있는 뱀은 고대 이집트에서 상당한 근심거리였다. 주로 의학과 뱀에 관해 기술되어 있는 약 3700년 전 자료인 브루클린 파피루스[주로 사류학 蛇類學, 즉 뱀에 관한 연구와 의학에 관련된 내용을 담고 있는 고대 이집트의 파피루스로, 현재 뉴욕 브루클린 박물관에 전시되어 있어 '브루클린 파피루스'라고 불린다]의 상당 부분은, 뱀이나 전갈 혹은 타란툴라에게 물려 중독되었을 때의 치료법이 차지한다. 이집트인은 뱀을 박멸하기 위해 몽구스와 제닛을 이용하기도 했지만,[7] 유일하게 뱀을 죽일 수 있는 길들여진 동물은 집고양이였다. 브루클린 파피루스 시절로부터 1000년이 더 지나 이집트에서의 생활을 기록한 역사학자 디오도루스 시쿨루스는, '커다란 독사의 위협에도, 작은 독사의 치명적인 공격에도 고양이는 아주 유용하다'라고 썼다.[8]

뱀에 물리는 사고를 예방하는 데 있어 고양이가 실제로 얼마나 효과가 있었는지는 알 수 없지만, 이집트인들은 고양이가 독사로부터 자신을 지켜줄 것이라는 강한 믿음이 있었다. 당시 이집트 고양이가 독사를 보면 도망가기는커녕 공격을 했다는 사실을 알면, 오늘날 고양이를 키우는 사람들은 매우 놀랄 것이다. 오늘날 유럽에서 반려고양이가 뱀을 죽이는 경우는 거의 없고, 파충류로는 유일하게 도마뱀을 잡아먹었다는 기록이 있다. 미국에서는 고양이가 도마뱀과 독 없는 뱀만 죽이거나 잡아먹는다고 알려져 있다. 오직 호주에만 고양이가 독사를 죽인다는 기록이 있는데, 그곳의 많은 야생고양이는 포유류보다 파충류를 더 많이 사냥해 잡아먹는다. 아프리카와 이집트에서는 현재 고양이 식생활에 대해 이루어진 연구가 거의 없고, 1930년대에 이집트에서 고양이를 연구한 영국 교수들이 고양이가 뿔뱀을 죽이고 코브라에게 위협을 가하는 모습을 목격했다고 보고한 기록만 남아 있다.[9] 사실 고대 이집트인들이 뱀 퇴치를 위해 고양이를 전문적으로 사육했을 가능성은 거의 없다. 뱀을 잡는 실력은 몽구스가 훨씬 뛰어났기 때문이다.[10] 하지만 뱀을 무서워하지 않고 공격적으로 맞서는 고양이를 지켜보면서 이집트인들은 강한 인상을 받았을 것이다. 하지만 당시 고양이의 주요 역할은 주로 가정과 곡식 창고에 나타나는 쥐 등의 설치류를 죽이는 일이었을 것이고, 그러한 역할은 이집트 예술이나 신화에 등장하기에는 너무 평범하고 일상적인 일이었을 터이다.

유해 동물 통제자로서 순조롭게 진화하던 집고양이는 진화의 다음 단계에서 새로운 적인 곰쥐와 맞닥뜨렸다. 인도와 동남아시아에서 유래한 이 새로운 적은 무역 경로를 따라 서쪽으로 퍼지기 시작해서 약 2300년 전에 파키스탄과 중동 그리고 이집트 문명에 도달했다. 거기서 다시 로마 무역선에 올라탄 곰쥐는 1세기에 서유럽까지 퍼지게 되었다. 곰쥐는 생쥐보다 무엇이든 잘 먹어서 저장해놓은 모든 종류의 식량뿐만 아니라 가축에게 주려고 준비해둔 먹이까지 몽땅 먹어치웠다. 게다가 병균을 옮기는 매개체였다. 그리스인과 로마인은 고양이가 이처럼 새롭게 나타난 위협적인 대상을 완벽하게 통제하지 못하면 녀석들을 냉대하기도 했던 것 같다. 2000년 전의 고양이는 오늘날보다 덩치도 크고 더 대담했던 것으로 보인다. 홍해 연안에서 발견된 1800년 전의 고양이 무덤은, 당시 고양이가 아주 유능한 쥐 포식자였음을 보여준다. 그 무덤에서 발견된 고양이는 당시 고양이의 전형적인 모습을 보여주는 젊은 수컷으로, 오늘날 고양이 기준으로 보면 거대할 정도다. 녀석은 아마천으로 된 수의를 입은 데다 녹색과 보라색으로 장식된 여러 조각의 양털 천에 감싸여 있어 이집트 미라와 흡사해 보인다. 하지만 전통적인 방식에 따라 미라로 만들어진 것은 아니다. 녀석의 내장이 제거되지 않았기 때문이다. 검사관은 녀석의 위 속에서 적어도 다섯 마리의 곰쥐 뼈를 발견했고, 더 아래쪽 내장에서도 한 마리 이상의 곰쥐 뼈를 찾아냈다.[11] 녀석이 왜 죽었고 왜 이렇게 정성스럽게 매장되었는지 정확히는 알 수 없지만, 주인이 쥐 잡는 실력이 뛰어난 녀석을 아주 특별한 존재로 여겼음은 분명하다.

이집트인은 반려동물로서 그리고 유해 동물 통제자로서 고양이를 높게 평가했을 뿐만 아니라 영적인 의미도 부여했다. 약 3500년 전부터 고양이는 이집트 제례와 종교에서 점점 중요한 존재가 되어 무덤 벽화에 보이기 시작한다. 그 벽화에는 사람 머리가 아닌 고양이 머리가 달린, 미유티Miuty라는 태양신이 가끔 등장한다. 이집트인은 처음에는 대형 고양잇과 동물을 신격화해 암사자의 신 파케트Pakhet와 세크메트Sekhmet─후자는 카라칼과 관련이 있다─그리고 표범 여신 마프데트Mafdet를 만들어냈지만, 점점 집고양이를 신격화하기 시작했다. 아마도 고양잇과 동물 중에서 집고양이가 대부분의 사람에게 가장 친숙하고 접근성이 좋았기 때문일 것이다.

집고양이와 밀접한 관련이 있는 것은 여신 바스테트Bastet다. 바스테트 숭배는 약 4800년 전 나일 강 삼각주 도시 부바스티스에서 시작되었다. 이 여신은 원래 암사자 머리를 하고 이마에는 커다란 뱀이 있는 여성의 모습이었는데, 2000년 후쯤부터 이집트인은 이 여신을 더 작은 고양잇과 동물과 연관 짓기 시작했다. 이러한 현상은 부바스티스에 집고양이가 도입되면서부터 혹은 고양이를 가축화하면서부터 일어났을 것이다. 이 시기에도 바스테트는 여전히 암사자 머리를 하고 있었지만, 가끔 몇 마리의 (집고양이로 보이는) 작은 고양잇과 동물을 거느린 모습으로 묘사되기도 했다. 이후 300년 동안, 바스테트는 점점 사자에서 집고양이 모습으로 변해가기 시작했다. 원래 인간을 불행으로부터 지켜주는 여신이었던 바스테트는 나중에는 장난스러움과 다산성, 모성애와 여성의 성적 매력을 암시하기 시작했다. 이 모든 것은 바로 집고양이의 특징이다. 바스테트의 인기가 이집트 전역으로 퍼져 나간 것은 이집트 왕국이 점점 쇠약해져가던 후기 왕조 시대와 프톨레마이오스 시대(지금으로부터 2050~2600년 전)였다. 그리스 역사학자 헤로도토스가 다음과 같이 서술했듯이, 1년 중 바스테트 축제는 가장 중요한 시기였다.

> 사람들이 부바스티스로 들어오는 모습은 다음과 같다. 부바스티스행 배에 탄 수많은 남녀 중 어떤 남자들은 피리를 불고 어떤 여자들은 캐스터네츠를 치며 나머지 남녀는 손뼉을 치며 노래를 부른다. 배가 강변 도시를 지날 때면 그들은 노래를 부르거나 춤을 추고 도시 여자들을 향해 소리를 지르고 조롱하듯 치마를 들어 올리기도 한다. 모든 강변 도시를 지날 때마다 그렇게 한다. 마침내 부바스티스에 도착하면 제사를 올린 후 본격적으로 성대한 축제를 즐기는데, 이때 소비하는 포도주의 양은 이집트 한 해 포도주 소비량을 합한 것보다 많다고 한다.**12**

고양이가 이 중요한 축제의 제사와 관련이 있었기 때문에 이집트인은 우리가 보기에는 지나치다 싶을 정도로 고양이를 중요시했다. 헤로도토스 기록을 보면, 이집트의 한 가족은 반려고양이가 자연사하자 존중의 표시로 모두 눈썹을 밀었고, 건물에 화재가 나자 사람들이 불을 끄기 전에 그곳에 고양이가 들어가는 것을 막으려고 이리 뛰고 저리 뛰었다고 한다.**13** 이러한 고양이 숭배는 오랜 세월 계속되었다. 그로부터 500년 후 이집트가 로마제국의 일부가 되었을 때 디오도루스 시쿨루스(기원전 1세기 무렵의 그리스 역사가)는 이렇게 적었다.

> 만약 누군가가 고의든 아니든 고양이를 죽이면 그 사람은 끌려가서 군중

으로부터 죽임을 당한다. 어떠한 예외도 없다. 그래서 우연히 죽은 고양이를 발견한 사람은, 죽임을 당할까 무서워서 고양이 시체로부터 멀찌감치 떨어져서 울면서 다른 사람들에게 자기가 죽인 것이 아니라 이미 죽어 있었음을 알린다. 한번은 어떤 로마인이 마차를 몰다가 실수로 고양이를 치어 죽였다. 성난 이집트인들은 그가 묵고 있는 여관으로 달려갔다. 당시 이집트인들은 로마인들에 대한 두려움을 가지고 있었고 게다가왕이 그들을 만류하기 위해 공주까지 보냈지만, 그들의 분노는 가라앉지 않았다. 결국 그 로마인은 이집트인들이 던진 돌에 맞아 죽었다.[14]

그런데 이러한 행동과는 대조적으로, 이집트인은 키우던 고양이가 원치 않는 새끼를 출산하면 그 새끼를 죽이기도 했다. 이러한 일은 이집트 사회에서 지극히 평범한 일이었다. 헤로도토스는 '이집트 사람들은 고양이 새끼를 어미로부터 강제로 빼앗거나 몰래 가져와서 죽였지만, 죽인 새끼를 잡아먹지는 않았다'라고 썼다.[15] 사실 이것은 고양이 개체 수를 조절하는 편리한 방법이었다. 헤로도토스의 글을 보면 당시에, 아니 그보다 훨씬 이전부터 집고양이는 야생고양이와 짝짓기를 하지 않고도 개체 수를 유지할 수 있었음을 알 수 있다. 이 말은 유해 동물 통제나 반려동물 역할에 필요했던 수보다 훨씬 많은 집고양이가 태어났음을 암시한다. 오늘날의 정서로는 새끼 고양이를 죽이는 행동이 비인간적이고 무정하게 보이겠지만, 현대 수의학이 생겨나기 전까지는 그것이 고양이 개체 수를 적당하게 조절하는 가장 간단한 방법이었다. 아마도 당시 사람들은 죄책감을 덜 느끼기 위해 새끼 고양이가 눈을 떠 귀여운 표정을 짓기 전에 처리했을 것이다. 이러한 방식으로 개체 수를 조절하는 것은 비교적 최근까지도 일반적인 관행이었다. 시골이나 다름

없던 1940년대 미국 뉴햄프셔 주 사람들의 고양이에 대한 태도를 연구한 엘리자베스 마셜 토머스는 이렇게 썼다.

> 농장 고양이는 결국 반려동물도 아니고 가축도 아니다. 농부는 자기 마음에 들지 않을 정도로 고양이 수가 늘어나면 고양이를 자루에 담아서 가스로 질식사시키거나 익사시킨다. 한동안 정성껏 돌봤던 동물들을 갑자기 한데 모아서 아무런 경고도 없이 신속하게 죽이는 것, 농장 일이란 결국 이런 것이다.[16]

심지어 21세기에도 고양이를 대하는 사람들의 생각은 매우 다양하다. 어떤 사람은 고양이 한 마리 한 마리가 각각 권리를 가졌다고 보지만, 어떤 사람은 더 이상 쓸모가 없어졌을 때는 버려도 되는 것이라고 본다.

고양이 미라의 탄생: 제물로 바쳐진 고양이

고대 이집트인은 고양이를 깊이 숭상하는 문화에 새로운 차원을 한 가지 더했는데, 그것은 바로 고양이를 신에게 제물로 바치는 것이었다. 사실 오늘날의 관점에서 보면 매우 끔찍한 일이다. 그런 제사 의식에 따라 수백만 마리의 고양이가 제물로 바쳐진 것으로 보인다. 사후의 삶을 아주 중요하게 생각했던 이집트인은 4000년 전부터 인간과 동물의 사체를 보존하기 위해 미라를 만드는 기술을 발전시켰고, 그 기술에 의해 고양이 사체를 미라 처리하는 관행이 수백 년 동안 지속되었다. 하지만 주인이 매우 사랑했다는 이유로 미라 처리된 고양이는 그런 관행이 시작된 초창기에 죽었던 소수에 불과하다. 가령 투트모세가 너무도 사랑했던 고양이 타미우가 그런 경우였다.

타미우의 미라가 담긴 석관에는 녀석에 대한 설명과 녀석의 사후 세계에서의 안녕을 기원하는 글이 조각되어 있다. 하지만 그 후로 미라 처리된 고양이는 대부분 신들에게 제물로 바쳐진 것들이었다.

지금으로부터 2400년 전부터 400년 동안, 이집트에서는 '신성한 동물'을 양산해내는 것이 주요 산업이었다. 소형 고양잇과 동물 외에도 사자, 정글살쾡이, 소, 악어, 양, 개, 개코원숭이, 몽구스, 새, 뱀까지 미라로 만들어졌다. 그래서 때때로 깜짝 놀랄 만큼 많은 수의 동물이 미라로 발견되기도 한다. 예를 들어 이집트 중부 투나 엘 가발Tuna el-Gebel의 여러 지하 묘지와 카이로 남쪽 사카라Saqqara에서 각각 400만, 150만 마리 이상의 황새 미라가 발견되었다.

단 다른 동물보다 고양이를 미라로 만드는 작업에는 인간을 미라로 만드는 수준 높은 기술, 즉 내장을 제거하고 마른 모래로 채우는 기술이 동원되는 경우가 많았다.[17] 그렇게 처리된 고양이 사체는, 나일 강 하류나 마른 호수 바닥에 있던 천연 건조제이자 방부제인 나트론이 뿌려진 후 아마사 붕대로 겹겹이 싸여졌다. 방부 처리 기술자들은 나트론에 동물성 기름, 향유, 밀랍, 향나무 송진을 섞기도 했고 때로는 160킬로미터 이상 떨어져 있는 홍해 연안에서 가져온 역청을 사용하기도 했다.[18]

고양이 미라를 의뢰하는 사람의 취향 및 금전적 능력에 따라 미라 외관은 아주 다양했다. 어떤 것은 실에 엮인 도자기 구슬로 단순하게 장식됐지만, 어떤 것은 마지막에 아마천을 아름다운 모양으로 감기도 했다. 고양이의 두개골 위에 진흙과 회반죽이 스며든 아마사를 감은 후 그 위에 청동으로 만든 고양이 머리 모형을 씌우기도 했다. 머리 부분은 거칠고 조잡한 것도 있는 반면 수염 하나하나를 묘사한 아주 정교한 것도 있다. 많은 고양이 미라가 단순한 직사각형 목관 안에 놓였지만, 일부는 군힌 회반죽 위에 채색했거나 금박을 입혔거나 금이나 은을 박아 넣은 구슬로 고양이 눈을 묘사한 목관 안에 놓이기도 했다. 놀라울 정도로 정교하게 만들어진 고양이 미라는 처음 만들어졌을 때는 마치 살아 있는 것처럼 보였을 것이다.

제물로 바쳐지는 고양이는 전문적으로 사육되었다. 고양이나 고양잇과 동물과 관계된 신을 모시는 사원 근처에는 고양이 사육장 유적이 발견되는 경우가 많다. 거기 살았던 고양이들은 미라로 제작되기 위해 의도적으로 도살된 것이 확실하다. 엑스레이를 통해 고양이 목이 모두 부러져 있는 것을 확인할 수 있기 때문이다.[19] 일부는 태어난 지 2~4개월 정도에, 나머지도 생후 9~12개월 정도에 희생되었다. 미라 공급업자들은 그보다 더 나이가 들 때까지 미라용 고양이들을 키우는 것은 수지가 안 맞는다고 생각한 것 같다. 물론 번식을 위해 귀표를 해놓은 고양이는 예외였다. 사원을 방문한 사람들은 고양이 미라를 구입해 자신이 숭배하는 신에게 제물로 바쳤다. 그리고 그렇게 바쳐진 미라의 양이 많아지면 사제들이 그것들을 거두어 여러 묶음으로 나눠 지하 묘지에 묻었다. 19세기와 20세기에 묘지가 도굴당하기 전까지 그런 고양이 미라들은 매우 잘 보존된 채로 남아 있었다.

얼마나 많은 고양이가 이런 식으로 희생되었는지 정확히는 알 수 없지만, 고양이 미라가 보관된 관을 발굴한 고고학자들은 하얀 고양이의 뼈는 물론 관의 허물어진 회반죽에서 나오는 먼지가 바람에 날려 사막을 뒤덮는 광경을 기록하기도 했다. 고양이 미라가 대규모로 발굴된 몇몇 지역의 사람들은 그 일부를 갈아서 비료로 쓰고, 나머지는 온전한 상태로 외국으로 수출했다. 한 화물선은 자그마치 19톤이나 되는 고양이 미라를 싣고 영국으로 향했는데, 그중 달랑 한 개만 대영박물관에 보내졌고 나머지는 전부 가루로 분쇄되었다. 지금까지 수백만 개의 고양이 미라가 이집트 전역에서 발굴되었지만, 훼손되지 않고 박물관에 전시된 미라는 고작 수백 개에 불과하다. 한편 지금까지 발굴된 고양이 미라들은 수백 년 동안 지어진 수많은 묘지 가운데 몇 안 되는 곳에서 나온 것이기에, 그것들이 고대 이집트의 고양이 미라를 완전히 대표한다고 보기는 어렵다.

고양이 미라 조사에 과학수사 기법이 활용되면서 고대 이집트 고양이에 대한 많은 정보를 얻을 수 있었고, 또한 이집트인과 고양이의 관계에 대해서도 더욱 잘 이해할 수 있게 되었다. 미라로 만들어진 고양이는 모두 리비아 고양이처럼 고등어 무늬를 가진 고양이였다. 검은 고양이나 흰색 바탕에 줄무늬를 가진 고양이, 혹은 오늘날 줄무늬 고양이보다 더 흔한 얼룩무늬 고양이도 없었다. 따라서 고양이의 색상과 무늬가 다양하게 변화하기 시작한

미라로 만들어진 고양이와 그것이 보관되어 있는 관

시점은 고대 이집트 시절이 마감된 후로 추측된다.

고양잇과 동물의 외모 변화도 다른 동물과 마찬가지로 돌연변이 유전자에 의해 발생되었다. 예를 들어 이른바 킹 치타King cheetah는 돌연변이 유전자로 인해 점박이 무늬가 아니라 얼룩무늬를 띠게 되어 한때 별개의 종으로 여겨졌다. 또한 사자, 호랑이, 재규어, 카라칼, 퓨마, 보브캣, 오실롯, 마게이, 서발 등 많은 고양잇과 동물의 털에서 검은색의 비율이 줄어들게 되었다. 야생에서 검은색 비율이 높으면 위장 효과가 떨어지기 때문이다. 물론 낮에도 어두컴컴한 정글에 사는 흑표범에게는 검은색이 위장에 더욱 효과적이라 검은색을 유지할 수 있었다.[20]

이러한 사실을 고려해볼 때 2000년 동안이나 고양이 가축화가 진행되었던 이집트에서 미라로 발견된 고양이들의 색깔과 무늬가 다양하지 않은 것은 선뜻 이해가 되지 않는다. 이집트인들이 돌연변이 고양이가 나타나는 것을 적극적으로 막은 것으로 보이는데, 아마도 종교와 관련된 이유 때문이었을 것이다.

고대 이집트 고양이 가운데 일부는 털이 황갈색이었거나 황갈색 줄무늬를 가졌던 것으로 보인다(90쪽의 '황갈색(오렌지색) 고양이는 왜 대체로 수컷인가'를 보라). 예술가들이 일종의 표현의 자유로 그렇게 그렸거나 사용한 물감 색이 수 세기를 지나면서 바랬기 때문일 수도 있겠으나, 벽화에 등장하는 고양이 가운데 일부는 일반적인 리비아고양이처럼 회색빛이 도는 갈색이 아니라 황갈색이기 때문이다. 현재 황갈색 고양이는 고대 이집트 시절부터 항구도시 역할을 한 알렉산드리아와 그 시절 건설된 도시인 하르툼에서 가장 흔하게 볼 수 있다. 이것은 고대 이집트의 집고양이 집단에서 형성된 황갈색 고양이가 그 도시들을 중심으로 세계 다른 지역으로 확산되었을지도 모른다는 사실을 암시한다.[21] 황갈색 고양이는 줄무늬 고양이보다 눈에 더 잘 띄어서 위장 면에서는 불리해 보이지만, 오늘날 황갈색 고양이는 매우 유능한 사냥꾼이며 특히 시골 지역에서 그러하다. 한번 돌연변이가 일어나면 그것이 고양이 개체군에 퍼지는 것은 시간문제인 것으로 보인다.[22]

우리는 미라로 만들어진 고양이가 오늘날의 반려고양이보다 15퍼센트 정도 몸집이 크다는 것을 알고 있다.[23] 소, 돼지, 개 같은 동물 대부분은 가축화되면서 야생일 때보다 몸집이 작아졌다. 작은 개체가 다루기 쉬웠기 때문이다. 하지만 이 원칙은 당시 고양이에게는 적용되지 않았던 듯하다. 미라로 만들어진 고양이를 보면 심지어 현재의 아프리카 야생고양이보다 10퍼센트 정도 몸집이 더 크다. 이것은 당시 이집트인이 설치류 통제에 더 효과적인 덩치 큰 고양이를 선호했음을 말해준다. 이후 집고양이의 '본업'이 쥐 잡는 고양이에서 반려고양이로 바뀌면서 녀석들의 몸집은 서서히 작아졌다.

고대 이집트인이 고양이를 대했던 태도는, 오늘날의 정서로 볼 때 대단히 모순적이다. 어떤 고양이는 소중한 반려동물이었지만, 그보다 훨씬 많은 고양이는 부자에게나 가난한 사람에게나 그저 쥐 잡는 동물이었다. 게다가 수많은 고양이가 순전히 제물로 바쳐지기 위한 목적으로 사육되었다. 고양이를 제물로 바치는 경우만 빼면, 고양이에 대한 고대 이집트인의 태도는 20세기 초반 유럽인이나 미국인의 태도와 크게 다르지 않다. 사실 소중한 반려고양이를 위해 정교한 관을 만들어주는 고대 이집트인의 모습은, 반려동물 공동묘지를 찾는 오늘날의 우리 모습과 흡사하다.

우리에게 가장 낯설게 느껴지는 것은 두말할 필요도 없이 이집트 종교와 고양이의 관계다. 사원에서 미라를 구입하여 제물로 바쳤던 숭배자들은 그 미라가 무슨 동물의 사체로 만들어졌는지를 확실히 알았을 것이다. 고양이 사육장과 미라를 만드는 시설 모두 사원 근처에 있어서 그곳에서 나는 냄새만으로도 충분히 알 수 있었기 때문이다. 제물로 바치는 고양이는 집고양이와 유전적으로 차이가 전혀 없었지만 뭔가 '다르게' 여겨졌다. 일반 사육장이 아니라 사원 근처의 '신성한' 사육장에서 길러졌기 때문에 그러한 인식은 더욱 강화되었을 것이다. 고양이는 오늘날과 마찬가지로 당시에도 새끼를 많이 낳았기 때문에 미라를 제작하는 사람들은 야생에서 새끼 고양이를 쉽게 잡을 수도 있었다. 그런데 그런 행위는 법으로나 관습으로나 금지되어 있었기에 따로 미라용 고양이를 사육하는 것이 유일한 해결책이었던 것 같다. 사제만 '신성한' 사육장에 출입할 수 있었고, 사원을 방문하는 숭배자들은 그 사육장의 고양이를 미라가 되기 전에는 절대 볼 수 없었다. 유전적으로는 집고양이와 똑같았던 신성한 고양이는, 그런 식으로 관리되었기에 집고양이와 구별될 수 있었다.

고양이 미라를 조달하는 사람들은 엄청나게 많은 고양이를 매우 극진히 보살폈지만, 나중에는 녀석들을 죽여서 미라로 만들었다. 즉 녀석들의 생명 자체에는 관심이 없었다. 크기를 보면 녀석들은 분명 영양 상태가 좋았다. 그렇게 많은 고양이에게 품질 좋은 고기와 생선을 제공하는 것은 쉬운 일이 아니었을 것이다. 그 모든 고양이가 어떤 방법으로 도살되었는지는 확실하지 않지만, 정해진 제사 의식의 법도에 따라 교살되었을 가능성이 가장 크다. 또한 미라 생산은 돈벌이가 되는 사업이었음에도 불구하고, 미라 제작자들이 사원을 찾는 숭배자들을 속이려 한 경우는 거의 없었던 것 같다. 거의 모든 고양이 미라 안에 실제로 고양이 유골이 온전하게 들어 있었기 때문이다. 갈대 묶음을 아마천으로 싸서 고양이 미라인 양 팔아넘겨 더 많은 이득을 챙기려 한 사람들이 있었을 법도 한데 말이다. 미라를 제작하는 모

황갈색(오렌지색) 고양이는 왜 대체로 수컷인가

고양이 털을 일반적인 갈색이나 검은색 대신 황갈색으로 만드는 돌연변이 유전자는 유전되는 방식도 일반적이지 않다. 포유류 유전자는 대부분 '우열의 법칙'을 따르기 때문에 열성유전자가 동물의 외모에 영향을 주기 위해서는 부모로부터 각각 하나씩 물려받은 두 염색체 모두에 열성유전자가 존재해야 한다. 그렇지 않으면 우성유전자의 영향이 외모에 나타나게 된다. 대체로 하나의 우성유전자와 하나의 열성유전자를 가진 동물은 우성유전자 두 개를 가진 동물과 외모로는 구별할 수 없다. 하지만 중요한 예외가 있는데, 고양이가 황갈색 유전자와 갈색 유전자를 하나씩 지니면 두 색깔 모두 털에 나타나게 되는 것이다. 그런 녀석은 두 색깔이 임의의 얼룩을 만들어내는 거북등무늬 고양이가 된다. 기본적으로 얼룩의 색은 각각 다른 털 색깔을 발현시키는 유전자들이 만들어낸다. 만약 한 고양이가 두 개의 검은색 돌연변이 유전자를 가졌다면 줄무늬도 검은색, 바탕도 검은색이라 얼룩 없는 검은 고양이가 된다. 반면에 검은색 돌연변이가 영향을 미치지 않으면 줄무늬가 선명하게 보이기 때문에 황갈색이나 노란색 얼룩이 그대로 나타나는 거북등무늬 고양이나 캘리코 고양이가 된다.

암컷은 털 색깔 유전자가 있는 엑스염색체를 두 개 가지고 있고 수컷은 하나만 가지고 있다. 수컷이 가진 엑스염색체와 짝을 이룬, 크기가 훨씬 작은 와이염색체는 고양이를 수컷으로 만들 뿐 색깔 정보는 가지지 않는다. 암컷이 황갈색이 되려면 반드시 황갈색 유전자가 부모의 두 엑스염색체 모두에 존재해야 한다. 만약 하나에만 존재한다면 그 암컷은 거북등무늬가 될 것이다. 물론 거북등무늬를 가진 암컷 고양이가 훨씬 더 일반적이지만, 앞에서 말한 경우라면 황갈색 암컷도 생겨날 수 있다. 수컷이 황갈색 유전자를 가지면 털 색깔이 모두 황갈색이거나 아예 황갈색이 나타나지 않는 경우가 대부분이다. 아주 소수만 거북등무늬를 가지는데, 녀석들은 비정상적인 세포분열의 결과로 엑스염색체 두 개와 와이염색체 한 개를 가지고 있는 경우다. 어쨌거나 황갈색 혹은 '마멀레이드' 고양이는 항상 수컷이라고 여겨 '진저 톰Ginger Tom'이라고 부르게 된 것은 오해에서 빚어진 일이다.

든 과정은 엄격한 규칙에 따라 시행된 것으로 보인다. 그런 규칙은 숭배자들이 가짜 미라를 구입하는 일을 막아주는 것은 물론이고, 고양이가 제물로 바쳐지기 전까지 잘 먹고 제대로 된 보살핌을 받을 수 있도록 해주었을 것이다.

몇 가지 특성이 증명하듯이 고대 이집트의 집고양이는 오늘날의 집고양이의 주요한 조상이었던 것으로 보인다. 예수 탄생 이전에는 이집트를 제외하고 전 세계 어느 곳에서도 대규모 고양이 가축화가 일어났다는 확실한 증거가 없다. 그 이집트 집고양이들은 줄무늬가 있어서 겉모습으로는 야생고양이와 구별이 힘들었고, 사람에게 애정을 보이느냐 경계심을 보이느냐에 따라 구별할 수 있었다. 그 집고양이 가운데 일부는 분명 부유한 가정에서 살았을 테지만 대부분은 그렇지 못한 곳에서 살았을 것이다. 또한 대부분이 곡식 창고를 설치류로부터 안전하게 지키는 역할을 톡톡히 해냈던 것으로 보인다. 고양이를 죽이는 것을 법으로 엄격히 금지한 것이나 고양이가 죽었을 때 의식을 행한 것을 보면, 이집트 문명의 마지막 몇 백 년 동안 집고양이는 분명 소중한 존재로 대접받았을 것이다.

넓은 지역으로 나아가는 고양이

2500년경 전에 이집트가 그리스와 로마의 영향 아래 놓이면서, 고양이를 기르는 관습이 처음으로 지중해 동쪽과 북쪽 연안으로 널리 퍼지게 되었다. 전통적인 역사학자들은 집고양이가 북쪽으로 늦게 전파된 것은 이집트가 고양이 수출을 법으로 금했기 때문이라고 생각한다. 실제로 어떤 기록들에는 해외로 보내진 고양이를 되찾기 위해 군사까지 파견한 일이 나와 있다.[24] 하지만 고양이 숭배와 관련된 이집트의 고양이 수출 금지법은, 거의 상징적인 의미만 가졌을 것이다. 고양이가 가진 독립성, 사냥 능력, 왕성한 번식력으로 볼 때 집고양이는 무역 경로를 통해 다른 지역으로 빠르게 확산되었을 것이고 이집트 당국이 이를 통제하는 것은 사실상 불가능했을 터이다.

이집트 밖으로 나간 집고양이는 지중해 동쪽 연안에 있는 야생고양이나 어느 정도 길들여진 고양이와 짝짓기를 했다. 키프로스 고양이에서 알 수 있듯이, 이집트에서 고양이 가축화가 시작되기 수천 년 전에도 중동의 다른 지역에 길들여진 고양이는 존재했다. 약 3500년 전의 이집트 그림에는 무역선에 타고 있는 고양이들이 등장하는데, 배를 타고 다른 나라로 나가는 것일 수도 있고 다른 나라에서 이집트로 들어오는 것일 수도 있다. 3200년 전에서 2800년 전 사이에 동지중해 무역은, 지금의 레바논과 시리아 지역인 페니키아 출신 상인이 지배하고 있었다. 그들은 몇몇 도시국가를 상대로 장사를 하는 해상 무역상이었다. 당시 페니키아인은 리비아고양이로 추측되는 야생고양이를 길들여 쥐 잡는 동물로 이용했던 것 같다. 그렇게 어느 정도 가축화된 고양이가 지중해의 여러 섬과 중동 본토 그리고 이탈리아와 스페인으로 전파되었을 것으로 추정된다. 그리스와 로마 지역으로의 고양이 전파가 지체된 것은 이집트 금지법 때문이 아니라, 그 지역에는 이미 족제비와 긴털족제비를 길들여 설치류를 통제하는 관습이 존재했기 때문인 듯하다 (긴털족제비는 이후에 흰담비로 가축화된다).

그리스 동전—기원전 400년 이탈리아

집고양이가 이집트에서 북쪽으로 이동하여 그리스로 확산되는 과정에 대한 기록은 별로 남아 있지 않다. 대략 2900년 전에 비옥한 초승달 지역 동부에서 사용되던 아카드인의 언어에는 집고양이와 야생고양이를 가리키는 단어가 따로 있었다. 따라서 이 시기에 지금의 이라크 지역까지 집고양이가 전파된 것으로 보인다.

그리스에서는 특히 귀족사회에서 집고양이가 꽤 길러진 것 같다. 그리스 식민지 두 곳에서 사용된 두 가지 동전을 통해서 그 사실을 짐작할 수 있다. 그 동전들은 대략 2400년 전에 만들어졌는데 하나는 시칠리아 맞은편, 즉 이탈리아의 '발가락'에 있는 레조디칼라브리아에서, 다른 하나는 이탈리아의 '뒤꿈치'에 위치한 타란토에서 사용되었다. 두 동전에는 모두 남자 모습이 새겨져 있는데 이들은 동전이 주조되기 약 300년 전에 각각의 동전이 사용된 지역을 식민지로 개척한 인물이다. 이 둘은 서로 다른 사람이었지만 두 동전에는 같은 명각銘刻이 새겨져 있으며 한눈에 봐도 놀라울 정도로 비슷하다. 의자에 앉은 남자가 고양이 앞에 장난감을 달랑달랑 흔들고 있고, 고양이가 앞발을 뻗어 그것을 잡으려는 모습이 똑같이 새겨져 있기 때문이다. 당시 그리스에서 흔했던 동물인 말이나 개가 아니라 고양이를 그 남자와 함께 새긴 것은, 그가 사회적으로 높은 지위를 가진 사람임을 보여주기 위해서였을 것이다. 당시 고양이는 이집트에서 수입된 진귀한 동물이었기 때문이다. 같은 시기에 제작된 아테네의 한 조각품에는 고양이와 개가 막 싸우려는 모습이 얕은 양각으로 새겨져 있다. 가죽끈에 묶여 있는 것으로 보아 그 고양이는 집고양이가 아니라 길든 야생고양이인 듯하다.

이렇듯 대략 2400년 전부터 그리스와 이탈리아에서 집고양이가 보편화되기 시작했다. 그 가장 분명한 증거는 그리스의 여러 그림에서 찾아볼 수 있는데, 거기 묘사된 고양이는 사람들 사이에서 목줄을 하지 않은 편안한 상태로 있다. 그리스의 묘비에도 고양이가 그려지기 시작했는데, 아마 그곳에 묻힌 사람의 반려동물이었을 것이다. 게다가 이 무렵부터 그리스인들은 집고양이를 가리키는, '흔드는 꼬리'라는 뜻의 '아이엘로우로스aielouros'라는 단어를 사용했다. 로마에서는 가정집을 배경으로 만찬이 진행되는 동안 의자 아래 엎드린 모습, 소년의 어깨에 올라탄 모습, 여성과 실에 매단 공을 가지고 장난하는 모습 등 고양이가 등장하는 그림이 나오기 시작한다. 이집트에서와 마찬가지로 로마에서도 고양이는 여성이 선호하는 반려동물이었고 남자는 일반적으로 개를 선호했다. 그리고 이집트에서 고양이를 의미하는 단어 '미유'가 여자 이름으로 쓰였듯이, 로마에서는 그때부터 작은 새끼 고양이를 뜻하는 '펠리쿨라Felicula'가 흔한 여자 이름이 되었다. 로마제국의 다른 지역에서는 고양이를 뜻하는 '카타Catta' 혹은 '카툴라Cattula'라는 단어가 사용되었는데 전자는 로마가 지배하던 북아프리카 지역에서 유래된 말이다.

그리스와 로마에서 고양이 가축화가 시작되자 이집트에서 그랬던 것처럼 고양이는 여신들, 특히 그리스의 아르테미스, 로마의 디아나 같은 여신과 결부되기 시작했다. 로마의 시인 오비디우스는 신과 거인 사이에서 일어난 신화상의 전쟁에 관해 기술했는데, 거기서 디아나는 이집트로 피신한 뒤 발각되지 않기 위해서 고양이로 변신한다. 이처럼 고양이는 이교도 사상과 널리 결부되었으며 이러한 연관성은 결국 중세 시대의 무시무시한 고양이 박해로 이어졌다.

중동 및 인도 아대륙과 말레이반도 및 인도네시아 사이에 뱃길이 열리면서 고양이는 처음으로 야생 조상들이 살던 토착 지역을 벗어나 퍼져 나갔다. 로마 무역상들은 바다를 통해서 인도로, 이후에 비단길을 통해서 중국과 몽골까지 고양이를 데려간 것으로 보인다. 고양이는 5세기경에 중국에 정착했고 약 100년 후에는 일본에 정착했다.[25] 값비싼 누에고치를 공격하는 쥐 때문에 골머리를 앓던 중국과 일본 사람들에게 고양이는 특별히 소중한 존재가 되었다.

몸체가 가늘고 민첩하며 시끄럽게 울어대는 특징을 가지고 있는 동아시아와 남아시아의 집고양이는, 한때 인도사막고양이가 독립적으로 가축화된 결과라고 여겨지기도 했다. 그러나 그것은 사실이 아니다. 고고학적 증거가 부족하긴 하나 오늘날 싱가포르, 베트남, 중국, 한국 등에 분포하는 길고양이의 DNA를 분석해보면, 녀석들이 궁극적으로 유럽 고양이와 같은 조상 즉 북동아프리카 지역이나 중동에서 기원한 리비아고양이를 조상으로 한다는 사실을 알 수 있다. 따라서 샴고양이, 코라트[버만Burman, 버마고양이와 같은 버마 태생이나 털 길이가 더 길고 발의 앞 끝이 흰 고양이], 버마고양이 Burmese 같은 아시아 지역의 '이국적인' 순혈종 고양이도 모두 리비아고양이의 후손이다.[26] 집고양이와 인도사막고양이 사이의 번식을 가로막는 장벽은 없었지만, 그들 사이에서 태어난 새끼들이 반려고양이가 되었다는 증거는 없다. 중앙아시아의 야생고양이는 집고양이 DNA를 갖고 있지만, 그 지역 반려고양이에게서 야생고양이 DNA가 발견되지는 않기 때문이다.

동아시아와 남아시아에서 집고양이 DNA를 가진 고양이가 출현한 시점을 정확하게 알아내는 것은 불가능하며, 그런 고양이들은 각 지역에서 서로 고립된 채 발달해온 것으로 보인다. 가령 오늘날 한국, 중국, 싱가포르의 길고양이는 DNA 구조가 매우 비슷하지만, 베트남 고양이는 그들과 상당히 다른 DNA 구조를 가지고 있다. 이는 집고양이 DNA를 가지고 베트남으로 들어온 고양이는 이후 다른 나라로 거의 이동하지 않았다는 것을 의미한다. 스리랑카 길고양이도 DNA 구조가 한국 길고양이와 다르며 아시아의 어떤 고양이보다 케냐 고양이와 닮았다. 아마도 스리랑카 고양이는 무역선을 타고 인도양을 건넌 케냐 고양이가 조상인 것으로 추정된다.

집고양이의 기원과 전파에 관한 전통적인 이론에서는 인간의 개입을 강조하여 고양이 가축화는 모두 인간이 주도했다고 간주한다. 하지만 고양이의 시각에서 보면 다른 그림이 떠오른다. 야생 사냥꾼으로 살아가던 고양이는 곡식 창고에 생쥐가 들끓기 시작하자 기회를 놓치지 않고 스스로 인간 사회로 들어왔다. 이후 인간 사회에서 생활하는 방식에 서서히 적응해나갔고 가축화를 통해 쥐 잡는 역할뿐만 아니라 인간의 동반자 역할을 하게 되었으며 심지어 종교적인 상징성을 가진 동물의 역할까지 병행하게 되었다.

어떤 생물학자는 고양이가 인간 활동이 제공해주는 새로운 기회를 이용하기 위해 진화의 각 단계를 밟았다고 말하기도 한다. 훨씬 일찍 가축화가 이루어진 개와는 달리 사냥과 채집을 하는 사회에서 고양이에게 적합한 역할은 없었다. 최초의 곡식 창고가 출현해 야생 설치류가 그 주변으로 모여들기 시작하고 나서야 고양이는 인간 거주지를 방문할 필요가 생겼는데, 가죽 때문에 인간에게 잡혀 죽을 위험을 무릅써야만 했다. 식량 창고에 생쥐가 들끓게 된 이후에야 사람들은 곡식 창고의 안전을 위해 고양이를 받아들였을 것이다.

농업이 확산됨에 따라 각지로 퍼져 나간 고양이들은 자신들처럼 민간에게 해가 되는 동물들—이집트의 나일 강 쥐나 유럽과 아시아의 곰쥐 또는 뱀—을 처치하는 경쟁자들과 대면하게 되었다. 족제빗과에 속하는 다양한 동물과 제닛 그리고 제닛의 사촌 격인 이집트 몽구스 같은 것들이었다. 그들 중에 긴털족제비는 길들여져 결국 흰담비가 되었고, 자타가 공인하는 최고의 뱀 사냥꾼 몽구스는 서기 750년에 이르러 칼리프가 지배하는 이베리아 반도로 전파되어 뱀을 통제하는 목적으로 쓰였다.[27] 이렇게 다양한 경쟁자들은 서로 다른 지역에서 수 세기 동안 존재했다. 그 와중에 왜 집고양이가 다른 경쟁자들을 누르고 인간의 파트너라는 최후의 승자가 되었는지는 분명하지 않다. 특별히 고양이가 유해 동물을 잡는 실력이 더 뛰어났기 때문이었을 리는 없다. 해답은 다른 곳에 있음이 분명한데, 아마도 고양이의 생물학적 특성에서 찾아볼 수 있을 것이다. 고양이와 종교의 관계가 결정적 영향은 아니었지 싶다. 이집트인들은 몽구스와 족제비도 숭배했기 때문이다.

고양이가 다른 경쟁자들을 누를 수 있었던 이유는 그들보다 더욱 완전하게 가축화될 가능성이 높아 보였기 때문일 것이다. 고양이가 인간과 소통하는 방법을 빠르게 터득했기에 흰담비보다 믿음직하고 예측 가능하다고 여겨졌는지, 아니면 믿음직하고 예측 가능했기에 인간과 소통하는 방법을 터득할 수 있다고 여겨졌는지는 알 수 없다. 집고양이의 직접적인 조상이 정확히 어떻게 행동했는지 알 수 없기 때문이다. 하지만 쥐 잡는 능력뿐 아니라 반려동물로서 진화할 수 있는 고양이의 능력이 인간의 파트너로 선택된 결정적인 역할을 했음은 틀림없다. 그러면 우리가 사는 집으로 들어오기까지 수천 년에 걸친 긴 여행에서, 무엇이 고양이를 다른 동물보다 돋보이게 했을까?

우리는 이에 대한 결정적인 해답을 고양이와 이집트 종교 사이의 깊은 관계에서 찾을 수 있을지도 모른다. 이집트인의 고양이 숭배는 고양이가 야생 사냥꾼에서 집고양이로 완전하게 진화하는 데 필요한 시간을 줄여준 것 같다. 그렇지 않았다면 고양이는 인간 사회 주변을 맴돌 뿐, 그 안으로 파고들어 본질적인 부분이 되지는 못했을 것이다. 또한 놀랍게도 고양이 미라를 생산하던 시설이 고양이가 한정된 공간에서 생활하면서 다른 고양이와 지낼 수 있도록 진화하는 데 큰 기여를 한 것으로 추정된다. 한정된 공간과 다른 고양이와의 동거, 그 두 가지는 오늘날의 야생고양이도 감당하기 어렵지만 반려고양이라면 감당해야 할 필수적인 요소다. 물론 미라용으로 사육된 고양이 대부분은 어린 나이에 죽었다. 원래 제물로 바쳐지기 위해 사육된 것이기 때문이다. 하지만 일부는 탈출해서 다른 고양이와의 번식을 통해 한정된 공간에 적응할 수 있는 능력을 후손에게 물려주었을 것이다. 러시아에서 여우를 대상으로 실시한 한 실험은 야생동물이 단지 몇 세대, 즉 수십 년 만에 온순하게 변화할 수 있음을 증명해냈다.[28] 오늘날 도심 속 아파트에서 큰 문제 없이 살아갈 수 있는 고양이의 능력은, 이집트의 무시무시한 사육장에서 살았던 바로 그 고양이들로부터 왔다고 할 수 있다.

한 걸음 뒤로,
두 걸음 앞으로

2000년 전 이집트에서 살던 고양이는 오늘날 고양이와 비교할 때 행동에서 큰 차이는 없었다. 하지만 다양한 모습으로 진화되지 않았고 순혈종 고양이나 독특한 유형의 고양이도 없었기에 하나의 개체군으로 구성되어 있었다. 그 시기의 고양이는 반려동물이 되기 위한 길로 거침없이 나아가고 있었으며 그 길에는 어떠한 장애물도 없는 듯했다. 하지만 이후 2000년 동안 고양이는 제자리걸음밖에 할 수 없었는데, 이는 고양이가 가진 실용적인 측면이 오직 한 가지, 즉 쥐 잡는 역할에만 국한되어 있었기 때문이다. 사람으로부터 애정과 관심을 받는 데 있어서 고양이의 최고 경쟁자인 개는 훨씬 더 많은 역할을 수행해왔다. 세 가지만 예를 들어보자면 집을 지키고, 사냥을 돕고, 다른 가축을 모을 수도 있다. 특히 유럽에서는 고양이가 반려동물로 나아가는 여정을 지연시킨 두 가지 중요한 요인이 있었다. 첫째, 고양이가 완전한 육식동물이라는 사실이다. 다시 말해 고양이는 사냥한 먹잇감의 신선한 '살'을 먹는 동물이다. 따라서 먹이가 부족할 때 인간 사회 주변에서 쥐처럼 음식 찌꺼기만 먹으며 살기에는 적합하지 않았다. 그럴 경우 건강에도 문제가 생기지만 무엇보다 번식에 문제가 생겼다. 둘째, 고양이는 계속해서 이집트 종교와 오래도록 결부되었다. 그 사실은 처음에는 집고양이로 진화할 수 있는 시간을 제공해주는 축복이었으나 나중에는 무시무시한 저주가 되었다.

유럽인들이 바라보는 고양이

놀랍게도 고양이에 대한 유럽인의 시각은 400년 전까지만 해도 이집트 고양이 숭배로부터 많은 영향을 받고 있었다. 특히 남유럽에서는 서기 2세기에서 6세기까지 바스테트는 물론이고 고양이와 관련된 다른 '이교도' 신들, 말하자면 디아나와 이시스 같은 신을 숭배하는 풍습이 널리 유행했다. 어떤 지역에서는 이러한 숭배가 훨씬 더 오래갔다. 예를 들면 벨기에 도시 이프르Ypres는 오늘날까지도 고양이와 관련된 축제를 한다. 물론 예전처럼 고양이 숭배를 위한 것은 아니다. 사실 이프르에서는 서기 962년부터 고양이 숭배가 법으로 금지되었다. 반면 이탈리아 일부 지역에서는 여신 디아나와 관련된 고양이 숭배가 16세기까지 근근이 이어졌다. 고양이 숭배 의식 대부분은 여성이 주관했는데 모성애와 가족 그리고 결혼에 초점을 맞추었다. 하지만 기독교가 유럽 종교로서 두각을 나타내기 시작하면서 고양이는 이교도 관습과의 관계 때문에 엄청난 고통을 받기 시작했다.

고양이는 지중해 동부 지역에서 서유럽으로 전파되고 또한 전 사회계층으로 확산되었는데, 특히 지중해를 오가는 모든 종류의 배에서 고양이를 기르게 되면서 더욱 가속도가 붙었다. 이러한 관행은 쥐로부터 뱃짐을 지키기 위한 실용적인 목적으로 생겨났지만 곧 미신적인 요소도 가미되었다. 예를 들어, 배에서 키우던 고양이를 잃어버리면 그 사실을 쉬쉬하는 경우가 많았는데 선원 대부분이 그런 배에 타기를 거부했기 때문이다. 또한 행운을 비는 의미로 종종 뱃머리에 고양이 형상을 조각하기도 했다.

고양이는 실용적인 동물이기도 했지만 자기 주인과 한층 더 따뜻한 관계를 맺으면서 계속 혜택을 받았다. 여러 가지 면에서 볼 때, 지난 2000년 동안 고양이의 인기는 많은 부침을 겪었다. 이것은 미신과 애정이라는 두 가지 중요한 요소의 균형이 변화했기 때문이다.

영국에 집고양이를 전파한 것은 로마인이라고 알려져 있다. 하지만 로마의 집고양이가 들어오기 수 세기 전에 이미 영국에 집고양이가 있었음을 보여주는 증거가 많다. 철기시대의 언덕 요새 두 곳에서 2300년 전 것으로 추정되는 고양이와 생쥐 뼈들이 발견되었다. 그 요새들은 영국 남부에 있으며 서로 수십 킬로미터 떨어져 있다. 뼈로 발견된 고양이들은 대체로 어렸고 갓 태어난 것들도 다섯 마리 있었다. 그 요새들은 지역 족장의 지도 아래 300명 정도의 사람이 거주했는데, 요새를 중심으로 주변에는 농장이 여러 개 있었다. 각각의 농장은 요새 안에 있는 거대한 창고에 곡식을 공급했다. 그 창고는 각 농장보다 스무 배나 많은 곡식을 저장할 수 있었다. 그 창고에 쥐가 들끓게 되자 그 지역에서 고양이가 유용한 가축으로 떠올랐을 가능성이 높다.

그 시절 영국에 살던 집고양이는 지중해 연안에서 들여온 것이 틀림없다. 당시 영국에 있던 야생고양이인 유럽숲고양이는 길들이기도 힘들었고 인간 곁에서 새끼를 낳지도 않았기 때문이다. 이렇듯 유럽숲고양이는 오늘날도 그렇지만 옛날부터 사람을 심하게 경계하는 것으로 악명이 높았다. 초기 그리스 문서들에는 사람들이 녀석들을 길들이려고 여러 번 시도했으나 결국엔 실패한 내용들이 담겨 있다. 따라서 영국의 초기 집고양이들은 아마도 페니키아 상인들의 무역선을 타고 들어왔을 것이다. 페니키아인들은 영국을 식민지화하지는 않았지만 청동 제품을 만드는 데 필요한 주석을 사기 위해 영국에 자주 방문했다. 그들은 무역선에 고양이를 태우고 다녔기에 당시 영국 남해안 지역에 집고양이가 있었다는 사실은 그리 놀랍지 않다. 그들이 영국으로 가져온 곡식 속에 생쥐가 숨어 있었기 때문에, 그들 스스로 만들어낸 문제를 해결하기 위해 영국에 지속적으로 고양이를 공급했을 것이다.

고양이는 로마 점령기 동안 영국에 널리 퍼진 것으로 추정된다. 고고학자들은 로마인들이 세운 마을인 실체스터(지금의 햄프셔)에서 1세기경 것으로 보이는 진흙 타일을 발견했는데 거기에 고양이 발자국이 찍혀 있었다. 아마도 고양이가 진흙 타일이 채 마르지 않은 마당에 잘못 들어섰던 듯하다. 같은 장소에서 발견된 다른 타일에는 개, 사슴, 양, 어린아이 발자국뿐만 아니라 징을 박은 샌들을 신은 남자의 발자국도 있었다. 건축 품질 관리에서 세계 최고라는 로마의 명성도 무조건 신뢰할 수 있는 것은 아닌가 보다.

북유럽에서도 고양이는 인기가 있었는데, 로마 영향력이 쇠퇴한 이후로도 그랬던 듯하다. 고양이는 유럽 암흑시대 500년 동안에도 쥐 잡는 능력 때문에 아주 높게 평가받았다.[1] 고양이를 구체적으로 언급한 몇몇 법령이 있었던 것만 봐도 고양이를 얼마나 가치 있게 생각했는지를 알 수 있다. 10세기 웨일스의 한 법령에는 '고양이 가격은 4펜스다. 고양이는 볼 수 있고, 들을 수 있고, 쥐를 잡을 수 있고, 발톱이 모두 있고, 자기 새끼를 잡아먹지 않고 돌볼 수 있어야 한다. 이 자질 중 어느 하나라도 부족하면 가격의 3분의 1은 돌려줘야 한다'고 명시되어 있다. 이 법령이 언급하고 있는 대상은 오직 암고양이라는 데 주목해야 한다. 아마도 수컷은 암컷과 동등한 값어치로 간주되지 않았을 것이다. 4펜스는 당시 다 자란 양이나 염소 혹은 훈련받지 않은 개의 가격이기도 했다. 갓 태어난 새끼 고양이는 새끼 돼지나 새끼 양과 같이 1페니였고 어린 고양이는 2페니였다. 당시 남녀가 이혼하면 남편은 가정에서 키운 고양이를 한 마리만 가져갈 권리가 있었고 나머지는 모두 부인에게 귀속되었다. 이 시기 독일 작센에서는 고양이를 죽이면 벌금으로 곡식 60부셸(약 500갤런 또는 1500킬로그램 이상)을 부과했다. 이는 쥐로부터 곡식 창고를 지키는 고양이의 가치를 그대로 보여주고 있다.

로마인이 세운 상하수도 시스템이 고의적으로 파괴된 6세기에는 림프절 페스트가 전 유럽을 휩쓸었는데, 페스트는 쥐를 통해 전염되었기에 쥐 잡는 고양이가 분명 이 병의 확산을 막는 데 한몫했을 것이다. 물론 그 과정에서 고양이도 전염되어 많은 수가 죽었지만 나머지는 끝내 살아남았다.

고양이 박해시대: 악마, 사탄, 마녀, 흑사병

이렇듯 당시 고양이는 사람들 모두에게 유용성을 인정받아 상당한 금전적 가치가 있는 존재였음에도 불구하고 오늘날과 같은 복지를 누릴 수 없었다. 그리스도 이집트만큼이나 많은 고양이를 미라로 만들어 제물로 바치는 의식을 행했다. 차이점이 있다면 교살보다는 익사시키는 방법을 선호했다는 정도다. 이 의식은 복을 빌기 위해 고양이를 매장하거나 죽였던 고대 켈트족의 전통에서 비롯된 것으로 그리스뿐 아니라 유럽 전역으로 퍼져 나갔다. 암고양이는 가치를 인정받았기 때문에 대체로 수컷이 희생되었다. 사람들은 새롭게 씨를 뿌린 들판에 풍년을 기원하는 의미로 고양이를 죽여서 묻기도 했다. 또한 새로 지은 집을 쥐로부터 보호하기 위해 특별히 만든 외벽 구멍이나 마룻장 아래에 고양이를 묻기도 했는데, 그렇게 매장된 고양이가 살아 있는 상태였는지 죽은 상태였는지는 분명치 않다.[2] 유럽의 많은 도시에서는 축제 때 고양이 몇 마리를 바구니에 넣어—이것만으로도 고양이가 충분히 스트레스를 받을 만하지만—통째로 모닥불 위에 매다는 풍습이 있었다. 고양이 울음소리가 악귀를 물리친다고 믿었기 때문이다. 고양이를 높은 종탑 꼭대기에서 던지는 풍습도 있었는데, 오늘날 벨기에 이프르에서 5월이면 열리는 고양이 축제에서도 그 풍습이 이어진다. 물론 실제 고양이 대신 고양이 인형을 던진다.

놀랍게도 이러한 의식 가운데 일부는 근대까지도 그 원형을 유지하면서 존재해왔다. 1648년에 루이 14세는 파리에서 열린 최후의 고양이 화형식 중 하나를 주재했는데, 모닥불에 직접 불을 붙이고 그 앞에서 춤을 추고는 개인적인 연회를 위해 자리를 떴다. 이프르의 종탑 꼭대기에서 살아 있는 고양이를 마지막으로 던진 것은 1817년의 일이었다. 이러한 의식들은 오늘날 아주 혐오스럽게 보이지만 사실 이를 통해 희생된 고양이 수는 미미한 수준이었다. 전체적으로 고양이는 이 암흑시대 동안 번성한 것으로 보이는데, 쥐가 들끓을수록 많은 새끼를 낳는 고양이 개체 수를 조절하기 위해 새끼들을 익사와 같은 방법으로 도태시킬 필요가 있었다. 당시에 고양이는 다른 농장 동물들처럼 쓰고 버릴 수 있는 동물로 여겨졌고, 고양이 털은 옷을 만드는 데 자주 사용됐다. 중세 유적에서 발굴된 고양이 뼈들에는 도살 흔적이 있는데, 그를 통해 많은 고양이가 다 자라자마자 모피 때문에 도살당했음을 알 수 있다. 이러한 관행이 고양이는 쓰고 버릴 수 있다는 생각을 널리 퍼뜨리는 데 기여한 것으로 보인다. 때문에 당시에 고양이를 희생시키는 의식은 오늘날보다 덜 혐오스럽게 여겨졌을 것이다.

고양이에 대해 자비로웠던 교회의 태도는 암흑시대가 끝나고 중세 시대로 넘어가면서 점점 적대적으로 변했다. 대대적인 고양이 박해의 초석이 된 것은 비기독교적 대상을 숭배하는 자들에 대한 로마 가톨릭교회의 박해였다. 391년에 테오도시우스 1세가 비기독교적 숭배 의식—여기에는 바스테트나 디아나에게 바치는 제사 의식도 포함되었다—을 금지함으로써 그들에 대한 박해가 시작되었다. 즉 처음에는 박해의 대상이 고양이가 아니었다. 그래서 중세 초기까지만 해도 아일랜드 교회는 고양이에게 호의적이었다. 아름답게 채색된 8세기 라틴어 복음서인 『켈스서Book of Kells』에 실린 그림들 중에는 고양이가 악마의 모습으로 등장하는 것도 있지만 대부분은 가정집을 배경으로 묘사되었다. 이것을 보면 아일랜드 교회 성직자들은 고양이를 동반자로 여기도록 장려한 것 같다. 9세기에 한 수도사는 「팬구르 밴Pangur Bán」이라는 시를 써서, 자신의 삶과 고양이의 삶을 비교했다.

나와 팬구르, 학자와 고양이
각자 맡은 일이 있으니
나는 책과 씨름하고
너는 생쥐를 사냥하네.
발톱으로 생쥐를 움켜쥘 때 너는 기쁘고
머리에서 갑자기 실마리가 떠오를 때 나는 기쁘다네.[3]

중세 시대에는 수도원에서 연못에 물고기를 길렀다. 육류를 먹는 것이 금지된 늦겨울부터 이른 봄까지의 사순절 동안 물고기를 먹기 위해서였다. 그 풍부한 물고기는 훌륭한 단백질 공급원이 되었다. 당시 겨울철에는 가축에게 먹일 먹이가 거의 없었기에 사순절 몇 달 전에 집고양이 외의 가축들은 도살당했다. 사순절 기간 동안 임신한 집고양이들은 어렵게 쥐를 사냥하는 대신 사람들이 먹다 남긴 생선 조각을 먹었고, 그 때문에 배 속에 있는 새끼에게 필수적인 영양분을 공급할 수 있었다. 근처 농장에서 쥐와 사투를 벌이며 살아가는 '야만적인' 다른 고양이보다 유리한 입장이었던 것이다.

13세기부터 17세기 사이 교회와 고양이의 관계는 심각하게 적대적으로 변해 유럽 대륙의 많은 지역에서 집고양이는 종種의 생존 자체를 위협받게 되었다. 1233년에 로마 가톨릭교회는 고양이를 유럽 대륙에서 완전히 박멸하기 위해 힘을 모아 노력하기 시작했다. 같은 해 6월 13일, 교황 그레고리오 9세는 고양이―특히 검은 고양이―를 사탄과 동일시하는 악명 높은 칙서를 발표했다. 이후 300년이 넘는 기간 동안 고양이 수백만 마리가 죽임을 당했고 고양이를 키우던 수많은 사람, 특히 여성들이 마녀로 의심받아 고문당하고 처형되었다. 4세기 때도 이슬람교 같은 경쟁 종교를 악마화하기 위해 고양이를 대량 학살한 적이 있었지만 그때 교회의 공격은 거의 고양이에게만 집중되어 있었다.

그러나 그 시기 서유럽을 제외한 다른 지역에서 고양이는 대체로 무사했다. 그리스정교회는 고양이를 키우는 것을 크게 문제 삼지 않았던 것으로 보인다. 이슬람교는 전통적으로 고양이에게 호의적이기에 중동에서는 고양이가 계속 번성했다. 1280년 카이로에서는 이집트와 시리아의 통치자인 술탄 바이바르스가 집 없는 고양이를 위한 성역聖域을 만들기도 했다. 역사상 최초의 고양이 보호구역인 셈이다.

로마 교회의 영향권 안에 있던 지역 모두에서 고양이가 사탄으로 매도당한 것은 아니다. 14세기 영국 문학작품인 제프리 초서의 『캔터베리 이야기』

에는 '선원의 이야기'가 나오는데, 그 내용이 사실이라면 당시 고양이는 쥐 잡는 기술을 높이 평가받으며 훌륭한 보살핌을 받았다.

> 고양이를 데려다가 우유와 부드러운 고기를 주고
> 비단으로 만든 잠자리도 주면서 잘 키워보자.
> 벽 옆으로 생쥐 한 마리가 지나가는 것을 보면
> 고양이는 우유와 고기와 모든 것을 내버려두고
> 집 안에 있는 맛있는 음식 모두를 내버려두고
> 넘치는 식욕으로 쥐를 잡아먹을 것이다.[4]

게다가 성직자 사회에서도 고양이는 은연중에 인기가 많았던 것 같다. 영국, 프랑스, 스위스, 벨기에, 독일, 스페인 등 유럽 전역의 중세 교회 성가대석에 고양이가 조각되어 있기 때문이다. 이들 고양이는 악마로 묘사된 것이 아니라 자연 혹은 가정집을 배경으로 몸단장을 하거나 새끼들을 돌보거나 난롯가에 둘러앉은 모습으로 묘사되었다. 일반 신도들의 시야에서 벗어난 자리에 고양이 모습을 조각한 것은, 아마도 설교에서는 때때로 고양이를 악마로 언급했기 때문이었을 것이다. 즉 중세 유럽에는 분명 고양이와 고양이를 애지중지하는 여성을 박해하는 문화가 있었지만, 대부분의 사람은 고양이를 유용한 동물로 인정했다. 특히 교회의 영향을 적게 받았던 시골 사람들은 쥐 잡는 실력이 뛰어난 고양이를 매우 가치 있는 존재로 여겼다.

무시무시한 중세 시대의 고양이 박해가 이후로도 고양이라는 종에 영속적인 영향을 미쳤을까? 당시 서유럽에서 검은 고양이를 대상으로 이루어진 박해의 물리적 흔적은 오늘날에는 남아 있지 않다. 오늘날 검은 고양이는 중세 가톨릭교회의 영향권 밖에 있었던 그리스나 이스라엘 혹은 북아프리카뿐만 아니라 그 교회의 영향권 안에 있던 독일과 프랑스에서도 흔히 볼 수 있기 때문이다. 로마 시대까지만 해도 덩치가 상당히 크고 무척 야생적이었던 고양이가 중세 시대를 거치면서 작아졌는데 심지어 어떤 지역에서는 오늘날의 평균 고양이 크기보다 작아졌다. 이것이 고양이 박해의 영향일 수도 있지만, 그런 크기 변화가 정확히 언제 어디서 발생했는지를 추적하는 일은 쉽지 않다. 당시의 '평균적인 고양이' 모습을 정확히 알 수 있을 정도로 한 장소에서 충분한 수의 고양이 뼈가 발견된 경우는 거의 없었기 때문이기도 하다. 일부 과학자들은 유럽 전역에서 발견되는 커다란 고양이 유골은 야생고양이의 것이고 특히 작은 고양이 유골은 영양이 부족했던 고양이의 것이라고 추정하기도 한다.

서유럽에서 고양이는 수 세기 동안 크기의 변화가 있었지만 그 과정이 일관적이지는 않았다. 예를 들어 10~11세기에 요크의 집고양이는 오늘날과 비슷한 크기였지만 같은 시기에 130킬로미터도 떨어져 있지 않은 링컨에서는 고양이 대부분이 오늘날의 기준보다 작았다. 하지만 12~13세기에 요크의 고양이는 200년 전보다 작아졌다. 독일 헤데뷔에서는 9~11세기에 고양이 크기가 오늘날과 거의 비슷했지만, 역시 독일에 있는 슐레스비히의 11~14세기 유적에서 발견된 고양이 유골은 아주 작아 뼈의 길이가 70퍼센트나 줄어든 놀랍고도 설명할 수 없는 변화를 보여준다. 21세기의 전형적인 고양이보다 몸집이 훨씬 작은 슐레스비히 고양이는 후손을 남기지 않은 듯 보인다.[5] 이렇게 고양이 크기가 작아진 것이 14세기에 시작된 고양이 박해 때문이라고 단정 짓고 싶은 유혹도 들지만 그것이 사실이라는 직접적인 증거는 없다. 사실 영국에서 고양이 크기가 줄어든 것은 로마 교황의 칙서 발표 이전의 일이다. 그렇기 때문에 고양이가 더 작은 크기로 변화한 원인은 미스터리로 남았고 언제 다시 커졌는지도 알 길이 없다.

마찬가지로 우리는 고양이 박해를 흑사병과 관련짓고 싶을 수도 있다. 1340년에서 1350년 사이 중국부터 영국까지 휩쓴 흑사병은 페스트균에 의해 발생한 세계적 유행병이었으며 알다시피 쥐를 통해 전염되었다. 흑사병으로 인해 유럽 인구의 3분의 1 이상이 키우던 고양이와 함께 죽었다. 게다가 흑사병은 고양이 박해가 없었던 인도와 중동 그리고 북아프리카에서도 치명적이었다. 전염성이 매우 강한 흑사병은 이후 500년 넘게 유럽에서 종종 발생했다. 영국에서 마지막으로 창궐한 전염병은 1665년에서 1666년에 걸쳐 발생한 런던 대역병Great Plague of London인데, 이번에는 쥐가 아니라 고양이 탓으로 여겨져 런던 시장의 명령으로 고양이 20만 마리가 도살되었다.[6]

17세기 영국은 고양이에게 좋은 시절도 좋은 장소도 아니었고 북아메리카에 새로 개척된 영국 식민지도 그와 다를 바 없었다. 농촌 사회에 아직 남아 있던 이교 사상과의 관계로 인해 고양이, 특히 검은 고양이는 다시 마녀와 결부되었다. 오늘날까지도 우리는 그 둘을 연관시켰던 흔적을 공포 영화나 핼러윈Halloween 장식에서 볼 수 있다. 당시 지역 공동체는 일군의 여자들을 마녀라고 일컬으며, 그들의 '범죄'를 심판할 때 마녀는 고양이로 변신한다고 주장했다. 가끔은 개, 두더지, 개구리 등으로 변한다고 '진술'하기도 했지만 고양이가 가장 일반적이었다. 그리하여 로마 교회는 고양이에게 잔인한 행위를 하는 것을 공식적으로 허가했다. 밤에 우연히 마주치는 고양이는 마녀가 변신한 모습일지도 모른다는 이유로 누구나 고양이를 죽이거나 해할 수 있었다. 스코틀랜드의 먼 섬에서는 타이검Taigherm이라 불리는 마귀 쫓는 의식을 치르면서 나흘 동안 밤낮으로 살아 있는 검은 고양이를 차례로 불태

마녀와 '친구들'—고양이, 쥐, 부엉이

웠다.[7] 식민지 매사추세츠를 다스리던 지도자들도 같은 생각을 가지고 있었는데, 1692년 그 지역 세일럼에서 행해진 마녀재판에서 무고한 사람과 고양이의 희생이 절정에 달했다.

인간 삶의 주변에서 중심으로

유럽에서 고양이에 대한 인식은 18세기 중반에 이르러서야 개선되기 시작했다. 파리에서 고양이 바구니가 놓인 모닥불에 직접 불을 붙인 루이 14세의 증손자 루이 15세도 고양이를 받아들인 것 같다. 아내 마리아가 반려고양이를 키우는 것을 허락해 그녀의 조신들이 녀석의 변덕스러운 기분을 맞추며 애지중지 돌본 것을 보면. 또한 프랑스 귀족 여성의 그림에 반려고양이를 그려 넣는 것이 유행했고, 반려고양이가 죽으면 특별한 무덤을 짓기도 했다. 하지만 고양이에 대한 이런 태도가 결코 보편적인 것은 아니었다. 비슷한 시기에 동물학자 조르주루이 뷔퐁은 자신의 저서인 『박물지Histoire Naturelle, Generale et Particuliere』 36권에서 이렇게 썼다. "고양이는 부정한 가축이다. 우리를 더 불편하게 하더라도 사랑 때문에 차마 떠나보낼 수 없는 다른 가축과는 달리 고양이는 오직 실용적으로 필요하기 때문에 키운다."[8]

한편 영국에서는 고양이의 인기가 높아지고 있었다. 18세기 작가 크리스토퍼 스마트와 새뮤얼 존슨은 고양이와 함께하는 것을 가치 있게 여겼을 뿐만 아니라 고양이에 대한 글도 썼다. 스마트의 시 「내 고양이 제프리를 생각하며」는 이렇게 시작한다.

> 내 고양이 제프리를 생각한다.
> 제프리는 살아 계신 하느님의 종으로 날마다 충심으로 하느님을 섬긴다.
> 동방에 계신 하느님의 영광을 처음 보자마자 제프리는 자기만의 방식으로 하느님을 섬긴다.
> 제프리의 방식이란 몸을 우아하고도 재빠르게 일곱 번 웅크리는 것이다.

이 부분에서 스마트는 고양이와 악마 숭배는 아무 관련이 없을 뿐만 아니라 사실 그 반대라고 보고 있다. 스마트는 또한 고양이 행동을 아주 정확하게 관찰한다. 시는 계속 이어진다.

> 첫 번째, 제프리는 앞발이 깨끗한지 확인한다.
>
> 두 번째, 제프리는 뒤로 물러나 앞발을 뻗는다.
>
> 세 번째, 제프리는 앞발을 쭉 뻗은 채 기지개를 켠다.
>
> 네 번째, 제프리는 앞발을 나무에 문질러 날카롭게 한다.
>
> 다섯 번째, 제프리는 스스로 몸단장을 한다.
>
> 여섯 번째, 제프리는 몸을 웅크려가며 깨끗이 단장한다.
>
> 일곱 번째, 제프리는 순찰에 방해되지 않도록 몸에 있는 벼룩도 잡는다.
>
> 여덟 번째, 제프리는 기둥에다 몸을 문지른다.
>
> 아홉 번째, 제프리는 올려다보며 하느님의 지시를 기다린다.
>
> 열 번째, 제프리는 먹을 것을 찾아 떠난다.

새뮤얼 존슨도 자신의 고양이 호지와 릴리를 매우 사랑했다. 그의 전기작가 제임스 보즈웰은 "나는 존슨이 그의 고양이 호지를 너무나 관대하게 대하던 모습을 잊을 수가 없다"라고 썼다. 아마도 존슨이 호지에게 굴을 먹이던 버릇을 언급한 것으로 보인다. 당시에 굴이 오늘날처럼 고급스러운 음식은 아니었다.

인간 사회의 가장자리에 머물던 고양이는 19세기 말에 이르러 그 중심으로 완전히 들어왔다. 가령 영국 빅토리아 여왕의 앙고라고양이 '화이트 헤더'는 여왕의 말년에 큰 위안이 돼주었고 이후에는 아들 에드워드 7세의 고양이가 되었다. 열렬한 고양이 팬이었던 미국의 작가 마크 트웨인은, 영리한 고양이의 습성을 정확하게 관찰해 아래와 같이 썼다.

무슨 권리로 개를 '고귀한' 동물이라 말하는가? 당신이 무자비하고 잔인하고 부당하게 대할수록 개는 더욱 아양을 부리고 당신을 받들어 모시는 노예가 될 것이다. 반면, 당신이 단 한 번이라도 고양이를 학대한다면 그 고양이는 항상 위엄 있는 자세로 당신을 대할 것이고 당신은 두 번 다시 그 고양이의 신뢰를 얻을 수 없을 것이다.

돌연변이 고양이의 등장과 확산

19세기에 이르러 고양이는 이집트에 살던 자기 조상보다 훨씬 다양한 모습을 지니게 되었다. 유럽과 중동에서는 자연적인 유전자 변형으로 인해 새로운 유형의 털을 가진 돌연변이 고양이가 나타났다. 이런 돌연변이들은 몇 세대 후에 사라지기도 했는데 특히 고양이 주인이 돌연변이를 괴상하다고 여긴 경우에는 더 그랬다. 하지만 간혹 독특한 외모의 고양이를 특별하다고 여기는 호의적인 주인도 있었다. 한 지역의 고양이 주인이 외모가 특이한 고양이를 좋아하게 되고 그러한 현상이 다른 지역으로 퍼져 나가면 그 돌연변이는 점점 모든 고양이 개체군으로 확대된다. 오늘날 고양이에게서 볼 수 있는 다양성—다른 색깔, 다른 무늬, 털 길이의 차이 등—은 바로 그런 과정의 결과다. 놀랍게도 그런 과정 가운데 일부는 그 기원과 확산 과정을 추적할 수 있고, 그래서 오늘날의 다양한 고양이 종 가운데 일부는 어떻게 생겨났는지를 알 수 있다.

유전학자들은 유럽과 중동 지역의 집고양이가 상대적으로 비슷한 이유를 배에 고양이를 태우고 다닌 그 두 지역의 관행에서 찾는다. 예를 들어 레바논에서 임신한 고양이가 두 달 후 마르세유에 도착해 배에서 내린 뒤 새끼를 낳는 장면을 어렵지 않게 상상할 수 있다. 바다를 누비던 페니키아, 그리스, 로마 사람들은 지중해에서 출발해 론 강을 따라 북쪽으로 고양이를 퍼뜨리기도 하고, 센 강에서 영국해협으로 이어지는 무역 경로를 따라 고양이를 퍼뜨리기도 했다. 그래서 당시 고양이의 유전적 특징이 오늘날 프랑스 고양이에게도 이어지고 있다. 1000년경 전에 북유럽 바이킹들 사이에서는 황갈색 고양이가 인기였는데, 오늘날 그 지역 고양이 분포에도 그 사실이 반영되어 있다.[9]

줄무늬가 없는 집고양이에 대한 최초의 기록은 서기력이 시작되고 얼마 지나지 않아서 나타난다. 그리스인들은 6세기에 처음 검은 고양이와 하얀 고양이에 대해 기술했다. 하지만 검은색 돌연변이는 꽤 자주 발생하는 편이었기에 이미 수 세기 전에 집고양이 집단에 퍼졌던 것으로 보인다. 이 돌연변이 유전자를 지닌 많은 고양이는 실제로는 검은색이 아니다. 털끝이 희미한 색이어서 전체적으로 갈색이나 회색을 띠게 되는데, 이러한 털 색깔을 전문용어로 '아고티agouti'라고 부른다. 유전적으로 털끝 색깔이 희미하지 않으면 검은색 고양이가 되는데, 검은색 돌연변이 유전자를 부모로부터 하나씩 물려받아 두 개를 가졌을 경우다. 만약 한 고양이가 하나의 정상 유전자와 하나의 돌연변이 유전자를 가졌다면, 정상 유전자가 우성이므로 털은 일반적인 줄무늬를 띤다. 그러나 이 줄무늬 고양이가 낳은 새끼는 자라서 완전히 검은 고양이를 출산할 수 있다. 검은색 돌연변이는 오늘날 세계 곳곳에 널리 퍼져 있는데, 이는 페니키아인과 그리스인이 유럽 전역에 집고양이를 퍼뜨리기 전에 이미 검은색 돌연변이가 생겨났을지도 모른다는 것을 암시한다.

검은 고양이와 하얀 고양이는 색깔도 반대지만 인간과의 관계라는 측면에서도 반대다. 고양이는 알비노나 흰색 우성유전자를 가질 경우 완전한 흰색이 될 수 있고, 알비노의 눈은 분홍색이 된다. 두 경우 모두 보통 고양이보다 건강하지 못하다. 피부암에 걸리기 쉽고 흰색 우성유전자에 눈이 파란 고양이는 종종 귀머거리가 되기도 한다. 완전히 하얀 고양이의 가장 큰 문제는 줄무늬 고양이와 달리 어떤 배경에서도 눈에 띄기 쉽기에 충분한 먹이를 잡으며 살기가 쉽지 않다는 것이다. 그래서 자연선택에 의해 점점 드물어졌다. 오늘날 완전히 하얀 고양이는 인간이 의도적으로 흰색 우성유전자를 유지시킨 몇몇 순혈종을 제외하면, 전체 고양이의 3퍼센트도 되지 않는다.

이와는 대조적으로 검은색 돌연변이 유전자를 가진 고양이는 아주 흔하고 널리 퍼져 있으며 별다른 생물학적 결점도 없다. 어떤 지역에서는 80퍼센트 이상의 고양이가 이 돌연변이 유전자를 지니고 있다. 이 고양이들 대부분이 실제로 검은 것은 아니다. 많은 수가 검은색 돌연변이 유전자를 하나만 가지고 있어 줄무늬 고양이가 되기 때문이다. 검은색 돌연변이 유전자를 가진 고양이는 오늘날 영국, 아일랜드, 네덜란드의 위트레흐트, 태국의 치앙마이, 텍사스 주 덴턴 같은 미국의 몇몇 도시, 캐나다의 밴쿠버 그리고 모로코에서 가장 흔하다. 특히 덴턴에서는 무려 90퍼센트에 달하는 고양이가 이 유전자를 가지고 있다.

검은색은 모든 사람이 좋아하는 고양이 색깔은 아니기 때문에 검은색 돌연변이 유전자를 가진 고양이가 곳곳에 존재하는 이유를 파악하기는 어렵다. 이에 대한 문화적인 설명은 그다지 설득력이 없어 과학자들은 다음과 같은 생물학적 가설을 제시했다. 이 유전자를 가진 고양이들은 심지어 검은색이 발현되지 않는 이형접합체 형태라 해도 웬일인지 사람이나 다른 고양이와 친근하게 지낼 수 있는 것으로 보이고, 바로 그래서 사람들이 밀집된 무역선에서 오랫동안 그들과 부대끼며 지낼 수 있었다는 것이다.[10]

하지만 이 가설은 최근에 이루어진 남아메리카 고양이 연구와는 맞아떨어지지 않는다.[11] 남아메리카 고양이 대부분은 그들의 고향이라 할 수 있는 스페인의 고양이와 비슷하게 72퍼센트 정도가 검은색 돌연변이 유전자를 가지고 있다. 과거에 스페인 고양이들이 교역 항로를 따라 이동한 경로를 추적해보면, 녀석들이 남아메리카에 있던 여러 스페인 식민지를 드나들었음을 예상할 수 있다. 그런데 안데스 산맥 해발 4000미터에 위치한 라파스에는 무슨 이유인지 검은색 돌연변이 유전자를 가진 고양이가 스페인보다 드물다. 그곳 고양이의 조상도 분명 스페인에서 출발해 사람들과의 접촉을 견디며 여행을 해냈던 고양이였는데도 말이다. 그러므로 아직 검은 고양이 전체의 개체 수 및 지역별 분포와 관련해 확실한 설명을 할 수는 없다.

고양이의 '전형적인' 무늬라고 말해지는 얼룩무늬를 가진 고양이의 분포가 지역별 차이를 보이는 이유 역시 분명하지 않지만, '전형적'이라고 불리는 데서 알 수 있듯이 얼룩무늬 고양이가 가장 많은 것은 분명하다. 고양이의 야생 조상은 줄무늬 혹은 고등어 무늬였는데 집고양이도 적어도 2000년 전까지는(어쩌면 훨씬 더 최근까지) 그런 무늬를 가지고 있었던 것으로 보인다.[12] 얼룩무늬를 만드는 돌연변이 유전자는 중세 말의 어느 시점에 처음 나타난 것으로 보이며, 그 발생 지역은 영국이 거의 확실하다. 얼룩무늬는 영국에서 가장 일반적이기 때문이다.

얼룩무늬 유전자도 검은색 돌연변이 유전자와 마찬가지로 열성유전자다. 따라서 고양이가 얼룩무늬 털을 가지려면 반드시 부모 양쪽에게서 얼룩무늬 유전자를 하나씩 물려받아야 한다. 줄무늬 유전자 하나와 얼룩무늬 유전자 하나를 가지고 있으면 줄무늬 고양이가 된다. 이렇게 명백히 불리한 조건임에도 불구하고 영국과 미국의 많은 지역에서 얼룩무늬 고양이는 줄무

얼룩무늬 고양이(위)와 줄무늬 고양이(아래)

늬 고양이보다 약 두 배가 많다. 이것은 고양이의 80퍼센트 이상이 얼룩무
늬 유전자를 지니고 있음을 의미한다. 그러나 아시아에서는 얼룩무늬 고양
이가 흔치 않거나 아예 없다. 홍콩처럼 영국 식민지였던 곳은 다른데, 아마
도 영국 배를 타고 온 고양이나 영국인이 데려온 반려고양이가 동시다발적
으로 정착했기 때문인 것 같다.

영국에서 열성유전자인 얼룩무늬 유전자가 집고양이 개체군 사이에서 널

리 퍼진 것은 어떤 특별한 이유가 있었을 것이다. 영국에는 로마 시대나 그 이전부터 줄무늬 고양이가 있었기 때문에, 초기 집고양이 중에는 분명 얼룩무늬 고양이가 드물었을 것이다. 1500년경이 되자 얼룩무늬 고양이가 영국의 전체 고양이 중 10퍼센트를 차지했고, 그 후 매년 증가하여 지금은 어디서나 찾아볼 수 있을 정도로 많아졌다. 그래서 영국에서는 얼룩무늬 고양이를 '전형적인 고양이'라고 부른다. 마치 돌연변이 유전자는 얼룩무늬 유전자가 아니라 줄무늬 유전자라는 듯이.

이렇게 된 이유가 아직 명확히 밝혀지지는 않았다. 영국 사람들이 얼룩무늬 고양이를 압도적으로 선호하기 때문은 아니다. 실제로 물어보면 오히려 줄무늬 고양이를 선호하는 사람이 좀더 많은데, 상대적으로 흔치 않기 때

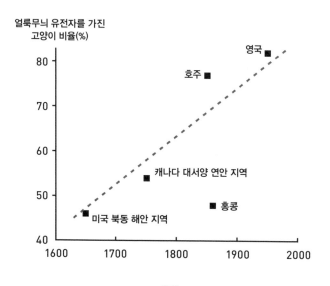

1650~1900년 영국 식민지들에서 얼룩무늬 유전자를 가진 고양이 비율과
1950년 영국에서 얼룩무늬 유전자를 가진 고양이 비율 비교

문인 것 같다. 산업혁명 이후 생겨난 먼지가 영국 도시를 검게 덮으면서 전체적으로 어두운 색조의 얼룩무늬 고양이나 검은 고양이가 줄무늬 고양이보다 생존에 유리해졌기 때문이라는 가설도 있지만, 아직은 검증되지 않았다.[13] 다만 우리는 다음과 같은 한 가지 사실을 알고 있다. 한 유전자는 그것이 가져오는 가장 명백한 변화에 따라 이름 지어지지만, 그 외의 많은 변화에도 복합적인 영향을 미친다는 것을. 따라서 얼룩무늬 유전자는 털 색깔 외에 다른 이점도 제공하여 얼룩무늬 고양이를 영국에 가장 적합한 고양이로 만들었다고 추측할 수 있다.

영국에 얼룩무늬 유전자를 가진 고양이가 많다는 것은, 세계 곳곳에 있던 영국 식민지의 얼룩무늬 고양이 비율과 비교해봐도 알 수 있다. 121쪽의 도표에서 볼 수 있듯이 영국인들이 지금의 뉴욕, 필라델피아, 보스턴이 위치한 미국 북동부에 정착해 생활했던 1650년대에, 그곳 고양이들은 45퍼센트 정도가 얼룩무늬 유전자를 가지고 있었다. 반면 스페인 사람들이 정착해 생활하던 오늘날의 텍사스 지역에서는 고양이의 30퍼센트 정도만 얼룩무늬 유전자를 가지고 있었다. 영국인들이 1750년대에 정착한 캐나다 대서양 연안 지역에는, 미국 북동부보다 얼룩무늬 유전자를 가진 고양이가 더 많았다. 한편 19세기에 영국인들이 정착했던 식민지, 특히 홍콩은 캐나다 대서양 지역보다 얼룩무늬 고양이가 적었다. 그곳에는 오래전부터 중국에서 기원한 줄무늬 고양이 집단이 존재하고 있었기에 영국에서 건너온 얼룩무늬 유전자의 영향을 희석시켰을 것이다. 비슷한 시기에 호주에는 홍콩보다 얼룩무늬 고양이가 많았다. 영국에서는 1970년대에 얼룩무늬 유전자를 가진 고양이가 전체의 80퍼센트를 넘었고 그 후로도 계속 증가했다.

우리는 두 가지 가정을 해봄으로써 이러한 경향을 설명할 수 있다. 첫째,

캘리포니아 험볼트 카운티 고양이의 유래

16세기에서 18세기에 걸쳐 캘리포니아 주 북부 레드우드 해안에 위치한 험볼트 카운티에 수많은 사람이 연이어 도착하면서 그곳에 집고양이도 유입되었다. 배를 타고 태평양을 건너온 러시아, 영국, 스페인 사람들도 있었고 동쪽의 미주리 주와 북쪽의 오리건 주에서 건너온 농부들도 있었다. 무역선에서 도망쳤을 것으로 추정되는 길고양이들이 험볼트 카운티에 처음 모습을 드러낸 때는 1820년대로, 농부들이 이주해오기 전이었다. 따라서 오늘날의 험볼트 카운티 고양이는 무역선에서 도망친 고양이거나 농부들이 데려온 고양이의 후손, 혹은 그 둘 다의 후손일 것이다.

1970년대에 생물학자 베넷 블루멘버그는 험볼트 카운티 고양이 250마리의 털 색깔과 무늬를 기록했는데, 이를 통해 고양이의 색깔과 무늬에 영향을 미치는 각각의 유전자가 얼마나 다른 비율로 존재하는지 측정했다. 즉 험볼트 카운티 고양이의 56퍼센트가 검은색이거나 검은색과 흰색이 섞여 있다는 사실을 관찰한 블루멘버그는 이를 기반으로 75퍼센트가 (아고티가 아닌) 검은색 버전의 유전자를 지녔다고 추정했다. 이것은 19퍼센트의 고양이가 검은색 유전자를 지녔지만 검은색은 아니었다는 말이 되기도 한다. 왜냐하면 하나의 검은색 유전자와 하나의 줄무늬 유전자를 가진 고양이는 줄무늬가 되기 때문이다. 또한 그는 서로 다른 색깔 유전자의 지배를 받는 황갈색 고양이, 거북등무늬 고양이, 얼룩무늬 고양이, 줄무늬 고양이, 연한 색깔 고양이, 장모 고양이, 단모 고양이, 완전히 하얀 고양이, 발과 가슴 부분만 하얀 고양이의 수를 각각 기록했다. 그리고 그는 험볼트 카운티 고양이의 유래를 추적하기 위해 북아메리카 내 다른 지역에 있는 고양이들과의 유사성을 살펴보았다.[14]

험볼트 카운티 고양이와 가장 비슷한 것은 샌프란시스코와 캘거리 그리고 보스턴의 고양이였다. 그 사실은 험볼트 카운티 고양이의 조상이 주로 농부 및

다지증이 있는 고양이 발자국

광산 개발자와 함께 육로를 통해, 혹은 보스턴에서 모피 무역선을 타고 험볼트 카운티에 도착했음을 보여준다. 하지만 블루멘버그는 스페인에서 유래한 고양이의 후손들도 발견했다. 그들의 선조는 옛 스페인령인 뉴스페인(지금의 캘리포니아 지역 대부분)이 소멸한 후 남겨진 녀석들이었다. 또한 러시아-아메리카 회사Russian-American Trading Company가 있는 블라디보스토크의 고양이에게서도 이유는 알 수 없지만 험볼트 고양이와의 유사성이 발견되었다. 그 회사의 선박들은 중국에 있는 항구를 거치기도 했기에 중국에서 기원한 고양이를 싣고 왔을 가능성도 있다. 하지만 블루멘버그는 캘리포니아 고양이에게서 중국 고양이 유전자의 흔적을 발견할 수는 없었다.

다지증 유전자라고 알려진 또 다른 희귀한 돌연변이 유전자는 고양이 발가락을 하나 더 생기게 한다. 영국인들이 보스턴에 정착한 초기에 그곳에 들어 온 고양이 중 한 마리가 발가락이 하나 더 있는 새끼를 낳았는데, 바로 그 새끼 가 자라서 다지증 유전자를 퍼뜨렸다. 그리하여 1848년에 이르러 보스턴에는 발가락이 하나 더 있는 고양이가 흔해졌고, 오늘날에는 그런 고양이가 전체의 15퍼센트 정도를 차지한다. 다지증 고양이는 보스턴에서 건너간 사람들이 세운 캐나다 노바스코샤 주의 항구도시 야머스에서도 흔히 볼 수 있다. 반면 남북전 쟁 말기에 뉴욕 왕당파 사람들이 건너가서 정착한, 같은 노바스코샤 주에 있는 딕비에는 다지증 고양이가 희귀하다.[15]

영국에만 해당하는 특수한 이유로 인해 거기서 얼룩무늬 고양이 비율이 약 1500년경부터 지금까지 꾸준히 증가해왔다는 것이다. 그렇지 않다면 뉴욕, 노바스코샤, 브리즈번, 홍콩에서도 오늘날 얼룩무늬 고양이 비율이 적어도 80퍼센트는 되어야 한다. 둘째, 어느 한 장소에 자리를 잡은 고양이 개체군 의 유전자 구성은 변하지 않는다는 것이다. 이 두 번째 가정은 영국을 제외 한 다른 지역들의 현재 상황을 설명할 수 있기에 보다 보편성을 띤다 할 수 있다(123쪽의 '캘리포니아 험볼트 카운티 고양이의 유래'를 보라). 가령 19세기 에 바르셀로나에서 남아메리카로 온 카탈루냐인들은 아마존 강을 따라 몇 개의 도시를 세웠는데, 그 도시들 중 적어도 타바칭가(브라질의 국경 마을로 사실상 포르투갈의 레티시아를 포함하는 지역)와 마나우스의 고양이들은 그 후 100년 이상이 흘러도 바르셀로나 고양이와 비슷한 모습을 유지했다. 이것 은 카탈루냐인들이 남아메리카로 데리고 들어온 고양이들이 그 지역에 정착 한 이후 유전자 구성이 변하지 않았음을 보여준다.[16]

스페인 및 스페인 사람들이 정착한 미국의 몇몇 지역과 남아메리카에서는 황갈색 고양이와 거북등무늬 고양이가 다른 곳보다 훨씬 흔하다. 황갈색 고양이가 흔한 또 다른 지역은 이집트로, 바로 그곳이 이 돌연변이의 기원지일 가능성이 있다(90쪽의 '황갈색(오렌지색) 고양이는 왜 대체로 수컷인가'를 보라). 스코틀랜드 북부 및 서부 해안에 있는 여러 섬과 아이슬란드도 황갈색 고양이가 흔한 예외적인 지역에 속한다. 과학자들은 그 이유를 바이킹이 황갈색 고양이를 선호했기 때문이라고 생각해왔다. 바이킹이 9세기경에 그 지역들을 식민지화한 것은 사실이다. 그런데 그들이 배에 실어 그 지역들로 전파시킨 황갈색 고양이가 지중해 동부 연안에서 들여온 것인지, 아니면 노르웨이 어딘가에서 자연적으로 발생한 것들인지는 확실하지 않다.

고양이의 외모가 생활방식에 미치는 영향

오늘날의 집고양이는 다양한 색깔과 무늬를 가지고 있다. 이렇게 된 데에는 분명 인간의 기호가 크게 영향을 미쳤을 것이다. 인간은 엄격하게 관리되는 순혈종 고양이만 선호하는 것이 아니다. 그래서 검은 고양이, 줄무늬 고양이, 얼룩무늬 고양이, 황갈색 고양이 등이 오늘날까지도 세계 곳곳에서 집고양이로서 자리 잡고 있는 것이다. 저마다의 외모적 특징을 지닌 집고양이는 다시 야생으로 돌아가도 그 특징 때문에 크게 불이익을 당하지는 않는 것으로 보이지만, 각자의 외모적 특징을 유지할 수 있었던 가장 큰 이유는 사람들의 선호 때문이었던 것 같다. 가령 발이 하얗고 몸에 다양한 하얀 얼룩이 있는 고양이는 다른 고양이보다 눈에 잘 띄기 때문에 사냥할 때는 다소 불리하지만, 그런 고양이를 선호하는 사람은 많다. 특히 검은색과 흰색 털이 절묘하게 조화를 이룬 '턱시도' 고양이가 인기다. 어떤 사람들은 털색깔을 연하게 만드는 유전자를 가진 고양이를 좋아한다. 이런 유전자를 가지면 검은 고양이는 매력적인 회색이 되는데―그런 색깔은 종종 '푸른색'이라고도 불린다―러시안블루 같은 품종이 그렇다. 검은색이 아닌 고양이도 이 유전자를 가지면 원래보다 밝은색을 띠게 된다.

어떤 사람들은 털이 긴 고양이를 좋아한다. 고양이는 피부로 땀을 배출할 수 없기 때문에 털이 길다는 것은 특히 더운 기후에서는 불리한 특성이다. 그러나 최근에 이루어진 라틴아메리카 고양이에 대한 연구는, 기후보다 인간의 기호가 고양이 외모에 훨씬 더 큰 영향을 미칠 수 있음을 밝혔다.[17] 물론 길고 두툼한 털은 추운 지방에 사는 고양이들, 그중에서도 실외에서 사는 메인쿤고양이와 노르웨이숲고양이에게는 분명 도움이 될 것이다. 온화한 기후에서 사는 고양이가 긴 털을 가졌을 때 가장 크게 문제가 되는 것은 더위가 아니라 털이 쉽게 엉킨다는 것이다. 그 털을 그대로 내버려두면 피부에 염증이 생기거나 기생충이 침입할 가능성이 높다. 길고양이 집단에서는 털이 긴 고양이가 매우 드문데, 이것은 인간의 관심과 보살핌이 없는 환경에서는 긴 털이 부적합하다는 것을 증명한다.

줄무늬는 야생고양이에게 가장 적합하다. 사냥할 때 위장에 효과적이기 때문이다. 야생고양이의 경우, 진화 과정 중에 생긴 외모에 영향을 주는 돌연변이 유전자들 중 사냥에 방해가 되는 것은 빠르게 소멸한다. 하지만 집고양이에게는 위장이 별로 중요하지 않기 때문에 그러한 돌연변이 유전자가 발생하면 같은 집단 안에 널리 퍼지게 된다.

털의 다양한 색깔과 무늬는 개, 말, 소 등 다른 가축의 특징이기도 하지만, 고양이가 가진 색깔과 무늬가 다음 세대에 얼마나 전해질지는 다음 두 가지 요인에 따라 결정되었다. 첫째 요인은 고양이의 사냥 능력에 미치는 영향이다. 오늘날에는 그리 중요해 보이지 않는 이 요인은 예전에는 고양이의 생사를 결정지을 수도 있는 중요한 것이었다. 둘째 요인은 주인의 마음에 미치는 영향이다. 어떤 털과 색깔을 가진 고양이를 선호하느냐는 사람마다 문화마다 달랐기에, 그로 인해 다양한 외모의 고양이가 생겨났다.

물론 털 색깔과 무늬의 유전성에 고양이들 스스로의 취향이 반영됐을 가능성도 있지만, 아직 고양이의 '색깔에 대한 선호도'를 보여주는 증거는 발견되지 않았다. 즉 얼룩무늬 암고양이가 자신과 같은 얼룩무늬를 좋아해서 검은 수고양이를 퇴짜 놓는 일은 목격되지 않는다. 발과 가슴 부분의 털이 하얀색인 고양이도 짝을 찾는 데 특별히 어려움을 겪는 것 같지 않다. 물론 그런 눈에 잘 띄는 색깔 때문에 충분히 사냥하지 못해 건강이 나빠 보이면 짝을 찾는 데 불리해지겠지만 말이다. 다시 말해 고양이가 짝을 고르는 중요한 기준은 털 색깔이나 무늬는 아닌 듯하다.

오늘날 집고양이 대부분은 개와 같은 다른 가축보다 자신의 삶을 주도적으로 영위하기 위해 노력한다. 순혈종 고양이를 제외하면(이런 고양이들은 여전히 소수다) 대부분의 고양이는 자기가 원하는 곳으로 가서 자기가 원하는 짝을 선택한다(중성화된 녀석들이 아니라면 말이다. 고양이 중성화는 상대적으로 최근의 현상이다). 바로 이와 같은 이유로 인해 고양이는 아직 완전히 가축화가 이루어지지 않은 것으로 간주된다.[18] 한 동물이 완전히 가축화되었다는 것은 인간이 그 동물의 먹이와 갈 곳, 그리고 가장 중요하게 번식을 완전히 통제하는 상태를 말하기 때문이다.

집고양이의 영양과 사냥의 관계

오늘날 우리는 집고양이가 필요로 하는 먹이의 전부 혹은 대부분을 제공해주지만, 얼마 전까지만 해도 상황은 달랐다. 과학자들은 고양이가 건강을 유지하고 정상적인 출산을 하려면 절대적으로 육식을 해야 한다면서 고양이를 슈퍼 육식동물로 분류하고 있다(130쪽의 '고양이는 진정한 육식동물이다'를 보라). 암고양이가 성공적으로 새끼를 낳기 위해서는 반드시 고기를 높은 비율로 섭취해야만 한다. 늦은 겨울철에는 더욱 그래야 하는데 이때 암내를 풍기기 시작하다가 곧 임신하기 때문이다. 사실 최근까지만 해도 대부분 사람의 식단에서 고기나 생선은 아주 작은 부분을 차지했으며 그것도 특정 계절에만 먹을 수 있었다. 가축들은 사람이 먹지 못하는 것만 먹을 수 있었고, 그래도 잘 자라면서 우리가 이용할 수 있는 영양분을 만들어냈다. 가령 젖소는 우리가 소화할 수 없는 풀을 먹고 우리가 소화할 수 있는 우유와 고기를 생산해냈다. (육식동물로 분류되어 있지만 개도 사실은 잡식동물이다. 개가 고기를 더 좋아할지는 모르나, 곡물 위주로 먹여도 필요한 영양소는 모두 공급된다.)

인간과 함께 살아온 대부분의 시간 동안 고양이는 주로 사냥 능력 때문에 가치 있게 여겨졌다. 쥐는 고양이가 필요로 하는 영양분을 모두 가지고 있기 때문에 사냥을 잘하는 고양이는 자동적으로 균형 잡힌 식사를 하는 셈이었다. 사냥 기술이 뛰어나지 않거나 운이 없는 녀석들은 항상 굶주림을 곁에 두고 살았지만 그래도 특정한 영양소가 부족해서 질병에 걸리는 경우는 드물었다. 역사적으로 보면 집고양이가 사냥을 통해서만 먹이를 얻는 경우는 거의 없었다. 대부분은 주인으로부터 음식 찌꺼기 등 어느 정도의 먹이를 제공받고 쓰레기 더미도 뒤지면서 영양분을 보충했다. 음식물 쓰레기를 뒤지며 살아가는 고양이라 해도, 식단의 일부가 직접 사냥한 신선한 고기라면 영양 불균형 상태에 빠지지 않는다. 반대로 말하자면 그런 고양이는 사냥을 완전히 그만두면 건강상 위험에 빠질 수 있다.

고양이는 진정한 육식동물이다

고양이는 선택이 아니라 필요에 의해서 육식동물이 되었다. 동물의 왕국에서 살고 있는 여러 동물은 모두 고양잇과 동물처럼 육식동물로 여겨지지만 실제로는 대부분 개, 여우, 곰처럼 잡식동물이다(판다 같은 몇몇 종류의 곰은 '채식주의자'로 전향하기도 했다). 그러나 사자부터 남아프리카의 검은발살쾡이에 이르기까지 고양잇과 동물은 모두 분명 육식동물이다. 수백만 년 전 어느 시점에 그들의 조상은 식물을 먹고 살 수 있는 능력을 잃고 오직 고기만을 먹게 되었다. 이른바 '슈퍼 육식동물hypercarnivore'이 된 것이다. 한번 잃어버린 능력은 진화를 통해 다시 생기는 법이 거의 없다. 집고양이가 잡식동물인 개처럼 사람이 먹다 남긴 다양한 종류의 음식만 먹어도 살아갈 수 있다면 더욱 쉽게 번성할 것이다. 하지만 고양이는 자기 조상이 물려준 육식성이라는 유산을 확고하게 움켜쥐고 있다.

고양이는 개나 사람보다 훨씬 더 많은 단백질을 필요로 한다. 녀석들은 에너지 대부분을 탄수화물이 아니라 단백질에서 얻기 때문이다. 다른 동물은 먹이를 통해서 얻는 단백질의 양이 부족해지면 섭취하는 모든 단백질을 몸을 유지하고 치료하는 데 사용하지만, 고양이는 그렇게 할 수가 없다. 또한 고양이는 아미노산과 타우린을 포함하는 특정한 유형의 단백질을 필요로 한다. 이러한 단백질은 인간한테는 자연적으로 생기지만 고양이에게는 그렇지 않다.

고양이는 지방을 소화하고 대사시킬 수 있다. 이러한 지방 가운데 일부는 반드시 동물성 지방이어야 하며 고양이는 이를 이용해 성공적인 번식을 위한 필수 호르몬인 프로스타글란딘을 만들 수 있다. 대부분의 다른 포유류는 식물성 기름에서 프로스타글란딘을 만들 수 있지만 고양이는 그럴 수 없다. 암고양이는 늦겨울에 짝짓기를 하고 봄에 새끼를 낳는 정상적인 번식 사이클을 준비하기 위해 겨우내 충분한 동물성 지방을 섭취해야만 한다.

고양이는 우리보다 더욱 절박하게 비타민을 필요로 한다. 고양이의 식단에는 비타민 A가 필요하다(우리 몸은 필요할 경우, 식물성 원료로부터 비타민 A를 만들 수 있다). 게다가 녀석들의 피부는 햇볕을 받아도 우리처럼 비타민 D를 만들어내지 못한다. 또한 많은 양의 니코틴산과 티아민을 필요로 한다.[19]

충분한 고기를 먹기만 한다면 고양이는 모든 문제를 피할 수 있다. 물론 티아민을 파괴하는 효소를 함유한 날생선을 과도하게 섭취할 경우에는 영양부족이 생길 수도 있다. 고양이에게 채식 위주의 식단을 제공할 수도 있지만, 그러려면 고양이의 영양상 특성을 주의 깊게 고려해 재료 하나하나를 선택해야 한다. 고양이의 미각은 우리와 상당히 다르다. 육식에만 초점을 맞춰 진화했기 때문이다. 고양이는 설탕의 단맛은 느낄 수 없지만, 고기의 특정 부위가 내는 단맛은 우리보다 훨씬 더 민감하게 감지하며 어떤 부위에서는 우리가 느끼지 못하는 쓴맛까지 감지한다.

고양이는 영양에 관한 두 가지 측면에서 인간보다 월등히 유리하다. 첫째, 고양이의 신장은 아주 효율적이다. 고양이 조상이 사막의 가장자리에서 살았다는 사실로 알 수 있듯이 많은 고양이가 물을 적게 마시며 섭취한 고기에서 필요한 모든 수분을 얻을 수 있다. 둘째, 고양이는 비타민 C를 필요로 하지 않는다. 이러한 두 가지 이점은 고양이를 선상에서 생활하기에 아주 적합하게 만든다. 선원들과 귀한 식수를 놓고 경쟁할 필요 없이 배에서 잡는 쥐로부터 필요한 모든 수분을 얻을 수 있고, 괴혈병으로 고통받지도 않기 때문이다. 괴혈병은 감귤류 과일을 먹으면 예방할 수 있다는 것이 밝혀지기 전인 18세기 중반까지 뱃사람들에게서 흔히 볼 수 있는 병이었다.

고양이는 쓰레기 더미에서 음식 찌꺼기를 뒤질 때 아무거나 먹지 않는다. 녀석들에게는 현명한 선택을 할 수 있는 능력이 있다. 안 좋은 기분이 들게 하거나 즉각적으로 몸을 아프게 하는 먹이는 피하고, 자신이 사냥하지 않은

먹이를 먹을 때는 의도적으로 골고루 먹으려고 노력한다. 이 때문에 장기적인 영양 불균형으로 녀석들을 병들게 할 수 있는 위험을 피할 수 있다. 배탈이 나기 쉬운 먹이를 먹는 실수를 전혀 안 하는 것은 아니지만.

이러한 행동을 증명하기 위해 나는 한 가지 실험을 했다. 서로 다른 브랜드에서 만든 고양이 건조 먹이 두 종류를 한 조각씩 바둑판무늬 바닥에 놓았다. 그다음에 고양이들이 그 바닥을 돌아다니게 한 후 녀석들 각각이 두 종류의 먹이를 어떤 순서로 선택하고 먹는지 정확하게 기록했다. 두 종류의 먹이 개수가 같을 때는 둘 다 먹되 자기가 더 좋아하는 것을 더 많이 먹었다. 하지만 바닥에 놓인 먹이의 90퍼센트가 한 종류일 때는 다르게 행동했다. 처음에는 아무거나 먹었지만 잠시 뒤에는 모든 고양이가 먹던 행동을 멈추고 자신의 기호와 관계없이 10퍼센트에 해당하는 몇 안 되는 먹이를 먹으려고 적극적으로 움직였다. 이처럼 고양이는 타고난 '영양에 관한 지혜'를 보여주었다. 마치 제공된 먹이 두 가지가 다 영양가가 많다 하더라도 다양하게 먹어야 균형 잡힌 식사를 할 수 있다고 생각하는 것 같았다.[20] 항상 균형 잡힌 식사를 하는 반려고양이에게 비슷한 실험을 하면 이런 식으로 반응하는 녀석들은 거의 없고 대부분 자기가 더 좋아하는 먹이나 찾기 쉬운 먹이부터 먹는다. 그러므로 모든 고양이가 다양한 영양소를 섭취하려는 본능이 있다 해도 그것은 생존을 위해 음식물 쓰레기를 뒤지는 경험을 통해 '자각'되어야 한다. 실험에 참여한 길고양이 대부분은 구조되기 전에 그런 경험을 한 적이 있었다.[21]

다른 동물들은 대부분 고양이보다 다양한 먹이를 먹으며 살아간다. 가장 많은 연구가 이루어진 쥐는 아무거나 잘 먹는 잡식동물이어서 음식 찌꺼기를 뒤지며 살아가는 녀석들의 생활양식에 안성맞춤이다. 쥐는 위험 요소

바둑판무늬 바닥에서 먹이를 탐색하는 고양이들

를 피해 적당한 먹이를 선택하려고 몇 가지 전략을 사용한다. 새로운 먹이는 안전하다는 확신이 들 때까지 아주 조금씩만 맛본다. 소화를 시키는 쥐의 내장은 먹이의 열량, 단백질, 지방에 관한 정보를 뇌로 보내는데, 그 정보에 근거해 다른 영양소가 필요하다고 판단되면 뇌는 다른 먹이를 찾으라는 지시를 내린다. 한편 잡식성인 쥐에 비해 고양이는 신선한 고기만 먹으면 필요한 영양분을 모두 섭취할 수 있기에 식생활이 매우 단순하다.

고양이는 1980년대까지 사냥하는 생활 방식을 고수했다. 과학자들이 고양이에게 필요한 영양 정보를 알아내지 못했던 시절에는, 주인이 신선한 고기와 생선을 매일 줄 수 있는 의지와 여유가 없고 사냥 능력까지 없는 고양이가 균형 잡힌 영양소를 섭취할 수 있느냐 없느냐는 순전히 운에 달린 문제

제3장 한 걸음 뒤로, 두 걸음 앞으로

였다. 상업적으로 판매되는 고양이 사료가 나온 지 100년이 넘었지만, 초창기 고양이 사료 회사들은 고양이에게 개와는 아주 다른 식단이 필요함을 제대로 알지 못했다. 고양이 사료 제품이 고양이에게 필요한 영양분을 완전히 갖추고 누구나 이용할 수 있게 된 것은 겨우 35년 남짓인데, 그 시간은 고양이 가축화가 처음 시작된 이래 지금까지의 세월에 비하면 찰나에 불과하다.

따라서 최근 들어 이루어진 영양상의 개선이 앞으로 고양이의 삶에 어떤 결과를 가져올지는 더 지켜봐야 알 수 있다. 수십 세대 전에는 사냥 솜씨가 좋은 고양이가 출산 성공률이 가장 높았다. 먹이를 인간에게 전적으로 의지했던 고양이는 열량은 충분히 섭취할 수 있었으나 출산 성공률은 떨어졌다. 출산을 위해서는 흔치 않은 여러 가지 영양분이 필요하기 때문이다. 요즘에는 고양이 주인 누구나 슈퍼마켓에 가서 고양이가 새끼를 낳는 데 이상적인 조건을 갖춘 사료를 살 수 있다. 물론 그런 사료는 중성화되지 않은 고양이가 먹을 것이다. 고양이 중성화가 고양이의 본성에 결국 어떤 영향을 미칠지도 아직 더 지켜봐야 할 문제다.

고양이는 지금도 역사적인 혼란과 오해 속에 있을지도 모른다. 어떤 사람들은 수 세기에 걸친 고양이 박해가 없었다면 오늘날의 고양이는 달라졌을 거라고 생각하지만, 그 영향은 특별히 오래가지 않았던 것으로 보인다. 만약 그 영향이 오래갔다면 특히 마녀와 관련 있는 것으로 여겨져 가장 심한 박해를 받았던 검은 고양이는 오늘날 서유럽에서 찾아보기 어려워졌을 텐데 그렇지 않기 때문이다. 수백 년 동안 수많은 곳에서 고양이가 끔찍한 박해의 고통을 겪은 것은 사실이지만, 그것이 종 자체에 영구적인 타격을 준 것은 아니었다. 그보다 더 긴 시간 동안 더 많은 곳에서(특히 시골에서) 고양이는 사람에게 기쁨의 대상이자 실질적인 이득을 주는 소중한 존재였기 때문이다. 다만 오늘날의 집고양이는 이집트를 떠나 여기저기로 전파되었던 그들의 조상보다 몸집도 상당히 작아졌고 털 색깔도 아주 다양해졌다.

고양이는 고대 이집트에서부터 시작해 이후 2000년 동안 완전히 가축화되지 않은 상태로 인간과 함께 살았다. 그리고 1970년대에 고양이에게 필요한 영양소가 과학적으로 밝혀지자 반려고양이뿐만 아니라 모든 고양이가 생존을 위해 사냥할 필요성이 줄어들게 되었다. 하지만 최근까지 고양이 생존에 필수적인 요소였던 포식자 습성은 하루아침에 사라지지 않는다. 오늘날 고양이 애호가들이 직면한 가장 중대한 도전은 반려고양이의 사냥 본능을 해소하는 방법을 찾는 것이다. 야생동물에게 큰 피해를 주지 않기 위해서, 그리고 고양이를 싫어하는 사람들의 비난을 사지 않기 위해서.

제 4 장

반려고양이와
사람

고양이는 태어나면서부터 사람을 좋아하는 것은 아니지만, 사람을 좋아하는 방법을 배울 준비가 된 상태로 태어난다. 사람과 함께하는 것을 끝내 거부하는 새끼 고양이들은 조상이 가졌던 야생 습성으로 돌아가 결국 길고양이나 야생고양이가 된다. 진화의 과정을 거치면서 몇몇 야생고양이가 야생을 떠나 지구에서 '가장 지배적인 종'이 창조해낸 환경 안에서 자신의 보금자리를 찾는 능력을 갖게 되었는데, 이런 일을 고양이보다 더 성공적으로 해낸 유일한 동물은 물론 개다.[1]

반려동물의 사회화는 '핸들링'에서 시작된다

강아지와 마찬가지로 새끼 고양이는 혼자서는 아무것도 할 수 없는 상태로 이 세상에 태어난다. 그리고 스스로 자립하기 위해 단 몇 주 만에, 강아지는 물론이고 어른에게 오래 의지하는 인간 아기와 비교하면 놀라울 정도로 짧은 시간 안에 주변의 동물들에 대해 배운다. 개의 조상 격인 늑대와 집고양이의 조상 격인 야생고양이도 새끼 때 그런 경험을 할 수 있는 기회의 창문이 완전히 닫혀 있는 것은 아니기에, 그들이 인간을 신뢰하는 법을 배워 가축으로 진화할 수 있는 가능성은 여전히 존재한다.

새끼 고양이와 강아지는 다른 어떤 동물보다 인간 사회로 친밀하게 녹아든다. 하지만 그 과정은 서로 다르다. 1950년대에 이루어진 개에 관한 초기 연구들은 강아지가 사람과 소통하는 방법을 빠르게 배울 수 있는 몇 주의 기간, 즉 생후 7주에서 14주 사이를 1차 사회화 기간으로 정의했다. 그 기간 동안 사람으로부터 쓰다듬어주고 안아주는 핸들링을 받은 강아지는 사람에게 우호적이었기 때문이다. 이후 25년 동안 과학자들은 고양이도 이와 같을 것이라고 여겼고, 따라서 생후 7주가 되기 전에 새끼 고양이를 사람과 접촉시키는 것은 불필요하다고 생각했다. 그러나 1980년대에 고양이를 대상으로 같은 실험이 행해진 후 그 생각은 바뀌게 되었다.

그 실험은 개와 마찬가지로 고양이도 사회화 기간이 있지만, 그 기간이 개보다 빨리 시작되어야 함을 확인시켜주었다. 그 실험을 진행한 과학자들은 갓 태어난 고양이들 중 일부는 3주차부터, 일부는 7주차부터 핸들링을 해주고 나머지는 14주차까지 아무런 핸들링을 해주지 않았다. 새끼 고양이들은 강아지보다 훨씬 더 빨리 인간에 대해 배워나가기 시작했다. 3주차부터 핸들링을 받은 새끼들은 14주차가 되자 사람 무릎에 앉아서도 아주 편안해했다. 하지만 7주차 전까지 사람과 접촉하지 못한 녀석들은 30초도 안 돼서 바닥으로 뛰어내렸다. 그리고 14주차까지 아무런 핸들링도 받지 못한 녀석들은 사람 무릎 위에서 단 15초도 있으려 하지 않았다.

7주차부터 사람과 접촉한 새끼 고양이들이 3주차부터 접촉한 녀석들보다 더 활동적이어서 그런 행동을 보인 건 아닐까? 즉 사람 무릎 위에 있는 것이 싫어서가 아니라 주위를 돌아다니고 싶어서 뛰어내린 것은 아닐까? 그렇지 않다는 것이 아주 간단한 실험을 통해 쉽게 밝혀졌다. 과학자들은 새끼 고양이들이 자기를 만져주고 보살펴준 사람을 향해 방을 가로질러 가게 하는 실험을 실시했다. 그러자 오직 3주차부터 핸들링을 받은 녀석들만 확실한 믿음을 가지고 그 사람에게, 그것도 마치 그 사람만 보이는 듯 빠른 속도로 다가갔다. 그렇다고 7주차부터 핸들링을 받은 녀석들과 14주차까지

야생고양이 새끼 핸들링하기

아무런 핸들링을 받지 못한 녀석들이 사람을 아주 무서워한 것은 아니었다. 가까이 다가가기도 하고, 몇몇은 안아달라고 요청하기까지 했다. 하지만 3주차 녀석들의 행동과는 분명한 차이가 있었다.

사실 이 실험에 참가한 과학자들은 새끼 고양이의 행동에 대해 새로운 것을 발견한 사람들이라기보다는 이미 자명했던 사실을 공인한 사람들이다. 이 연구 팀의 수석 과학자는 "녀석들을 관찰하고 녀석들과 상호작용한 연구실 사람 모두가 7주차에나 인간과 접촉을 시작한 고양이는 인간과 접촉이 아예 없었던 고양이처럼 행동할 것임을 이미 알고 있었다"라고 말했다.[2]

어쨌거나 과학자들은 고양이가 개보다 훨씬 일찍 사람에 대해 배우기 시작해야 한다고 결론지었다. 개 전문 사육사들은 강아지가 생후 8주가 되기 전에 핸들링을 시작하는데, 그때를 놓친 강아지도 적당한 교정 치료를 받으면 완벽하게 행복한 반려견이 될 수 있다고 말한다. 하지만 새끼 고양이는 제때 핸들링을 받지 못하면 평생 동안 사람 옆에서 불안감을 느낄 가능성이 높다. 즉 사랑스러운 반려동물이 되는 길과 쓰레기 더미에서 음식 찌꺼기를 뒤지는 길고양이가 되는 길은 고양이의 삶에서 아주 이른 시점에 결정된다.

어미 고양이의 역할과 중요성

고양이의 삶을 결정짓는 변화 대부분은 3주차부터 시작되지만 처음 2주 동안도 중요하지 않은 것은 아니다. 첫 2주 동안 새끼 고양이에게 가장 중요한 것은 바로 어미 고양이다. 새끼들은 못 보고, 못 듣고, 어미의 도움 없이는 몇 센티미터도 움직이지 못하는 상태로 태어난다. 스스로 체온 조절도 할 수 없다. 특히 어미가 평균보다 많은 수를 출산했을 경우, 그 새끼들은 대부분 몸집이 아주 작아 에너지라고 할 만한 것을 거의 가지고 있지 않다. 그래서 몸무게가 약간만 줄어들어도 병에 걸리고 이후 외적인 도움이 없다면 죽을 수도 있다. 새끼의 생존은 전적으로 어미의 능력에 달렸다. 수고양이는 새끼를 기르는 데 아무런 역할도 하지 않으며 집 밖에서 새끼를 낳은 어미 고양이는 아무 도움 없이 혼자서 새끼를 기른다. 어미가 보금자리를 만들 장소를 선택하는 것은 매우 중요하다. 특히 사람 집 안에서 새끼를 낳는 사치를 누리지 못할 경우에는 결정적이라 할 수 있다. 새끼는 날씨뿐 아니라 잠재적인 포식자들로부터도 보호되어야 한다. 새끼가 태어나면 모든 어미 고양이는 젖을 물리며 계속 핥아준다. 하루 정도가 지나면 어미는 먹이를 찾기 위해 녀석들을 남겨두고 떠나야 할 수도 있는데, 특히 먹이를 구하기 위해 사냥을 해야 한다면 상당한 시간이 걸릴 수도 있다.

어미는 출산 후에 현재의 보금자리가 불안하다고 느끼면 새끼들을 새로운 장소로 옮기기도 하는데, 이때 새끼들이 보이는 특별한 반응 때문에 포식자들의 눈을 피할 수 있다. 바로 '목덜미 반사 반응scruffing reflex'인데, 어미가 살이 잘 늘어나는 목덜미 부분을 살짝 물면 즉시 축 늘어지면서 주변 상황을 잘 인식하지 못하게 되는 것이다. 그래서 어미가 신속하고 조용히 녀석들을 새 보금자리로 옮겨놓으면, 녀석들은 처음에는 약간 어리둥절해하거나 곧 아무 일 없었다는 듯이 행동한다(143쪽의 '클립노시스'를 보라).

많은 어미 고양이가 젖을 떼기 전에 적어도 한 번 이상은 새끼를 다른 장소로 옮기려고 노력한다. 그 과학적인 이유가 아직 정확히 밝혀지진 않았지만 다음과 같은 가설을 세울 수 있다. 야생에서는 고양이 몸에 필연적으로 약간의 벼룩이 붙어 있기 마련이고 새끼를 낳은 고양이는 보금자리에서 많은 시간을 보내기 때문에 벼룩 알이 그곳에 축적된다. 3, 4주가 지나 알에서

클립노시스Clipnosis

새끼일 때 보이는 다른 여러 행동과 달리 어미가 새끼를 옮길 때 보이는 '목덜미 반사 반응'은 다 자라서까지 이어지기도 한다. 고양이가 불안해할 때 이 반사 반응을 이용한 부드럽고 인도적인 방법을 쓰면 고양이를 진정시킬 수 있다. 목덜미를 꽉 잡힌 고양이는 마치 최면에 걸린 듯 비몽사몽인 상태에 빠지는 반사 반응을 보이는데, 이러한 무기력한 상태를 전문용어로 클립노시스라고 한다. 이 상태일 때 고양이를 들어 올리면 쉽게 다른 곳으로 이동시킬 수 있다. 물론 다른 손으로는 녀석의 무게를 받쳐주어야 한다. 동물병원 간호사들은 때때로 손을 사용하지 않고도 고양이를 이러한 상태로 만들 수 있다. 빨래집게 몇 개로 머리 뒷부분부터 어깨까지 집는 것이다. 이 방법을 사용하면 고양이에게 많은 스트레스를 주지 않고도 필요한 검사를 마칠 수 있다.[3]

태어난 벼룩이 성충이 되면 한 번만 뛰어도 새끼 고양이에게 닿게 된다. 따라서 보금자리에 벼룩이 들끓게 될 것이 불 보듯 뻔한 상황에서 어미가 새끼를 다른 곳으로 이동시키는 것은 좋은 전략으로 보인다. 이것이 새로운 보금자리로 이동하는 습성에 대한 하나의 가설이다. 하지만 지금까지 이러한 행위가 새끼 고양이 몸에 있는 벼룩을 줄인다는 증거는 발견되지 않았다. 보금자리를 옮기는 것은 그냥 무언가에 의해 불안해진 어미의 반응일 수도 있고, 어미가 젖을 떼려고 새로운 먹이를 찾기 쉬운 곳으로 새끼들을 데려가는 것일 수도 있다. 어미가 너무 이른 시점에 보금자리를 옮기거나 잘못된 장소를 선택했을 경우 새끼들은 고통받게 된다. 새끼 고양이는 쉽게 추위를 타고

습한 기후에서는 호흡기 질환에도 걸리기 쉽다. 실제로 늦가을에 태어난 많은 야생고양이가 고양이 독감에 걸려서 죽는다.

모든 고양이가 선천적으로 어미 역할을 잘하는 것은 아니다. 신경질적인 성격의 내 고양이 리비도 '최고의 엄마'는 아니었다. 리비가 새끼를 낳을 시간이 다가오자, 우리는 리비가 가장 편안하게 안정을 취할 수 있는 곳은 녀석이 태어난 방이라고 생각하고 그곳으로 들여보냈다. 하지만 리비는 거기서 잠시도 머물지 못하고 집 안 구석구석을 돌아다니며 열려 있는 모든 찬장과 서랍을 들여다봤다. 새끼 낳을 장소를 결정하지 못해서 그러는 듯했다. 우리는 리비가 집 밖에서 새끼를 낳을 생각이 없다는 정도만 알 수 있었다. 결국 리비는 자신이 태어난 장소에서 새끼를 낳기로 결정했다.

리비가 출산한 후에도 마음을 놓을 수가 없었다. 며칠 후에 새끼 고양이들이 집 여기저기에 흩어져 있는 것을 발견했기 때문이다. 새끼를 낳고 몇 시간 후에 리비는 새끼 세 마리에게 젖을 물리며 누워 있었다. 하지만 이내 자식들에게 흥미를 잃은 듯 그들과 떨어져서 긴 시간을 보냈다. 새끼 고양이들에게 계속 관심을 보이는 것은 리비의 어미 루시였지만, 그 단계에서는 아무런 역할도 하지 못했다. 새끼 고양이의 무게를 재어보니 잘 자라고 있는 듯 보여서 우리는 지나친 걱정은 하지 않았다. 그런데 리비는 우리가 만들어준 보금자리에 있는 새끼들을 물어다가 다른 장소로 옮기기 시작했다. 리비가 초보 엄마라는 사실은 금방 드러났다. 가끔 소가 뒷걸음질 치다가 쥐 잡듯이 목덜미를 제대로 물기도 했지만, 대부분은 새끼 머리를 어설프게 물었기 때문이다. 게다가 리비는 그렇게 새끼를 문 상태에서 자신이 정한 장소를 찾느라 두리번거렸다.

우리가 도와주지 않았더라면 리비의 새끼들은 분명 살아남지 못했을 것이다. 리비는 새끼 한 마리를 외딴 장소에 숨기고 돌아와서는 남은 두 마리 중 한 녀석을 물고 가서 자신이 정한 장소와는 다른 곳에 내려다놓았다. 이미 옮겨놓은 새끼의 울음소리는 듣는 둥 마는 둥 하면서. 마지막 남은 한 마리도 또 다른 장소에 내려놓고는 다음에 무엇을 해야 할지 모르겠다는 듯 이리저리 돌아다녔다. 이런 일은 여러 번 반복됐고, 그때마다 우리는 모든 새끼를 찾아서 원래 보금자리로 되돌려놓곤 했다. 리비가 이제는 모든 새끼가 제대로 된 보금자리를 찾았다고 믿기를 바라면서 몇 번 새로운 보금자리를 만들어주기도 했다. 쿠션도 새것으로 바꿨기에 새 보금자리는 냄새부터 완전히 달랐다. 그래도 새끼를 옮기는 일은 계속되었다. 마침내 모성 본능이 되살아난 할머니 루시가 딸이 그런 행동을 보일 때마다 손주들을 찾아오기 시작했다. 그러자 리비는 엄마 뜻에 따라야 한다고 느꼈는지 새끼를 옮기는 행동을 점차 줄이다가 마침내 그만두게 되었다. 리비는 그때부터 꾸준히 새끼에게 젖을 물렸고 녀석들은 튼튼하게 자랐다. 하지만 젖을 뗄 준비가 될 때까지 새끼들을 핥아주고 흩어지지 않도록 신경 써준 것은 할머니 루시였다.

루시는 외모와 냄새로 각각의 새끼를 구별할 수 있었지만, 초보 엄마는 그러지 못하는 경우가 종종 있었다. 그런데 새끼를 돌보게 만드는 가장 강력한 자극은 외모나 냄새가 아니라 새끼가 도움을 요청하면서 내는 아주 높은 울음소리였다. 새끼들은 춥거나 배고프거나 한배에서 태어난 다른 새끼들과 떨어져 있을 때 그런 소리를 낸다. 그 소리가 보금자리 밖에서 들린다는 것은 새끼 고양이가 길을 잃고 헤매고 있다는 것을 뜻하기에, 어미는 즉각적으로 새끼를 찾기 시작하고 찾으면 목덜미를 물어서 다시 보금자리로 데려온다. 새끼들이 보금자리에 있는데도 그런 소리를 내면, 어미는 본능적으로

루시와 함께 웅크리고 누워 있는 것을 더 좋아하는 리비의 새끼들

누워서 앞발로 새끼들을 감싸 배 쪽으로 끌어당긴 후 젖을 물린다. 리비는 새끼들이 태어난 지 두 주가 지나자 녀석들을 각각의 독립적인 동물로 인식하는 것 같았다. 하지만 새끼 한 마리 한 마리를 개별적으로 분간하는지는 확실하지 않았다.

새끼 고양이들은 태어나서 첫 몇 주 동안에는 너무나도 연약하기에, 녀석들의 생존은 거의 전적으로 어미의 능력에 달려 있다. 리비는 모성 본능 요소 중 몇 가지가 빠진 것처럼 보였는데, 사실 그 요소 중 한 가지만 없어도 새끼 고양이의 생존 확률은 낮아진다. 하지만 과학자들의 생각대로 고양이가 아직도 야생 본능을 많이 가지고 있다면, 출산이 처음이라 새끼를 돌본 경험이 없는 고양이도 처음부터 모든 것을 제대로 해낼 줄 알 것이다. 실제로도 첫 출산을 한 어미 고양이들은 전부는 아니라도 대부분이 그런 능력을 가지고 있다. 리비처럼 새끼 목덜미를 제대로 물지 못하는 실수를 저지르기도 하지만. 자유롭게 풀어놓고 키운 고양이들에 대한 연구를 통해서도 출산 경험이 있는 어미가 그렇지 않은 어미보다 새끼를 더 성공적으로 키운다는 증거는 거의 없다는 것이 밝혀졌다.[4] 물론 그 녀석들에게 인간의 개입이라는 확실한 안전망이 제공되기는 했지만 말이다.

태어나서 2주 동안 새끼 고양이는 냄새와 접촉을 통해서 자신의 세상을 규정한다. 태어난 직후에 녀석들의 눈과 귀는 여전히 닫혀 있기 때문에 유용한 정보를 거의 제공받지 못한다. 그러나 어미는 즉각적으로 알아보는데 처음에는 어미의 따뜻한 체온과 감촉으로, 이후에는 어미의 특징적인 냄새로 알아본다. 고양이 냄새가 원래 어떤지는 모르는 것 같다. 어미를 잃은 새끼들에게 고양이 냄새가 날 리 없는 '가짜 어미'를 통해 젖을 주면 녀석들은 그것의 냄새를 어미 냄새로 인식하기 때문이다. 즉 그 냄새가 새끼의 머릿속에 어미의 냄새로 '각인'되는 듯하다. '가짜 어미'와 관련된 고전적인 실험이 있다. 그 실험에 참가한 과학자들은 배 부분에 있는 라텍스 젖꼭지 중 일부에서 젖이 나오고 각각의 젖꼭지에서 연한 향수 냄새나 허브 향 등 다른 냄새가 나는, 인공 모피로 된 '가짜 어미'를 만들어 새끼들 곁에 두었다. 그러

자 새끼들은 어떤 냄새가 나는 젖꼭지에서 젖이 나오는지를 빠르게 배워나갔다.[5]

새끼 고양이는 어미가 어떤 방향으로 눕든지 여러 젖꼭지 중 자기가 원하는 것을 정확하게 찾아내는데, 이 사실을 통해 새끼는 위치가 아니라 냄새로 좋아하는 젖꼭지를 찾는다는 것을 알 수 있다. 새끼 고양이가 젖꼭지에 다가가면 새끼 턱 밑에 있는 취선에서 나오는 분비물과 타액이 어미 털에 묻게 되는데, 새끼들은 바로 그 냄새의 자취로 자기가 좋아하는 젖꼭지를 찾는 것이다.[6]

새끼 고양이는 어미와의 유대가 돈독할 때 환경에 더욱 융통성 있게 적응하며, 어미가 집단의 일원일 때 더욱 융통성이 좋다. 고양이 집단은 대체로 어미와 성인이 된 딸, 즉 모계혈족으로 이루어진다. 그 집단의 새끼들은 다른 고양이에게 본능적으로 갖게 되는 경계심을 서로에게는 느끼지 않으면서 함께 자라고 생활한다. 또한 이 집단의 어미들은 자발적으로 보금자리를 공유하면서 새끼들을 함께 돌본다.

예전에 지방 당국에서, 임시로 세워진 건물 지하에 살고 있는 고양이 여러 마리를 어떻게 처리해야 할지 나에게 물은 적이 있다. 농담으로 독약을 놔두는 게 어떨지 물어보는 직원에게 나는 그보다 인도적인 대안을 제시해주었다. 한 동물 구호단체[7]에게 요청해 녀석들을 덫으로 포획해 다른 곳으로 옮겨달라고 하라고. 당시는 봄이어서 그 고양이들 중 암컷이 세 마리나 임신 중이었는데, 며칠 후에 모두 새끼를 낳았다. 그 후 세 어미에게 각각 보금자리를 제공해주었지만, 어미들은 곧 새끼들을 한곳에 모으더니 제 자식 남 자식 구별 없이 젖을 물렸다. 총 열 마리의 새끼들은 세 마리의 어미로부터 젖을 먹으며 내가 그때까지 들어본 적 없던 가장 큰 '가르랑 합창'을 만들어냈다.

여기서 알 수 있듯이 어미 고양이는 자기 새끼와 다른 고양이의 새끼를 차별 없이 동등하게 대한다. 적어도 다른 고양이가 자신과 냄새가 비슷한 친척이라면 말이다. 고양이한테는 자기 보금자리에 있는 새끼는 모두 자기 것이라는 일반적인 원칙이 있는 듯하다. 몇몇 동물 구호단체는 어미 잃은 새끼를 기르기 위하여 고양이의 이러한 특성을 이용하기도 한다. 많은 어미 고양이는 자신의 보금자리로 슬며시 들어온 어미 잃은 새끼들을 기꺼이 받아준다. 어떤 고양이는 자기 새끼들이 젖을 뗀 후에도 새로운 새끼들을 보금자리에 넣어주면 모두에게 젖을 물리기도 한다. 이것이 어미에게 어떤 해가 되는 것 같지는 않다. 물론 어미가 충분한 먹이를 먹는다면 말이다.

새끼가 태어난 후 몇 주 동안 어미와 새끼는 서로를 대단히 신뢰한다. 이것이 가능한 이유는 어미한테서 새끼를 가장 중요하게 생각하게 만드는 옥시토신 호르몬이 분비되기 때문이며, 혼자서는 아무것도 할 수 없는 새끼들은 아직 아드레날린 같은 스트레스 호르몬을 만들어낼 수 없기 때문이다. 어미젖을 단 몇 초라도 더 빨아보려다 어미가 보금자리 밖으로 나가면서 뜻하지 않게 밖으로 딸려 나온 새끼 고양이는 겁을 먹게 되는데, 결국 그 경험이 짧은 새끼 시절에서 가장 큰 정신적 충격이 된다. 이러한 상황에는 잠재적인 위험이 내포되어 있다. 이 새끼 고양이는 보금자리 밖으로 떨어진 정신적인 충격을 어미의 냄새와 결부시키고, 그렇게 되면 어미가 보금자리로 돌아왔을 때 젖을 달라고 다가가기보다는 불안해하면서 어미를 피하게 되기 때문이다. 하지만 다행스럽게도 혼자서는 아무것도 할 수 없는 새끼는 이 시기에 스트레스 호르몬을 만들어낼 수 없기 때문에 이러한 사건이 지속적인 인상을 남기지는 않는다.

초기 사회화가 고양이에 미치는 영향

새끼가 태어난 지 2주가 지나면 눈과 귀가 열리고 보금자리 주위를 비틀비틀 걷기 시작한다(150쪽 도표를 보라). 그러면서 스트레스 메커니즘이 기능하기 시작하는데, 이를 통해 새끼는 세상에 대하여 무엇이 좋고 무엇이 나쁜지를 배울 수 있게 된다. 이 시점부터 새끼가 배우는 것은 어미가 곁에 있는지 없는지에 달려 있다. 어미가 있으면 새끼는 스트레스를 받는 일 없이 어미가 하는 것을 따라 하며 자기에게 생긴 안 좋은 일 대부분을 잊게 된다. 어미가 곁에 없어 새끼가 어떻게 반응해야 하는지 스스로 결정해야만 할 경우에는 스트레스 레벨이 갑자기 상승하고 정신적 충격에 대한 기억이 강화된다. 그 기억에 잘 대처하든 못 하든 상관없이.

어미의 존재가 가져오는 이런 '사회적 완충작용'은 야생고양이에게도 적

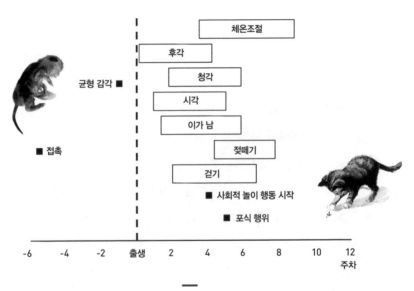

새끼 고양이의 삶에서 감각의 발달과 다른 중요한 사건들

용될 수 있을 것이다. 새끼들에게 주거나 자신의 젖을 보충하기에 충분한 먹이를 찾는 데 어려움을 겪는 야생의 어미 고양이는 보금자리를 오래 비우게 되고, 그러면 새끼들은 살아남기 위해 세상에 대해 빨리 배워나가기 시작한다. 반면 대부분의 시간을 어미와 함께 있는 새끼들은 주변에 도사리고 있는 여러 가지 위험에 대해 배우는 것을 조금 미룰 수 있다. 자신들을 지켜주는 어미에 의지할 수 있기 때문이다.

고양이의 성격은 새끼였을 때 배운 내용에 강력하게 영향을 받는다. 집 안에서 태어난 새끼 고양이 대부분은 어미뿐 아니라 어미의 주인에게도 보살핌을 받는다. 하지만 태어나서 첫 몇 주 동안 지속적인 스트레스를 받은 불운한 녀석들은 다 자란 후에도 감정적, 인지적 문제를 영구적으로 가질 수 있다. 예를 들어 어미에게 버림받고 사람이 키운 새끼 고양이는 사람에게 끊임없는 관심을 가져주기를 과도하게 요구할 수 있다. 물론 점점 자라면서 이러한 성향이 없어지기도 한다. 비슷한 상황에 부닥친 다른 포유류에 관한 연구를 기반으로, 어미가 떠난 새끼 고양이의 뇌는 높은 수준의 스트레스 호르몬에 시달린다고 추정할 수 있다. 이렇게 강도 높은 스트레스가 새끼에게 지속되다보면 발달 중인 뇌와 스트레스 호르몬 시스템에 영구적인 변화가 생길 수 있다. 그러면 마음을 불안하게 만드는 일에 과잉 반응하는 고양이가 될 수 있다.

이러한 고양이는 아주 만족스러운 반려고양이가 되지 못할 수도 있지만, 그렇다고 정신적 결함이 있음을 의미하는 것은 아니다. 그보다 녀석들이 보이는 비정상적인 행동은 어떻게 보면 불안한 상황에 대처하기 위한 나름의 몸부림일 수 있다. 새끼를 위한 충분한 먹이를 찾기 위해 힘들게 발버둥 쳐야 하는, 그래서 보금자리를 자주 비우는 어미 고양이의 새끼는, 의지할 곳

없는 상황에서 불확실한 세상에 스스로 첫발을 내디디며 조금씩 홀로서기를 시도하기도 한다. 반면 심리적으로 안정되고 영양 상태가 좋은 어미와 오랜 시간 함께 있는 새끼는, 그런 안정된 환경 안에서 사회적 기술을 연마하며 건강하게 성장해 나중에 몇 해 동안 몇 번씩 새끼를 낳을 수도 있다. 이러한 새끼 고양이는 어렸을 때 지속적으로 스트레스를 받은 새끼보다 더 나은 반려고양이가 될 가능성도 높다.

태어난 지 3주가 지나면서 새끼 고양이는 녀석의 발달에서 가장 중요한 6주간의 시간을 맞이하게 된다(153쪽의 '발달단계'를 보라). 이 시점부터 녀석의 눈과 귀와 다리가 안정적으로 기능하기 시작하고, 호르몬의 영향으로 누구와 소통해야 하고 또 누구를 멀리해야 하는지를 결정하기 시작한다. 동시에 새끼 고양이의 뇌는 녀석이 축적하는 새로운 지식을 모두 저장할 수 있는 체계를 구축하면서 급속하게 성장한다. 매일 수천 개의 새로운 신경세포를 만들고 이 세포들 사이에 수백만 개의 새로운 결합을 더해가면서. 이 기간에 어미는 여전히 결정적인 영향을 미친다. 하지만 이때부터 새끼 고양이는 같이 태어난 다른 새끼들 하나하나를 점점 구별할 수 있게 되고, 인간을 포함한 주변의 다른 동물에 대해서도 배우게 된다. 야생에서 태어난 새끼 고양이도 몇 주 안에 사냥하는 법을 배우기 시작한다.

사회화 기간의 전반부 동안 새끼들은 대부분 서로 장난치고 놀면서 소통한다. 하지만 자기가 같이 장난치고 있는 대상이 또 다른 새끼 고양이라는 사실을 일찍부터 인식하는지는 알 수 없다. 이후 주변의 사물을 가지고 장난치는 모습도 이와 거의 비슷하기 때문이다. 새끼들의 한바탕 놀이는 짧고 무질서하며, 다른 새끼 고양이의 움직임이 또 다른 장난을 유발하는 것 같다. 태어난 지 6주가 되면 녀석들은 자기 주변에 있는 물건을 가지고 혼자서

발달단계

　고양이는 태어난 첫해 동안 자신을 둘러싼 세상에 대하여 반응하는 방법을 배운다. 하지만 가장 중요한 변화들은 생후 3, 4개월 안에 일어난다. 생물학자들은 새끼 고양이의 발달단계를 발생하는 변화에 따라 4단계로 구분한다.

　태아기prenatal period 동안에, 즉 어미가 임신하고 두 달 동안에 새끼는 외부 세상과 완전히는 아니더라도 거의 단절되어 있다. 태반에 있는 양수와 혈액의 구성은 모두 어미의 환경을 반영한다. 예를 들면 어미가 이 기간에 향이 강한 음식을 먹으면 새끼도 같은 향이 나는 음식을 선호할 수 있다. 이를 통해 녀석들이 세상에 나오기 전에도 배우는 능력을 갖추고 있음을 알 수 있다. 자궁 속에서 수컷 새끼와 함께 있는 암컷 새끼는 수컷의 테스토스테론을 어느 정도 흡수한다. 그 결과 한배 새끼가 모두 암컷인 경우보다 사회적 행동에서 더욱 적극적인 성향을 띠게 된다. 이러한 성향은 오래가지 못할 수도 있지만, 어떤 경우에는 지대한 영향을 끼친다. 한편 어미 고양이가 임신 기간 동안 스트레스를 많이 받으면 스트레스 호르몬이 태반으로 들어가 새끼의 뇌와 내분비 시스템을 손상시킬 수 있는데, 이런 가능성은 다른 포유류에 대한 연구 결과가 뒷받침하고 있다.

　신생아기neonatal period, 즉 태어나서 2주 반 정도 되는 기간 동안 새끼 고양이는 볼 수도 들을 수도 없기 때문에, 어미 곁에 가기 위해 후각과 촉각에 의존한다.

　사회화 기간socialization period은 눈과 귀가 열리고 기능하기 시작하는 3주차부터 시작된다. 이 기간에 새끼 고양이는 자신과 어미를 돌봐주는 인간을 포함하여 자기 주변의 세상에 대해 배우기 시작하고, 걷고 뛰는 법도 배운다. 또한 이 기간 동안 깨어 있는 시간 내내 장난치고 놀면서 보낸다. 처음에는 같이 태어난 새끼들과 놀지만 이후에는 점점 보금자리 주변에 있는 사물을 가지고 놀게 된다.

유년기juvenile period는 8주차에 시작되는데, 관행적으로 이 시기에 새끼 고양이를 새로운 가정에 입양시킨다. 단 순혈종인 경우에는 전통적으로 13주차에 입양시킨다. 사회화를 위한 예민한 시기가 사실상 끝났을 때 시작되는 유년기는, 생후 7개월에서 1년 사이에 성적인 성숙이 이루어지면 막을 내린다. 그래서 많은 반려고양이가 생후 1년이 되기 전에 중성화 수술을 받는다.

놀기 시작한다. 앞발로 꾹 눌러보고, 갑자기 덤벼들고, 쫓아다니고, 때려보기도 하고, 공중으로 던지기도 한다. 이 모두는 어른 고양이가 먹잇감을 사냥할 때 하는 행동이다. 그래서 생물학자들은 새끼 고양이가 이렇게 노는 정도와 이후의 사냥 능력 사이의 보이지 않는 연결 고리를 찾고자 노력했다. 사물을 가지고 장난치며 노는 행동은 새끼 고양이의 균형 잡힌 움직임을 전반적으로 향상시켜준다. 하지만 이런 행동이 생존에 필요한 사냥 능력을 충분히 갖춘 고양이로 성장시키는 가장 중요한 요인은 아닌 것 같다.

야생에서 살아가는 새끼 고양이는 어미의 도움으로 스스로 생존하는 방법을 배운다. 새끼가 충분히 준비되면, 어미는 금방 잡은 먹이의 사체를 보금자리로 가져온다. 새끼의 신체 조정 능력이 더 좋아지면 살아 있는 먹이를 가져오기도 한다. 이것은 새끼 고양이가 살아 있는 먹이를 다룰 기회와 어떤 맛이 나는지를 체험할 기회를 모두 제공한다. 어미는 먹이를 먹는 방법을 적극적으로 가르쳐주지는 않는다. 그보다는 그냥 새끼들 앞에 그것을 놓아두고 녀석들의 포식 본능이 살아나도록 한다. 새끼들이 별다른 관심을 보이지 않으면 어미는 자신이 먼저 먹기 시작하다가 녀석들이 먹이로 모여들면 먹도록 유도한다. 어미가 '피투성이 선물'을 항상 보금자리로 가져오는 노련하고 부지런한 사냥꾼이 아니라면, 반려고양이 새끼가 이런 경험을 하는 경우는 흔치 않다.

어미가 노련한 사냥꾼이든 아니든, 새끼 반려고양이의 삶에서 가장 중요한 사건은 어미가 젖을 떼기로 결심한 순간이다. 이 일은 대체로 생후 4주에서 5주 사이에 발생한다. 하지만 한배 새끼의 수가 여섯 마리 이상 되는 경우, 혹은 어미가 몸이 안 좋거나 스트레스를 받는 경우에는 이보다 일찍 일어나기도 한다. 상황이 어떻든지 간에 어미는 이 과정을 진행한다. 새끼 고양이가 스스로 젖을 그만 먹기로 결심하는 경우는 극히 드물기 때문이다. 결정적인 순간이 오면 어미는 새끼를 떠나서 시간을 보내거나, 배를 땅바닥에 강하게 깔고 엎드리거나 웅크려서 새끼들이 젖을 먹지 못하게 막는다. 당연히 새끼들은 배고파지기 시작하고, 이후 며칠 동안 몸무게 증가 속도가 늦어지거나 아예 멈추기도 한다. 이런 배고픔이 녀석들을 어미젖이 아닌 다른 먹이로 이끈다.

고양이 주인들이 집에서 새끼 고양이에게 먹이를 줄 때는 반드시 특별히 준비된 음식을 줘야 한다. 특정한 시기가 되면 야생 어미 고양이는 사냥한 먹이를 보금자리로 가져와서 새끼가 씹기 쉽도록 작은 크기로 잘라 나누어준다. 새끼들이 젖을 달라고 계속 졸라도 약 2주 동안 그렇게 사냥한 먹이를 준다. 고기를 먹고 소화할 수 있는 능력을 개발하도록 이끌기 위함이다. 이렇게 새끼 고양이의 식습관이 변하면 녀석들의 내장 기능도 변한다. 고기는 어미젖보다 소화에 오랜 시간이 걸리기 때문에 새끼의 소장 안에 융모가 돋아나게 된다. 손가락 모양의 작은 돌기인 융모는, 흡수할 수 있는 영양분의 양을 증가시켜준다. 유당을 분해하는 효소인 락타아제는 근육 안의 당을 분해하는 효소인 수크라아제로 영원히 대체된다. 그렇기 때문에 많은 어른 고양이가 우유를 소화하지 못하는 것이다. 어미는 그저 새끼를 위해 모질게 행동한다. 새끼들이 8주차 정도에 완전히 젖을 떼면 어미는 가족이라는 유대감을 강화하기 위해 자발적으로 가끔 젖을 물리기도 한다. 하지만 생활하는 환경이 인간의 집일 경우, 바로 이 시기에 새끼들은 더 이상 어미와 함께할 수 없는 경우가 많다.

과학자들은 때때로 새끼가 젖을 떼는 과정을 어미와 자식 간의 투쟁으로 묘사하기도 한다. 한 이론에서는 고양이처럼 일생에 몇 번씩 새끼를 낳을 수 있는 동물은 한 번의 출산이 이후에 가능한 다른 출산 기회에 지장을 초래해서는 안 된다고 주장한다. 예를 들어 한 번에 너무 많은 새끼가 태어나 젖 수요가 과도하면 어미의 건강이 나빠져 더는 새끼를 가질 수 없는 일이 발생할 수 있다. 생쥐와 프레리도그[북아메리카 대초원에 집단으로 서식하는 다람쥣과의 작은 포유류] 등 일부 포유류는 새끼가 너무 많을 경우 어미가 가장 약한 새끼 한두 마리를 고의적으로 죽이기도 한다. 나머지 녀석들의 생존 확률을 높이기 위한 것으로 보인다. 하지만 고양이가 이런 전략적 행동을 한다고 기록된 적은 없다. 병약한 새끼가 어미의 보살핌을 끌어내기 위한 신호를 제대로 보내지 못해서 어미가 알아채지 못하는 경우는 있지만.

새끼들 각자는 어미가 자기를 좋아하든 말든 살아남기 위해 최선을 다해야만 한다. 성숙해질 때까지 살아남지 못하면 자신의 후손을 남기지 못할 것이다. 어미는 수고양이 한 마리하고만 짝짓기를 한 것이 아니기에, 태어난 새끼들이 모두 같은 아버지의 유전자를 이어받았을 가능성은 매우 낮다.[8] 그래서인지 더욱 녀석들은 자신의 이익부터 본능적으로 챙기기에 어미가 몸이 약해져도 젖을 빠는 것을 포기하지 못한다. 더구나 포기한다고 어떤 보상이 주어지는 것도 아니다.

어떤 어미 고양이는 계속 젖을 달라고 애원하는 새끼를 몰인정하게 대하지 못한다. 새끼를 위하는 본능이 유난히 큰 이런 어미는, 결국 다시 새끼를 낳지 못하는 건강 상태에 이르기도 한다. 반면 대부분의 어미는 때론 젖을 주지 않으면서 새끼의 상태를 주의 깊게 지켜보는 젖떼기 과정에 들어간다. 새끼가 배고픔 때문에 고기도 먹고 싶은 마음이 들게 하기 위해서다. 물론 이 일은 새끼의 건강이 나빠지지 않을 정도로만 진행된다. 이렇게 젖을 떼는 과정이 완전히 끝나기 전에 일시적으로 젖이 말랐다가 다시 나오기 시작하면, 어미는 새끼들에게 바로 젖을 물린다. 새끼들에게 필수적인 영양분을 하나도 빠짐없이 먹이기 위해서다. 젖을 떼는 과정이 어느 정도 마무리되는 단계의 새끼들은 이전만큼 적극적으로 젖을 달라고 떼쓰지 않고 장난치면서 노는 시간을 늘리는데, 노는 것이 사냥을 위한 준비이기 때문이다. 그리고 그 직후에 특히 야생에 사는 새끼들은 어미로부터 필수적인 사냥 기술을 배운다. 생쥐의 새끼를 포함해 대부분의 어린 동물들은 배가 고프면 에너지를 아끼기 위해서 덜 놀지만, 젖떼기 과정에서 가끔 배고픔에 시달리는 새끼 고양이는 노는 것을 멈추지 않는다. 앞서 말했듯이 노는 것이 곧 사냥을 위한 준비이자 연습이기 때문이다. 다시 말해 새끼는 어미의 건강 상태에 반응하며 이른 독립을 스스로 준비한다.

고양이의 '사회적 교양'

이렇듯 새끼 고양이는 놀이를 통해 사냥을 위한 준비를 할 뿐 아니라 다른 고양이와 어울리는 방법도 배운다. 집고양이가 자신의 조상처럼 혼자 생활한다면 사교술이 거의 필요 없다. 구애 행동이나 짝짓기를 할 때를 제외하고는 사회적인 접촉을 거의 하지 않아도 되니까 말이다. 하지만 오늘날의 집고양이는 혼자 생활하지 않기에, 갓 태어난 새끼들의 놀이 성격도 변하고 있

놀이 표정을 하고 벨리 업 자세를 취하는 고양이(왼쪽)와
스탠드 업 자세를 취하는 고양이(오른쪽)

버티컬 스탠스 자세를 하며 같이 놀자고 표현하는 새끼 고양이

다. 즉 예전처럼 사냥과 관련된 요소가 아니라 한배 새끼들과 함께 어울리는 요소를 중심으로 놀이가 점점 더 정교해지고 있다.

대략 생후 6주에서 8주가 되면 새끼들은 한배 새끼에게 같이 놀자는 의사를 전달하기 위해 특정한 신호를 사용하기 시작한다. 예를 들면 등을 대고 뒹굴거나(158쪽 그림에서 '벨리 업Belly-up'을 보라), 앉아서 다른 고양이 목 위에 입을 갖다 대거나('스탠드 업Stand-up'), 뒷다리에 체중을 싣고 상체를 세운다('버티컬 스탠스Vertical Stance'). 10주차가 되면―많은 새끼 고양이가 8주차에 새로운 가정으로 입양되지만 새끼들이 아직 함께 있다고 가정하면―새끼들은 다른 새끼의 신호에 '올바르게' 반응하는 법을 배우기 시작한다. 즉 상대가 앉거나 상체를 세워 같이 놀자는 신호를 보내면 다가가서 등을 대고 눕거나, 상대가 누워서 뒹굴며 신호를 보내면 녀석에게 다가가 목에 입을 대면서 장난을 치는 식으로. 새끼들이 자라면서 놀이는 거칠어지는 경향이 있어서 때때로 한 녀석이 다치기도 한다. 그래서 새끼들은 장난을 거는 자신의 행동이 싸움을 거는 행동으로 오해받지 않기 위해 우호적인 의도를 나타내는 '놀이 표정Play Face'을 짓는다. 특히 공격당하기 쉬운 벨리 업 자세를 취했을 때 이런 표정을 사용한다. 장난이라는 것을 나타내기 위해 특정한 방식으로 꼬리를 움직이기도 한다. 하지만 꼬리를 흔드는 방식에 따라 구체적으로 어떻게 의미가 달라지는지는 지금까지 알려지지 않았다. 조금 더 성장하면 장난을 그만하고 싶다는 의사를 전달하기 위해 신호를 보내기도 한다. 등을 활처럼 동그랗게 구부리고 꼬리를 위쪽으로 말아 올린 다음 땅에서 폴짝 뛰어오르는 식으로 행동한다.

한배에서 태어난 새끼들이 일반적으로 새 가정에 입양되는 시기를 지나서도 함께 있게 되면 점점 더 많은 시간을 사회적 행동을 하면서 보내고, 그러한 행동은 생후 9~14주에 절정에 달한다. 이러한 모든 '사회적 교양'은 집고양이 새끼들이 사회성을 지닌 어른으로 성장할 수 있음을 확인시켜준다. 태어난 지 겨우 몇 주 만에 시작되는 이 사회화 과정은 방해가 없다면 몇 달 동안 계속된다.

고양이가 사람이 아닌 다른 고양이와 소통하는 방법을 배우는 데 있어서 최적의 시기가 언제인지 우리는 거의 알지 못한다. 사람에 대한 사회화가 가장 잘 이루어지는 시기를 찾는 실험은 있었지만 다른 고양이에 대한 사회화, 즉 고양이 사이의 상호작용을 배우는 데 가장 민감한 시기를 밝히는 실험은 없었다. 하지만 우리는 하나 이상의 민감한 시기가 있을 것으로 추정한다. 또한 각각의 시기는 새끼 고양이가 처해 있는 사회적 환경에 따라 조금씩 다를 수 있다. 첫 번째 시기는 생후 2주까지로 새끼 고양이가 후각에 근거해 어미와 애착을 형성하는 시기다.

생후 4주차가 조금 넘으면 새끼 고양이는 형제자매들과 소통하는 방법을 배운다. 처음부터 다른 새끼들을 개별적으로 인식할 필요는 없지만 나중에는 하나하나 따로 인식하게 된다. 새끼 고양이는 아마도 다른 새끼가 어떻게 생겼는지에 관한 인식을 가지고 태어나는 것 같다. 하지만 주변에 다른 새끼 고양이가 없는 경우에 이러한 인식은 쉽사리 다른 것으로 대체된다. 그러므로 강아지와 함께 자란 새끼 고양이는 강아지를 자신의 형제자매로 받아들이며 자신이 고양이라는 사실 자체를 모르는 것처럼 보인다. 하지만 함께 태어난 새끼 고양이들 사이로 강아지 한 마리가 들어오게 되면 녀석들은 강아지를 아주 우호적으로 대하기는 하지만 여전히 자기 형제자매와 함께 있는 것을 더 좋아한다. 분명 고양이의 뇌는 다른 네발 동물보다 같은 고양이에게 더 강한 애정을 느끼도록 구성되어 있을 것이다.

5주차부터 새끼 고양이는 확실히 자기 형제자매로부터 많은 것을 배우는데 특히 같이 어울려 놀기에 가장 효과적인 방법을 배운다. 형제자매들과 함께 지내는 새끼 고양이를 생전 처음 보는 낯선 새끼 고양이에게 소개시켜주면 녀석은 평소보다 더 거칠게 장난을 한다. 다른 고양이와 접촉 없이 사람이 키운 새끼 고양이는 이런 경우 훨씬 더 거칠게 굴며, 그중 일부는 매우 공격적이어서 다른 고양이가 도망 다니느라 바쁠 정도다. 게다가 자신을 길러준 사람한테만 강한 유대감이 형성되어 있어서 자기가 고양이라는 사실조차 잘 모르는 것처럼 보인다.[9] 정확한 이유는 알 수 없지만 고양이는 같은 고양이를 향한 사회화와 인간을 향한 사회화를 동시에 치르면서 둘 사이의 상호작용을 경험해야 새로운 상황에 과잉 반응하지 않는 고양이가 될 수 있는 듯하다. 그런 상호작용을 충분히 경험한 고양이는 균형 잡힌 개체라 할 수 있을 것이다. 사람 손에서만 자란 고양이는 극단적인 성격을 갖게 될 수 있다. 다른 고양이와의 접촉 부족으로 그런 상호작용을 경험하지 못하기 때문이다.

한배 새끼들은 새 가정으로 함께 입양되어도 그 집에 있는 다른 고양이와 유대감을 형성하려 하기보다 형제들과의 유대감을 더욱 강화한다. 1998년 8월과 9월에, 나는 제자 한 명과 일명 '고양이 호텔'에서 고양이 여러 쌍의 행동을 기록하며 연구 작업을 했다. (이곳에 고양이를 맡기는 주인들 중 사이 좋은 한배 고양이 한 쌍을 키우는 사람들은 보통 녀석들을 같은 공간에서 지내게 해달라고 부탁한다.) 우리는 태어나면서부터 함께 지내온 한배 새끼들 열네 쌍과 적어도 둘 중 한 마리가 한 살이 넘을 때까지 서로 만난 적이 없는, 피가 섞이지 않은 고양이 열한 쌍을 비교했다. 더운 날씨에도 불구하고 한배 새끼 열네 쌍은 모두 서로 몸을 접촉한 상태로 잠을 잤다. 하지만 형제자매가 아닌 고양이는 다섯 쌍만 서로 몸을 기댄 채 누웠고 이마저도 가끔 있는 일이었다. 한배에서 태어난 녀석들은 대부분 서로 핥으며 털 단장을 해주었지만 다른 녀석들은 한 번도 그런 적이 없었다. 그리고 한배 새끼들은 대부분 즐거운 모습으로 함께 밥을 먹었다. 하지만 피가 섞이지 않은 녀석들 대부분은 밥을 함께 먹지 않아 밥그릇을 따로 주거나 교대로 밥을 먹여야 했다.[10]

이 연구 결과만을 토대로 고양이가 서로를 대하는 태도의 차이가 전적으로 가족 관계 여부에 따라 달라진다고 명확하게 말할 수는 없지만, 가장 설득력 있는 이유이긴 하다. 한배 태생이 아닌 고양이들 사이에 존재하는 약간의 나이 차가 서로를 소원하게 만드는 것은 아닌 것 같다. 즉 나이 차가 문제는 아니라는 것이다. 왜냐하면 새끼 고양이가 새 가정으로 입양되지 않고 계속 어미와 함께 지낼 경우 어미와 새끼 대부분은 살아가는 동안 가까운 친구로 남기 때문이다. 하지만 한배 새끼들이 서로를 형제자매로 뚜렷이 인식하는지, 예를 들어 서로 떨어졌다가 몇 달 후에 다시 만나도 피를 나눈 사이로 인식할 수 있는지는 명확하게 밝혀지지 않았다(개는 그런 인식이 가능하다는 것이 밝혀졌다). 또한 새끼 고양이가 피 한 방울 섞이지 않았어도 사회화 기간인 생후 2개월부터 함께한 고양이와 계속 친구로 지낼 수 있는지도 아직 정확하게 밝혀지지 않았다.

가정에서 태어난 대부분의 새끼 고양이와는 다르게, 야생고양이 새끼는 태어난 지 적어도 6개월이 될 때까지 한배 새끼들과 지속적으로 상호작용할 뿐만 아니라 근처의 친척들과도 계속 교류한다. 야생고양이 새끼는 대부분 봄에 태어난다. 그리고 가을이 되면 어미는 자신의 새끼 가운데 수컷들과의 관계를 끊기 위해 녀석들을 모두 몰아낸다. 이는 근친번식의 위험을 예방하기 위한 현명한 선택이다. 그리고 이 시점까지 야생고양이 새끼는 고양이가 되는 것이 무엇을 의미하는지에 대해 더 많이 배울 기회를 얻는데, 집 안에서 사는 비슷한 또래의 반려고양이는 그런 기회를 거의 갖지 못한다. 한편 야생 암컷 새끼는 어미로부터 쫓겨나지 않기에 태어난 집단 속에서 계속 '고양이 사교술'을 배울 수 있는 기회를 얻는다.

야생에서 태어난 새끼 고양이는 암수에 따라 친구의 범위가 다르다. 수컷은 함께 태어난 형제들하고만 대부분의 시간을 보낸다. 다른 어미에게서 태어난 새끼와는 친척이라 해도 거의 교류하지 않는다. 1년 정도 지나면 야생고양이 집단에서 태어난 고양이 대부분은 서로 사촌이거나 육촌이 되지만, 수고양이는 그들과 무리 지어 살지 않고 혼자 생활한다. 그것이 본능이기 때문이다(야생 수고양이는 중성화되지 않는다는 가정을 바탕으로 하는 말이다). 그리고 완전히 성숙하면 암컷의 주의를 끌기 위해서 다른 수컷과 경쟁해야만 한다. 반면 암컷 새끼는 처음에는 같이 태어난 자매들과 대부분의 시간을 보내지만, 몇 달이 지나면 어미의 자매들이 낳은 새끼나 다른 암컷 친척의 새끼와도 자주 어울린다.

생후 3, 4개월이 되면 새끼 고양이의 일상은 암수 상관없이 장난과 놀이로 가득 찬다. 이 시기에 새끼 고양이에게 다른 새끼들과 어울려 놀 수 있는 기회를 주지 않으면 구체적으로 어떠한 문제가 생기는지는 정확하게 밝혀진 바가 없다. 우리는 혼자 있기를 좋아하는 고양이에게 사회적 생활은 필수가 아니라 사치라고 생각하기에 그런 연구를 진행하지 않은 것이다. 하지만 유년기에 또래집단과 계속 교류하는 것이 고양이가 사회적인 동물로 발달하는 데 기여한다는 사실만큼은 맞을 것이다.

고양이는 사람과 함께하는 법을 배워야 한다

물론 고양이가 반려동물이 되기 위해 배워야 하는 가장 중요한 사회적 기술은 다른 고양이와 소통하는 방법이 아니라(이것도 유용하기는 하지만) 바로 사람과 소통하는 방법이다. 개와 마찬가지로 고양이는 자신의 종을 대하는 방법과 사람을 대하는 방법을 모두 배울 수 있어서 사람과 고양이를 혼동하는 일 없이 동시에 잘 대할 수 있게 된다. 대부분의 가축은 이러한 융통성을 가지고 있지 않다. 가령 다른 양과 접촉하지 못하고 사람 손에서 자란 새끼 양 중 일부는 빨리 어미 양이 키운 다른 새끼들 속으로 넣어주지 않으

개와 함께 있는 새끼 고양이들

면 자기를 키운 사람에게만 집착하는 비정상적인 행동을 보일 수 있다. 다행이라면, 대부분의 양은 길들여졌든 아니든 사회적 행동이 사람이 아닌 다른 양들에게 우선적으로 맞춰져 있다는 것이다.

개와 마찬가지로 고양이는 다중 사회화 능력이 있다. 단지 사람이나 다른 고양이뿐만 아니라 여러 종의 다른 동물에게도 애착을 느낄 수 있다는 얘기다. 가정에서 고양이에게 우호적인 개와 함께 길러진 새끼 고양이는 그 개를 친근하게 대하는 것은 물론 다른 개들한테도 평생 우호적일 가능성이 있다. 우리는 고양이(혹은 개)가 어떻게 이렇게 할 수 있는지 정확하게 알지는 못한다. 하지만 고양이가 각각의 종과 소통하는 '규칙'을 뇌의 서로 다른 부분에 저장한다고 추정해볼 수 있다. 인간의 뇌가 다른 언어를 전두엽의 서로 다른 부분에 저장하는 것처럼.

생후 4주에서 8주 사이에 새끼들은 주인 혹은 적어도 자기가 만나는 사람들에 대해 자신의 관점을 형성한다. 그래서 주인이 여성인 사육장에서 태어난 새끼 고양이는 새로운 가정으로 입양되었을 때 성인, 아이를 불문하고 남자에게 두려움을 느낄 수 있다. 오직 한 사람의 손에서 자란 새끼 고양이는 그 사람에게 매우 강한 애착을 가져 안길 때마다 가르랑거리고 쉬지 않고 그 사람의 주의를 끌려고 귀찮게 할 수 있다.[11] 그것은 새끼 고양이 마음속에서 그 사람이 어미라는 말이다.

새끼 고양이가 태어난 지 8주가 되기 전에 다양한 사람과 만날 기회를 가지면 사람 일반에게 친화적인 고양이가 될 것이다. 그러면 한 사람에게만 강한 애착을 갖지 않게 되고, 대신 인간이라는 종에 대한 전반적인 그림을 그릴 수 있다. 새끼 고양이가 사람을 남자, 여자, 아이라는 세 개의 카테고리로 분류하는지 아니면 모든 사람을 하나의 카테고리에 넣는지는 몰라도, 어쨌든 다양한 사람을 만난 새끼 고양이는 사람을 두려워하지 않게 된다.

새끼 고양이가 사람에게 이상적으로 사회화되기 위해서는 매일 사람과 접촉할 필요가 있다. 한 연구에 따르면 매일 15분만 사람 손을 타는 새끼 고양이는 사람들에게 다가갈 수는 있지만, 하루에 40분씩 핸들링을 받은 녀석들이 가진 사람에 대한 열정은 보이지 않아 사람 무릎 위에 오래 머물지는 않는다고 한다.[12] 다행스럽게도, 집에서 인간과 함께 사는 새끼 고양이 대부분은 사람들로부터 오래 핸들링을 받기 위해 별다른 노력을 할 필요가 없다. 녀석들의 저항할 수 없는 귀여움 덕택이다.

동물 보호소에서 태어난 새끼 고양이는 핸들링이라는 사치를 거의 누리지 못한다. 또한 한배 새끼들 사이에서 병이 전염될 수 있다는 우려로 인해 사회화 과정을 차단당하기도 한다. 동물 보호소에서 새끼를 돌보는 표준적인 방법을 보면, 새끼들은 먹이를 주거나 청소를 해주는 한 사람과만 제대로 된 접촉을 함을 알 수 있다. 새끼 고양이는 그 한 사람과의 접촉을 통해 사람을 친근하게 느낄 수는 있지만, 일반 가정에서 태어난 새끼들만큼 사람과 충분히 친해질 수는 없다. 하지만 동물 행동 전문가 레이철 케이시와 내가 생후 3주차부터 8주차 사이 고양이에게 한 사람이 아니라 여러 사람의 추가적인 핸들링을 받게 했더니—하루에 단 몇 분이라도—녀석들은 놀랍도록 사람과 친해졌다. 이러한 경험은 녀석들이 새 가정으로 입양됐을 때 주인과의 관계에 큰 영향을 미쳤다. 그 녀석들을 입양한 사람들에게 녀석들이 추가적인 핸들링을 받았다는 사실은 알리지 않았다. 그런데 녀석들이 한 살이 되자 보호소의 표준적인 방식으로 길러진, 즉 한 사람과만 접촉한 새끼보다 주인과 눈에 띄게 편안하게 지낸다는 사실이 드러났다. 주인도 다른 새끼 고양이보다 그 녀석들에게 더 가깝게 다가갈 수 있었다고 보고했다. 그를 통해 짧은 시간일지라도 추가로 핸들링을 받은 고양이가 주인과 장기적인 유대감을 형성할 수 있음을 확인할 수 있었다.[13]

영국에서는 젖떼기가 끝나는 시점인 생후 8주가 전통적으로 고양이를 새 가정에 입양시키는 시기다. 하지만 우리의 연구나 다른 연구에서도 생후 8주가 새끼 고양이를 새로운 집으로 입양시키는 최적의 시기라는 증거는 찾아볼 수 없다. 특히 새로운 주인과 유대감을 얼마나 잘 형성할 수 있는가라는 관점에서 봤을 때 그렇다. 주인의 입장에서 보면 고양이 입양 시기를 생후 8주로 삼는 것은 충분히 이해할 만하다. 그때가 새끼 고양이가 가장 귀엽기 때문이다. 하지만 순혈종 고양이는 일반적으로 생후 13주가 지나야 새 가정에 입양시킨다. 영국에서 고양이 번식을 조절하는 단체 중 하나인 영국고양이애호가관리협회는, 순혈종 고양이뿐 아니라 어떤 집고양이도 13주가 되기 전에 새로운 가정으로 입양시켜서는 안 된다고 강하게 권고한다. 13주 전에는 백신을 접종하면 안 되기 때문에 새끼가 병에 걸리기 쉽다는 이유다. 입양 시기에 따라 새로운 주인과의 유대감이 어떻게 달라지는지는 유감스럽게도 아직 정확히 밝혀지지 않았다. 특히 페르시아고양이나 샴고양이 같은 주요 순혈종 고양이의 특성들은 일반적인 집고양이와 매우 다르기 때문에, 그 특성 중 어떤 것이 일반적인 집고양이보다 5주 늦게 입양된 차이에서 빚어진 건지 정확히 밝혀내기는 매우 어렵다.

새로운 가정으로 입양되는 것은, 입양 시기와 상관없이 모든 새끼 고양이에게 엄청난 사건이다. 새로운 환경 안에는 익숙한 것들은 하나도 없고 낯선 것들뿐이기 때문이다. 녀석들은 아마도 딱딱한 먹이에 적응하라고 녀석들을 멀리하던 어미가 막 너그러운 태도를 보일 때 떠나왔을 것이다. 또한 한 달 넘게 같이 지내면서 서로를 알아가며 즐겁게 장난치고 놀던 한배 새끼들과도 헤어졌을 것이다. 그렇게 혼자 낯선 환경에 던져진 새끼 고양이에게는, 새 주인이 보이는 호의적인 관심조차 불안하게 느껴진다.[14]

이러한 환경 변화가 생후 13주에 일어난다 해도, 그 시점은 야생 상태의 새끼 고양이가 자신의 가족 집단을 자연스럽게 떠나는 시기보다는 훨씬 이른 시점이다. 그럼에도 불구하고 새끼 고양이 대부분이 결국 새 환경을 받아들인다는 사실은, 고양이의 놀라운 적응력을 입증한다. 새 가정에 입양되기 전에 어미의 주인으로부터 충분한 핸들링을 받은 새끼일수록 새로운 환경에 더 잘 적응하며 새 주인에게 애정도 느끼게 된다. 녀석들은 또한 새 주인이 키우는 다른 고양이와도 잘 어울리게 된다. 물론 예외가 전혀 없는 것은 아니지만 말이다.

새끼 고양이가 행복한 반려고양이가 되려면 생후 4주에서 8주 사이에 필히 사람으로부터 핸들링을 받아야 하는 것으로 보인다. 그런 과정을 겪지 못하는 새끼 고양이는 어떻게 될까? 실제로 사람을 경계하는 길고양이나 떠돌이 고양이한테서 태어나는 수많은 새끼 고양이는 그 시기에 핸들링을 받지 못한다. 1990년대에 나는 새끼 길고양이를 구조해 사람에게 입양시키는 단체 중 하나인 영국고양이보호협회와 함께 이에 대해 연구했다.

우리는 연구를 통해 새끼 고양이가 최초로 핸들링을 받은 시점이 늦을수록 사람을 잘 따르지 않는다는 사실을 확인했다. 적어도 처음에는 말이다. 생후 6주가 될 때까지 인간과 접촉한 적이 없는 새끼 고양이는 동물 보호소에 새로 자리를 잡은 후에도 보통 고양이들과 뚜렷이 구분되게 행동했다. 6주차에 구조된 녀석은 다루기가 쉽지 않으며 쓰다듬어줘도 가르랑거리는 일이 거의 없다.[15] 8주차에 구조된 새끼 고양이는 다루기가 더욱 까다롭고 10주차에 구조된 녀석은 처음에는 사실상 야생고양이와 비슷하다. 예외적으로, 구조되기 몇 주 전 보금자리에서 사람이 때때로 어루만져준 한배 새끼들은 11주가 지나서야 구조되었지만 7주차에 구조된 새끼 고양이와 비슷하게 행동했다. 물론 처음에는 사람을 경계하고 다루기 어려웠다. 이 연구는 생후 6주 혹은 7주 이전에 사람에 대한 사회화가 시작되어야 효과적이며 한번 사회화 과정이 시작되면 몇 주간 지속된다는 것을 확인시켜주었다.

구조된 후에 새끼 고양이가 핸들링을 받은 방식도 녀석들이 얼마나 빨리 사람과 친해지는가에 영향을 미친다. 녀석들 중 두 명 이상의 사람에게 핸들링을 받은 경우가 한 사람에게만 보살펴진 경우보다 낯선 사람과 만났을 때 훨씬 편안한 모습을 보였고 심지어 장난을 치기도 했다. 특정 사람에 대한 애정이 생기기 시작하는 때와 사람 일반에 대한 사회화 과정이 시작되는 때는 일치한다. 따라서 그 시기에 한 사람하고만 접촉한 새끼 고양이는 그 사람에게만 강한 애착을 가지고 다른 사람은 경계할 수 있으며, 반면 몇 명의 사람과 접촉한 새끼 고양이는 한 사람을 향한 강한 애착은 없지만 이후에 일반적으로 사람을 더 잘 받아들이게 된다.

구조된 이후 충분한 핸들링을 받은 길고양이 새끼들은 대부분 완벽하게 만족스러운 반려고양이가 된다. 마치 동물 보호소에서 태어나 아주 어렸을 때부터 사람에게 보살핌을 받은 새끼 고양이들처럼. 사실 길고양이 새끼는 구조되기 전에는 사회화를 경험할 수 없었다는 이유로 사람들로부터 더 많은 관심을 받게 된다. 따라서 한 살이 되면 많은 수가 보호소에서 태어난 새끼들보다 더 사람을 잘 따르게 된다. 하지만 사회화시키기 어려운 몇몇은 한 살이 되어도 여전히 접근하기가 어렵다.[16]

생후 10주 이상 사람을 만나본 적 없는 새끼 고양이들은 극단적인 상황을 제외하고는 반려고양이가 되기가 매우 어렵다. 결국 녀석들은 떠돌이 고양이나 길고양이가 되어 인간의 활동 영역 가장자리에서 그림자처럼 살아가게 된다. 녀석들은 어느 정도 사냥도 하지만 사람이─우연으로든 의도적으로든─제공한 음식과 은신처에 사실상 전적으로 의존하게 되는데, 그렇다고 사람을 받아들이고 사람에게 애정을 가질 수 있게 되는 것은 아니다. 그럴 수 있었던 유일한 기회는 지나갔기 때문이다. 고양이의 '사회적 뇌'는 생후 8주 무렵에 급격하게 변하고, 그 이후에 기본적인 사회적 성향을 바꾸는 것은 대체로 불가능하다.

따라서 일반적인 법칙은 '한번 길고양이는 영원한 길고양이'라는 것이다. 하지만 길고양이가 심각한 육체적, 정신적 충격을 경험하면 예외적인 상황이 발생할 수도 있다. 인정이 많은 사람들은 종종 교통사고를 당한 길고양이를 동물병원에 데려오는데, 녀석들 중 대다수는 죽지만 용케 죽음을 모면하고 간호를 받아 서서히 건강을 되찾는 녀석들은 예기치 않은 성격 변화를 겪게 될 수 있다. 이러한 녀석들은 자신을 가장 잘 돌봐준 사람에게 강한 애착을 갖게 되어, 마치 반려고양이가 자신을 손수 키워준 주인을 대하듯이 그 사람을 대한다. 과학자들은 심각한 고열로 오랫동안 고생한 고양이한테서도 그와 비슷한 변화가 있었다고 기록했다. 즉 죽음의 문턱까지 갔던 고양이의 체내에서 쏟아져 나온 스트레스 호르몬은 고양이의 뇌를 변화시켜 녀석이 사회화 과정을 처음부터 다시 경험할 수 있게 만드는 것으로 보인다.

새끼 고양이가 자라서 행복한 삶을 살기를 바란다면, 사회화 기간의 중요성을 과소평가해서는 안 된다. 생후 2주부터 8주까지의 6주라는 짧은 시간 동안 이후의 모든 사회적 생활의 토대가 만들어지기 때문이다. 만약 불행하게도 새끼 고양이가 형제자매도 없고 근처에 어울릴 수 있는 다른 새끼들도 없다면 '고양이가 되는 것이 무엇인가'에 대한 녀석의 관점은 불완전해진다. 어미가 같이 놀아준다 해도 또래의 다른 고양이처럼 신나고 의욕적이지는 않을 것이다. 어미가 새끼를 사람들로부터 멀리 떨어뜨려놓는다면 어미 자신이 사람에게 사회화되지 않았을 가능성이 큰데, 이 경우 새끼들도 반려고양이가 되기는 힘들다. 새끼 고양이가 오직 한 사람한테서 보살펴진 경우 그 사람에게는 강한 애착을 가지겠지만, 사람 일반에 대해서는 편협한 시각을 가져 낯선 사람은 무조건 경계하는 성향을 가질 확률이 높다. 또한 사람 손에서 길러지는 동안 다른 고양이와의 접촉이 한 번도 없었던 고양이 역시 사회적, 인지적 발달 기회를 놓쳐 좋은 반려고양이가 될 확률이 현저히 떨어지게 된다.

한편 생후 8주라는 중대한 분기점이 지났다고 해서 고양이가 사람과 다른 동물에 대해 배우는 것을 갑자기 멈추는 건 아닐 것이다. 아직 구체적으로 밝혀지지는 않았지만, 생후 1년까지 고양이는 사람 및 다른 고양이와의 소통 방법을 계속적으로 배워나가는 것으로 보인다.

제 5 장

고양이 눈에
비친 세상

우리가 간과하기 쉬운 사실이 있다. 인간과 고양이는 세상에 대해 서로 다르게 인식한다는 것이다. 우리는 우리 대로, 고양이는 고양이대로 각자의 생활양식에 맞게 감각을 진화시켜왔기 때문이다. 그래서 생물학자들은 어떤 종이 다른 종보다 '우수하다'는 생각을 이미 수십 년 전에 버렸다.

고양이는 여전히 가축화가 진행 중이기에 계속 도시 생활에 적응하면서 변화하는 중이다. 고양이와 인간의 가장 큰 차이점 중 하나는, 고양이는 '야생에서 가정으로' 유전적 진화를 해온 반면, 인간은 '수렵·채집인에서 도시 거주자'로 문화적 진화를 해왔다는 것이다. 유전적 진화는 문화적 진화보다 훨씬 더 느린 과정이다. 따라서 고양이가 인간과 함께 살 수 있도록 진화해 온 그 긴 시간도 고양이의 감각적, 지적 능력에 변화를 일으킬 만큼의 시간은 아닌 것이다. 그래서 오늘날의 고양이는 자신의 조상인 야생고양이와 본질적으로 똑같은 감각기관과 뇌, 감정 레퍼토리를 갖고 있다. 아직도 사냥꾼이라는 본성을 유지하고 있는 것이다. 우리가 아는 한, 고양이의 뇌에서 새로 생겨난 것은 사람에 대한 애착을 형성할 수 있는 능력이 전부다.

고양이는 종종 우리를 당황케 하는 행동을 하기도 하는데, 우리는 의식하지 못하는 것을 감지하는 능력이 있기 때문이다. 반대로 우리가 인지하는 것을 고양이가 감지하지 못할 때는 우리의 행동이 녀석들을 어리둥절하게 만들기도 한다. 고양이에 관해 완벽하게 이해하려면 우리가 본능적으로 파악하는 세상과는 완전히 다른 세상, 즉 고양이가 살고 있는 세상을 시각화해보려고 노력해야 한다. 내가 '시각화'라는 단어를 사용하는 것은 그것이 우리의 상상이 작동하는 방식이기 때문이다. 우리는 과거에 일어난 사건이나 앞으로 일어날지도 모르는 일을 마음속에 그림으로 떠올린다. 과학자들은 고양이의 뇌는 이런 방식으로 작동하지 않는다고 생각한다. 고양이가 이런 '시간 여행'을 할 수 있을 것 같지도 않을뿐더러 우리와 다르게 녀석들의 세계는 눈에 보이는 어떤 '모습'에 기반을 두지 않기 때문이다. 인간에게 시각이 중요하다면 고양이에게는 후각이 중요하다. 따라서 고양이가 상상을 할 수 있다 하더라도 녀석들은 비슷한 모습이 아니라 비슷한 '냄새'를 떠올릴 것이다. 사람들 중에도 전문적으로 향수를 제조하는 사람이나 소믈리에 같은 소수는 이런 일이 가능하겠지만, 대체로 엄청난 훈련의 결과다.

고양이의 눈이 보는 것과 보지 못하는 것

근본적으로 이렇게 다른 감각에 의지한다는 것이 세상을 인식하는 방법에 있어 고양이와 인간의 유일한 차이점은 아니다. 각각의 개별 감각도 다르게 작동한다. 예를 들어 시각만 해도, 고양이와 사람은 같은 창문을 통해 밖을 내다봐도 서로 다른 그림을 보게 되는 형국이다.

물론 같은 포유류인 인간과 고양이의 눈은 여러 공통점을 가지고 있다. 하지만 고양이 눈은 먹이 사냥에 매우 효율적으로 진화해왔다. 오늘날 고양이의 조상인 야생고양이는 사냥에 사용하는 시간을 극대화할 필요가 있었고, 그에 맞게 희미한 빛을 통해서도 사물을 볼 수 있게 눈이 진화했다. 이것은 고양이 눈 구조에 몇 가지 영향을 미쳤다. 첫째, 고양이 눈은 머리 크기와 비교할 때 매우 크다. 실제로 우리 인간의 눈 크기와 거의 맞먹는다. 어둠 속에서 고양이의 동공은 우리보다 세 배나 더 팽창한다. 고양이 눈이 빛을 잡아내는 효율성은 타페텀tapetum이라고 알려진, 망막 뒤에 있는 반사판에 의해 더욱 강화된다. 망막에 있는 감각세포를 통과한 모든 빛은 반사판에서 튕겨 다시 망막으로 보내진다. 이렇게 보내진 빛의 일부는 망막 뒤에서 감각세포를 자극하여 눈의 감도를 40퍼센트까지 증가시킨다. 다시 망막으로 보내졌지만 감각세포가 놓친 빛은 동공을 통해 밖으로 나가는데, 이 때문에 어둠 속에서 고양이 눈에 빛이 비치면 눈이 특유의 초록색으로 빛나게 된다.

망막의 수용기 세포도 우리와 다르게 배치되어 있다. 수용기 세포는 기본적으로 어두운 곳에서 명암을 구별하는 간상체와 밝은 곳에서 색깔을 구별하는 추상체로 나뉜다. 그런데 고양이 눈에는 주로 간상체가 많고 우리 눈에는 주로 추상체가 많다. 우리 눈의 간상체는 각각이 신경 하나하나와 연결되어 있는 반면, 고양이의 간상체와 신경은 하나의 묶음으로 연결되어 있다. 그래서 눈에서 뇌 사이를 이동하는 신경이 우리보다 열 배나 적다. 이러한 배치로 인한 장점은 고양이는 우리와 달리 어두운 곳에서도 잘 볼 수 있다는 것이다. 하지만 단점도 있는데, 고양이는 밝은 곳에서 섬세하고 세부적인 모습을 놓친다는 것이다. 고양이의 뇌는 구체적으로 어떤 간상체가 빛을 감지하는지에 대한 정확한 정보는 받지 못하고, 오직 빛을 받는 망막의 전반적인 영역만 알 수 있다.

이러한 단점의 결과로 고양이는 한낮의 햇빛에서는 우리만큼 볼 수 없다. 그리고 그런 조건에서는 우리도 그렇듯이 간상체에 과부하가 걸린다. 한편 고양이가 가진 적은 수의 추상체는 망막 중심부에 집중되어 있지 않고 전체에 골고루 퍼져 있으며, 낮 동안에는 주변의 구체적인 모습이 아니라 그저 전반적인 상만 중심와中心窩에 맺히게 된다. 고양이의 동공은 넓게 팽창되었을 때 너무나 크기 때문에 밝은 햇빛 아래서 우리처럼 작은 구멍 모양으로 줄어들 수 없다. 대신에 고양이는 동공을 수직으로 가늘고 긴 모양으로 수축할 수 있는 능력을 진화시켰다. 그렇게 수축된 동공은 넓이가 1밀리미터도 안 되며, 그 때문에 고양이의 민감한 망막은 강한 빛으로부터 보호된다. 고양이는 눈을 반쯤 감아서 눈으로 들어오는 빛의 양을 줄일 수 있다. 그렇게 하면 가늘고 긴 동공의 윗부분과 아랫부분은 가려지고 오직 가운데 부분만 빛에 노출된다.

또한 고양이는 색깔에는 거의 관심을 보이지 않는다. 색깔에 관심이 있는 유일한 포유류는 영장류, 특히 인간이다.[1] 개와 마찬가지로 고양이는 두 종류의 추상체만 가지고 있고 파란색과 노란색, 이 두 가지 색깔만 볼 수 있다. 빨간색과 녹색은 둘 다 회색으로 보일 것이기에 사람이라면 적록색맹이라고 불렸을 것이다.[2] 더구나 파란색과 노란색을 볼 수 있다는 사실이 녀석들이 살아가는 데 별다른 도움이 되는 것 같지도 않다. 고양이 뇌에는 색깔을 구별할 수 있는 전용 신경이 몇 개밖에 없어 고양이가 파란색과 노란색 물체를 구별하는 훈련을 하는 것은 매우 어려운 일이다. 그래서 색상보다 밝기, 무늬, 모양, 크기가 고양이에게는 더 의미가 있다.

고양이 눈에는 또 다른 단점이 있는데, 큰 크기로 인해 초점을 맞추기가 쉽지 않다는 것이다. 우리 눈에는 수정체 모양을 바꿔주는 근육이 있어서 가까이에 있는 물체에도 쉽게 초점을 맞출 수 있다. 하지만 고양이에게는 그런 근육이 없어서 수정체 전체를 앞뒤로 움직여야 초점이 맞춰지는 것으로 보인다. 이것은 카메라의 작동 방식과 비슷한데, 말할 필요도 없이 매우 성가신 과정이다. 그래서 고양이는 종종 아예 초점을 맞추려는 시도 자체를 하지 않는다. 새가 빠르게 날아간다든지 하는 흥미로운 일이 생기지 않는 한 그렇다. 따라서 고양이가 30센티미터보다 가까운 곳에 있는 물체에 초점을 맞추는 것은 사실상 불가능하다고 봐야 한다. 야외에 사는 고양이는 다소 원시이고 집 안에 사는 고양이는 다소 근시라는 차이점이 있지만, 모든 고양이는 빠르게 움직이는 먹이를 놓치지 않기 위해 그 커다란 눈알을 빠르게 움직일 수 있다. 눈알이 부드럽게 움직이지 않고 약 0.25초 간격으로 경련하듯 빠르게 움직이는 것은 이미지가 흐려지는 것을 막기 위해서다.

인간과 마찬가지로 고양이는 양안시兩眼視를 가지고 있다. 전방에 위치한 두 눈으로 들어온 신호들은 뇌에서 만나 3차원적인 그림으로 바뀐다. 대부분의 육식 포유류는 양안시를 가지고 있어서 잠재적인 먹이가 얼마나 멀리 떨어져 있는지 정확하게 측정할 수 있고, 이에 따라 언제 먹이를 덮칠지를 판단한다. 그러나 고양이는 30센티미터보다 가까운 곳에 있는 물체에는 초점을 맞추기가 거의 불가능하기에 그런 거리에 있는 먹이에 초점을 맞추려고 애쓰지 않을 것이다.[3] 대신 수염을 앞으로 움직여 촉각으로 코앞에 있는 물체를 3차원적인 '그림'으로 감지할 수 있다.

양안시는 어떤 물체가 얼마나 멀리 떨어져 있는가를 판단하는 최고의 방법이지만 유일한 방법은 아니다. 병이나 사고로 한쪽 눈을 잃은 고양이는 고개를 위아래로 크게 흔드는 행동을 함으로써 어떤 물체의 거리를 판단할 수 있을뿐더러 다양한 물체가 어떻게 움직이는지도 알 수 있다. 토끼처럼 사냥감이 되는 동물들도 일반적으로 이런 행동을 한다. 왜냐하면 이들의 눈은 감시를 극대화하기 위해 머리 양쪽 측면에 있어서 양안시를 거의 혹은 아예 가지고 있지 않기 때문이다. 그래서 거리를 판단하기 위해 다소 부정확한 다른 방법에 의존하는 것이다.

아주 작은 움직임도 포착하는 고양이의 능력은 포식성이 물려준 또 하나의 유산이다. 대뇌 후두엽에 위치한 시각령視覺領은 눈에서 감지된 신호를 받아서 이미지를 구성하는데, 스틸카메라에 찍힌 사진 같은 정지된 이미지로만 구성하지 않고 이미지들 사이의 변화까지 비교해 입체적으로 구성한다. 고양이는 이 이미지들의 비교 작업을 1초에 60번씩 하는데, 이는 사람보다 더 빈번하게 하는 셈이다. 고양이의 시각령은 또한 위와 아래, 왼쪽과 오른쪽, 대각선 방향에서 오는 움직임 등 다양한 방향의 움직임을 분석하며 이미지의 특정 부위가 부분적으로 밝아지거나 어두워지는 것도 검토하여 무엇에 주목해야 할 것인지를 즉각적으로 선택한다.

양서류는 이 모든 시각 정보를 통합하는 능력이 일정한 시기가 되어야 생긴다. 즉 올챙이는 개구리로 변할 때 그런 능력이 뇌에서 형성된다. 하지만 고양이는 새끼일 때부터 이 모든 시각 정보를 통합하는 방법을 배운다. 그래서 새끼 고양이도 쥐가 도망치려고 애쓰는 움직임과 쥐의 위치를 알려주는 풀들의 움직임을 모두 파악해 사냥할 수 있다.

뛰어난 청력의 소유자 고양이는 어째서 음치인가

고양이의 놀라운 청력을 보면 고양이가 작은 설치류의 포식자에서 유래했음을 분명히 알게 된다. 들을 수 있는 소리의 범위와 그 소리의 근원을 정확히 찾아내는 고양이의 능력은 실로 대단하다. 고양이의 가청 범위는 우리보다 위로 두 옥타브 높기에 우리가 들을 수 없어 초음파라고 부르는 소리의 영역까지 포함한다. 그래서 박쥐가 어둠 속을 날며 자기 위치를 확인하기 위해 내는 초음파 진동 소리를 들을 수 있을 뿐만 아니라 설치류가 찍찍거리는 소리를 듣고 녀석들의 종류까지 파악할 수 있다.

고양이는 이렇게 우리의 가청 주파수 이상의 높은 소리에 민감할 뿐만 아니라 우리가 들을 수 있는 가장 낮은 소리도 잘 들을 수 있다. 다른 포유류 대부분은 고양이처럼 11옥타브나 되는 넓은 음역을 들을 수 없다. 사실 고양이가 초음파 소리를 듣는 능력을 가졌다는 것은 그리 놀라운 일이 아니다. 고양이의 머리는 우리보다 작아 높은 주파수대에 맞춰져 있기 때문이다. 그보다는 고양이가 매우 낮은 소리도 들을 수 있다는 사실이 뜻밖이라 할 수 있다. 머리 크기만 보면 그렇게 낮은 소리까지 듣지 못할 것 같기 때문이다. 그것이 가능한 것은, 고양이는 다른 포유류와 달리 고막 뒤에 커다란 공명실을 가지고 있기 때문이다. 이 공명실의 구조는 서로 연결된 두 개의 공간으로 나뉘어 있기에, 고막으로 들어온 소리의 주파수가 증폭된다.

고양이의 뇌는 오른쪽 귀와 왼쪽 귀에 도달하는 소리 사이의 차이를 분석해 소리의 근원지를 정확히 찾아낼 수 있다. 예를 들어 우리가 고양이한테 이야기하는 소리는 고양이의 양쪽 귀에 서로 약간 다르게 들리는데, 그 차이로 인해 고양이는 우리가 있는 방향이 어느 쪽인지를 알아낸다. 귀에 도달하면서 그 강도가 약화되는 높은 소리도 방향에 대한 정보를 제공해준다. 우리도 본질적으로 이와 같은 방식으로 소리가 나는 방향을 파악하지만, 고양이한테는 추가적인 비결이 또 있다. 소리가 나는 곳의 방향을 확인하기 위해 귓바퀴를 움직일 수 있는 것이다. 그러므로 고양이는 어떤 소리가 오른쪽에서 나는지 왼쪽에서 나는지를 파악하는 일에 별다른 어려움을 느끼지 않는다.

게다가 고양이의 귓바퀴 안에 있는 주름은 귀를 꼿꼿하게 서게 할 뿐만 아니라 소리를 귓구멍 안으로 들여보내면서 복잡한 변화를 일으키는데, 고양이의 뇌는 이러한 변화를 해독해 방향을 감지한다. 귓바퀴의 이와 같은 기능은 먹잇감이 내는 소리보다는 다른 고양이의 울음소리를 포착하는 데 사용되기 때문에, 발정기 때 암수가 서로를 찾아내는 데 유용하다.

이렇게 고양이의 청력은 여러 가지 면에서 우리보다 우수하지만 한 가지 면에서는 그렇지 못하다. 바로 음의 높이와 강도의 미세한 차이를 구별하는 능력이다. 앤드루 로이드 웨버〔뮤지컬 「캐츠」의 작곡가〕에게는 안 좋은 소식이겠지만, 만약 고양이에게 노래 부르기를 훈련시키는 일이 가능하다면 고양이는 노래를 음치처럼 부를 것이다. 음높이의 미세한 차이를 구별하지 못하기 때문이다. 반면 인간의 귀는 그런 차이를 구별하는 능력이 탁월한데, 아마도 의사소통에 말을 사용하는 인간만의 상황에 적응한 결과일 것이다. 우리는 미묘하고 복잡한 억양을 인식하는 능력도 있다. 그래서 말하는 사람이 자신의 감정을 숨기려고 애쓸 때조차 억양에서 감정을 읽을 수 있다. 이런 섬세함을 고양이에게서는 찾아볼 수 없다. 우리가 높은 톤으로 녀석들에게 이야기하는 것을 더 좋아하는 것처럼 보이기는 하지만 말이다. 아마도 남성의 걸걸하고 낮은 목소리가 녀석들에게 화난 수고양이가 불평하며 으르렁대는 소리를 연상시키는 것 같다.

낙하산 공중 발레의 달인

고양이는 청력은 물론 촉각도 매우 정교하여 사냥에 큰 도움이 된다. 사실 많은 고양이가 발을 만지는 것을 싫어한다. 발은 특별히 민감하기 때문이다. 젤리처럼 생긴 고양이 발바닥에는 많은 감각기관이 있어서 발로 무엇을 누르거나 잡았을 때 그것에 대한 정보를 준다. 발톱 역시 신경 말단으로 가득 차 있어서 먹잇감이 저항하는 정도를 알려준다. 그래서 야생고양이는 일반적으로 먹잇감을 물기 전에 먼저 앞발로 잡는 것이다. 고양이의 긴 송곳니도 아주 민감한 촉각을 가지고 있다. 그래서 고양이는 목뼈 사이에 있는 먹잇감의 숨통을 송곳니로 단번에 찾아내 끊어버릴 수 있다. 무는 행위 자체는 코와 입술에 있는 특수한 감각기관들에 의해 촉발되는데 이 기관들은 고양이가 정확히 언제 입을 벌리고 닫아야 하는지를 알려준다.

털이 변화하여 생긴 수염이 나 있는 주둥이 주변 피부에도 감각기관들이 있어서 수염이 얼마나 많이, 얼마나 빨리 뒤로 젖혀지는지를 알려준다. 고양이는 쥐만큼 수염을 자유롭게 움직일 수는 없지만 먹이를 덮칠 때는 가까운 곳이 안 보이는 단점을 보완하기 위해 수염을 앞으로 움직이고, 싸움을 할 때는 수염을 뒤로 움직여 수염의 손상을 막는다. 또한 고양이 눈 위에는 뻣뻣한 털이 촘촘하게 나 있어 눈을 다칠 위험이 있으면 눈을 깜박이는 반사행동을 한다. 머리 양옆과 발목 근처에도 촘촘한 털이 나 있는데, 그 털들은 수염과 협력하여 고양이가 통과하고자 하는 작은 구멍의 넓이를 판단할 수 있게 해준다.

수염과 털을 통해서 얻은 정보는 고양이가 몸을 똑바로 유지할 수 있도록 도와준다. 하지만 귓속에 있는 전정기관이 고양이의 절묘한 균형 감각에 가장 큰 기여를 한다. 인간의 경우, 다른 감각과는 달리 균형감은 거의 전적으로 잠재의식 수준에서 작동한다. 그리고 우리는 멀미 같은 증상으로 인해 어지러움을 느끼기 전에는 무언가가 우리의 균형 감각을 제대로 작동하지 못하게 만든다는 것을 거의 의식하지 못한다. 고양이는 전정기관에서 만들어지는 정보를 인간보다 더욱 효과적으로 활용한다. 하지만 고양이의 전정기관은 사실상 우리와 아주 비슷하다.

전정기관은 림프액으로 채워진 다섯 개의 관으로 이루어져 있다. 각각의 관 안에 있는 감각모는 고양이가 고개를 갑자기 돌릴 때 발생하는 림프액의 움직임을 감지한다. 관성으로 인해 림프액은 그 관이 움직이는 것만큼 빠르게 움직이지 못하고 감각모를 한쪽으로 기울어지게 한다(만약 여러분이 커피 한 잔을 마시면서 이 책을 읽고 있다면 컵을 들고 부드럽게 원을 그리며 흔들어보라. 컵 중앙에 있는 액체는 거의 움직이지 않고 가운데 그대로 남아 있을 것이다). 전정기관을 구성하는 다섯 개의 관 가운데 세 개는 반원 모양으로 휘어져 있고 서로 직각으로 위치하고 있으며 3차원적으로 움직임을 감지한다. 다른 두 개의 내부에는 이석耳石이 들어 있어서 중력 방향으로 감각모들을 누르게 되는데, 이를 통해 고양이는 어느 방향이 위쪽이고 얼마나 빨리 앞으로 이동하고 있는지를 알게 된다.

고양이가 민첩한 이유 중 하나는 두 발이 아니라 네 발로 걷기 때문이다. 네 개의 다리가 하나의 팀이 되어 효과적으로 움직이기 위해서는 조정 능력이 필요한데 이를 위해서 고양이는 별도의 신경 그룹 두 개를 가지고 있다. 한 그룹은 각각의 다리 위치에 대한 정보를 나머지 세 개의 다리에 전달한다. 이때 뇌는 전혀 관여하지 않는다. 다른 그룹은 다리의 정보를 뇌로 전달한다. 그리하여 귓속의 전정기관이 고양이 자세에 대해 알려주는 내용과 비교할 수 있도록 한다. 고양이가 평평하지 않은 지형을 빠른 속도로 이동할 때는 목에서 많은 반사 작용이 일어나 머리가 흔들리지 않도록 잡아준다. 이 때문에 고양이는 도망가는 먹이로부터 눈을 떼지 않을 수 있다.

한 장소에서 다른 장소로 이동할 때 고양이는 자기가 어디로 가고 있는지 세심한 주의를 기울인다. 고양이는 가까운 곳을 잘 보지 못하기 때문에 앞발을 내려다볼 이유가 거의 없고 대신에 서너 발자국 앞쪽을 바라보며 앞에 놓인 지형을 일시적으로 기억한다. 이 때문에 고양이는 자신이 가는 길에 장애물이 있으면 뛰어넘을 수 있다. 최근에 과학자들은 한 실험을 통해 고양이가 걷는 동안 맛있는 먹이를 발견하여 걸음을 멈춘 경우, 다시 출발하기 전에 앞을 한 번 더 살핀다는 것을 알아냈다. 그 실험에서 과학자들은 고양이가 먹이 쪽 방향을 바라보느라 산만해져 있는 동안 천장 조명을 껐다. 그러자 고양이는 아주 조심스럽게 앞발로 앞을 살피며 나아갔다. 이것은 고양이가 먹이로 인해 정신이 산만해지면 걷고 있던 길에 대한 정보가 단기기억에서 사라진다는 것을 의미한다. 하지만 앞발로 장애물을 넘은 후에는, 분명 장애물 때문에 정신이 산만해진 상태일 것임에도 불구하고 다시 걷기 시작하면서 뒷다리를 들어 올렸다. 심지어 장애물로 인해 정신이 산만해진 시간이 10분이 넘거나 사람이 몰래 장애물을 치운 경우에도, 뒷다리를 들어 올림으로써 장애물을 기억하고 있음을 표현했다. 이 행동을 통해 우리는 장애물에 대한 고양이의 기억은 앞발로 건너가는 단순한 행동에 의해 단기기억에서 장기기억으로 전환됨을 알 수 있다.[4]

고양이의 중력 감지 시스템은 고양이가 자발적으로 점프하거나 우발적으로 미끄러져 떨어질 경우 가장 인상적으로 작동한다. 고양이의 균형 기관은 네 발이 모두 공중에 뜨고 0.1초도 지나지 않아서 머리를 위로 두어야 하는 방향이 어느 쪽인지 감지한다. 또한 반사 행동으로 목을 회전시켜서 고양이가 착지할 땅바닥 방향을 내려다볼 수 있게 한다. 다른 반사 행동은 우선 앞다리를, 다음엔 뒷다리를 아래로 향하게 한다. 이 모든 것은 고양이가 생각

고양이가 갑자기 떨어졌을 때 착지하는 방법

할 겨를도 없이 순식간에 일어난다. 고양이는 앞다리를 아래쪽으로 향하면서 상반신의 회전속도를 증가시키기 위해 앞다리를 접는다. 이때 뒷다리는 펴진 상태를 유지한다. 그 후에는 역시 하반신의 회전속도를 증가시키기 위해 앞다리를 펴고 뒷다리를 접는다(185쪽 그림 '고양이가 갑자기 떨어졌을 때 착지하는 방법'을 보라). 이렇게 해서 네 다리 모두가 순식간에 지면을 향하게 된다. 피겨 선수들도 스핀을 할 때 같은 원리를 이용해, 회전 중에 팔 혹은 얼음을 딛지 않은 다리를 접거나 펴면서 회전 속도를 증가시키거나 감소시킨다. 또한 고양이는 몸을 지면으로 향하면서 유연한 등을 일시적으로 구부린다. 이것은 뒷다리가 지면 쪽으로 향하면서 생기는 하반신의 힘이 이미 지면을 향하고 있는 앞다리와 상반신을 뒤틀리게 하는 것을 방지한다.[5] 착지 순간에는 네 다리가 모두 펴지고 등도 활모양으로 구부러지는데, 그것은 착지 충격을 흡수하기 위해서다.

이렇게 복잡한 '공중 발레'가 일어나는 동안 고양이는 이미 3미터 정도 떨어졌을 것이다. 그래서 고양이는 낮은 곳에서 떨어질 경우, 높은 곳에서 떨어질 때와 비슷하거나 오히려 더 큰 부상을 당할 수 있다. 착지를 준비할 수 있는 시간이 부족하기 때문이다. 고층 건물이나 높은 나무에서 떨어질 경우, 고양이는 또 다른 비책을 사용할 수 있다. 착지자세로 변경하기 직전 마지막 순간에, 네 다리를 바깥쪽으로 모두 펼쳐 '낙하산' 모양을 만드는 것이다. 실험실에서 실시한 시뮬레이션은 이러한 방식이 낙하 속도를 최대 시속 85킬로미터로 제한시킨다는 것을 보여주었다. 이러한 '낙하산 공중 발레'로 인해 몇몇 고양이는 고층 빌딩에서 떨어지고도 가벼운 부상만 입고 살아남는 것이다.

냄새로 먹잇감을 찾아내는 우월한 신경

개와 마찬가지로 고양이는 후각에 많이 의존한다. 고양이의 균형 감각, 청각, 야간 시력 모두 우리보다 우월하지만 고양이의 후각이야말로 인간보다 훨씬 뛰어나다. 개의 후각이 뛰어나다는 것은 모두가 알고 있으며 인간은 이를 수천 년 동안 이용해왔다. 개의 후각이 뛰어난 이유는 부분적으로 개의 커다란 후각신경구에서 찾을 수 있다. 후각신경구란 냄새가 처음으로 분석되는 뇌 부분을 말한다. 몸집과 비례하여 고양이는 개보다 작은 후각신경구를 가지고 있지만 우리와 비교했을 때는 상당히 크다. 고양이 후각에 대한 연구는 개 후각에 대한 연구보다 자세히 진행되지 않은 상태지만, 그것은 고양이가 개보다 후각이 덜 예리해서는 아니다. 그리고 의심할 여지없이, 고양이 후각은 우리보다 훨씬 뛰어나다.

고양이가 냄새를 감지하는 코 내부의 표면적은 개와 마찬가지로 인간보다 다섯 배가량 넓다. 이러한 관점에서 볼 때 결함이 있는 종은 바로 우리 호모 사피엔스다. 우리의 원시 조상들은 진화하는 동안에 후각 능력 대부분을 세 가지 색을 식별하는 능력과 바꾼 것 같다. 생물학자들은 우리가 빨갛게 익은 과일과 영양분이 적은 녹색 과일을 구별하기 위해 이렇게 진화했다는 가설을 제시하기도 한다. 대부분의 포유류 콧속으로 들어온 공기는 정교한 벌집 모양 뼈인 악갑개maxilloturbinals가 받치고 있는 피부를 지나면서 정화되고 축축해지며, 필요하다면 따뜻해진다. 그런 후 공기는 냄새를 추출하고 해독하는 후각점막에 도달하는데, 이 표면은 미로처럼 생긴 뼈인 사골갑개ethmoturbinals로 지지되고 있다. 개와 달리 고양이는 먹잇감을 잡기 위해 장거리를 쫓아가지 않기 때문에, 녀석의 악갑개는 특별히 크지는 않다. 개는 킁킁거리며 냄새를 맡으면서 동시에 장거리를 달려야 하는데, 그동안 후각점막이 먼지나 건조하고 차가운 공기에 계속 손상될 위험이 있다. 반면 가만히 앉아서 먹이를 기다리는 고양이의 습성은 코의 공기 조절 시스템에 훨씬 적은 부담을 준다.

고양이 후각점막에 있는 신경 말단은 냄새 분자들을 민감하게 잡아낸다. 신경 말단은 공기에 노출되기에 점액으로 된 보호막으로 덮여 있는데, 이 막은 아주 얇다. 그렇지 않다면 신경 말단에 도착한 냄새 분자가 제공하는 것은 때늦은 정보에 불과할 것이다. 빠른 반응을 촉진하기 위해 점액이 아주 얇게 퍼지다보면 때때로 신경 말단이 손상되기도 한다. 그래서 신경 말단 세포는 대략 한 달에 한 번 정도 재생된다.

냄새 정보를 뇌로 전달하는 고양이 후각신경의 반대쪽 말단은 10개에서 100개 사이의 묶음으로 연결되어 있다. 또한 고양이 코로 들어오는 냄새 정보는 수백 종류의 후각 수용기에서 나타난다. 각각의 후각신경 묶음은 냄새 정보가 뒤죽박죽되는 일이 없도록 같은 종류의 수용기를 가진 신경들로만 구성되어 있다. 그리고 각기 다른 수용기에서 들어온 정보는 뇌로 이동하면서 서로 비교되는 과정을 거쳐 고양이가 냄새 전체를 파악하게 만든다.

이 시스템은 눈의 시스템과는 다르다. 눈에서는 망막의 개별 구역에서 이미지가 만들어지고 그 정보를 뇌로 직접 전달한다. 하지만 코는 눈처럼 '2차원' 이미지를 만들어내지 못한다. 고양이가 숨을 들이마실 때 콧구멍으로 들어오는 공기는 너무 강하게 소용돌이쳐서, 각각의 냄새 분자가 어떤 수용기에 부딪히는가는 순전히 우연의 문제이기 때문이다. 또 다른 문제도 있다. 고양이의 시각과 청각은 좌우 양쪽 구멍에서 들어오는 정보량의 미묘한 차이를 구별한다. 그러나 고양이의 후각이 왼쪽과 오른쪽 콧구멍으로 들어오는 정보량의 미묘한 차이를 파악하는지는 아직 밝혀지지 않았다.

고양이는 무척 많은 종류의 냄새를 구별할 수 있기에 그 냄새 각각을 담당하는 수용기가 하나씩 있을 리는 없다. 따라서 고양이는 어떤 유형의 수용기들이 얼마나 많이 자극을 받는지에 따라 각 냄새의 특징을 파악한다. 우리 인간이 딱 세 개의 추상체로부터 100만 개 이상의 색깔을 구별해낼 수 있다는 사실로 미루어볼 때, 확언하기는 어렵지만 수백 개의 후각 수용기를 가진 고양이는 수십억 개의 냄새를 구별할 수 있다고 추측할 수 있다. 고양이에 비해 3분의 1 내지 2분의 1의 후각 수용기만 갖고 있는 우리도 얼마나 여러 종류의 냄새를 분간할 수 있는지 정확히 파악하지 못할 만큼 많은 냄새를 구별한다. 따라서 고양이의 후각기관은 녀석들이 평생 만나게 되는 냄새보다 더 많은 냄새를 구별할 수 있는 능력을 갖췄다고 말해도 괜찮을 것이다.

과학자들은 아직 고양이의 후각 능력에 대해 많은 부분을 알지 못해 고양이가 개박하 냄새에 예외적인 이상 반응을 보이는 이유도 밝혀내지 못했다(190쪽의 '개박하와 기타 자극제들'을 보라). 반면 개의 후각 능력에 대해서는 많은 것이 밝혀졌다. 왜냐하면 인간은 개의 후각을 다양한 목적으로 이용해왔기 때문이다. 세 가지 예만 들자면 사냥감 찾기, 도망자 수색, 밀수품 검사다. 만약 고양이가 개만큼 길들이기 쉽다면 우리는 고양이의 후각도 이용했을지 모른다. 자세히 관찰해보면 모든 고양이가 잠시도 쉬지 않고 코를 킁킁거리고 있음을 알 수 있다. 하지만 고양이 후각에 대한 최초의 과학적 연구 결과는 2010년에 이르러서야 발표되었다.[6]

이 연구는 고양이가 먹잇감을 찾을 때 먹잇감이 서로 간에 남긴 냄새 표시를 이용한다는 것을 보여주었다. 고양이가 사냥하는 설치류, 특히 생쥐는

개박하와 기타 자극제들

개박하는 각처의 산이나 들에 나는 여러해살이풀로, 전통적으로 고양이 장난감으로 사용된다. 그러나 과학자들은 고양이가 왜 개박하에 반응하는지 아직 이해하지 못하고 있다. 모든 고양이가 개박하에 반응하는 것은 아니다. 고양이 세 마리 가운데 한 마리는 반응 관련 유전자에 결함이 있어서 개박하에 반응하지 않는다. 그렇다고 그런 고양이들이 행동에 이상이 있다거나 건강에 문제가 있는 것은 아니다.

개박하에 영향을 받은 고양이는 장난치고 노는 행동과 먹이를 먹는 행동 그리고 암수에 상관없이 암컷이 발정기 때 하는 행동을 기이하게 섞어서 한다. 처음에 고양이는 개박하를 작은 사냥감처럼 여기며 가지고 논다. 하지만 곧 녀석

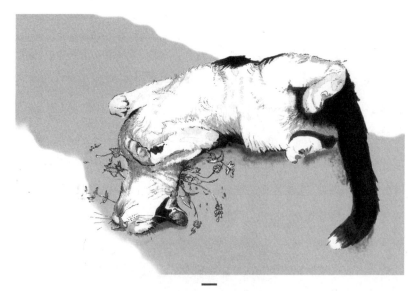

개박하 위에서 뒹굴기

들은 황홀경에 빠져 발정기 암컷을 연상시키는 행동, 즉 얼굴을 문지르고 몸을 뒹구는 행동을 한다. 또한 침을 흘리며 개박하를 핥으려고 한다. 이러한 이상한 행동은 고양이가 제정신을 회복하고 그곳을 떠날 때까지 한 번에 몇 분 동안 계속된다. 하지만 이동한 장소에도 개박하가 있으면 녀석은 강도는 약간 약할지라도 이삼십 분 후에 모든 과정을 반복한다.

고양이는 몇몇 다른 식물, 예를 들어 개다래나무와 키위나무 뿌리에도 같은 반응을 보인다. 1970년대에 프랑스에서 처음 키위나무를 재배했던 사람들이 이 사실을 알게 되었다. 고양이가 키위나무 묘목을 파내서 씹어버렸기 때문이다. 이 식물들은 비슷한 향의 화학물질을 가지고 있는데, 이것이 고양이의 반응을 이끌어내는 것으로 추정된다.

진화의 과정에서 우연히 이 화학물질이 고양이 코를 자극하여, 정상적인 경우에는 동시에 하지 않는 행동들을 한꺼번에 하게 만드는 것으로 보인다.

사자에서 집고양이에 이르기까지 고양잇과에 속한 동물 대부분은 개박하에 똑같은 반응을 보인다. 개박하로 인해 멍해진 상태에서는 공격당하기 쉬워 종종 불이익을 겪는 경우가 있었을 것이다. 따라서 진화 과정에서 이런 반응과 관련된 유전자는 사라졌어야 한다. 그러나 고양잇과 동물들은 지금까지도 이러한 반응을 보이는데, 그 이유는 아직 미스터리로 남아 있다.

자신의 오줌을 통해 다른 생쥐와 의사소통한다. 고양이와 생쥐는 모두 포유류라서 후각 작동 방식이 매우 비슷하기에, 고양이는 사실상 쥐가 남긴 모든 냄새 표시를 찾아낼 수 있다. 호주 생물학자들은 생쥐 우리에 있던 모래 표본을 모아 길가에 놓아두는 실험을 통해 이를 증명했다. 이 생쥐 모래 표본에 다녀간 포식자는 대부분은 여우였지만 야생고양이들이 다녀간 흔적도 남아 있었다. 그 고양이들이 얼마나 먼 거리에서 거기까지 찾아왔는지는

알 수 없었지만, 분명 우연히 그곳을 지나가다 모래 표본을 살펴본 것은 아니었다. 다른 장소에 있다가 바람에 실려 온 냄새에 이끌려 그곳에 도착한 것이었다. 우리는 개가 사냥할 때 후각을 이용하여 수십 미터 떨어진 곳의 먹잇감을 감지한다는 것을 알고 있다. 고양이도 밤에 사냥할 때는 후각을 사용한다. 밤눈이 밝은 편이긴 해도 낮의 시력보다는 현저히 떨어지기 때문이다.

냄새로 먹잇감을 찾는 일은 어려운 일이다. 냄새 표시는 먹잇감이 대략 몇 시간 전에 남긴 것으로, 먹잇감의 현재 위치는 알려주지 않기 때문이다. 그러나 고양이는 앉아서 먹잇감을 기다리는 사냥꾼이기 때문에, 냄새 표시가 있는 곳에 숨어 있다가 그것을 남긴 동물과 같은 종류의 동물이 나타나면 잡아먹을 수 있다. 즉 생쥐 간의 의사소통 시 사용되는 오줌 냄새로 인해 생쥐는 위험에 빠질 수도 있다.

우리는 빛은 직진하며 장애물 뒤로는 도달할 수 없다는 것과, 소리는 모든 방향으로 이동하며 장애물 뒤편에도 도달할 수 있다는 것을 직관적으로 알고 있다. 하지만 냄새의 특성에 대해서는 잘 모른다. 우리는 방향을 찾을 때 냄새에는 거의 의존하지 않기 때문이다. 냄새는 공기에 의해 전달되기 때문에 바람을 거스르는 것이 아니라 바람을 타고 이동하지만, 지표면과 가까운 곳에서는 바람의 방향이 일정하지 않다. 즉 풀이나 나무로 인해 바람이 여러 방향으로 꺾인다. 따라서 고양이는 생쥐의 보금자리에서 바람을 타고 오는 냄새를 간헐적으로만 맡을 수 있다.

때문에 고양이는 수목이 우거진 지역에서는 쥐의 냄새를 추적하기 위해 부지런히 움직이고 때로는 왔던 길을 되돌아가기도 해야 한다. 일단 생쥐 냄새의 근원지를 찾고 나면, 고양이는 바람이 자기 냄새를 생쥐에게 실어갈 방향이 아닌 장소에 가만히 앉아서 생쥐가 나타나기를 기다린다. 그런 장소를 찾을 수 있는 것은, 냄새가 바람을 거슬러서 이동하지 않는다는 것을 알기 때문이다. 앉아서 기다리는 것이 고양이의 사냥법이라는 사실은 수많은 사례에서 입증되었다. 고양이는 평소에는 자신의 냄새로 인해 자기 위치가 발각되는 것을 피하기 위해 울타리나 담벼락을 보호막 삼아 어슬렁거리는 것을 좋아한다. 고양이처럼 영리한 포식자는 그렇게 해야 함을 빨리 배우는 듯하다.

짝짓기의 핵심, 서비골 기관과 플레멘 반응

고양이는 인간에게는 없는 후각기관인 서비골 기관vomeronasal organ을 가지고 있는데, 줄여서 VNO 혹은 제이콥슨 기관이라고도 부른다.[7] 고양이는 윗니 바로 뒤에서 시작되는 튜브 모양의 비구개관 한 쌍이 콧구멍까지 이어져 있는데, 대략 이 관의 중간 부분에 화학 수용기가 집중적으로 분포된 주머니인 서비골 기관이 각각 연결되어 있다. 서비골 기관은 전체가 액체로 가득 차 있어서 냄새 분자들이 타액과 함께 그 액체에 녹아야 고양이의 뇌가 그것이 무슨 냄새인지 분별할 수 있다. 게다가 서비골 기관과 비구개관이 연결된 도관은 0.02센티미터밖에 안 될 정도로 좁아서 냄새 분자가 그곳으로 드나들려면 작은 근육들이 펌프질하듯 움직여야 한다.[8] 또한 서비골 기관은 후각과 미각을 동시에 느끼는 기관이라서 우리 인간이 그 기관의 능력을 이해하려면 상상력을 발휘해야 한다.

서비골 기관은 개도 가지고 있는 기관이지만, 개와 달리 고양이는 이 기관을 사용할 때 윗입술이 살짝 위로 당겨지며 몇 초간 윗니가 드러난다. 이런 반응은 '플레멘 반응' 혹은 '입 벌리기 반응'이라고 불린다. 몇몇 과학자

고양이의 플레멘 반응 ― 다른 고양이가 나뭇가지에 남긴 냄새를
감지하기 위하여 서비골 기관을 사용하고 있다.

들은 고양이가 이런 상태일 때 혀를 사용해 냄새 입자가 용해된 액체를 윗
니 뒤의 구멍으로 밀어 올린다는 이론을 제시했다.

고양이는 오직 사회적인 상황에서만 플레멘 반응을 보인다. 즉 다른 고양
이의 냄새를 감지하기 위해서만 서비골 기관을 사용한다.[9] 가령 발정기의 수
고양이는 암고양이가 남긴 냄새 표시를 맡을 때 서비골 기관을 사용하고, 암
고양이 역시 그렇다.

고양이의 서비골 기관은 아주 다양한 냄새를 감지하고 분석할 수 있다. 거기에는 적어도 서른 개가 넘는 다양한 종류의 후각 수용기가 있기 때문이다. 개는 후각 수용기가 아홉 개밖에 없다. 고양이의 서비골 기관에 있는 후각 수용기는 코에 있는 후각 수용기와는 다르며, 뇌의 부후구副嗅球로 연결된다.

영장류를 제외한 대부분의 포유류에게, 왜 코 외의 또 다른 후각기관이 필요한 것일까? 이유는 종류마다 다른 것으로 보인다. 가령 대단히 정교한 서비골 기관을 가지고 있고 부후구로 연결되는 신경이 두 개인 생쥐는—고양이는 부후구로 연결되는 신경이 하나뿐이다—다른 생쥐들을 '냄새 지문'으로 구별할 때나 짝짓기 대상을 고를 때 서비골 기관을 사용한다. 토끼는 새끼일 때는 코를 통해 들어오는 냄새로 어미를 인식하고, 자라면 서비골 기관을 통해 파악되는 냄새로 다른 토끼들을 인식한다. 코와 서비골 기관의 이용 빈도는 동물이 성숙해가면서 변하기도 한다. 기니피그는 첫 번째 번식기 동안에는 서비골 기관과 코를 동시에 사용하지만, 그 후로는 코만 사용한다. 마찬가지도 고양이도 상황에 따라 코와 서비골 기관을 융통성 있게 사용할 것이다.

서비골 기관은 같은 종에 속하는 동물의 냄새만 분석하기 위해 만들어진 것이라는 의견도 있지만, 고양이보다 더 사회적인 개의 서비골 기관이 고양이보다 덜 예리하다는 사실이 그 의견의 신빙성을 의심스럽게 만든다. 다만 개는 사회성이 높아서 대체로 직접 다른 개들과 맞닥뜨리기에 서비골 기관을 사용할 필요 없이 시각기관만 사용해도 충분할 것으로 보인다.

집고양이의 조상은 독립적인 생활을 했기 때문에 수컷이 암컷에게 구애 행동을 하는 경우와 암컷이 출산 후 몇 달 동안 새끼들과 함께 지내는 경우를 제외하면 다른 고양이와 대면할 필요가 거의 없었다. 그때나 지금이나 야생에서 고양이의 사회적 활동 대부분은 냄새 표시를 통해서 이루어진다. 냄새 표시는 며칠 혹은 몇 주가 지나도 그것을 남긴 고양이에 대한 정보를 다른 고양이에게 알려줄 수 있다. 야생고양이는 다른 고양이와 만나게 되는 일이 드물기 때문에, 냄새 표시로부터 얻는 정보가 서로가 마주칠 경우 하는 행동에 결정적인 영향을 미친다. 암컷은 발정기에 접어들면서 체취가 변하게 되는데, 많은 수컷이 이 냄새에 이끌려 구애 행동을 하게 된다. 암컷은 구애하는 여러 수컷을 하나하나 꼼꼼하게 따져, 새끼의 생존에 가장 유리한 짝을 선택한다. 수컷들은 암컷의 영역에 들어와 돌아다니다가 냄새 표시를 남기는데, 이를 통해 암컷은 수컷 각각에 대한 유용한 정보를 얻을 수 있다. 이렇게 얻어진 정보는 수컷들의 상태와 행동을 직접 보고 알 수 있는 정보를 보완해주는 역할을 한다. 암컷은 또한 냄새 표시를 통해 자신과 가족 관계인 고양이와 그렇지 않은 고양이를 구별할 수 있다. 가령 보금자리를 떠났다가 몇 년 후에 다시 그 지역으로 돌아온 아들을 냄새 표시를 통해 알아볼 수 있기에 근친번식을 피할 수 있다.

가축화가 이루어지기 전까지 고양이의 생존에 가장 결정적인 역할을 한 것은 사냥 능력이었지만, 그 능력이 한 고양이의 유전자 생존까지 보장해주지는 않는다. 이를 위해서는 효과적인 짝짓기 전략이 필요하다. 특히 암컷은 자신의 유전자를 다음 세대에게 성공적으로 전달하기 위해 장기적인 안목을 가지고 수컷을 고르는데, 그때 결정적인 역할을 하는 것은 시각보다는 후각이다. 수컷이 아무리 허세를 부려도 후각은 그 수컷의 건강 상태를 정확하게 알려주기 때문이다.

고양이는 코와 서비골 기관을 동시에 사용하면서 사회적인 의미를 가진 냄새 대부분을 알아차린다. 특히 젊은 수컷은 발정기에 있는 암컷 냄새를 처음 접할 때 코와 서비골 기관을 동시에 사용한다. 하지만 이후에는 둘 중 하나만 사용해 이전에 뇌에 입력되지 않은 정보만 '채워 넣는' 것으로 추측된다.

개와 마찬가지로 고양이도 자기와 같은 종이 남긴 냄새 표시에 엄청난 관심을 보인다. 즉 고양이는 다른 고양이가 오줌으로 남긴 냄새 표시나 돌출된 물체에 얼굴을 문질러서 입 주변의 취선을 자극해 남긴 냄새 표시 모두에 주목한다(그렇게 의도적으로 얼굴을 문질러서 냄새를 남기는 행동을 자연스러운 접촉 중에 냄새를 남기는 행동과 구별하기 위해 '번팅bunting'이라고 부른다). 고양이 얼굴에는 냄새를 만들어내는 취선이 매우 많아서 턱 아랫부분과 입의 양쪽 끝 부분, 눈과 귀 사이의 털이 적은 부분에도 분포해 있다. 또한 귓바퀴는 자체적으로 특유의 냄새를 풍긴다. 고양이가 이 취선들을 구체적으로 어떻게 이용하는지 우리는 잘 모른다. 하지만 다른 고양이가 남긴 냄새에 관심을 보인다는 것만큼은 확실하다. 수컷은 암컷 얼굴 취선에서 나온 분비물 냄새만 맡고도 암컷의 발정 주기를 알 수 있는 것으로 보인다. 각각의 취선은 특유의 화학물질을 분비하는데 그중 몇몇은 불안해하는 고양이의 스트레스를 줄인다. 그래서 그 화학물질로 만든 상품도 나오고 있다.[10]

서비골 기관과—이보다 정도는 덜하지만—코의 사회적 역할을 제외하고, 고양이 감각기관의 모든 역할은 사냥에 집중된다. 고양이는 사냥에 자유자재로 사용할 수 있는 무기들을 완벽하게 갖추고 있다. 녀석들의 시각은 이른 새벽이나 해 질 녘의 어스름 속에서도 매우 효과적으로 먹잇감을 찾는다. 녀석들의 청각은 쥐가 높은음으로 찍찍 울어대는 소리와 바스락거리며 움직이는 소리를 감지한다. 또한 녀석들의 후각은 설치류가 남긴 냄새 표시를 포착한다. 녀석들은 정교한 균형 감각과 뺨과 팔꿈치에 나 있는 감각모를 이용해 조용하고 은밀하게 먹잇감에 접근할 수 있다. 그리고 그것을 덮치는 순간, 앞으로 움직이는 수염이 레이더 역할을 하여 그것의 숨통을 정확하게 물어 끊어버릴 수 있다. 고양이의 이러한 사냥꾼으로서의 본능은 가축화 과정을 거치면서도 별로 변하지 않았다.

고양이가 감각기관인 눈, 귀, 평형기관, 코, 수염을 통해 수집한 엄청난 양의 정보는 뇌를 거쳐야 고양이가 울타리 위를 균형을 잡고 걸을 수 있게 해주고, 쥐를 덮치는 순간을 결정하게 해주고, 밤사이 앞뜰에 다녀간 다른 고양이에 대한 대처법을 세우게 해준다. 즉 각각의 감각기관이 습득한 정보는 뇌에서 매 순간 걸러져야 쓰임새가 생긴다. 이런 고양이 뇌의 역할은 우주선 발사 때 NASA 본부에 있는 수많은 모니터로 들어오는 정보 중 무엇은 채택하고 무엇은 버릴지를 결정하는 사람의 역할과 같다. 불행히도 우리는 고양이의 감각 정보가 '어떻게 생기느냐'에 대한 지식에 비해 그 정보를 고양이가 '어떻게 처리하느냐'에 대한 지식이 매우 부족하다.

우리는 고양이 뇌의 크기와 구조를 통해 녀석들이 무엇에 우선순위를 두며 살아가는지를 알 수 있다. 고양이 뇌의 기본적인 형태는 두개골 모양에서 알 수 있듯이 적어도 500만 년 전에 진화했다. 균형과 움직임에 대한 정보를 처리하는 소뇌가 상대적으로 큰 것을 보면, 우리는 고양이가 왜 뛰어난 운동 능력을 가졌는지를 이해할 수 있다. 물론 고양이도 가끔 나무 위에서 꼼짝 못하기도 한다. 하지만 이런 일은 고양이의 지능이나 균형 감각이 떨어져서 생기는 것이 아니라, 녀석들의 발톱이 구조적으로 모두 앞쪽을 향해 있어서 나무에서 내려올 때 브레이크로 사용할 수 없기 때문이다. 한편 고양이의 대뇌피질에는 소리를 다루는 영역뿐만 아니라 앞서 살펴봤듯이 후각

신경구도 잘 발달되어 있다.

고양이의 뇌에서 사회적 상호작용을 조절하는 영역은 사교적인 습성의 늑대나 아프리카사냥개 같은 동물만큼 발달되어 있지 않다. 집고양이의 조상이 독립적인 생활양식을 가졌다는 것을 생각하면 그리 놀라운 일은 아니다. 그럼에도 불구하고 집고양이는 자기가 처해 있는 사회적 환경에 놀라울 정도로 잘 적응하는 편이다. 그래서 일부는 사람들이 만든 환경 안에서 그들에게 깊은 애정을 느끼며 살아간다. 반면 나머지는 평생 고양이 개체 안에서만 머물면서 사람을 보면 도망가거나 숨는다. 전자와 후자 사이에서 한 번 선택을 하면 그 선택은 되돌려질 수 없다. 왜냐하면 그 선택은 사회화 기간 중에만 이루어지기 때문이다. 종으로서의 고양이는 역사적으로 수많은 사회적 환경 변화에 적응해왔지만, 한 마리의 고양이는 그런 융통성이 부족하다. 그것은 고양이의 뇌가 구성된 방식, 특히 사회적 정보를 처리하는 뇌의 영역이 구성된 방식에서 기인하는 것으로 보인다.

제 6 장

생각과
감정

역사적으로 과학자들은 동물에 관해 이야기할 때 '생각'이나 '감정' 같은 단어의 사용을 피했다. 우선 '생각'이라는 단어를 피한 이유는, 그 의미가 너무 모호하기 때문이다. 다시 말해 생각은 무언가에 주의를 기울이는 것(나는 고양이에 대해 생각한다)부터 기억과 미래 예측 사이의 복잡한 비교(나는 밤에 고양이를 집에 들어오도록 할 가장 좋은 방법을 생각한다), 그리고 의견 표현(나는 고양이에게 필요한 영양소가 일반적이지 않기 때문에 녀석들의 식성이 까다롭다고 생각한다)에 이르기까지 그 어떤 것이든 의미할 수 있기 때문이다. 그래서 생물학자들은 인간을 포함한 동물이 정보를 처리하는 정신 작용을 '인지cognition'라고 부르는 경향이 있다.

다음으로 '감정'이라는 단어를 피한 이유는, 그것이 자각에 기초하고 있기 때문이다. 우리 인간은 자신의 감정을 자각하지만, 고양이는 거의 그렇지 못한 것으로 생각되었다.[1] 그런데 뇌 영상법brain imaging과 같은 새로운 과학 기법을 통해, 고양이를 포함한 모든 포유류가 우리처럼 감정을 자각하는 정신 기관을 갖고 있음이 밝혀졌다(물론 동물은 우리보다 훨씬 순간적으로 감정을 자각하지만). 그렇다고 고양이가 과거에 느낀 감정까지 기억해 의사 결정을 할 수 있는 의식 있는 동물이라고 가정할 필요는 없다. 다시 말해 고양이의 인지 과정과 감정적 생활 모두가 우리와는 상당히 다름을 명심해야 한다. 그리고 그런 바탕에서 고양이가 무엇을 '생각'하고 어떤 '감정'을 가지고 행동하는지를 과학적으로 이해해야 한다.

고양이는 세상을 어떻게 인식하는가

그런데 이를 명심하는 것은 쉬운 일이 아니다. 사실 우리는 고양이가 하는 행동을 우리 방식대로 이해하는 것에 익숙하다. 반려동물을 기르는 즐거움 가운데 하나는 반려동물을 거의 사람처럼 대하면서 우리의 생각과 감정을 녀석들에게 투영하는 것이다. 우리는 그럴 수 없다는 것을 잘 알면서도 고양이가 우리 말을 모두 알아듣는 것처럼 녀석들에게 이야기한다. 우리는 고양이 — 주로 내가 키우는 고양이 말고 다른 사람의 고양이 — 를 묘사할 때 '쌀쌀맞은' '말썽꾸러기의' '교활한' 같은 표현을 종종 사용한다. 하지만 우리는 그런 감정과 관련된 표현을 쓰면서도 그것이 우리가 고양이에 대해 갖고 있는 상상에 기반한 것인지, 아니면 고양이 스스로도 자각하고 있는 (그리고 몰래 자랑스러워하는) 특징인지 제대로 알지 못한다.

거의 100년 전에 선구적인 심리학자 레너드 트렐로니 홉하우스는 이렇게 썼다. "나는 현관문 앞에서 매트 한쪽을 들어 올렸다가 떨어뜨리는 행동을 하는 고양이를 키운 적이 있다. 이 행동을 문을 열어달라는 노크로 해석하는 것은 틀린 걸까?"[2] 이 글에서 알 수 있듯이 과학자들은 고양이 행동을 이성적, 객관적으로 해석할 수 있는 논리적인 방법을 찾기 위해 오랫동안 노력해왔다. 과학자들은 고양이 등의 포유류가 어느 정도까지 인간처럼 문제에 대해 미리 생각하고 해결할 수 있는지에 대해 여전히 논쟁하고 있다. 우리는 종종 고양이의 행동에 어떤 의도가 담겨 있다고 생각한다. 이것은 그저 녀석들을 의인화했기 때문일까? 우리가 어떤 문제를 특정한 방법으로 해결하기 때문에 고양이도 그와 같을 거라고 가정하는 것일까? 사실 우리는 고양이가 간단한 학습 과정을 통해 어려워 보이는 문제를 쉽게 해결하는 것을 종종 보기도 한다.

고양이의 인지 과정—'생각'—은 감각기관의 감지에서 시작해 기억 저장으로 끝나고, 각 단계에서 모든 정보는 걸러진다. 고양이 뇌는 감각기관이 수집한 데이터 조각을 모두 저장할 수 있을 만큼 크지 않기 때문이다(이 점은 우리 인간의 뇌도 마찬가지다). 가령 고양이의 시각령에 있는 동작 감지 기관이 작동할 때엔 움직이는 대상 외의 나머지 부분은 전부 무시된다. 뇌에서는 지금 일어나고 있는 일의 표상들이 생성되는데, 그 표상들 대부분은 '작동기억working memory'〔각종 인지적 과정을 계획하고 순서 지으며 실제로 수행하는 기능을 담당하는 단기기억〕 속에 잠시 동안 머문 뒤 대부분 버려진다. 극히 일부의 표상만, 특히 감정 변화를 일으켰던 것만 장기기억으로 넘어가서 나중에 다시 생각해낼 수 있게 된다. 단기기억과 장기기억 그리고 감정은 고양이가 어떤 행동을 취할지 결정이 필요할 때 모두 사용된다.

우리가 매일 관찰하는 반려고양이 행동의 많은 부분이 이러한 정신 작용으로 설명될 수 있다. 고양이는 우선 각각의 감각기관이 수집한 정보를 통해 대상을 분류한다(저기 있는 동물이 덩치 큰 쥐일까? 아니면 조그만 생쥐일까?). 다음으로 방금 전의 상황과 비교한다(쥐가 움직였나? 아니면 아직 같은 장소에 있나?). 또한 고양이는 자신의 장기기억 속에 비슷한 상황이 있었는지 조사한다(지난번에 쥐를 봤을 때 무슨 일이 일어났지?).

우리가 아는 한, 이렇게 기억을 회상하는 것은 두 가지 메커니즘을 통해 고양이의 의사 결정에 영향을 미친다. 첫 번째는 감정적 반응이다. 과거에 쥐에게 물린 적이 있는 고양이는 즉시 두려움이나 불안을 느낄 것이고, 쥐를 사냥해서 잡아먹는 데 능숙한 고양이는 신나는 흥분을 느낄 것이다. 두 번째 메커니즘은 고양이가 상황에 가장 알맞은 행동을 선택할 수 있도록 안내해준다. 즉 고양이는 감정적 반응에 영향을 받으면서 쥐가 있는 곳에서 벗어날 것인가 아니면 지난번에 쥐와 만났을 때 가장 효과적이었던 사냥 전술을 사용할 것인가를 선택한다.

인간은 부지불식간에 계속해서 사물을 구분하는 복잡한 정신 활동을 하고 있다. 과학자들은 고양이도 우리와 유사한 정신 활동을 하는지 연구하고 있다. 예를 들어 생쥐의 몸통이 나무에 가려서 고양이가 오직 생쥐의 코와 꼬리만 볼 수 있다고 가정해보자. 고양이는 코와 꼬리 사이에 있는 생쥐의 몸통을 상상할 수 있을까? 아니면 코와 꼬리가 각각 다른 두 마리 생쥐의 것이라고 생각할까? 고양이는 훈련을 통해 착시 효과를 만들어내는 그림과 그렇지 않은 그림을 구분할 수 있다(207쪽 그림 참조). 따라서 생쥐의 머리와 꼬리 사이의 '점들을 연결해서' 몸통을 시각화할 수도 있을 것이다. 고양이는 또한 명암을 실재와 정반대로 바꾼 사진 속의 새도 인식할 수 있다.[3] 따라서 대상의 질감이 변화해도 그것을 알아볼 수 있는 것으로 보인다. 하지만 고양이는 태어나면서부터 먹잇감인 쥐를 감지할 수 있는 능력을 갖춘 것은 아닌 것 같다. 두꺼비는 태어나면서부터 벌레와 비슷한 모양만 봐도 반사적으로 덤벼들지만 말이다. 따라서 고양이는 처음으로 어미를 떠나 혼자 사냥을 시작할 때 새끼일 때 배웠던 것에 의지해 어떤 유형의 먹잇감을 사냥해야 할지를 선택할 것이다.

한편 고양이는 어떤 물체가 얼마나 크고 작은지 정교하게 판단할 수 있다. 예를 들어 세 가지 물체 가운데 가장 작은 것을 고르도록 훈련시키면 고양이는 별다른 어려움 없이 제일 작은 것을 고른다. 나머지 두 개를 처음에 골랐던 것보다 더 작은 것으로 바꾸어도, 고양이는 처음에 제일 작았던 물체가 아니라 현재 제일 작은 것을 골라낸다. 고양이는 원근감도 있어서, 멀리 떨어져 있는 쥐가 크다고 판단되면 도망치기로 결정한다. 또한 고양이는 원이나 사각형처럼 '닫혀 있는' 모양과 대문자 I나 U처럼 '열려 있는' 모양을 구분할 수 있는 것으로 보인다. 이런 능력이 고양이의 생존에 어떤 기여를 하는지는 불분명하므로, 아직 우리는 고양이에게 왜 이런 능력이 생겼는지 알지 못한다. 이러한 예 모두가 시각과 관련되어 있다고 생각하는 것은 우리가 가진 편견의 결과다. 우리는 시각적인 종이기에 과학자들도 동물의 뇌가 어떻게 작동하는지를 알아볼 때 동물의 시각적 능력에 초점을 맞추는 경향이 있다.

우리는 고양이가 소리를 구분하는 방법을 정확하게는 알 수 없지만, 고양이의 사냥 행동을 통해 녀석들이 다양한 먹잇감이 내는 소리를 구분한다는 것을 알고 있다. 고양이는 코나 서비골 기관을 통해 냄새도 구분할 것이다. 하지만 우리는 상대적으로 후각 능력이 떨어지기 때문에 고양이가 어떻게 냄새를 구분하는지 상상하기가 쉽지 않다.

인간은 사건들을 일어난 순서에 따라 분류할 수 있지만 고양이는 그럴 수 없을 것이다. 고양이의 시간 개념에 대해 우리가 아는 것은 거의 없지만, 고양이는 분명 긴 시간보다 짧은 시간에 대한 판단을 훨씬 더 잘한다. 고양이는 4초간 지속되는 소리와 5초간 지속되는 소리를 구별하도록 훈련시킬 수

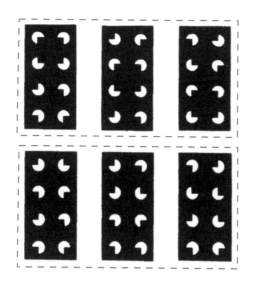

고양이는 윤곽선이 깨지거나 일반적이지 않은 경우에도 그 모양을 인식할 수 있다. 그래서 왼쪽 위의 그림 세 개처럼 '윤곽선이 빠진 사각형' 같은 착시 현상을 일으키는 그림과 왼쪽 아래의 그림 세 개처럼 착시 현상을 일으키지 않는 그림 사이의 차이를 구별한다. 고양이는 오른쪽에 있는 두 개의 사진처럼 명암이 정반대인 사진을 봐도 양쪽에서 모두 새를 인식할 수 있다.

있으며, 신호에 대한 반응을 잠시 늦게 보이도록 훈련시키는 것도 가능하다 (고양이가 정확한 시간 동안 기다리면 보상을 주는 식으로).[4] 하지만 고양이는 더 긴 시간은 잘 구별하지 못한다. 고양이의 인지는 작동기억에서 제공된 몇 초 정도의 시간으로 제한되는 것 같다. 고양이가 과거의 일을 기억해 회상할 수 있고 또 회상한 사건이 며칠 전에 일어났는지를 알 수 있다는 증거는 없다.

고양이는 하루에 대한 전반적인 리듬감을 가지고 있다. 다시 말해 '자유

진행 리듬'을 가지고 있으며 이는 매일 해가 뜰 때마다 새롭게 다시 맞춰진다. 또한 하루 중 지금이 언제쯤인가에 대해 주변 환경에서 실마리를 찾는다. 실마리 중 일부는 일출이나 일몰처럼 자연적인 것도 있고 일부는 주인이 매일 정해진 시각에 밥을 주는 경우와 같이 학습되는 것도 있다. 그래도 고양이는 우리와 같은 방식으로 시간의 흐름을 인식하지는 못하는 것 같다.

고양이는 시각이나 후각 또는 청각을 이용해 어떤 대상을 파악하고 나면 다음에 무엇을 해야 할지 생각한다. 만약 생명의 위협을 받는 문제라면 고양이는 먼저 행동하고 나중에 생각할 것이다. 예를 들어 갑작스럽게 큰 소리가 나면 고양이는 즉시 내재된 반사작용을 이용해 행동할 준비를 한다. 우선 재빨리 달려야 할 경우를 대비해서 몸을 웅크린다. 눈은 초점을 맞출 대상이 있든 없든 가까운 곳에 급히 초점을 맞추며, 그동안 고양이의 동공은 팽창한다. 이런 반응은 위협이 가까이 다가왔을 때 그것을 정확히 찾아내는 능력을 극대화한다. 만약 위협이 아직 멀리 떨어져 있다면 고양이는 그것이 무엇인지 약간의 여유를 가지고 확인할 수 있을 것이다.

감출 수 없는 야생 본능, 장난감을 사냥하는 고양이

고양이의 거의 모든 반응은 경험과 함께 변한다. 즉 시간이 흐르면서 반응도 변하는 것이다. 심지어 놀람 반사조차 서서히 줄어들고 궁극적으로 사라질 수도 있다. 예를 들어 시끄러운 소리가 계속해서 반복되는 경우에 그렇다. 이러한 둔감화 과정은 처음에는 흥미를 불러일으켰던 자극에 대해 서서히 흥미를 떨어뜨리다가 결국 어떠한 반응도 이끌어내지 못하게 한다.

고양이는 가지고 놀던 장난감에 빨리 싫증을 내는 것으로 유명하다. 그 이유가 궁금해진 나는 1992년에 사우샘프턴대에서 대학원생 세라 홀과 함께 연구를 시작했다. 고양이가 어린아이처럼 순전히 즐거움을 위해 장난감을 말 그대로 '가지고 노는'지 아니면 보다 '진지한' 목적이 있는지는 불분명했지만, 장난감을 대하는 방식은 먹잇감을 공격하는 방식과 매우 유사했다. 그래서 우리는 목적이 무엇이든 그 행동은 사냥 본능과 관계있을 거라는 가정하에 실험을 시작했다. 실험의 과정은 다음과 같았다. 우리는 고양이 여러 마리에게 가짜 털로 뒤덮이고 꼬리 모양의 줄이 있는 생쥐 크기의 장난감을 주었다. 처음에 녀석들은 진짜 생쥐를 대하듯 적극적으로 장난감을 가지고 놀았다. 하지만 대략 몇 분 정도가 지나자 많은 고양이가 장난감을 가지고 노는 것을 그만두었다. 얼마 동안 장난감을 치웠다가 다시 주자 고양이 대부분이 다시 장난감을 갖고 놀기 시작했지만 처음보다는 적극성도, 가지고 노는 시간도 줄어들었다. 장난감을 잠시 치웠다가 세 번째로 다시 주었을 때는 많은 고양이가 장난감을 거의 가지고 놀지 않았다. 녀석들은 확실히 장난감에 '싫증'이 난 것이다.

우리가 장난감을 살짝 다른 것으로 바꾸면, 즉 색깔이나(예를 들어 검은색을 흰색으로) 질감이나 냄새가 다른 장난감으로 바꾸면 거의 모든 고양이가 다시 장난감을 가지고 놀기 시작했다. 따라서 녀석들은 장난감을 가지고 노는 '놀이'가 아니라 '장난감 자체'에 싫증이 났던 것이다. 우리는 같은 장난감을 반복적으로 주었을 때 나타나는 욕구불만이 새로운 장난감을 가지고 놀고자 하는 욕구를 증가시킨다는 것도 알아냈다. 예를 들어 원래 장난감을 마지막으로 갖고 놀게 한 후 그것을 치우고 대략 5분 후에 새로운 장난감을 줬을 때, 고양이는 원래 장난감을 처음 가지고 놀 때보다 훨씬 더 활력 넘치게 반응했다.[5]

고양이가 왜 장난감에 금방 싫증을 내는지 이해하기 위해 우리는 고양이가 장난감을 가지고 노는 동기가 무엇인지 알아보기로 했다. 새끼 고양이 중에는 장난감을 자기와 같은 고양이로 생각하는 녀석들이 종종 있었지만, 어른 고양이들은 예외 없이 사냥감으로 대했다. 즉 장난감이 실제 생쥐인 것처럼 뒤쫓고, 물고, 할퀴고, 덤벼들었다. 고양이가 장난감을 사냥감으로 생각한다는 가설을 재확인하기 위해 우리는 다양한 종류의 장난감을 주어 고양이가 어떤 것을 선호하는지 알아보았다. 우리가 알아낸 것은 그리 놀라운 것이 아니었다. 당연하게도 털이나 깃털이 있고 다리가 여러 개 달린 생쥐 크기의 장난감을 좋아했다. 심지어 집 안에서만 살아서 한 번도 사냥해 본 적이 없는 고양이들도 그런 장난감을 좋아했다. 따라서 이러한 선호는 고양이의 뇌에 내재되어 있는 것이 확실하다. 자그마한 생쥐 크기의 장난감 대신 큰 시궁쥐 크기의 장난감을 주자, 그것을 가지고 노는 방식이 미묘하게 달라졌다. 즉 대부분의 고양이가 시궁쥐 크기의 장난감을 대할 때는 바로 앞발로 잡아서 무는 대신 실제 시궁쥐를 사냥할 때처럼 거리를 두고 주의 깊게 살폈다. 이렇듯 고양이는 장난감을 진짜 동물처럼 생각하고 있었다. 그리고 녀석들의 사냥 본능은 그 장난감의 크기, 질감, 움직임(예를 들어 우리가 장난감에 달린 실을 잡아당겨서 만드는 움직임)에 자극받고 있었다.

이후에 우리는 고양이가 장난감을 정말 동물로 생각하는지를 재확인하기 위해 식욕에 따라 장난감을 가지고 노는 방식이 달라지는지를 검사했다. 많은 사람이 생각하듯이 고양이가 장난감을 단지 재미를 위해 가지고 논다면 즉 진짜 동물로 생각하지 않는다면, 배가 고플 때는 장난감 놀이보다는 먹을 것을 찾는 데 집중할 것이다. 반면 장난감을 진짜 동물로 생각한다면, 야생고양이가 배가 고프면 더욱 열심히 사냥하고 평소보다 더 큰 먹잇감을 잡고 싶어하듯 장난감에 대해 똑같은 반응을 보일 것이다. 이러한 전제로 실험한 결과, 우리는 고양이가 정확히 후자 쪽 반응을 보인다는 것을 발견했다. 식사 시간이 지연되자 고양이는 생쥐 크기의 장난감을 대할 때 평소보다 훨씬 적극성을 보였고 그것을 물어뜯는 빈도도 대폭 증가했다. 더구나 평소에 시궁쥐처럼 크기가 큰 장난감은 가지고 놀지 않던 고양이도 그 장난감을 공격할 준비를 하기 시작했다.[6] 이를 통해 우리는 어른 고양이가 장난감을 대할 때는 확실히 사냥감으로 생각한다는 사실을 다시 한번 확인했다.

하지만 우리는 실제 사냥을 할 때는 쉽게 '지루해하지' 않는 고양이가 장난감을 가지고 놀 때는 왜 쉽게 싫증을 내는지 여전히 이해하지 못했다. 우리는 거듭되는 실험을 통해 고양이의 흥미를 지속시키는 몇 안 되는 장난감들이 있다는 것을 발견했다. 그런 장난감들의 공통점은 고양이가 가지고 놀다보면 찢어지거나 분해된다는 것이었다.[7] 특히 몇몇 고양이는 그런 장난감에 극도로 집착해 장난감이 산산조각 날 정도로 덤벼들고 물어뜯는 바람에 몇 번이고 실험을 중단해야 했다.

우리는 이 일련의 실험을 통해 고양이는 장난감을 가지고 놀 때나 사냥을 할 때 다음 네 가지의 영향을 받는다는 결론을 내렸다. 첫 번째는 배고픔의 영향을 받는다는 것이다.[8] 두 번째는 대상의 냄새와 소리는 물론 털이 짧다거나 깃털이 나 있다거나 다리가 몇 개라는 등의 겉모습에 영향을 받는다는 것이다. 세 번째는 대상의 크기에 영향을 받는다는 것이다. 그래서 고양이는 작은 생쥐를 사냥할 때보다 큰 시궁쥐를 사냥할 때 훨씬 더 주의를 기울이고, 마찬가지로 장난감도 큰 것을 대할 때 더 신중해진다. 고양이는 장난감이 반격이나 보복을 할 리가 없다는 것을 빨리 배워야 하지만, 대부분은 그렇지 못한 듯하다. 네 번째는 자신의 행동이 목표물을 변화시키는 결과를 낳느냐에 영향을 받는다는 것이다. 물고 할퀴고 하는 모든 행동이 목표물인 장난감에 어떠한 변화도 일으키지 못하면, 고양이는 그것이 먹잇감이 아니거나 굴복시키기 어려운 먹잇감이라고 생각하고 흥미를 잃는다. 하지만 장난감이 부서지기 시작하면, 사냥 초기 단계에서 먹잇감이 변화하는 모습과 흡사하기 때문에 계속 공격한다.

고양이의 사냥 전술은 크게 반사 행동과 둔감화 반응으로 나눌 수 있다. 반사 행동은 덩치 큰 먹잇감의 반격으로 다칠 수 있다는 두려움에 영향받는다. 반면 둔감화 반응은 먹잇감의 저항에 두려움을 느끼지 않고 계속 맞붙어 싸우게 한다. 하지만 이 두 가지는 고양이의 사냥 행동에 있어 기본적인 구성 요소일 뿐이다. 고양이는 연습을 통해 보다 다양한 요소를 개발해 그것들을 가장 생산적인 방법으로 결합시키면서 사냥 기술을 완성해나간다.

고전적 조건화를 통한 학습과 훈련

고양이 행동에서 보이는 다양한 단기적인 변화는 둔감화 반응으로 설명할 수 있지만, 장기적인 변화에 대해서는 다른 설명이 필요하다. 사실 장기적인 변화는 학습과 기억에 기반을 두고 있다.

근본적으로 개와 고양이의 학습 방식은 같지만 개를 훈련시키기가 훨씬 쉬운 것은 다음과 같은 차이점 때문이다. 첫째, 개와 달리 대부분의 고양이는 인간의 관심을 보상으로 여기지 않는다. 그러므로 고양이를 훈련시킬 때는 애정보다는 먹이를 보상으로 사용해야 한다. 둘째, 개의 본능적인 행동 중에는 우리가 쉽게 유용한 형태로 만들 수 있는 것이 많다. 그래서 우리는 그들의 조상인 늑대의 사냥 행동을 우리에게 유용한 형태로 다듬어 개가 양을 몰도록 훈련시킬 수 있는 것이다. 그러나 고양이의 행동에는 훈련을 통해 다듬을 수 있는 특징이 거의 없다. 물론 우리는 오랫동안 고양이의 도움을 받아 쥐로부터 곡식 창고를 지킬 수 있었다. 하지만 그것은 고양이를 훈련시킨 결과가 아니라 그저 고양이가 하고 싶은 대로 내버려둔 결과다. 반면 개는 훈련을 받아야만 우리에게 유용한 동물이 되며, 방치되면 종종 골칫거리가 된다.

고양이의 학습 과정은 심리학에서 말하는 고전적 조건화와 작동적 조건화에 기반을 두고 있으며, 둘 다 고양이의 머릿속에서 형성되는 새로운 연관성과 관련이 있다. 고전적 조건화는 두 개의 사건이 짧은 시간 안에 정기적으로 일어날 때 형성된다. 작동적 조건화는 행동에 따르는 결과와 관계있으며, 그 결과는 고양이에게 좋을 수도 있고(보상) 나쁠 수도 있다(처벌). 고양이는 인간이 행동하는 방식이나 인간과 교류하는 최고의 방법에 대한 본능적인 이해가 거의 없거나 아예 없는 것처럼 보이기에, 사실상 인간을 상대하는 고양이의 모든 행동은 학습으로부터 만들어진다.

고전적 조건화는 파블로프 조건화라고도 한다. 1890년대에 과학자 이반 파블로프가 개를 대상으로 한 일련의 실험을 통해 밝힌 학습 원리들은 고양이에게도 적용된다.[9] 야생고양이에게 먹이는 성공적인 사냥 여행의 결과지만, 반려고양이는 주인이 마트에서 먹이를 사서 주기에 이러한 여행이 불필요하다. 사냥을 하지 않아도 먹이가 생길 수 있다는 것을 고양이들이 배울 필요는 없다. 왜냐하면 녀석들의 어미가 야생에서 보금자리로 먹이를 가져왔을 때 바로 그런 일이 일어났기 때문이다. 실제로 고양이가 고전적 조건화를 통해 배우는 것은 먹이가 오고 있다는 것을 나타내는 신호들이다. 예를 들면 깡통 따개 소리 같은 것. 심리학자들의 전문용어에 따르면 주인이 깡통을 따는 행동은 조건화된 자극이며, 이는 고양이의 정신에 먹이 냄새를 떠오르게 하는 무조건('본능적인') 반응을 이끌어낼 수 있다. 그러나 고양이의 진화 과정에서 깡통 따개 소리를 자동으로 먹이 냄새와 연결시키는 무조건 반응이 발달된 단계는 없었기에, 그런 종류의 무조건 반응은 모든 고양이가 혼자 힘으로 학습해서 터득해야 한다. 물론 그것은 어려운 과제도, 잠재적으로 복잡한 과정도 아니어서 심지어 벌이나 애벌레도 할 수 있다는 것을 과학자들은 발견했다. 어쨌거나 고전적 조건화에 의한 학습은 고양이가 자기 주변의 세상이 어떻게 구성되었는가를 이해하는 주요한 방법이다. 고양이에게 세상은 예상 가능한 순서로 구성된 부분도 있고 그렇지 않은 부분도 있다.

무조건 반응은 먹이 같은 '보상'에 의해서만 형성되는 것이 아니다. 사실 동물은 불쾌하거나 고통스러운 것을 피하는 데 도움이 되는 것을 더욱 빨리 학습한다. 덩치 큰 고양이에게 공격당한 경험이 있는 고양이는 후에 또다시 덩치 큰 고양이를 만나면 예전의 불쾌했던 느낌이 떠오르게 된다.[10] 그래서 공격이 발생하기도 전에 두려움을 느껴 즉시 도망갈 것이다. 처음 만났을 때 결국 도망갈 수밖에 없었던 것처럼. 하지만 상대적으로 지능이 높은 동물인 고양이는 같은 자극에 매번 똑같은 반응을 자동적으로 반복하지는 않는다. 즉 어떤 때는 도망이 추격을 유발할 수 있다는 이전 경험을 되새기며, '얼어붙은 듯' 동작을 멈추기도 한다. 자신이 발견되지 않기를 바라면서.

고전적 조건화 학습은 간단하지만, 한 가지 중요한 제약이 있다. 고양이가 연관 지어야 할 두 사건이 동시에 혹은 아주 짧은 시간 내에 발생해야 한다는 것이다. 고양이가 주인이 좋아하지 않는 행동을, 가령 죽은 쥐를 부엌에 갖다놓는 행동을 했다고 생각해보자. 주인이 그것을 몇 분 뒤에야 발견하고 이미 부엌을 떠난 고양이에게 소리치며 화를 낸다면, 고양이는 주인이 화가

난 것과 자기가 죽은 쥐를 부엌에 갖다놓은 일을 연관 짓지 못한다. 그래서 주인이 화가 나서 소리친 것을 전혀 상관없는 다른 일과 연결시킬 것이다.

한편 고양이의 고전적 조건화 학습이 단 한 번의 경험으로 바로 이루어지는 예외적인 경우가 있다. 배탈이 나는 먹이를 먹었을 때다. 고양이는 그런 경험을 한 번만 해도 그 먹이의 냄새와 배탈을 연결시킬 수 있다. 자신을 죽일 수도 있는 행동이 반복되는 것을 피하는 본능이 있기 때문이다. 물론 속이 메스껍다거나 배가 아픈 것은 고양이가 먹은 먹이와는 무관한, 다른 감염 증상일 수도 있다. 따라서 이러한 메커니즘은 때때로 예상치 못한 결과를 가져오기도 한다. 예를 들어 바이러스에 감염된 고양이 중 일부는 회복 후에 원래 매일 먹던 먹이를 안 좋아하게 될 수 있다. 자신이 아팠던 것을 주인이 주었던 먹이와 연관 지었기 때문이다.

고양이는 명백한 보상이나 벌이 없을 때도 자발적으로 학습할 수 있다. 이런 특성은 고양이가 자신의 주변 환경에 대한 인식을 넓혀나갈 때 특히 유용하다. 고양이는 자기가 매일 지나다니는 길에 있는 어떤 특정한 나무에서 특유의 냄새가 난다는 것을 배운다. 그리고 다른 장소에서 그와 똑같이 생긴 나무를 보면, 거기서도 같은 냄새가 날 거라고 예상한다. 만약 다른 냄새가 나면, 낯선 동물의 냄새 표시가 아닌가 하고 주변을 세심하게 조사한다. 이렇게 인위적인 보상이나 처벌이 없는 학습도 고전적 조건화 학습에 해당한다. 고양이는 탐험을 즐기도록 프로그램화되어 있는 동물이기에 그 과정에서 정보를 습득하면 보상받은 느낌이 들기 때문이다.

고양이는 우리가 제공하는 아주 인공적인 실내 환경 속에서 고전적 조건화 학습을 통해 만족감을 느끼기도 한다. 가축화된 고양이는 자기 주변에 있는 각각의 요소가 어떻게 보이고 들리며 어떤 냄새가 나는지를 완벽하게 파악하고 나면 행복감을 느끼기 때문이다. 바꿔 말하면 고양이는 환경에 조금이라도 변화가 생기면 즉각 관심을 나타낸다. 만약 당신이 방 한쪽에 있던 가구를 다른 쪽으로 옮기면 고양이는 예측 가능한 일련의 연관성이 깨졌음을 발견하고 자리에서 일어나 면밀하게 살펴볼 것이다. 그리고 이러한 변화에 대처하기 위해 더 이상 필요 없는 연관성은 서서히 잊을 것이다. 이러한 과정을 전문적으로 '소거'라고 부른다.

모든 동물은 고유의 진화 과정을 거치면서 제각각 다른 반응을 습득하기에 고전적 조건화 학습 과정에서 다른 반응을 나타낼 수 있다. 한 실험에서 헝가리 과학자 두 명은 몇 마리의 쥐에게 복도 한쪽 끝에 있는 스피커에서 찰칵 소리가 날 때마다 복도 반대편 끝에서 먹이가 제공되는 장면을 반복적으로 보여주었다. 그러자 녀석들은 스피커가 있는 곳에 앉아 있다가, 찰칵하는 소리가 나면 먹이 분배기가 있는 반대편 방향으로 뛰어갔다. 그런데 고양이들은 이와 다른 행동을 보였다. 고양이들도 찰칵하는 소리가 들리면 먹이가 제공된다는 것은 빠르게 학습했지만, 거의 언제나 먹이가 있는 쪽이 아니라 소리가 나는 스피커 쪽으로 달려갔다. 몇몇 고양이는 다행히 먹이가 있는 곳에 도착했지만, 혼란스러워하면서 그것을 먹지 않았다. 심지어 이 훈련을 완전히 익혔을 때도, 소리 나는 쪽을 힐끔 쳐다보곤 했다. 쥐는 이 훈련의 초기 단계에서도 그런 행동은 보이지 않았다.[11]

이 훈련에서 보인 고양이와 쥐의 행동 차이가 고양이보다 쥐가 지능이 높음을 증명하는 것은 아니다. 사실 실험에서 사용된 찰칵 소리처럼 높은음의 소리는 쥐에게는 아무런 의미 없는 신호일 뿐이지만 배고픈 고양이에게는 무시할 수 없는 중요한 소리다. 왜냐하면 이런 소리는 주된 먹잇감인 쥐가 찍찍거리는 소리와 비슷하기 때문이다. 따라서 실험에 사용된 찰칵 소리는 본능적으로 '그 소리가 나는 곳에 먹이가 있을 확률이 높다'는 것을 의미하기 때문에 고양이가 이것을 무시하도록 훈련하는 것은 대단히 어렵다.

작동적 조건화: 조성과 연쇄, 클리커 훈련

다른 동물과 마찬가지로 고양이도 특정한 상황이 발생할 때마다 특정한 행동을 하도록 훈련시킬 수 있다. 이것을 작동적 조건화라고 부른다. 하지만 영화나 TV에 출연할 고양이를 담당한 조련사를 제외하고, 고양이를 훈련시키는 수고를 하려는 사람은 거의 없다. 개보다 고양이 훈련이 다음 세 가지 이유로 인해 훨씬 어렵기 때문이다. 첫째, 고양이의 행동은 본질적으로 개보다 다양성이 부족해서 훈련시킬 만한 원료도 부족하다. 어떤 동물이든 자신이 한 번도 해보지 않은 행동을 배우는 것은 어렵기에, 동물 훈련은 신호를 통해 그 동물이 평상시에 하는 행동을 재구성하는 내용으로 되어 있다. 때문에 평상시에 하는 행동 자체가 다양하지 못한 동물은 훈련에 적합하지 않다. 둘째(아마도 이것이 가장 중요한 이유일 것이다), 고양이는 천성적으로 개만큼 사람에게 주의를 기울이지 않는다. 개는 사람에게 아주 많은 주의를 기울이는 방향으로 진화해왔다. 사람은 자신의 행동을 해석할 수 있는 개를 그렇지 못한 개보다 선호했기 때문이다. 반면 고양이는 이해할 수 없거나 풀 수 없는 문제에 직면할 때 도움을 바라며 주인을 올려다보지 않는다. 개는 자동적으로 주인을 쳐다보지만 말이다.[12] 셋째, 개는 주인이 해주는 간단한 신체 접촉도 큰 보상으로 여기지만 고양이는 대부분 그렇지 않다. 그래서 고양이 조련사들은 보상으로 먹이를 사용하거나, 처음에는 먹이와 관련 없어 보여도 점점 그 연관성이 드러나는 클리커 같은 도구를 사용한다(219쪽의 '클리커 훈련'을 보라).

고양이 조련사는 고양이가 목표 행동을 하게 만들기 위해 단계적인 접근 방법을 사용하기도 한다. 즉 처음에는 목표 행동과 비슷한 반응만 보여도 보상을 해주다가, 이후에는 목표 행동에 더욱 근접한 반응을 보일 때만 보상을 해주는 식으로 고양이의 행동을 유도한다. 이러한 과정을 거쳐 최종 목표 행동에 도달하도록 하는 것을 '조성shaping' 훈련이라고 한다. 조성 훈련의 한 예로 점프 훈련을 들 수 있다. 사실 고양이 대부분은 장애물을 만났을 때 뛰어넘지 않고 (센스 있게!) 돌아서 지나간다. 그런 고양이를 명령에 따라 점프하게 만들기 위해, 조련사는 처음에는 막대기를 바닥에 놓고 고양이가 그것을 건너가면 보상을 해준다. 그런 후 막대기를 바닥에서 약간 올린 후 그것을 넘어가면 또 보상을 해준다. 점점 막대기 높이를 높여 점프할 때만 보상을 해주는 과정을 반복하다가, 그 행동을 고양이가 완전히 몸에 익히면 다음부터는 점프를 한다고 매번 보상해주지 않고 일부만 보상해준다. 직관적으로 생각하기엔, 그것은 잘못된 방식처럼 보인다. 성공적인 수행을 했을 때마다 보상을 해주어야 고양이가 더 말을 잘 듣게 될 것 같기 때문이다. 하지만 동물은 보상이 확실한 경우보다 살짝 불확실한 경우에 더욱 강하게 집중한다. 사실 인간도 특정한 상황에서는 그와 비슷한 경향을 보인다. 예를 들어 카지노의 슬롯머신이 동전을 우수수 쏟아내는 것을 본 사람들은, 그러한 행운이 언제 또 올지 모른다는 기대하에 계속해서 슬롯머신을 당긴다.

더욱 복잡한 재주나 공연은 보통 연쇄chaining라는 과정을 통해 단순한 행동을 단계적으로 연결해나가면서 가르친다. 순서대로 행동하는 것을 가르치는 가장 쉬운 방법은, 최종 행동과 그것에 대한 보상에서부터 시작해 거꾸로 이전 단계들을 가르치는 것이다. 전문용어로는 역향 연쇄 짓기backward chaining라고 한다. 예를 들어 고양이에게 자리에서 한 번 돈 다음 앉아서 사

클리커 훈련

　대부분의 동물과 마찬가지로 (개처럼 이례적인 경우를 제외하고) 고양이도 오직 먹이를 통한 보상으로 훈련될 수 있다. 하지만 기대되는 행동을 강화하기 위해 정확한 시점에 보상을 해주는 것은 어려울 수 있다. 또한 고양이는 조련사가 손에 '감춘' 먹이 냄새 때문에 학습 주의가 산만해질 수 있다. 이런 경우 2차적 강화물을 사용하면 훨씬 쉽게 훈련될 수 있다. 2차적 강화물이란 고양이에게 먹이가 오고 있다는 것을 알리는 신호다. 이 신호를 들으면 고양이는 즉시 기분이 좋아지면서 바로 그때 하고 있던 행동을 강화한다.

클리커 훈련을 하는 고양이

원칙적으로는 거의 모든 것이 2차적 강화물로 사용될 수 있지만 실제로는 다른 것과 구별되는 독특한 소리가 가장 편하고 실용적이다. 왜냐하면 강화해야 할 행동 타이밍에 정확하게 맞출 수 있는 신호는 소리이며, 소리를 이용한 신호는 고양이가 약간 떨어져 있거나 반대 방향을 보고 있을 때도 고양이에게 쉽게 인지되기 때문이다. 과거에 동물 조련사들은 보통 휘파람을 사용했지만 오늘날에는 클리커clicker를 사용한다. 똑딱이라고도 하는 이것은 플라스틱 케이스 안에 얇은 금속판이 들어 있어, 눌렀다가 놓으면 특유의 똑딱 소리를 낸다.

고전적 조건화 학습을 거치면, 고양이는 본능과는 아무 상관 없는 클리커 소리를 좋아하게 된다. 배고픈 고양이에게 녀석이 가장 좋아하는 선물(먹이)을 한 움큼 쥔 손을 내민 다음 클리커 소리를 한 번 낸 후 먹이를 하나 주는 방식을 쓰면, 간단하게 조건화시킬 수 있다. 이때 먹이를 주는 행위보다 클리커 소리를 먼저 들려주는 것이 중요하다. (어떤 고양이들은 금속성 소리에 극도로 민감하다. 이럴 경우 고양이로부터 멀리 떨어진 곳에 클리커를 놓거나, 볼펜 똑딱거리는 소리만큼 작은 소리가 나는 클리커를 사용해야 한다.) 이 과정이 몇 번 반복되면 클리커 소리는 고양이 머릿속에서 뭔가 즐거운 것을 연상시키게 된다. 즉 고양이에게 이 소리는 그 자체로 보상이 된다.

일단 이러한 조건화가 형성되면 클리커는 어떤 훈련에도 사용될 수 있다. 예를 들어 주인이 고양이를 부를 때마다 오게 만들 수 있다. 처음에는 고양이가 돌아보거나 다가오기 시작할 때 클리커 소리를 내다가, 이후에는 서서히 클리커를 누르는 시점을 늦춰 결국 주인의 발밑까지 왔을 때 클리커 소리를 들려주는 방식으로. 고양이가 클리커 소리를 들은 다음에도 먹이가 나타나지 않는 경험을 반복해서 하게 되면 클리커 소리와 보상의 연관성이 끊어질 수도 있지만, 그러면 최초의 훈련 즉 클리커 소리를 내고 바로 먹이를 주는 과정을 반복하면 된다. 클리커 소리를 보상으로 각인시키는 것이 왜 중요할까? 가령 고양이가 멀리 떨어져 있는 경우에는 목표 행동에 근접한 행동을 하더라도 바로 보상을 해줄 수 없기 때문이다.

클리커 훈련 방법에 대한 설명은 다음 사이트를 참고하기 바란다. www.humanesociety.org/news/magazines/2011/05-06/it_all_clicks_together_join.html.

람과 악수하게 하기 위해 앞발을 들어 올리는 훈련을 시키려면, 우선 앞발로 악수하는 행동부터 조성하고 이것이 완벽해지면 몸을 회전하는 동작을 조성해야 한다. 처음에 해야 하는 행동을 먼저 훈련시키는 것, 즉 전향 연쇄 짓기forward chaining가 더 논리적으로 보이지만 고양이를 포함한 대부분의 동물에게는 이런 훈련이 더 어렵다. 이를 통해 동물은 여러 가지 행동을 순차적으로 사고하는 능력이 제한되어 있다는 것을 알 수 있다.

작동적 조건화는 사람이 계획한 훈련에서만 이용되는 것이 아니다. 고양이 스스로도 그것을 이용해 자신이 처한 상황에 대처하는 방법을 배운다. 가령 많은 반려고양이가 지렛대 형식으로 된, 막대기 모양 손잡이가 달린 문을 열 수 있다. 문 앞에서 뛰어올라 앞발로 손잡이를 붙잡아서 연다. 바로 이 행동을 작동적 조건화로 설명할 수 있다. 고양이가 진화를 거듭했던 과거의 세상에는 '손잡이를 돌리면 빗장이 풀리면서 경첩이 움직여 스르르 열리는 문'은 존재하지 않았다. 따라서 반려고양이가 성공적으로 문을 여는 행동은 자연스러운 것이 아니다. 그 행동은 고양이가 가고 싶은 장소에 도달할 수 없을 때 본능적으로 하게 되는 행동, 즉 전망 좋은 지점으로 뛰어올라서 다른 길이 없는지 살피는 행동에서 비롯됐을 것이다. 고양이가 밑에서 봤을 때 문손잡이는 나뭇가지처럼 보일 수 있다. 그래서 나뭇가지 위로 뛰어오르듯 손잡이 위로 뛰어올랐다가 손잡이가 움직여 문이 열리게 되는 상황을 경험하게 되었을 것이다. 물론 손잡이가 움직이는 바람에 발을 헛디디기도 했겠지만. 문이 열리면 고양이는 문밖에 있는 장소도 탐험할 수 있게 되는데, 영역 동물인 고양이에게 새로운 지역을 탐험하는 것은 그 자체로 하나의 보상이다. 고양이는 자기가 했던 행동과 그 보상 사이의 연관성을 기억해두었다가, 문손잡이를 여는 다양한 방법을 시도해본 후 가장 효율적인 행동, 즉 앞발 하나를 올려서 부드럽게 손잡이를 아래로 내리는 행동에 도달하게 되었을 것이다.

반려고양이는 작동적 조건화를 통해 얻은 기술을 자신의 주인에게 사용하기도 한다. 가장 열성적인 고양이 애호가조차 때때로 고양이를 교활하다고 묘사한다. 하지만 고양이의 이른바 '교활한 행동' 대부분은 작동적 조건화에 의해 형성된다. 집고양이와 비교할 때 야생고양이는 놀라울 정도로 조용하며(물론 싸우거나 구애 행동을 할 때는 시끄럽지만) 특히 야옹 소리를 내는 법이 거의 없다. 따라서 야옹 소리는 진화해온 신호라기보다는 어떤 종류의 보상에 의해 조성된, 반려고양이 특유의 신호일 가능성이 높다.

반려고양이가 야옹 소리를 자주 내는 이유는 우리의 관심을 끌기 위해서다. 고양이는 잘 때를 제외하면 끊임없이 주변에 주의를 기울이지만, 우리는 신문이나 책이나 TV나 컴퓨터 스크린을 넋 놓고 바라보느라 주변을 무시한다. 그러나 무슨 독특한 소리가 나면 우리는 그쪽을 바라보게 된다. 반려고양이는 바로 이 사실을 알고 있기에 야옹 소리로 우리의 관심을 유도한다. 어떤 녀석들은 원하는 것을 구체적으로 요구하기 위해 특정 장소에서 야옹 소리를 낸다. 문 옆에서는 '내보내줘요'라는 의미로, 부엌 한가운데에서는 '밥 좀 줘요'라는 의미로. 어떤 녀석들은 소리를 달리하면 다른 결과가 생긴다는 것을 알아채고는 다양한 야옹 소리를 '연습'하는데, 오직 그 고양이의 주인만 각각의 소리를 확실하게 해석할 수 있다. 이 사실로 인해 우리는 고양이의 야옹 소리는 고양이와 사람 간의 보편적 '언어'가 아니라, 한 고양이와 그 주인 간에 학습된 임의적인 소리임을 알 수 있다.[13] 그러므로 야옹 소리를 포함해 고양이가 내는 모든 소리에 숨겨진 의미는, 오직 그 고양이의 주인만 해석할 수 있다.

고양이의 지적 능력과 감정 표현

고전적 조건화와 작동적 조건화는 고양이의 행동을 설명할 수 있는 가장 간단한 방법이지만, 유일한 방법은 아니다. 게다가 고양이를 그저 자극에 기계적으로 반응하는 동물이라고 생각하기는 어렵다. 그렇지만 고양이의 지적 능력을 파악하는 것은 어려운 도전이다. 그 이유 중 하나는, 우리는 많은 반려동물의 행동이 이성적인 생각에 따라 발생한다고 믿는 경향이 있기 때문이다. 최초의 동물심리학자도 이러한 경향을 인정했다. 에드워드 손다이크는 1898년에 출간된 자신의 저서 『동물 지능Animal Intelligence』에서 농담을 곁들여 다음과 같이 썼다.

> 주저앉아서 울어대는 고양이는 수없이 많이 목격되지만 누구도 그것을 걱정하지 않고, 그 사실을 친구 혹은 교수에게 편지를 써서 알리는 사람도 없다. 하지만 한 고양이가 마치 내보내달라는 신호인 양 앞발로 문손잡이를 긁어대면, 즉시 그 고양이는 모든 책에서 고양이 지적 능력의 전형적인 사례로 등장한다.[14]

고양이의 지능에 대한 과학적 연구는 아직도 부족한 실정이다. 지난 10년 동안 개의 지적 능력에 대한 연구는 폭발적으로 증가했다. 하지만 고양이는

1960~1970년대에는 인기 있는 연구 대상이었지만 이후 점점 인간의 '베스트 프렌드'에게 가려졌는데, 이는 개를 훈련시키기가 더 쉽기 때문이었다.

최근의 몇몇 연구는 고양이가 자기 주변의 세상이 돌아가는 방식을 어떻게 이해하고 있는지에 초점을 맞춰왔다. 굳이 말하자면 고양이의 물리학적, 공학적 이해에 대한 연구라고 얘기할 수 있겠다. 고양이는 자신의 주변 환경에 대해 완전히 정통한 것처럼 보인다. 하지만 고양이가 마주치는 현상을 정신적인 이미지로 옮기는 능력은 녀석들이 야생동물일 때 진화했기 때문에 인간이 조작한 상황은 아직 이해할 수 없는 것으로 보인다. 내가 키우던 고양이 얼루기가 항상 우리 집 밖에 주차된 승용차들의 범퍼를 조사했음을 알아챘을 때 나는 그 사실을 처음으로 깨달았다. 얼루기는 자동차마다 킁킁거리며 냄새를 맡다가 주변에 다른 고양이가 있나 불안한 듯 사방을 둘러보곤 했다. 매일같이 그런 행동을 했다. 그 냄새는 몇 시간 전에 자동차가 수킬로미터 떨어진 다른 곳에 주차되어 있을 때 어떤 고양이가 남긴 것이 틀림없었지만, 얼루기는 그럴 가능성은 전혀 고려하지 못하고 우리 집 주변을 막 침범한 낯선 고양이가 남긴 것으로 추측하는 듯했다. 그것만 빼고는 얼루기는 완벽하게 영리한 고양이었다. 사실 얼루기가 그런 가능성을 생각하지 못한 건 당연하다. 자연에서 냄새 표시는 그것이 남겨진 장소에 그대로 머물기에, 고양이는 냄새 표시를 남긴 물체가 움직일 수도 있음을 이해하도록 진화할 필요는 없었던 것이다.

고양이가 물리적인 현상에 대해 얼마나 이해하는지에 관한 연구는 매우 드물다. 하지만 최근에 실행된 한 실험에서 그에 대한 고양이의 이해도가 매우 초보적인 수준임이 확인되었다. 과학자들은 집고양이가 먹이에 연결된 줄을 잡아당겨 그물망 커버 아래 있는 먹이를 빼내게 하는 훈련을 시켰다.

고양이는 줄 하나에는 먹이가 연결되어 있고 다른 줄에는
먹이가 없음을 이해하지 못한다.

많은 고양이가 이를 쉽게 학습했다. 여러분이나 내가 두 번 생각할 것도 없이 줄이 먹이에 연결되어 있는 것을 녀석들이 '이해했다'는 인상을 받을 정도로. 하지만 이러한 행동은 단순히 작동적 조건화라고 설명할 수 있다. 즉 고양이는 줄을 잡아당기면 먹이 보상을 받는다고 여긴 것이지 줄에 먹이가 연결되어 있다는 사실을 인지해서, 그것을 빼내기 위해 줄을 잡아당긴 것은 아니라는 말이다. 연구자들은 먹이가 연결되어 있는 줄 옆에 다른 줄을 놓음으로써 고양이가 연결이라는 개념을 제대로 이해하지 못한다는 사실을 확인했다. 녀석들은 그물망을 통해 새로 추가된 줄에는 먹이가 연결되어 있지 않다는 사실을 쉽게 볼 수 있었음에도 둘 중 어떤 줄이 먹이 보상을 주는지 이해하지 못했다. 결과적으로 그 실험은 고양이에게 줄은 먹이와 물리적으로 연결될 수 있는 물체가 아니라 그냥 임의의 물체에 불과하다는 것을 보여주었다. 두 줄을 평행하게 놓지 않고 서로 교차시켰을 때도 결과는 마찬가지였다.[15] 이 실험을 통해 추정해보면 고양이는 까마귀나 유인원과는 달리 도구를 사용하는 것을 배울 수 있는 지적 능력은 없는 듯 보인다.

고양이가 줄 하나가 서로 다른 두 대상을 물리적으로 연결할 수 있다는 개념을 이해하지 못한다는 것은 고양이의 사고방식이 우리와 얼마나 다른지를 단적으로 보여준다. 우리 인간은 서로 다른 대상이 물리적으로 연결되었는지 명확하지 않은 상황에서도 연결 개념을 쉽게 이해한다. 이를테면 지금 내 앞의 모니터 스크린에 있는 커서와 손에 쥐고 있는 마우스가 전기적으로 연결되어 있음을 파악할 수 있는 것처럼. 하지만 고양이는 연결이라는 개념의 첫 번째 허들조차 넘지 못한다. 그래서 먹이가 연결되어 있는 줄을 골라서 잡아당기지 못한 것이다.

한편 고양이는 실내에 있을 때는 '여기는 내가 오른쪽으로 돌아가야 하는 곳이야' '여기는 내가 점프를 해야 하는 곳이야'와 같은 소위 '자기중심적 단서'에 의존해 행동하지만, 야외에서는 사냥꾼답게 3차원 공간에 대한 높은 이해력을 발휘해 행동한다. 그래서 지난 탐험 동안 이미 머릿속에 만들어놓은 지도를 바탕으로 지름길을 선택할 수도 있다. 마치 다음과 같이 생각하는 것처럼. '지난번에 쥐를 잡을 때는 참나무 쪽으로 달려가서 왼쪽으로 돌아 울타리로 갔었지. 이번에는 들판을 가로지르는 지름길로 울타리까지 가보자.' 즉 고양이는 3차원 공간에 대한 정보를 효율적으로 사용할 수 있다. 따라서 녀석들에게 지금 있는 장소에서 보이지 않는 목적지까지 향하는 길을 선택하라고 한다면, 가장 짧은 길을 선택할 것이다. 단 사람과 마찬가지로 고양이도 처음부터 목적지 방향으로 뚫린 길을 선호하기에, 지름길이라 해도 처음 방향이 목적지와 다르면 그 길을 선택하지 않을 것이다.

사냥꾼으로서 고양이는 시야에서 사라진 물체가 어디에 있을지 예상할 수 있다. 생쥐가 시야에서 사라지면 그것이 더 이상 존재하지 않는다고 생각하고 사냥을 포기해버리는 고양이는 한 마리도 없다. 녀석들은 먹잇감이 사라진 장소를 몇 초나마(먹잇감과 실제로 접촉했다면 좀더 오래) 기억한다. 사실 생쥐처럼 매우 재빠른 먹잇감을 몇 초보다 더 오래 찾아 헤매는 것은 고양이에게 그다지 보람 있는 일은 아닐 것이다. 몇 초가 지나면 생쥐는 더 멀리 도망갔거나 굴속으로 들어갔을 가능성이 크기 때문이다.

쫓던 쥐가 사라졌을 때 고양이는 근처를 바라보기만 하거나 대충 짐작되는 쪽으로 무작정 향하는 것이 아니라, 쥐가 사라진 마지막 장소 쪽으로 움직인다는 것이 최근 실험을 통해 입증되었다. 228쪽 그림에 나와 있듯이, 과학자들은 양쪽에 'ㄴ'자 모양의 작은 방벽을 하나씩 만들어 그중 한쪽에 놓인 먹이가 방벽 뒤로 감춰지는 것을 스크린의 투명한 부분을 통해 고양이가 볼 수 있게 했다. 그리고 고양이를 장치 안으로 들어가게 했는데, 스크린의 나머지 부분은 불투명해서 고양이는 안으로 들어가면서 일시적으로 먹이가 있는 장소를 볼 수 없었다. 그럼에도 불구하고 고양이 대부분은 먹이가 감춰진 쪽의 방벽을 정확히 선택했다. 흥미로운 것은 많은 고양이가 때때로 우회하는 길을 택했다는 것이다. 즉 먹이가 감춰진 방벽으로 바로 통하는 길이 아니라 '잘못된' 길을 통해 장치 안으로 들어갔다. 그러나 그런 다음에는 즉시 먹이가 감춰져 있는 방벽으로 건너갔다. 이것은 고양이의 일반적인 사냥 전략과 비슷하다. 고양이는 집요하게 쫓고 있는 쥐를 향해 다가갈 때 종종 우회로를 택하는데, 생쥐가 고양이를 따돌렸다고 생각하도록 만들기 위해서다.[16]

그러나 고양이가 사냥할 때 발휘하는 공간 지각력을 바탕으로 고양이의 일반적인 지적 능력을 평가해서는 안 된다. 인간 아기의 지적 능력을 알아보기 위해 고안된 실험을 고양이에게 실시해보면, 녀석들의 수행 능력은 아기보다 현저하게 떨어진다. 18개월 된 아기는 어떤 물체를 통 안에 넣은 후 그

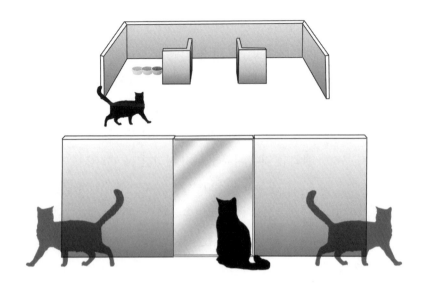

고양이는 먹이가 감춰진 장소로 바로 연결되는 경로를 택하기도 하지만(왼쪽)
어떤 경우에는 의도적으로 우회로를 택한다(오른쪽).

통을 한쪽으로 이동시켜 감췄다가 다시 보여주면, 통 안에 물체가 여전히 들어 있다고 생각한다. 만약 통 안에 물체가 없다면 아기는 통이 감춰져 있던 쪽을 바라본다. 즉 아기는 자기가 본 물체가 눈에 보이지 않을 경우에도 어딘가에 있다는 것을 이해할 뿐만 아니라, 어디에 있을지 상상할 수도 있다. 하지만 고양이는 그와 같은 상상을 전혀 할 수 없는데, 아마도 고양이의 조상이 사냥하는 동안 마주쳤던 상황이 아니기 때문일 것이다. 야생에서 생쥐는 분명 어딘가에 숨지만 움직일 가능성이 있는 물체 안에 숨지는 않는다.

고양이의 판단력은 특히 어떤 일의 원인과 결과를 파악하기에는 부족한 것으로 보인다. 고양이는 조건화를 통해 형성된 단순한 연관성에 의지하기에, 환경을 인위적으로 조작하면 녀석들을 쉽게 속일 수 있다. 즉 환경이 변화하면 고양이는 사리판단을 잘하지 못한다. 하지만 과학자들이 고양이의 진정한 능력을 입증할 수 있는 여러 실험을 개발한다면, 우리가 미처 알지 못했던 고양이의 능력들이 밝혀질 수도 있다. 기존의 연구들은 다양하지 못했기에 고양이가 학습이나 장기기억이 아니라 단기기억에 의존하는 상황만을 실험했을 수도 있다. 사실 지난 20년 동안 과학자들은 개의 지능에 관해 수많은 연구를 했지만 최근에 와서야 개 특유의 방식에 맞는 연구 방법을 찾기 시작했다. 따라서 그보다 훨씬 부족했던 고양이 지능에 관한 연구는 그야말로 초보적인 수준에 불과하며, 게다가 고양이는 수수께끼 같은 동물이기에 자신의 지력을 우리에게 다 보여주지 않았는지도 모른다.

고양이는 자기 생각을 숨기는 데 선수일뿐더러 감정을 감추는 데는 더 뛰어나다. 그래서인지 똑같은 표정을 한 고양이 얼굴 여러 개를 배열해놓고 그 밑에 '쾌활한' '만족한' '슬픈' '활기찬' 같은 여러 단어를 적어놓은 그림들이 있다. 그중 내가 가장 아끼는 버전은 영국 풍자만화가 스티븐 애플비가 그린 것으로, 서른 개의 고양이 얼굴 중 스물아홉 개는 똑같으며(그 아래에는 '아무것도 하지 않으려고 함'에서부터 '약간 짜증났지만 잘 감추고 있음'에 이르기까지 다양한 감정 상태가 적혀 있다) 마지막 서른 번째 얼굴만 눈을 감고 있는데 그 밑에는 '자고 있음'이라고 적혀 있다.[17]

생물학자들은 사실 대부분의 동물이 자기 감정을 잘 드러내지 않는다고 말한다. 개를 키우는 사람들은 이 말을 의심할지도 모르나, 실제로는 우리 인간도 사회적인 관습에 따라 감정을 억누를 때가 많다. 그럼에도 불구하고 우리는 다른 사람의 아주 작은 감정의 흔들림도 감지해낼 수 있는 능력을 진화시켜왔기에 그 사람의 다음 행동을 예상할 수 있다. 개가 우리에게 자기 감정을 솔직하게 표현하는 것은, 우리가 그러도록 유도했기 때문이다. 예를 들어 으르렁거리면 물러서고 꼬리를 흔들면 쓰다듬어주는 식이다. 또한 개와 인간은 안정적인 집단생활을 하는 종이기에, 감정적으로 솔직해도 해를 입을 가능성이 적다.

반면 고양이는 독립적인 생활을 하는 종이다. 야생에서 혼자 생활하는 수고양이가 후손을 남기려면 다른 수컷 경쟁자를 물리쳐야 하므로 감정을 최대한 자제하는 것이 좋다. 가축화 이후 암컷들은 새끼를 기를 때 집단을 이루어 살기도 하지만, 감정 표현 능력에는 거의 변화가 없는 것으로 보인다.

역사적으로 과학자들은 동물들의 행동을 논의할 때 그들의 감정을 고려해야 하는지를 놓고 몇 번이나 태도를 바꾸었다. 19세기에는 고양이에게 인간의 감정을 부여하기도 했다. 예를 들어 생리학자 조지 로매니스는 1886년에 출간된 자신의 책 『동물 지능Animal intelligence』에서 이렇게 썼다.

> 고양이의 다양한 감정 가운데 특히 주목할 부분은 이미 널리 알려진 바와 같이 녀석이 사냥한 먹잇감을 대할 때 느끼는 감정이다. 많은 사람의 생각대로, 고양이는 아직 숨이 붙어 있는 생쥐를 별다른 이유 없이 잔인하게 '고문'하면서 일종의 즐거움을 느낀다.[18]

20세기가 시작되면서 이러한 의인화적 해석은 버림을 받았고, 동물심리학의 지도 원리는 모건 준칙Morgan's canon이 되었다. 모건 준칙이란 '낮은 정신 능력에 의해 생기는 결과를 그보다 높은 정신 능력의 결과라고 해석해서는 안 된다'는 것으로, 동물의 행동을 의인화해 해석했던 당시의 경향에 과학적인 제약을 가했다.[19] 이 준칙의 영향을 받아 과학자들은 한동안 동물을 자극에 기계적으로 반응하는 존재로 여기면서 녀석들의 감정에 대해서는 언급을 피했다. 하지만 최근에 우리는 감정이라는 개념을 거론하지 않고는 동물 행동의 많은 부분을 설명하기 어렵다는 것을 깨닫게 되었다. 게다가 원초적이고 본능적인 감정이 발생하는 뇌 부위는 인간이나 다른 포유류나 비슷하다는 것을 MRI 검사를 통해 알게 되었다.

동물이 빠른 행동을 취해야 할 상황일 때, 감정은 최선의 지름길을 선택하게 해준다. 이것은 고양이나 우리나 마찬가지다. 따라서 고양이가 다른 덩치 큰 고양이를 보면 즉시 몸을 웅크리며 경계 태세를 갖추게 되는 것은, 불안이라는 감정의 작용이다.

감정은 또한 특별한 기능이 없어 보이는 행동의 원인이기도 하다. 새끼 고양이는 깨어 있는 대부분의 시간을 장난치고 놀면서 보내는데, 야생에서 놀이는 다소 위험한 행동이다. 다른 포식자의 주의를 끌 수 있기 때문이다. 더구나 새끼들은 서로 장난을 치다가 다치기도 한다. 그럼에도 불구하고 새끼들이 계속 놀고 싶어하는 것은, 놀이가 재미있기 때문이다. 신경과학자들은 새끼 쥐가 장난치며 놀 때 뇌의 신경호르몬 분포가 변한다는 것을 발견했다. 더구나 이러한 변화는 놀이의 결과가 아니라 원인으로 나타났다. 즉 신경호르몬의 변화는 이제 놀 시간이라는 신호가 쥐에게 주어지자마자 나타났다. 같은 연장선상에서 새끼 고양이는 다른 형제자매들이 놀 준비가 됐음을 보기만 해도 같이 놀고 싶다는 느낌을 받을 것이다. 놀이가 시작되기도 전에 뇌에서 '재미'라는 신호를 보내기 때문이다.

물론 호르몬이 감정과 똑같은 것은 아니지만 어떤 호르몬의 변화는 특정한 감정을 경험하고 있다는 신호다. 우리는 극도로 긴장하면 심장 박동 수가 증가하고 호흡이 거칠어지며 손바닥에 땀이 나는 것이 아드레날린 때문임을 알고 있다. 또한 두려움이나 불안은 '투쟁—도피fight or flight' 호르몬과 관계있다는 사실도 알고 있다. 우리 가운데 일부는 격렬한 운동을 한 후 때때로 느껴지는 의기양양함이라는 감정에 익숙한데, 그 역시 뇌에서 방출되는 엔도르핀 및 기타 호르몬에 의해 생겨난다. 이렇듯 많은 호르몬이 감정과 밀접하게 관련되어 있으며, 따라서 호르몬은 즉각적인 감정이나 잠재적인 기분을 알려주는 지표가 될 수 있다.

그러므로 우리는 동물의 감정을 뇌 및 신경 체계와 관련된 호르몬의 표현이라고 이해할 수 있다. 때때로 이러한 호르몬은 빠른 결정을 내릴 수 있도록 해주고 학습을 관장하기도 한다. 가령 울타리 위를 걸어가다가 미끄러진 고양이는 공황 상태라는 감정을 경험하면서 다음번에는 더욱 조심해야 함을 배운다. 또한 주인이 집으로 오고 있는 장면은 고양이의 몸속에서 애정의 감정을 불러일으키는 호르몬을 분비시켜 고양이는 꼬리를 똑바로 세우고 주인에게 걸어가기 시작한다.

고양이를 싫어하는 사람들은 물론이고 고양이를 좋아하는 사람들 일부도 고양이의 행동 레퍼토리 안에 애정 표현은 없다고 주장한다. 사실 고양이는 래브라도레트리버와는 달리, 주인에 대한 애정을 밖으로 드러내지 않는다. 그래서 "개에게는 주인이 있지만 고양이에게는 집사가 있다"라는 유명한 속담이 생긴 것이다.

동물의 세계에서 감정을 밖으로 아낌없이 표현하는 것은 대개 숨은 의도가 있기 마련이다. 예를 들어 새끼 새들이 둥지에서 쉬지 않고 짹짹거리는 것을 생각해보라. 그것은 "나 먼저 먹이를 주세요!"라고 외치는 것이다. 특히 부모가 안정적으로 먹이를 공급할 수 있는 수보다 더 많은 새끼를 낳은 경우, 짹짹거리는 것은 생존과 직결된 문제다. 그러나 야생고양이는 태어나서 몇 주간을 제외하면 자급자족이 가능한 독립적인 동물이기 때문에 감정을 적극적으로 표현할 필요가 거의 없다. 집고양이는 이제 음식과 안식처 그리고 안전을 우리에게 의지하고 있지만, 개들처럼 반가운 감정을 숨기지 못하면서 주인을 맞이할 만큼 진화하지는 못했다. 그를 위한 충분하고 일관된 시간을 갖지 못했기 때문이다. 이는 고양이가 애정을 느낄 수 없음을 의미하는 것이 아니라 애정을 표현하는 방식이 다소 제한되어 있다는 것을 의미한다.

두려움을 느낀 고양이는 자기 몸을 가능한 한 작게 보이도록 만들어 살며시 도망치기도 하고, 도망가는 행위가 추적을 불러일으킬 수 있다는 생각이 들면 등을 활모양으로 구부리고 털을 세워 몸을 최대한 크게 보이도록 만들기도 한다. 즉 두려움이라는 감정을 항상 같은 식으로 표현하는 것이 아니라, 여러 정보를 활용하여 더욱 적절한 반응을 선택한다. 화가 난 고양이는 몸을 가능한 한 크게 보이려고 애쓸 뿐만 아니라 위협의 대상(대체로 다른 고양이)을 향해 고개를 들고 귀를 앞으로 세우며 커다랗게 으르렁거리고 꼬리를 양옆으로 마구 흔들어댄다. 고양이가 두려울 때나 화가 날 때 취하는 자세는 감정 표현이기도 하지만, 앞에 있는 동물을 속이거나 공격하려는 시도이기도 하다.

고양이는 다른 고양이와 마주쳤을 때 취할 수 있는 행동의 종류가 많지 않으며, 대체로 자기 조상들이 같은 상황에 직면했을 때 최선의 결과를 낳았던 규칙에 따른다. 자신은 물론 상대방도 그런 규칙에 따른다는 것을 이해하고 있어서 상대방의 반응을 예상할 수 있는 고양이가 경쟁에서 유리하다. 예상되는 반응은 두 가지다. 두려워한다는 신호로 뒤로 물러서는 자세를 취하거나 두려워하지 않고 싸움에 임하겠다는 자세를 취하는 것이다.

고양이가 느끼는 감정

우리가 고양이를 보다 더 잘 이해하려면 녀석들이 다양한 감정—즐거움, 사랑, 분노, 두려움 등—을 느낄 수 있는 여건을 조성해주어야 한다. 고양이가 가지고 있는 감정에는 또 어떤 것들이 있을까? 우리가 느낄 수 있는 모든 감정을 고양이도 느낄 수 있을까? 이 질문에 답하기 위해 우리는 어떤 감정이 인간 의식의 산물일 가능성이 가장 높은지 즉 동물은 느낄 수 없는 감정이 무엇인지를 고려해야 한다.

사람들은 자기 반려고양이가 느낄 수 있는 감정의 범위에 대해 의견 일치를 보이지 않는다. 2008년 영국 고양이 주인 조사[20]에 따르면, 거의 모든 주

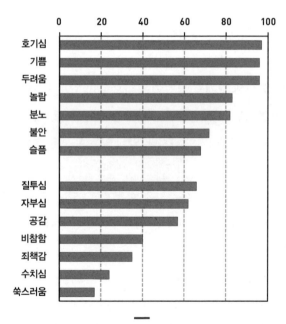

고양이가 느낄 수 있는 감정에 대한 영국 고양이 주인의 생각

인이 자기 고양이가 애정과 즐거움 그리고 두려움은 느낄 수 있다고 생각하지만 5분의 1은 — 아마도 소심한 고양이를 키우는 주인들 — 고양이의 감정 레퍼토리 안에 분노는 포함되지 않는다고 생각하는 것으로 나타났다.

'호기심이 고양이를 죽인다'는 말이 있다. 실제로 대부분의 고양이 주인은 고양이가 특유의 왕성한 호기심을 가졌다는 것에 동의한다. 이 말의 처음 버전은 16세기에 생겨나서 19세기 말까지 쓰인 '걱정이 고양이를 죽인다'이다. 즉 당시에 사람들은 불안이나 슬픔 같은 감정이 고양이를 해친다고 생각했다. 하지만 2008년 조사에 응했던 고양이 주인 가운데 4분의 1가량은 자신이 키우는 고양이가 불안이나 슬픔을 느끼지 못한다고 생각했다.

오늘날의 과학자들은 처음 버전의 말이 진실을 담고 있다는 데 동의한다. 불안은 실제로 많은 고양이에게 심각하고 실질적인 고통을 안겨준다. 생리학적으로 설명하면, 불안은 현재 일어나고 있지 않은 일에 대한 두려움이라고 정의할 수 있다. 고양이가 우리가 겪는 방식과 똑같이 불안을 경험하는지는 확실하지 않지만, 사람을 위해 개발된 항불안제가 고양이의 불안 증상도 줄이는 것으로 알려졌다.

고양이는 자신의 영역이 이웃에 사는 고양이나 같은 집에 사는 고양이로부터 침범당할 수 있다는 가능성 때문에 가장 자주 불안을 느낄 것이다. 2000년에 햄프셔와 데번 교외 지역의 고양이 주인 90명을 대상으로 한 조사에서, 반려고양이 절반가량이 정기적으로 다른 고양이와 싸우며 다섯 마리 중 두 마리는 다른 고양이를 두려워하는 것으로 나타났다. 고양이 행동 장애 전문 수의사인 레이철 케이시는, 고양이가 집 안에서 반려동물용 변기 외의 장소에 소변이나 대변을 보는 것은 불안과 두려움 때문이라고 진단한다. 어떤 고양이들은 벽이나 가구에 오줌을 분사하는데, 다른 고양이가 자기 주인의 집에 들어오지 못하게 하기 위해서인 것 같다. 집 안에서 고양이 출입문으로부터 가장 멀리 떨어진 곳을 찾아 오줌을 누는 녀석들도 있는데, 다른 고양이의 관심을 끄는 것이 두려워서인 듯하다. 또 어떤 녀석들은 침대 위에 배변을 하기도 한다. 이것은 집 안의 핵심 영역에 대한 '소유권'을 확립하기 위해 자기 냄새와 주인 냄새를 섞는 필사적인 노력이다. 한집에 사는 고양이 두 마리 사이에서 갈등이 있을 때, 한 녀석은 대부분의 시간을 숨어서 보내거나 털이 군데군데 빠질 때까지 병적으로 자신을 핥아대기도 한다.[21]

고양이가 자신이 신뢰하지 않는 다른 고양이와 같이 살아야만 할 때 받는 스트레스는 건강에 영향을 미칠 정도로 심각하다. 심리적인 스트레스와 깊은 관련이 있다고 알려진 고양이 질병은 방광염이다. 수의사들은 다른 원인이 불분명하기 때문에 특발성 방광염이라고 부른다. 소변에 피가 섞여 있다거나 소변을 볼 때 통증이 온다거나 정해진 장소 외의 부적절한 장소에 소변을 본다거나 하는 갖가지 소변 문제로 동물병원을 찾는 고양이 중 3분의 2는 방광이 막혔다거나 하는 육체적인 문제가 없다. 따라서 그 고양이들이 방광염을 앓는 요인은 심리적인 것이다. 일군의 과학자들은 한집에 사는 다른 고양이와의 갈등이 방광염을 유발하는 가장 중요한 원인이라고 단언한다. 이웃에 사는 고양이와의 마찰도 중요한 원인이 될 수 있다. 방광염에 취약한 고양이는 자기 정원에서 다른 고양이와 마주쳤을 때 맞서기보다는 대체로 도망친다. 이것은 다른 고양이와의 대면이 특히 강한 스트레스라는 것을 암시한다. 특발성 방광염은 암고양이보다 수고양이에게 더 많이 생긴다. 수고양이의 요도가 더 좁기 때문일 수도 있지만, 암고양이보다 덜 사회적인 것이 원인일 수도 있다. 암고양이는 스트레스가 자기 건강을 해치기 전에 다른 고양이와의 마찰을 피하거나 해결할 수 있는 것으로 보인다.

브리스틀대 수의학과의 내 동료들은 다섯 살짜리 수고양이에 대한 사례를 기록했다. 녀석은 오줌을 누는 데 상당한 어려움이 있었고 오줌을 누면 피가 섞여 나왔다. 또한 자기 배를 과도하게 핥아댔다. 하지만 그것만 빼면 아주 건강했다. 이 고양이는 집에서 다른 고양이 다섯 마리와 함께 생활했지만 어떤 고양이와도 친하지 않았다. 더구나 이웃집에 사는 고양이로부터 최근에 공격을 받기도 했다. 녀석의 주인이 병원에서 추천해준 지침들을 실행하자 녀석의 증상은 서서히 사라졌다. 집 안에 녀석만을 위한 영역을 제공해 녀석의 밥그릇과 변기에 다른 고양이가 접근할 수 없도록 한 것이다. 이와 동시에 주인은 마루 창문의 아랫부분을 가려서 녀석이 정원으로 들어오는 다른 집 고양이들을 볼 수 없게 했다. 그러자 녀석의 방광염 증상은 호전됐다. 하지만 6개월 후 녀석의 증상이 다시 재발했다. 조사를 해보니 지난 며칠 동안 녀석은 뜻하지 않게 낯선 고양이들 틈에 끼어서 지낸 것으로 밝혀졌다. 주인은 이러한 일의 재발을 막겠다고 의사에게 약속했고, 그 고양이는 곧 회복되었다.[22] 불안이라는 감정은 아주 잠깐 경험하면 유용할 수 있지만 몇 주 혹은 몇 달을 경험해 스트레스 호르몬 수치가 만성적으로 증가하면 고양이의 생존을 위협할 수 있다. 끊임없이 계속되는 불안감과 두려움이 결과적으로 건강을 크게 악화시키기 때문이다.

앞서 말한 2008년 조사에서 자기 고양이가 질투심이나 자부심을 느낀다고 답한 주인은 3분의 2 정도나 됐지만, 수치심이나 죄책감이나 비참함 같은 감정을 느낀다고 답한 주인은 거의 없었다.

가장 원초적인 감정인 분노, 애정, 기쁨, 두려움, 불안 등은 고양이 뇌에서도 만들어지는 것으로 확인되었다. 그러나 심리학자들이 관계형 감정이라고 부르는 질투심, 공감, 비참함 같은 복잡한 감정은 다른 존재를 자신의 삶 속에 받아들일 줄 아는 동물만 느낄 수 있다.

우리 인간은 심리학자들이 '마음 이론theory of mind'이라고 부르는 능력 즉 타인의 생각을 이해하고 예측할 수 있는 능력이 있기에 관계형 감정을 가질 수 있다. 우리가 질투심을 느끼는 것도 바로 그런 능력이 있기 때문인데, 심지어 질투심을 유발했던 사건을 한참 뒤에 회상할 때나 질투의 대상이던 사람이 더 이상 존재하지 않을 때도 다시 질투심에 차오를 수 있다. 그러나 고양이도 그럴 수 있는 지적 능력이나 상상력을 가졌음을 보여주는 증거는 거의 없다.

고양이는 다른 고양이를 확실히 고양이로 인식하며 다른 고양이가 하는 행동을 보고 명확하게 반응할 수 있다. 하지만 고양이보다 훨씬 더 사회성 있게 진화한 개조차 다른 개가 무엇을 생각하고 있는지 이해한다는 증거는 없으므로, 고양이 역시 다른 고양이의 생각을 이해할 가능성은 적다. 더구나 고양이는 과거를 회상하거나 미래를 준비하지 않고 현재에만 집중하는 동물이기에 다른 고양이의 생각을 이해하고 예측할 필요가 없어 보이며, 따라서 그런 지적 능력에서 비롯된 복잡한 질투심은 느끼지 못할 것이다. 다만 다른 고양이가 어떤 것을 더 많이 차지하고 있다는 것을 지각할 때 단순한 차원의 질투심을 느끼는 것으로 보인다. 실제로 많은 고양이 주인이 자신이 다른 고양이를 만지는 것을 자기 고양이가 방해한다고 말한다.

고양이가 비참함을 느낄 수 있다고 생각하는 사람들이 있는 이유는, 녀석들이 알고 지내던 고양이가 사라지면 이상하게 행동하기 때문이다. 가령 새끼 고양이 한 마리를 다른 가정으로 입양시키면, 어미는 남아 있는 새끼들을 하나하나 확인해보기도 하고 며칠 동안 사라진 새끼를 찾기도 한다. 야생 어미 고양이도 새끼가 사라졌을 때 같은 행동을 보이며 특히 사라진 새끼가 독립할 수 있을 정도로 성장하지 못한 녀석이라면 오랫동안 찾아다닌다. 집고양이 어미는 새끼가 좋은 보살핌을 받게 될 다른 집으로 가서 더 이상 이 집에 없다는 것을 알 수 없다. 진화의 과정에서 그런 개념에 대한 이해는 진행되지 않았기 때문이다. 따라서 새끼의 냄새가 집에 남아 있는 동안에는 새끼를 계속 찾는다. 그러나 사라진 새끼의 냄새가 없어지고 나면 대부분의 어미는 그 새끼를 완전히 잊는 듯 보인다. 이런 사실로 보아 새끼가 사라졌을 때 어미가 느끼는 감정은 불안감이지 비참함은 아닌 듯하다.

죄책감이나 자부심 같은 감정을 느끼려면 높은 수준의 정교한 지적 능력을 갖춰야 한다. 즉 자신이 세운 일련의 기준이나 규칙과 자기 행동을 비교할 수 있는 자기 인식이 있어야 한다. 개나 고양이가 이런 자기 인식을 가졌다는 과학적인 증거는 아직 없다. 개는 주인이 금지한 행동을 하다가 들켰을 때 '죄지은 표정'을 짓는 것으로 유명하다. 하지만 개가 죄책감을 느낀다는 것은 주인의 상상일 뿐임이 다음의 실험으로 드러났다.[23] 연구자는 개들에게 맛있는 먹이에 손대지 말라고 명령한 후에 방을 떠나라고 주인에게 요청했다. 그런 후 몇 마리에게만 먹이를 먹게 하고 다시 주인을 방으로 들어오게 했다. 그러고는 주인에게 개들 모두가 먹이를 먹었다고 얘기하자, 녀석들은 일제히 특정한 표정을 짓기 시작했다. 먹이를 안 먹은 녀석들까지. 즉 '죄지은 표정'은 미묘하게 변화한 주인의 몸짓언어에 대한 개들 각각의 반응일 뿐이었다. 개의 '죄지은 표정'이 주인들의 상상이 만들어낸 허구라면 개는―더 나아가 고양이도―죄책감을 느끼지 못하는 것이다. 마찬가지로 자부심도 느끼지 못할 것으로 예상되지만, 이에 대한 과학적 연구는 아직 실시되지 않았다.

정리하자면, 고양이의 감정은 고양이를 싫어하는 사람들이 생각하는 것보다는 정교하지만 열렬한 고양이 애호가들이 생각하는 수준만큼은 아니다. 개와 달리 고양이는 감정을 숨기는 성향이 있다. 인간한테만 숨기는 것이 아니라 서로 간에도 감정을 잘 드러내지 않는다. 이것은 고양이가 독립적이고 경쟁적인 동물로 진화해왔다는 것을 보여준다. 고양이가 감정의 기본적인 범위 즉 모든 포유류가 가지고 있는 원초적 감정을 가지고 있다는 것은 의심할 여지가 없다. 이러한 감정은 고양이가 빠른 결정을 할 수 있게 도와준다. 즉 고양이는 두려움을 느끼면 도망가고, 즐거움을 느끼면 줄에 매달린 공을 가지고 놀며, 애정을 느끼면 주인의 무릎 위에 올라가 몸을 웅크린다. 하지만 고양이는 개만큼 사교성이 높지 않다. 고양이는 분명 똑똑한 동물이지만 그 능력의 많은 부분은 먹이를 얻고 자기 영역을 방어하는 일과 관련이 있다. 질투심이나 비참함 혹은 죄책감처럼 관계와 연관된 감정은 느끼기 어려운 것으로 보인다. 왜냐하면 그런 감정을 느끼려면 상당한 지적 능력은 물론 사회적 관계에 대한 이해력도 필요하기 때문이다. 가축화가 진행되면서 고양이는 점점 더 다른 고양이와 서로 부딪히며 함께 살아가야 하는 상황에 놓이게 되었지만, 아직 관계와 연관된 감정을 느낄 준비는 부족해 보인다.

제 7 장

고양이와
사회적 동물

고양이는 애정이 넘치는 동물이지만, 애정의 대상을 까다롭게 고른다. 이렇게 세심한 성격은 고양이의 진화 과정에서 비롯된 것으로 보인다. 야생고양이, 특히 그 가운데 수컷은 삶의 대부분을 무리와 어울리는 일 없이 혼자 살아가며 다른 고양이를 잠재적인 동료라기보다는 경쟁 상대라고 여긴다. 하지만 고양이가 가축화되면서 사람은 물론이고 다른 고양이에 대한 경계심도 어느 정도 완화되었다.

집고양이와 주인 사이의 유대감은 그럴듯한 진화적 근거를 찾아볼 수 없기 때문에 고양이 사이의 유대감에서 그 기원을 찾아야 한다. 비록 집고양이의 직속 조상인 야생고양이가 사교적인 동물은 아니지만, 사자와 같은 대형 고양잇과 동물은 적절한 조건만 갖추어지면 사회성을 띤다. 그러므로 고양잇과에 속한 모든 동물이 보여주는 사회성을 살펴보면 반려동물이 된 고양이가 주인에게 갖는 애정이 어떻게 생겨났는지를 짐작할 수 있을 것이다.

고양잇과 동물의 사회성: 호랑이, 치타, 사자

호랑이는 암수 모두가 무리 생활을 하지 않는다. 이것은 거의 모든 고양잇과 동물이 몸집의 크기와 상관없이 독립적인 생활양식을 갖고 있음을 보여준다. 호랑이 암컷은 다른 암컷의 영역과 겹치지 않는 자기 영역을 확보해 다른 호랑이로부터 그 영역을 지킨다. 암컷의 영역은 자신뿐만 아니라 새끼들의 먹이도 구할 수 있을 정도로 크다. 한편 어린 호랑이 수컷은 보통 떠돌이 생활을 하며, 성숙해지면 자신만의 넓은 영역을 개척하기 위해 노력한다. 수컷이 차지하고자 하는 영역은 굶주림을 해결하고도 남을 만한 크기인데, 그 안에서 혼자서 가능한 한 많은 암컷을 차지하기 위해서다. 특히 능력 있는 수컷은 최대 일곱 마리 암컷이 차지하고 있는 영역 모두를 아우를 수 있다.

치타 수컷은 호랑이 수컷보다 좀더 사교적인 성격을 띤다. 반면에 치타 암컷은 호랑이 암컷만큼이나 독립적인 생활을 좋아한다. 대부분 떠돌이 생활을 하는 치타 암컷이 근처를 지날 때면, 그 암컷을 유혹하기 위해 수컷 치타 형제가 서로 뭉치기도 한다. 그 결과로 태어난 새끼들은 형제 가운데 한 마리의 새끼일 경우가 많지만, 그럼에도 불구하고 형제들은 같이 뭉쳐 다닌다. 생물학자들은 치타 수컷이 뭉쳐 다닐 때 각각 더 많은 새끼를 낳을 수 있음을 밝혀냈다. 수컷들은 때때로 사냥도 함께하지만 성공률은 낮다. 각자의 노력을 조화롭게 조절할 수 있는 능력이 부족하기 때문이다.

고양잇과 동물의 이러한 보편적인 패턴에서 벗어난 유일한 동물은 사자로, 여러 마리의 암수가 함께 생활한다. 아프리카 사자 무리는 보통 가족 사이인 암컷들과 그들과 다른 핏줄인 수컷들로 구성되기 때문에 근친번식을 피할 수 있다. 수컷들 중 혈연 관계인 녀석들은 다른 수컷들을 쫓아내기 위해 서로 단합하기도 하면서 각자 서열을 높이려 한다. 무리의 우두머리가 된 수컷은 새끼 모두를 물어 죽이기도 하는데, 그러면 몇 달 내에 모든 암컷이 다시 발정기를 맞을 수 있기 때문이다. 수컷은 암컷이 새끼를 출산하고 양육해서 독립시킬 때까지 무리를 잘 통제해야 한다. 하지만 암컷 입장에서 보면, 자신은 새끼를 길러야 하고 새끼를 위해 사냥도 해야 하는데 수컷은 별 하는 일 없이 그저 다른 무리의 수컷들로부터 암컷을 지키는 일만 하는 것처럼 보인다. 그러므로 사자 무리는 겉보기엔 조화로운 관계처럼 보이지만, 사실은 각자 자신의 번식 성공률을 극대화하기 위해 긴장 속에서 무리 생활을 하는 것이다.

생물학자들은 사자가 무리 생활을 하는 이유에 대하여 여전히 논의 중이다. 인도사자는 혼자 생활하다가 짝짓기 시기에는 암수가 같이 살기도 한다. 즉 무리 생활을 할지 혼자 생활할지를 스스로 선택한다. 사자 무리 안에 있는 암컷들은 일반적으로 함께 사냥에 나서는데, 그렇다고 사냥터에서 늘 물불을 가리지 않고 서로 협력하지는 않는다. 예를 들어 먹잇감이 크고 위험해 보이면, 경험 많은 암컷은 뒤로 물러서서 더 어리고 성급한 암컷이 먼저 덤벼들도록 놔둔다. 사자 무리 속에 사나운 수컷들이 포함되어 있으면, 그 장점은 사냥감을 죽이고 나서 본격적으로 빛을 발한다. 그때가 힘들게 얻은 고기를 하이에나 같은 다른 동물로부터 지켜야 하는 순간이기 때문이다.

과학자들은 한때 고양잇과 동물 중 사자와 치타만 '사회적 동물'이라 여기고 집고양이는 그 범주 안에 포함시키지 않았다. 집고양이에 속하는 길고양이들은 분명 오래전부터 적절한 먹이를 지속적으로 얻을 수 있는 곳이면 어디에나 무리 지어 나타났지만, 그저 잠시 모인 것일 뿐이라고 여겨졌다.

다른 동물들이 물웅덩이로 물을 마시러 모여드는 것처럼. 전문 사육사들은 어미 고양이가 다른 암컷의 새끼에게 젖을 물리곤 한다는 것을 알고 있었으나, 과학자들은 이와 같은 행동이 단지 인간이 순혈종 고양이를 개량하는 인위적 상황에서 생긴 결과일 뿐이라고 일축했다. 그러나 1970년대 말에 데이비드 맥도널드가 데번 지역의 한 농장에 사는 고양이들을 찍은 다큐멘터리를 발표함으로써 상황은 달라졌다.[1]

혈연관계에 있는 고양이들의 이타성

이 다큐멘터리는 암고양이들, 특히 혈연관계의 암고양이들이 자연스럽게 서로의 새끼를 함께 기르는 모습을 보여주었다. 다큐멘터리에 등장하는 고양이 가족―어미 스머지와 두 딸 피클과 도미노 그리고 아비 톰―은 농장에서는 함께 생활했지만 농장을 벗어나면 모두 혼자 돌아다녔다. 사자와 다르게 집고양이는 함께 사냥하지 않기 때문이다. 어쩌다 서로 마주치면 서로에게 흡족한 모습을 보이며 몸을 웅크리곤 했다. 그 가족 소속의 암컷들은 근처에 살고 있는 또 다른 고양이 가족―어미 화이트 팁, 아들 섀도, 딸 태비―을 힘을 합쳐 몰아내는 것으로 보아, 자신들이 사는 농장과 그곳에서 제공되는 먹이와 보금자리가 자기들 것이라고 여기는 게 분명했다. 하지만 아비 톰은 그 가족 구성원 중 유일한 수컷인 섀도한테만 적대감을 보였는데 녀석을 잠재적 경쟁자로 여겨서인 듯했다.

피클과 도미노는 암고양이가 서로를 돕기 위해 어떻게 함께 뭉치는지를 보여준 첫 번째 사례다. 5월 초에 피클은 짚더미 위에서 새끼 고양이 세 마리를 낳았고 처음에는 다른 어미 고양이와 마찬가지로 혼자 새끼를 돌봤다. 그런데 갑자기 여동생 도미노가 피클의 보금자리에서 새끼 다섯 마리를 낳자 상황이 달라졌다. 자매는 새끼 여덟 마리 모두를 구별하지 않고 함께 길렀다. 슬프게도 그 새끼들은 영국에서 흔히 발생하는 고양이 독감에 걸려 모두 죽어버렸다. 몇 주 후 그 자매의 어미 스머지가 수고양이 럭키를 출산하자, 자매는 스머지가 사냥을 나갔을 때 럭키와 함께 놀아주기도 하고 사냥한 쥐를 가져다주기도 하면서 양육을 도왔다.

이후에 이루어진 연구에서도 혈육관계의 암고양이들이 서로를 돕는 것은 정상적인 행동이며 예외적인 상황이 아님이 밝혀졌다. 우리 집 고양이 리비가 첫 출산을 했을 때도 리비의 어미 루시가 딸의 새끼들을 따뜻하게 품어주고 털 손질을 해주는 등 정성으로 보살폈다. 그 때문인지 새끼들은 집 안을 돌아다닐 정도로 성장했을 때 어미보다 할머니랑 같이 있는 것을 더 좋아할 정도였다.

이렇듯 고양이 가족은 모계 중심이다. 길고양이나 농장 고양이는 2대(자매와 녀석들의 새끼들)나 3대(어미, 자매, 자매의 새끼들)가 모여 살며, 그들은 의식적이라기보다는 본능적으로 제 새끼 남의 새끼 가리지 않고 함께 돌보며 평생 서로를 신뢰하며 살아간다. 한편 출산한 지 얼마 안 된 암컷들은 자기 가족이 낳지 않은 새끼도 선뜻 받아들이는 경향이 있다. 그래서 몇몇 구호단체는 어미 없이 구조된 새끼 고양이를 돌볼 때 녀석들의 도움을 받기도 한다.

하나 이상의 가족으로 구성된 고양이 집단에서, 각 가족은 다른 가족을 돕기도 하지만 때로는 경쟁하기도 한다. 고양이 집단의 크기는 지속적으로 이용할 수 있는 먹이의 양에 의해 결정된다. 예를 들어 물고기가 풍부한 어촌에 형성된 고양이 집단은 구성원이 수백 마리에 이를 때까지 커질 수 있다. 집단이 형성된 곳에서 식량이 부족해지면 하나둘씩 집단을 떠나거나 영

도미노와 럭키가 노는 모습

양실조로 인한 질병으로 죽기도 한다.

각각의 고양이 가족은 새끼를 낳을 수 있는 최적의 장소를 독점하려고 노력하며, 먹이 접근성이 좋은 장소에 머물려고 애쓴다. 몇몇 가족의 규모가 커지면 집단 안에 가족 간 긴장감이 증가한다. 심지어 식량이 풍부할 때조차. 고양이는 모든 이웃이 친척일지라도 개체 수가 늘어나면 우호적인 관계를 유지하지 못하는 듯하다. 여기저기서 작은 다툼이 일어나 결국 몇몇 가족은 퇴출당하기도 한다. 그런 가족들은 그 집단에 새로 들어온 가족들과 함께 영역의 가장자리에 터를 잡게 되지만, 그런 곳에서는 먹이를 찾기가 쉽지 않다.

따라서 고양이 집단은 통제가 잘 이루어지는 사회라기보다는 먹이가 집중되는 장소 주변으로 자연스럽게 모여드는 고양이 무리라고 볼 수 있다. 만약 먹이 공급이 제한적이라면 고양이 가족 하나가 먹이를 독점하게 되고, 먹이가 넘쳐날 때는 고양이들 사이에서 좋은 먹이를 더 많이 먹기 위한 경쟁이 일어난다. 보통은 상대에게 위협만 가하거나 서로를 조심스레 맴도는 '기싸움'으로 끝나지만, 폭력 사태가 일어나기도 한다. 그러한 상황에서는 도움을 요청할 가족, 특히 어른 고양이로 구성된 가족이 있느냐가 매우 중요하다. 먹여 살려야 하는 새끼 외에 다른 가족이 없는 암고양이는 그런 상황에서 살아남기가 쉽지 않다.

고양이 집단이 커지면 그 집단에 소속된 가족들 중 혈연관계의 가족은 서로 협력하지만 나머지는 그렇지 않다. 영장류와는 달리 고양이는 혈연관계가 아닌 개체들과의 관계에 필요한 정교한 '협상 기술'은 없는 것으로 보인다.

생물학자들은 혈연관계인 고양이 가족 간의 유대감이 처음에 어떻게 발생했는지 아직 밝혀내지 못했다. 어쩌면 이러한 유대감은 자기 새끼와 다른 고양이의 새끼를 구별하지 못하는 어미 고양이가 우연히 만들어낸 것일 수 있다. 녀석들의 조상 시절로 거슬러 올라가보면, 모든 암고양이는 자기 영역을 가지고 있었고 다른 암고양이로부터 그것을 지켜내야만 했다. 따라서 서로 다른 어미를 둔 새끼 고양이 두 마리가 한 장소에서 태어날 확률은 사실상 제로에 가까웠다. 하지만 지금은 야생고양이든 집고양이든 상관없이 어미 고양이는 자신이 만든 보금자리에 있는 새끼는 모두 자기가 돌봐야 한다는 단순한 법칙을 따르고 있는 것으로 보인다. 어미는 자기 보금자리에서 뒹구는 새끼들 가운데 혹시 침입자가 있는지 확인하기 위해 새끼 모두의 냄새를 세심하게 맡아보지는 않는 것 같다. 하지만 이 한 가지가 혈연관계인 어른 고양이 사이에서 나타나는 협력의 유일한 원인은 아닐 것이다. 사실 야생 조상으로부터 집고양이로 진화한 수천 세대라는 세월은, 녀석들이 사회적 메커니즘을 더 정교하게 진화시키기에 충분한 시간이었다.

인간의 곡식 창고가 발명되어 거기에 고양이의 새로운 식량 자원인 쥐가 몰려들자마자, 고양이의 사회적 행동이 진화하기 시작한 것으로 보인다. 다른 고양이에게 적대감만 가지고 있던 고양이들은, 서로를 인정하며 도움을 주고받는 고양이들만큼 새로운 식량 자원을 효과적으로 이용할 수 없었을 것이다.

생물학자들은 양쪽 모두에게 이로움을 주는 두 가지 협력 방식을 제시한다. 하나는 '상호 이타성'으로, 자신에게 호의를 베푸는 상대에게만 지속적인 호의를 베푸는 것이다. 이것은 이론상 가까이 살고 있는 동물 두 마리 사이에서 일어날 수 있다. 혈연관계든 아니든 상관없이. 다른 하나는 혈연관계일 경우 발생하는 '혈연선택kin selection'이다. 자매 관계의 고양이들이 낳은 새끼들이 가진 유전자 4분의 1은 '이모'로부터 받은 것이고, 그 새끼들이 살아남아(슬프게도 모두가 살아남지는 못하겠지만) 낳는 새끼들도 어미와 이모의 유전자를 동시에 갖게 된다.[2] 따라서 어떤 새끼가 끝까지 살아남을 수 있을지 모르는 자매는 새끼 모두를 함께 돌보기 위해 노력해야만 한다. 이로 인해 혈연관계에 있는 고양이들 사이에 협력을 이끌어내는 유전자가 적대감

을 조장하는 유전자를 억누르고 널리 퍼질 수 있게 된 것으로 보인다.[3]

상호 이타성과 혈연선택은 이기적인 행동을 막는 유용한 메커니즘이지만, 협력 행동은 그것이 가져다주는 이익이 그 대가보다 클 경우에만 발전한다. 가족 단위의 생활양식이 집고양이들에게 준 첫 번째 혜택은 먹이를 공유할 수 있어서 끊임없이 다투지 않아도 된다는 점이었을 것이다. 하지만 이런 생활양식에는 뜻하지 않은 위험이 도사리고 있다. 도미노와 피클의 새끼들처럼, 새끼 한 마리가 병에 걸리면 모든 새끼가 죽을 수도 있기 때문이다. 1978년에 남아공 과학자들은 인도양의 마리온 섬에 둥지를 트는 바닷새에게 큰 피해를 준 고양이들을 박멸할 목적으로 바이러스를 도입했는데, 그 결과 가족 단위로 사는 고양이들은 대부분 죽었고 자기만의 보금자리를 갖는 야생 조상의 습성을 유지한 고양이들은 대부분 살아남았다. 그러나 전반적으로 보면 어미 고양이들이 새끼를 함께 키우는 가족 단위의 생활이 고양이들에게 더 유리했다. 한 어미가 먹이를 구하기 위해 보금자리를 떠나면 다른 어미가 새끼들을 포식자로부터 보호해주고 젖도 먹여주었기 때문이다.

수고양이는 왜 남의 새끼를 죽이는가

인간과 함께 사는 집고양이한테는 언제나 두 가지 주요한 적이 있다. 바로 떠돌이 개와 다른 고양이다. 20년 전에 나는 아내와 어린 아들과 함께 터키의 한 마을로 휴가를 갔다. 우리가 머물던 숙소에 만삭의 떠돌이 고양이가 자주 나타났는데, 우리는 녀석에게 아리칸이라는 이름을 지어주었다. 며칠 동안 모습을 보이지 않던 아리칸이 어느 날 배가 홀쭉해진 모습으로 나타나자, 우리는 녀석이 근처에서 새끼를 낳았음을 알 수 있었다. 아리칸이 너무 야위고 배고픔에 지친 모습이어서, 우리는 고양이 먹이를 파는 슈퍼마켓을 찾았다(슈퍼마켓 주인은 관광객이 고양이 먹이를 사는 것을 의아한 눈으로 바라보았다). 아리칸을 배불리 먹인 후 우리는 녀석을 쫓아가봤는데, 길에서 조금 떨어진 한 버려진 농장 건물로 사라졌다. 이날 이후 우리는 아침저녁으로 아리칸에게 먹이를 주었다. 그런데 어느 날 밤 구슬피 우는 고양이 소리에 잠이 깨서 나가보니, 아리칸이 죽은 새끼를 물고 와 있었다. 자세히 보니 죽은 지 얼마 안 되어 보이는 새끼의 몸에 여기저기 물어뜯긴 상처가 있었다. 아리칸은 사라지더니 잠시 뒤에 또 다른 죽은 새끼를 물고 와서는 첫 번째 새끼 옆에 내려놓았다.

물론 개가 범인일 가능성이 있었다. 주인이 풀어 키우는 개 몇 마리가 마을을 배회하다가 야외 식당 손님으로부터 음식 부스러기를 얻어먹거나 고양이를 쫓아다니는 장면을 여러 번 보았기 때문이다. 게다가 나는 한 번이기는 하지만 개가 죽은 새끼 고양이를 가지고 노는 것을 본 적이 있었고, 어떤 지역에서 갯과 동물은 효율적인 고양이 포식자라는 사실도 알고 있었다. 가령 원래 사람이 키우던 동물이었지만 다시 야생으로 돌아간 호주의 갯과 동물 딩고는, 야생고양이의 개체 수를 억제해 그 지역의 작은 유대류 동물의 번성을 돕기도 한다.[4] 하지만 아리칸의 새끼들을 죽인 것은 내가 본 개들은 아닌 것 같았다. 새끼들은 밤에 죽었는데, 그 개들은 해 질 녘이면 주인이 사는 집으로 돌아갔기 때문이다.

사실 범인일 가능성이 더 큰 것은 다른 고양이였다. 고양이는 가끔 남의 새끼를 죽이는 경우가 있기 때문이다.[5] 사자 수컷도 남의 새끼를 자주 죽이는데, 그래야 암컷들에게 다시 발정기가 찾아와 짝짓기를 할 수 있기 때문이다. 그러지 않으면 수컷은 19개월을 기다려야 다시 짝짓기를 할 수 있다.

암사자와 달리 암고양이는 출산한 새끼의 젖을 떼자마자 다시 짝짓기를 할 준비가 된다. 새끼가 태어난 지 얼마 안 돼 죽으면 더 빨리 짝짓기를 할 수도 있다. 따라서 수고양이는 빨리 짝짓기를 하기 위해 남의 새끼를 죽일 필요가 없는데도 가끔 그런 행동을 한다. 그런 현상은 놀랍게도 공격성이 훨씬 두드러지게 나타나는 규모가 큰 고양이 집단이 아니라 농장에서 사는 작은 고양이 집단에서 자주 일어난다. 큰 집단에 속한 수컷은 자기 집단에 있는 새끼들 가운데 자기 새끼가 아닌 녀석들을 구별하기가 훨씬 힘들어 그런 행동을 쉽게 하지 못하는 것으로 보인다.

어미 고양이는 온 힘을 다해 새끼를 지키기에, 영리한 수컷들은 어미가 보금자리를 비울 때 새끼를 노린다. 두 마리 이상의 암고양이가 함께 키우는 새끼들은 비록 전염의 위험으로부터는 안전할 수 없지만 침입자로부터는 안전하게 보호된다. 아마도 불쌍한 아리칸은 같이 힘을 모을 자매들이 없었던 것으로 보인다.

잘 알려져 있듯이 어미 고양이는 사냥해온 먹잇감을 새끼 앞에서 다루는데, 그것을 보면서 새끼는 먹잇감을 다루는 방법을 알게 된다. 그렇다고 어미가 적극적으로 새끼를 가르친다는 증거는 없다. 그저 안전한 보금자리 안에서 새끼에게 사냥감이 어떤 것인지를 배울 기회를 제공할 뿐이다. 또한 새끼도 의도적으로 어미의 행동을 따라 하려고 보는 것이 아니라 자연스럽게 집중한다. 진정한 의미의 모방은 복잡한 정신 과정을 수반한다. 즉 따라 하고자 하는 동작을 우선 정확히 파악한 후에 자신이 본 것을 자기 근육의 움직임으로 전환해야 한다. 우리는 그런 모방 능력을 가지고 있기에 다른 동물도 그럴 것이라고 생각하는 경향이 있다. 하지만 모방 관련 연구는 진정한 모방 능력, 즉 다른 개체의 동작을 의도적으로 따라 하는 능력은 영장류에게만 있다는 것을 밝혔다.

1967년에 실행된 한 실험은 새끼 고양이가 어미에게서 가장 잘 배울 수 있음을 증명했다.[6] 과학자들이 안에 지렛대가 있는 상자 속으로 새끼들을 들여보내자, 녀석들은 지렛대의 냄새를 맡아볼 뿐 별다른 반응을 보이지 않았다. 그런데 어미가 그 상자 안으로 들어가 지렛대를 발로 눌러 먹이를 먹는 모습을 보자, 지렛대에 새삼 상당한 관심을 보이더니 결국 어미처럼 지렛대를 발로 눌러 먹이를 먹었다.

또 다른 새끼 고양이들은 어미가 아닌 낯선 암고양이가 똑같은 일을 수행하는 것을 지켜보았다. 그런데 녀석들은 지렛대를 발로 누르기까지 꽤 오랜 시간이 걸렸고, 그중에는 지렛대를 발로 누르면 먹이가 나온다는 것을 아예

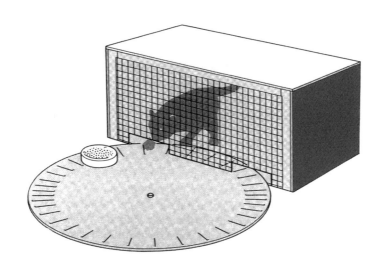

다른 고양이로부터 배우는 능력을 시험하기 위한 회전판이다.
고양이는 회전판을 조금씩 돌려서 먹이가 자신이 갇혀 있는
우리 하단부에 있는 틈을 지나갈 때 비로소 먹이를 먹을 수 있었다.

깨닫지 못하는 녀석들도 있었다. 이 사실은 새끼 고양이가 자기 어미의 행동을 지켜볼 때 좀더 편안한 마음으로 집중할 수 있음을 증명한다.

어른 고양이도 혈연관계인 고양이에게 무언가를 배울 수 있을까? 70여 년 전에 실행된 한 실험은 그럴 가능성이 있음을 증명했다.[7] 253쪽 그림에서 볼 수 있듯이 과학자들이 6개월 된 고양이에게 회전판 위에 놓인 먹이를 먹을 수 있는 기회를 주자, 고양이는 오랜 시간 궁리하다가 결국 앞발로 회전판을 돌려서 먹이를 먹는 방법을 찾아냈다. 이 장면을 지켜보던 고양이들이 차례로 같은 실험에 참가했는데, 맨 처음 고양이의 자매들은 1분도 안 돼 먹이를 먹을 수 있었다. 이 사실은 혈연관계의 고양이들이 서로의 행동을 쉽게 배울 수 있음을 증명한다. 또한 이 사실은 혼자 사는 고양이보다 가족 단위로 사는 고양이가 시행착오를 덜 겪을 수 있음을 보여준다.

어린 고양이가 혈연관계가 아닌 어른 고양이에게서 무언가를 배우는 것은 힘들어 보인다. 혹시나 공격하지 않을까 걱정하느라 마음의 여유가 없기 때문이다. 그러나 혈연관계의 어른 고양이에게서는 일상적인 문제를 해결하는 방법을 배울 것이다. 물론 사냥하는 모습을 배울 수는 없을 것이다. 고양이는 보통 홀로 사냥하기 때문이다. 하지만 쓰레기 더미를 뒤지거나 사람과 소통하는 방법에 관해서는 경험 많은 고양이를 통해 많이 배울 수 있을 것이다.

개인행동에서 무리 생활로, 신호를 보내 소통하다

우리는 고양이가 인간과 함께하면서부터 가족 단위의 집단으로 살아가기 시작했다고 추정하고 있다. 고양잇과 동물이 집단을 형성하려면 한 마리 이상의 암컷과 그 새끼들에게 충분한 먹잇감이 공급되는 조건이 갖춰져야 하는데, 고양이가 그 조건을 갖춘 것은 가축화 이후이기 때문이다. 그런데 20세기 초에 아프리카를 탐험한 몇몇 유럽인은 자신들이 집단생활을 하는 야생고양이를 발견했다는 기록을 남겼다. 가령 영국 자연사박물관 소속의 저명한 동물 수집가였던 윌러비 프레스콧 로는, 1921년에 자신이 수단 다르푸르 근처에서 가져온 고양이 표본에 대해 이렇게 설명했다.

> 나는 파셰르 근처에서 고양이 한 마리를 잡았다. 집고양이처럼 보였지만 털 색깔이 달랐다. 이 고양이가 내 호기심을 자극한 이유는 넓은 평원에서 땅에 굴을 파고 다른 녀석들과 집단을 이루며 살고 있다는 점이었다. 마치 토끼 번식지처럼 굴 모두가 서로 인접해 있었다. 내가 발견한 고양이들은 그 지역의 토종 고양이라고 했다. 굴속에 사는 고양이들이라니, 얼마나 새로운가! 평원 곳곳에 게르빌루스 쥐를 잡아먹는 녀석들이 사는 굴이 수없이 뚫려 있었다.[8]

로는 10년 후에 사하라 사막 한가운데 있는 아하가르 산맥을 탐험하다가 다시 한번 고양이 집단을 만났는데, 녀석들은 아프리카 여우가 파놓은 굴속에 살고 있었다.

로는 자신이 발견한 고양이들은 모두 전형적인 아프리카 야생고양이처럼 생겼다고 말했다. 그렇다고 녀석들을 야생고양이라고 단정할 수 있을까? 아프리카 남쪽 지역과 중동 지역에 사는, 누가 봐도 야생고양이처럼 보이는 녀석들의 DNA를 분석하면 집고양이와 야생고양이의 잡종으로 밝혀지는 경우가 많다. 로가 본 고양이 집단도 겉으로는 야생고양이처럼 보였겠지만 가족 단위로 살아가는 잡종이었을 것이다. 그 지역 고양이의 조상인 리비아고양이가 서로 함께 살았다는 기록은 없기에, 그 지역에서 집단으로 사는 고양이가 발생했다면 그들의 사회성은 집고양이와의 짝짓기를 통해 생겼을 것이다.

혼자 생활하는 동물에서 무리 생활을 하는 동물로 전환하려면 의사소통 기술이 비약적으로 발전해야 한다. 상대의 기분이나 의도를 파악할 수 있는 신호 체계를 발달시키지 않으면 고양이처럼 의심 많은 동물은 자매 사이의 가벼운 다툼도 가족 자체가 해체되는 상황으로까지 치달을 수 있다. 하지만 다행스럽게도 바로 이러한 신호 체계의 발달이 이루어졌다.

나는 연구를 통해 집고양이가 상대에게 보내는 핵심적인 신호가 꼬리를 수직으로 세우는 행동임을 알 수 있었다. 즉 고양이 두 마리는 서로 마주치면 그중 한 마리가 먼저 다가가도 되는지 알아보려고 자기 꼬리를 수직으로 세운다. 이를 본 상대 고양이가 그 신호를 긍정적으로 받아들이면 역시 꼬리를 세우고, 그러면 둘 다 서로에게 다가간다.[9] 만약 상대 고양이가 꼬리를 세우지 않으면, 먼저 신호를 보낸 고양이는 녀석을 뻔뻔스럽다고 생각해도 일단 다가간다. 대신 정면으로 다가가기보다는 비스듬하게 스치듯 다가간다. 만약 이때 상대 고양이가 등을 돌리려고 하면 녀석은 관심을 끌기 위해 야옹야옹하고 울기도 한다. 물론 야생고양이는 이런 소리를 내는 경우가 아주 드물다. 상대가 우호적인 기분이 아니라고 판단될 때 보이는 고양이의 또 다른 반응으로는 바로 꼬리를 내리며 다른 방향으로 걸어가는 것이다. 머뭇거리거나 제때 적절한 신호를 보내지 못하는 고양이는 위험에 처할 수도 있다. 우리 연구 팀은 한 작은 고양이가 한눈팔며 걷다가 의도치 않게 혼자 있고 싶어하는 덩치 큰 고양이 정면으로 간 바람에 공격당하는 장면을 본 적이 있다. 그 작은 녀석은 심지어 꼬리를 세우고 있었는데도 그런 공격을 당했다.

사실 이러한 관찰만으로는 꼬리를 세우는 행동이 무슨 의미인지를 확실하게 알 수 없다. 그래서 우리는 꼬리를 세우는 행동의 의미를 정확하게 알기 위해 검은색 종이를 오려서 실제 크기의 고양이 실루엣을 만들었다. 그중에는 꼬리를 세운 것도 있고 꼬리를 수평으로 내린 것도 있었다. 그리고 그것들을 실험 대상이 된 고양이들이 사는 집 안의 벽에 붙였다. 그러자 대부분의 고양이가 꼬리를 세운 실루엣에게 다가가 냄새를 맡았다. 그러나 꼬리가 수평으로 내려온 실루엣 앞에서는 뒤로 물러섰다.[10]

꼬리를 세우는 신호는 가축화 이후 새끼 고양이가 자기 어미를 반길 때의 자세로부터 진화한 것으로 보인다. 어떤 어른 고양이는 오줌을 분사할 때도 꼬리를 세우는데 그것은 그저 위생을 위해서다. 동물원에 있는 몇몇 리비아 고양이는 사육사의 다리에 몸을 문지르려 할 때 꼬리를 세우는데, 그런 녀석들의 조상 가운데는 분명 집고양이가 있을 것이다. 우리는 새끼가 어미에게 꼬리를 세우는 행동의 의미를 연구한 적이 없기 때문에, 그것이 신호인지 아니면 순전히 우발적인 행동인지 정확히는 알 수 없다. 그러나 가축화 초기 단계 동안 꼬리를 세우는 자세가 하나의 신호로 진화했을 가능성이 높다. 고양이가 자신의 행동을 체계화하는 방법에 있어 두 가지 변화가 있었기에 그런 진화가 가능했을 것이다. 첫째, 어른 고양이는 다른 고양이에게 접근할 경우 새끼 때 했던 꼬리 세우는 자세를 취했을 것이다.[11] 둘째, 그 자세를 본 다른 고양이는 꼬리를 들고 있는 고양이는 위협적인 존재가 아님을 본능적으로 인식하게 되었을 것이다. 이 두 가지 변화가 일어나자 꼬리 세우는 자세는 하나의 신호로 진화했을 것이고, 그로 인해 싸움의 위험이 줄어들어 함께 인접해서 살아가는 것이 가능해졌을 것이다.[12]

고양이 두 마리가 서로에게 다가가고 싶다는 표시로 모두 꼬리를 세울 경우, 이후의 행동은 두 고양이의 기분과 서로의 관계에 영향받는 것으로 보인다. 만약 두 고양이 중 하나가 다른 하나보다 아주 나이가 많거나 덩치가 크다면, 녀석들은 대체로 서로를 향해 다가가서 머리나 옆구리 혹은 꼬리를 비비는 신체 접촉을 한다. 이런 행동은 암컷이 수컷을 맞이할 때나, 새끼가 어미를 맞이할 때 하는 전형적인 행동이기도 하다.

이렇게 몸을 비비는 '의식'이 주는 정확한 의미는 아직 확실치 않다. 하지만 신체 접촉 자체가 두 고양이 사이에 우호적인 관계를 강화할 수 있기 때문에 결과적으로 녀석들이 속한 집단의 유대관계를 지속시킬 수 있을 것이다. 사실 이러한 행동은 다른 고양이를 동료가 아닌 경쟁자로 보는 고양이의 선천적인 성향에는 어긋나는 것이다. 서로 몸을 비비는 행위는 불가피하게 한 녀석의 냄새를 다른 녀석에게 옮기게 되는데 이러한 행동을 반복적으로 하다보면 '가족 냄새'를 만들게 된다. 우리는 고양이의 친척뻘 되는 몇몇 동물이 상대에게 몸을 비벼서 서로의 냄새를 교환함을 알고 있다. 예를 들어 같은 굴에 사는 오소리들은 상대에게 엉덩이를 문질러서 냄새를 교환하는데, 그로 인해 가족 냄새가 만들어진다.[13] 그런데 고양이들은 냄새를 교환하기 위해 상대에게 몸을 비비는 것처럼 보이지는 않는다. 만약 냄새를 교환할 의도라면 취선 부위를 상대방의 몸에 비빌 것이다. 하지만 그렇지 않기에, 고양이가 상대에게 몸을 비비는 행동은 후각이 아니라 촉각을 통해 교감을 시도하는 행동으로 보인다. 이러한 행위가 계속되면 고양이 집단이 분열될 가능성은 자연스럽게 줄어들 것이다.

꼬리를 세우는 신호 다음에 나타날 수 있는 사교적 행동은 서로 털 손질을 해주는 것이다. 고양이 두 마리가 나란히 누워 서로의 털을 핥아주는 것은 그리 놀랄 일이 아니다. 고양이는 특히 상대방의 머리 위쪽과 어깨 사이를 핥아주는 경향이 있는데, 그 부분은 몸이 유연한 고양이도 스스로 핥기 어려운 부분이기 때문이다. 물론 그 부분의 털을 핥아줄 친구가 없는 고양이는 앞발을 이용해서 그 부분을 닦아낸 다음 더러워진 앞발을 핥는다. 그리고 모든 고양이는 먹이를 먹고 난 후 자기 입 주위를 깨끗이 정돈하기 위해 그 부분의 털을 핥는다.

서로 털을 핥아주는 행위에 대한 한 가지 해석은 이것이 전적으로 우발적인 행동이라는 것이다. 즉 함께 앉아 있는 고양이 두 마리가 몸에서 가장 냄새나고 더러운 부분을 서로 핥아주는 것은 그 부위가 상대방의 것이라는 사실을 의식하지 못하기 때문이라는 것이다. 그러나 우리는 서로의 털을 깨끗이 핥아주는 행위가 매우 중요한 사회적 의미를 지닌다는 것을 안다. 특히 영장류는 이러한 행위를 통해 암수 사이에 유대감을 조성하기도 하고, 무리를 형성하기도 하며, 싸웠던 가족과 화해하기도 한다. 고양이에게 그런 행동은 서로 몸을 비비는 행동과 똑같은 기능을 한다. 즉 우호적인 관계를 더욱 공고하게 만든다. 가족 단위로 구성된 규모가 큰 고양이 집단에서 털을 핥아주는 행위는 친족 사이에서만 일어난다는 사실이 이를 뒷받침한다.[14]

서로 털을 핥아주는 행위가 갈등을 줄인다는 증거도 있다. 예를 들어 고양이 구호단체가 운영하는 보호시설처럼 인위적으로 형성된 집단에서는 친족 관계가 아닌 고양이들을 억지로 함께 살도록 만들기에 많은 긴장과 갈등이 생길 것으로 예상되었다. 그런데 예상과는 달리 공격성이 표출되는 경우는 많지 않았고, 오히려 서로 털을 핥아주는 모습을 흔하게 볼 수 있었다. 더욱이 가장 공격적인 고양이도 종종 다른 고양이를 핥아주었는데, 최근에 성질을 부린 일에 대한 '사과'의 의미 같았다.

어떤 과학자들은 고양이 사회가 위계 구조로 이루어져 있다고 본다. 즉 더 크고 강한 고양이가 작고, 어린 고양이를 지배한다는 것이다. 개나 늑대 사회가 위계 구조로 이루어졌다고 여겨진 것은 오래되었다. 하지만 나는 개나 늑대는 집단생활을 할 정도로 상대에게 우호적인 동물이기에 그런 타고난 성향이 좌절될 정도로 극단적인 상황에서만 위계적인 행동을 한다고 생

루시의 털을 손질해주는 리비

각한다.[15]

개의 경우와 마찬가지로 고양이 사회에서도 위계 구조가 형성되는 때는 어떤 극단적인 상황에서일 것이다. 가령 어촌에 너무 많은 고양이가 몰려들었다거나 한 가정에 너무 많은 고양이가 입양되었을 때처럼. 하지만 그렇다고 위계 구조가 심하게 나타나지는 않는다. 하나의 가족으로 이루어진 소규모 집단에서도, 여러 가족이 모인 대규모 집단에서도 그렇다.

무리를 떠난 수고양이가 살아가는 법

고양이 사회는 개나 다른 동물의 사회만큼 충분히 진화하지 않았다. 집고양이 사회는 모계 중심이며 각 단위는 어미 한 마리와 그 새끼로 시작한다. 만약 정기적으로 충분한 먹이를 구할 수 있다면 어미와 새끼는 함께 지낼 것이다. 그리고 새끼들이 성장하여 출산을 하게 되면 모두 함께 새로 태어난 새끼를 돌볼 것이다. 고양이의 이러한 상황은 늑대 사회보다 더 공평하다고 할 수 있다. 늑대 사회에서는 새끼가 번식력을 갖출 만큼 성장해도, 어미가 새로운 새끼를 낳으면 부모를 도와 그 새끼를 돌보느라 자신은 그해에 번식하지 않는다. 어떻게 보면 고양이 사회가 덜 진화되었다고 볼 수도 있을 것이다.[16] 더욱이 암수의 수가 거의 같은 늑대 가족과는 대조적으로 고양이 가족에서는 수컷의 수가 적으며, 그 수컷은 새끼 고양이를 기르는 데 아무런 도움을 주지 않는다. 어떤 암고양이는 같이 지내는 수컷에게 무한한 애정을 쏟기도 하는데 가장 최근에 출산한 새끼들의 아빠라서 그럴 수도 있고, 다른 수컷 침입자들이 새끼의 생명을 위협할 때 그 수컷이 첫 번째 방어선이 될 거라고 생각해서 그럴 수도 있다. 어쨌든 고양이 가족은 전형적으로 어미와 다 자란 딸들 그리고 가장 최근에 낳은 새끼들과 한두 마리 수컷으로 이루어져 있다.

가족 집단이 무한정 커질 수는 없다. 먹이 공급에 한계가 있기 때문이다. 어린 수컷은 생후 6개월 정도가 되면 자기 무리를 떠나기 시작한다. 때때로 1, 2년 동안 그 주위를 맴돌면서 살기도 하지만 결국 다른 지역의 암고양이를 찾아 길을 떠난다. 이러한 수고양이의 습성은 근친번식을 피할 수 있게 해준다. 암고양이들이 영역과 먹이를 놓고 서로 경쟁하기 시작하면 집단 내의 긴장감이 점점 고조된다. 특히 가족의 중심이 되는 어미가 죽는 등 큰 사건이 벌어지면, 몇몇 고양이 가족은 붕괴되기도 한다. 다른 가족들을 향한 공격성이 증가하면 한때 평화롭던 집단이 돌이킬 수 없을 정도로 분열되어 두 개 혹은 그 이상의 집단으로 쪼개질 수도 있다. 이때 소수 무리에 속하게 된 고양이 가족은 그 지역에서 쫓겨나게 되는데, 그러면 심각한 결과를 가져올 수도 있다. 새끼들에게 충분한 먹이를 공급하는 것이 사실상 어려워지기 때문이다.

한편 한 집단의 우두머리가 된 고양이 가족도 자신들이 독점하고 있는 먹이나 거처를 노리는 다른 고양이 가족에 의해, 혹은 너무 많아진 고양이 수를 조절하려는 사람들에 의해 해체될 수 있다. 즉 고양이 가족이 몇 년 이상 안정적으로 유지되는 경우는 드물다.

고양이는 정교한 사회적 행동을 만들어내지는 못했지만, 상대방에게 꼬리를 세우거나 서로의 몸을 핥아주는 등의 비교적 단순한 사회적 의사소통 능력은 습득할 수 있었다. 그리고 그것은 고양이가 인간과 관계를 맺은 1만 년 전부터 시작된 진화의 결과다. 일반적으로 한 동물이 어떤 특정한 능력을 가지려면 수십만 년 혹은 수백만 년의 세월이 필요하기에, 고양이가 1만 년 만에 의사소통 능력을 습득한 것은 믿기 어려운 일이다. 하지만 예외적인 급격한 변화 즉 '폭발적인 종 분화'가 가능하다는 것이, 사람의 손길이 닿지 않았던 지역에서 최근 우연히 발견된 야생동물들을 통해 입증되었다. 다시 말해 완전히 새로운 능력을 겨우 수백 세대 만에 습득할 수 있음이 밝혀졌다.[17]

수고양이는 암고양이와는 대조적으로, 새끼일 때 사람에게 사회화될 수 있는 능력을 제외하고는 가축화의 영향을 많이 받지 않은 것으로 보인다. 녀석들 각각은 러디어드 키플링의 작품 「혼자 돌아다니는 고양이Cat that walked by himself」 속에 나오는 고양이를 쏙 빼닮았다.[18] 사자나 치타와 달리 수고양이는 서로 동맹을 맺지 않고 평생 절대적인 경쟁 관계로 지낸다. 암고양이는—그리고 중성화된 수고양이도—가능한 한 서로를 피하려고 애쓰지만, 수고양이는 간혹 물러서지 않고 싸움을 벌인다(266쪽의 '허세와 위협'을 보라). 결과적으로 녀석들의 삶은 다사다난하며 제 수명을 다하지 못하는 경우가 많다.

주인 대부분이 자기가 기르는 고양이를 중성화하기 때문에 서구 사회에서 성숙한 수고양이는 찾아보기 힘들게 되었다. 애초에 수고양이를 반려동물로 기르려는 사람이 거의 없고, 기르려던 사람들 중 일부도 수고양이가 정원 여기저기에(심지어 집 안에도) 뿌리고 다니는 오줌 지린내 때문에, 혹은 이웃에 사는 더 덩치 크고 경험 많은 수컷에게 입는 크고 작은 부상 때문에, 아니면 짝짓기를 할 암컷을 찾아 일주일씩 사라지는 성향 때문에 결국은 포기하고 만다. 그러나 주인 대부분은 이런 상황까지 가기 전에 수의사의 충고를 받아들여 생후 6개월 정도에, 즉 테스토스테론 분비가 시작되기 전에 수고양이를 중성화시킨다. 한 살 때 수술을 받은 수고양이는 대부분 마치 암고양이처럼 태어났을 때부터 알고 지낸 고양이들을 친절하게 대하고(꼭 그런 것은 아니지만 자기 친척한테는 대체로 그렇다) 일부는 그보다 더욱 사교적일 수도 있다.

수컷의 주된 목표는 되도록 많은 암컷의 주목을 받는 것이다. 그래서 수컷은 암컷보다 15~40퍼센트 더 크게 진화했다. 즉 수컷의 크기는 가축화의 영향을 받지 않았다.

새끼 고양이 유전자의 절반은 당연히 아비 고양이에게서 받은 것이다. 능력 있는 수컷은 평생 동안 여러 암컷과 짝짓기를 하기 때문에 많은 자손을 남기고, 따라서 다음 세대에 엄청난 영향을 미친다. 중성화 수술을 받지 않

배설물을 분사하는 수고양이

은 암컷의 주인 대부분은 녀석이 이웃에 사는 어떤 수컷과 짝짓기를 해도 크게 신경 쓰지 않는다. 즉 수컷에 대한 선택권은 인간이 아니라 암고양이에게 있다.

수고양이가 성공적인 짝짓기를 할 수 있는 기회를 극대화하기 위해 사용하는 여러 전략은 주위에 얼마나 많은 암고양이가 사느냐에 영향받는다. 암컷이 널리 흩어져 있는 지역에 사는 수컷은, 최대한 많은 암컷(대체로 서너 마리)의 영역을 포함하는 넓은 영역을 자기 것으로 삼으려 한다. 그리고 그런 넓은 영역을 확보한 수컷은, 심지어 그 지역에 암컷보다 수컷이 많아져도 필요한 양보다 더 많은 먹이를 얻을 수 있게 된다. 하지만 수컷의 일차적 목적은 먹이가 아니라 바로 암컷에 대한 접근성이다. 모든 수컷이 한 마리 이상의 암컷을 독점하기엔 암컷의 수가 충분하지 않다. 고양이는 암수가 거의 같은 비율로 태어나기 때문이다. 따라서 상대적으로 어린 수컷들은 다른 전략을 선택한다. 즉 다른 수컷과의 충돌을 피하기 위해 그 지역의 가장자리를 배회하면서 아직 짝이 없는 암컷을 찾는다.

그런데 그 지역 주변에 규모가 큰 고양이 집단이 형성되면 기존의 짝짓기 경쟁 시스템은 무너질 수밖에 없다. 성공적인 짝짓기를 위한 수컷의 전략은 모든 암컷이 독립된 영역에서 생활하던 가축화 이전 시절에 세워졌지만, 가축화 이후에 암컷이 가족 단위로 살기 시작했을 때도 그 전략을 굳이 바꿀 필요가 없었다.

하지만 많은 암컷이 한 장소에 집중되어 있는 지역─어선이 들어오는 항구나 야외 식당이 많이 있는 마을, 혹은 길고양이를 위한 먹이통 여러 개가 운영되는 곳 등─에서는 아무리 힘세고 사나운 수컷이라 해도 암컷 여러 마리는커녕 한 마리도 독점하기가 어렵다. 이런 상황에서는 암수가 모두 포

허세와 위협

서로 경쟁 관계에 있는 고양이 두 마리가 만날 때 녀석들은 일단 신체적으로 충돌하는 일 없이 상대방을 설득하여 물러나도록 한다. 상대에게 치명적인 상처를 입을 수 있기 때문에 불가피한 경우가 아니라면 싸우려 하지 않는다. 따라서 녀석들은 상대방이 뒷걸음치도록 만들기 위해 자기 몸집을 실제보다 더욱 크게 보일 수 있는 자세를 취한다.

고양이는 자기 몸을 최대한 높이 세우고 몸을 약간 옆으로 돌리며 털을 곤두세우는데, 이 모든 행동은 자기 옆모습을 최대한 크게 보이기 위한 것이다. 물론 둘 다 이러한 행동을 취하기 때문에 어느 쪽도 이런 행동으로 이득을 보지는 못한다. 하지만 이는 몸을 최대한 크게 보이는 행동을 하지 않았을 경우에 찾아올 수 있는 위험을 굳이 감수할 필요는 없다는 것을 의미하기도 한다. 그러한 자세를 취하는 고양이에게 승리에 대한 자신이 없다는 것을 나타내주는 유일한 단서는 바로 귀를 머리 뒤쪽으로 숨기는 행위다. 귀가 싸움에서 가장 상처 입기 쉬운 부위이기 때문이다. 가장 힘센 수고양이라 할지라도 싸우고 나면 귀가 너덜너덜해진다.

동시에 자신이 우습게 볼 고양이가 아니라는 인상을 한층 강화하기 위해 다양한 울음소리를 내면서 상대를 위협한다. 거칠게 울부짖는 소리, 이빨을 드러내며 으르렁거리는 소리 그리고 난폭하게 내뱉는 듯한 소리 등을 내는데, 특히 으르렁거리는 소리가 낮을수록 후두가 크다는 의미이기에 상대보다 낮은 소리를 내 자신이 덩치 큰 고양이임을 암시하려 한다. 시각적으로 몸을 크게 보이려는 시도가 실패로 돌아가 싸움이 벌어져도, 이런 울음소리는 대체로 계속된다.

고양이는 개만큼 시각적인 신호를 다양하게 가지고 있지 못하다. 특히 물러서겠다는 의도를 표현하기가 쉽지 않다. 싸움은 보통 승자가 도망치는 패자를

맹렬히 쫓아가는 것으로 끝이 난다. 만약 두 고양이가 모두 싸우기를 원하지 않으면, 그중 한 고양이가 먼저 몸을 웅크리고 귀를 납작하게 하면서 위협 자세를 푼 다음 천천히 도망간다. 어깨 너머로 상대가 공격하지 않는지 여러 번 확인하면서.

함된 규모가 큰 고양이 집단이 발달하게 되는데, 여기 속한 고양이 중 일부는 단독으로 활동하기도 하고 다른 일부는 가족 단위로 서로 협력하기도 한다. 각각의 수컷은 본질적으로 암컷의 관심을 끌기 위해 서로 경쟁하지만, 앞서 보았듯이 공공연한 싸움은 가능하면 피하려고 한다. 게다가 규모가 큰 집단에 속해 있으면 더욱 그렇다. 마치 짝짓기를 할 준비가 되어 있는 암컷들이 자신을 받아들이게 하려면 스스로 잘 처신해야 한다는 것을 알고 있다는 듯이.

　대부분의 경우 암컷은 수컷, 특히 자신이 잘 모르는 수컷과의 접촉을 피한다. 아마도 공격을 당할 수도 있다는 두려움 때문으로 보인다. 그런데 예외적인 경우도 있다. 데이비드 맥도널드는 암컷으로 구성된 한 고양이 가족을 연구했는데, 그들은 근처에 사는 한 수컷에게 모두 우호적인 태도를 보였다. 그 수컷이 자기 가족을 다른 수컷들로부터 지켜주기를 바라서인 듯했다. 한편 수컷에 대한 적대감은 암컷에게 발정기가 찾아오면 누그러지게 된다. 암컷은 발정 전기 상태에 있을 때, 즉 짝짓기가 이루어지기 며칠 전에 수컷에게 더욱 매력적으로 보이며, 수컷을 대하는 태도도 관대해진다. 물론 이런 상태에서도 암컷은 순간적인 접촉 이상은 허용하지 않는다. 발정기가 가까워진 암컷 근처에 수컷이 없을 경우, 암컷은 자신이 평상시에 잘 다니던 장소를 벗어나 곳곳에 냄새 표시를 남기거나 특유의 목쉰 소리를 내곤 한다. 수 킬로미터 떨어진 곳에 있는 수컷들에게까지 자신이 짝짓기를 할 준비가 되었음을 알리기 위해서다. 발정기가 본격적으로 시작되면 암컷은 계속 땅바닥에 뒹굴고 가르랑거리는 소리를 낸다. 그리고 때때로 몸을 쭉 뻗기도 하고 발톱으로 땅을 긁기도 하며 여기저기에 냄새 표시를 남긴다. 이때쯤이면 보통 수컷 여러 마리가 나타나게 된다. 암컷은 수컷들이 다가오도록 놔두긴 하지만 녀석들이 자신을 올라타고 짝짓기를 시도하려고 하면 발톱과 이빨로 공격하는 등 호락호락하게 받아들이지 않는다.

　수컷이 최대한 많은 자손을 남기기 위해 노력하는 것과 마찬가지로 암컷도 자기가 평생 동안 낳을 수 있는 한정된 수의 새끼들이 가장 질 좋은 유전자를 가질 수 있도록 노력한다. 즉 알맞은 짝짓기 상대를 고르기 위해 '구애 기간'을 이용한다. 암컷은 자신의 영역에 수컷들이 남긴 냄새 표시를 통해서

수고양이의 오줌 냄새

일반적으로 암고양이는 새끼들의 아빠를 선택하는 데 있어서 매우 까다로운 편이다. 따라서 수고양이는 되도록 암컷을 만나기 전부터 자신이 얼마나 능력 있는 고양이인지를 광고할 필요가 있다. 이를 위해 수컷은 자기 오줌의 지린내를 이용하는 것으로 보인다. 우리에게는 아주 불쾌한 냄새지만 고양이에게는 매우 중요한 정보를 포함하고 있는 냄새다. 수고양이는 자기 오줌 냄새를 가능한 한 많은 고양이가 맡게 하기 위해, 쪼그려 앉지 않고 꼬리를 들고 뒷다리 발끝으로 서서 최대한 몸을 높여 문기둥처럼 눈에 잘 띄는 물체를 향해 오줌을 분사한다.

수고양이의 오줌 냄새가 암컷이나 중성화된 수컷의 오줌 냄새보다 훨씬 강한 이유는 '티올thiol'이라고 불리는 유황을 함유한 분자 합성물 때문이다. 티올은 마늘 특유의 냄새를 만드는 분자와 유사하다.[19] 오줌이 방출되어 공기와 접촉하기 전에는 이들 분자가 오줌 안에 나타나지 않는다. 그렇지 않다면 수고양이한테서는 매일 마늘 냄새가 날 것이다. 티올은 냄새 없는 형태의 아미노산으로 방광에 저장된다. 이러한 아미노산은 고양이한테서 처음으로 발견되었기 때

펠리닌

문에 '펠리닌felinine'이라는 이름을 갖게 되었다. 펠리닌은 콕신cauxin이라 불리는 단백질에 의해 방광 안에서 생성된다.

수고양이의 오줌에서 신호 역할을 하는 것은 아마도 단백질인 콕신이 아니라 펠리닌으로 보인다. 펠리닌은 두 개의 아미노산, 즉 시스테인cysteine과 메티오닌methionine 가운데 하나로 만들어지는데 이들 모두가 오줌의 지린내를 만드는 데 필요한 유황 원자를 갖고 있다. 고양이는 이러한 아미노산 가운데 그 어느 것도 스스로 만들어내지 못하기 때문에 펠리닌의 양은 녀석들의 먹이에 함유된 고품질 단백질의 양에 의해 결정된다. 따라서 야생고양이의 경우 펠리닌의 양은 녀석이 얼마나 뛰어난 사냥꾼인가에 의해 결정된다. 결과적으로 더 지독한 오줌 냄새는, 그것을 남긴 고양이가 사냥에 매우 뛰어남을 의미한다.

이렇듯 오줌 자국은 그것을 남긴 고양이에 대한 정보를 많이 담고 있는 것이 확실하다. 그렇지 않으면 암고양이는 자기 앞에 있는 여러 수컷 가운데 어떤 수컷이 최고의 사냥꾼인지 알 수 없을지도 모른다. 지금까지 과학자들은 수컷 오줌에 담긴 정보에 대해 연구하지 않았지만, 그것은 아마도 지린내 나는 유황 화합물 이상의 의미를 갖고 있을 것이다.

우리한테는 그저 불쾌한 냄새일지 몰라도 고양이 오줌 냄새는 녀석들의 건강 상태를 말해주는 진정한 징표다. 병약하고 무능력한 수컷은 자기 오줌에서 지린내가 강하게 나도록 충분한 먹이를 사냥할 수 없을 것이다. 그러므로 이런 징표의 진화는 아마도 수컷의 오줌이 얼마나 냄새가 나는지에 따라 수컷을 선택하는 암고양이 때문에 생겨났을지도 모른다. 예를 들어 어떤 이유로 인해 펠리닌을 생성하는 훌륭한 먹이를 섭취할 수 없는 수컷은 암컷의 선택을 받지 못할 것이다. 이러한 기준에서 보면 자기 주인이 고품질의 먹이를 주는 수고양이는 엄밀히 말하면 부정행위를 하고 있는 것이다. 하지만 이것이 암고양이의 행동에 영향을 미치기에는 너무 최근에 일어난 일이다. 어쨌든 이러한 수컷의 부정행위에 대해 아직까지 아무도 암고양이에게 귀띔해주지 않은 것 같다.

녀석들에 대한 정보를 어느 정도 알고 있을 수도 있다(269쪽의 '수고양이의 오줌 냄새'를 보라). 그러나 각 수컷이 다른 수컷이나 암컷에게 취하는 태도를 관찰함으로써 좀더 균형 잡힌 평가를 하려 한다. 그런 후에 짝짓기 대상으로 한 마리 이상의 수컷을 선택한다(혹은 그럴 수밖에 없을 것이다).

완전히 발정기로 접어든 암컷의 행동은 호르몬의 영향으로 갑자기 돌변한다. 계속해서 바닥에서 뒹굴다가 간간이 머리를 땅 쪽으로 숙인 구부정한 자세로 뒷다리를 부분적으로 펴면서 걸어 다니기도 한다. 이때 꼬리를 계속 한쪽으로 들고 있는데 이것은 교미할 준비가 되어 있다는 것을 수컷에게 알리는 신호다. 나타난 수컷 중에 가장 대담한 녀석이 암컷에게 올라타서 이빨로 암컷의 목덜미를 문다. 몇 초 후에 암컷은 수컷을 불러들였던 자신의 행동과는 모순되게, 성난 소리를 내고 할퀴면서 수컷을 내쫓는다. 이런 갑작스러운 감정의 변화는 교미 중에 암컷이 경험하게 되는 통증 때문에 발생한다. 수컷의 생식기에는 120개에서 150개의 뾰족한 돌기가 나 있는데 이것은 암컷의 배란을 자극하기 위한 것이다(인간과 달리 고양이는 자연적으로 배란이 되지 않고 자극이 필요하다). 다행스럽게도 암컷은 이런 불편함과 고통을 금방 잊고 몇 분 내로 다시 다른 수컷들을 초대하는 몸짓을 보인다. 이러한 주기적 행동은 점차 그 간격이 길어지면서 하루나 이틀 동안 지속된다. 짝짓기 기간이 끝나면 암컷은 그 지역을 떠나고 수컷들도 흩어진다. 만약 암컷이 임신이 되지 않으면 성공할 때까지 2주마다 다시 발정기가 찾아온다.

이렇게 '복잡한 의식'의 많은 부분은 가축화가 이루어지기 훨씬 이전에, 즉 모든 암고양이가 가장 가까운 수컷으로부터도 수 킬로미터나 떨어진 영역에서 살았을 때부터 진화했다. 과학자들은 암고양이가 번식에 이렇게 오랜 시간 공을 들이는 것은, 다른 육식동물과 달리 고양이는 암수가 짝을 이루어 살지 않기 때문에 적절한 상대를 찾을 충분한 시간을 벌기 위해서라고 여긴다. 만약 암컷이 같이 사는 한 마리의 수컷과 교미를 할 수 있다면 이렇게 오랜 시간 공을 들이는 번식 과정은 필요 없을 것이다. 고양이의 교미 방법은 암컷이 먼저 수컷 여러 마리를 끌어들이도록 만들어진 것으로 보인다. 만약 그 지역에 수컷이 많다면 암컷은 몇 시간 혹은 며칠 동안 녀석들을 관찰하여 어떤 수컷이 자기 새끼에게 최고의 유전자를 제공할지 가늠할 것이다. 최고의 유전자야말로 암컷이 새끼의 아비에게 바라는 모든 것이자 유일한 것이다. 왜냐하면 수고양이는 새끼를 돌보는 일에는 전혀 관여하지 않기 때문이다.

고양이의 짝짓기 전략은 가축화라는 길고 긴 여정이 시작된 시점에, 즉 인간이 고양이에게 먹이를 제공하기 시작했을 때 크게 한번 달라졌다. 암컷의 영역이 곡물 창고 주변의 사냥하기 좋은 장소나 인간이 버린 쓰레기 더미를 뒤질 수 있는 곳 혹은 인간이 먹이를 제공해주는 곳으로 집중되자, 수컷이 암컷의 냄새 표시를 찾기 위해 넓은 지역을 배회하는 전략만 택할 필요가 없어진 것이다. 그런 '옛 방식'만 고수하는 수컷은 오히려 짝짓기에 실패할 가능성이 많아졌다. 수컷의 짝짓기 유형을 조사한 몇몇 연구가 보여주는 것처럼, 옛 전략과 변화된 전략을 모두 구사하는 수컷들의 짝짓기 성공률이 가장 높다. 즉 자기 영역 안에 있는 암컷들의 발정기가 시작되면 '집'에 남아 있고, 그렇지 않을 때는 자기 영역 밖까지 돌아다니는 수컷이 짝짓기 성공률이 가장 높다는 것이다.[20] 하지만 짝짓기 성공률이 높은 수컷을 포함한 모든 수컷은 짝짓기 전략을 구사하는 과정에서 대가도 치른다. 특히 세 살이 안 된 녀석들은 효율적으로 경쟁할 만큼 강하지도 노련하지도 않아 큰 대가를 치르기도 한다. 다른 수컷들도 경쟁 과정에서 자동차 사고를 당하거나 싸우다 생긴 상처의 감염으로 인해 대부분 예닐곱 살을 넘어 생존하는 일이 드물다.

많은 고양이가 암수 함께 좁은 지역에서 생활하게 되면 수컷은 전략을 바꿀 수밖에 없다. 이런 경우에는 자신이 차지한 소수의 암컷을 독점하려고 노력하는 것이 이득이 되지 않을 수도 있다. 경쟁자들이 너무 많기 때문이다. 상황이 이러니 수컷은 자신의 암컷이 여러 마리의 수컷과 짝짓기를 할 수 있음을 받아들이는 것 같다. 그래서 암컷 한두 마리한테 애착을 가지기보다는 가능한 한 많은 암컷과 짝짓기를 하려고 노력한다.

하지만 이러한 전략은 고양이 진화 과정의 결과라고 말하기는 어렵다. 사실 고양이가 좁은 지역에서 규모가 큰 집단을 이루어 사는 경우는 자연 상태에서는 매우 드물게 일어나기 때문이다. 규모가 큰 집단에서 성장하는 수컷은 어떤 짝짓기 전략이 가장 효과적인지, 부상을 당하지 않으려면 어떤 전략을 피해야 하는지를 집단 안에 있는 나이 많은 수컷의 행동을 관찰하면서 학습하게 된다. 그리고 그 나이 많은 수컷이 더 나이가 많아지면 바로 그에게서 보고 배운 전략으로 그를 이긴다. 규모가 큰 고양이 집단 소속의 젊은 수컷들이 규모가 작은 집단 소속의 젊은 수컷들과 달리 거의 무리를 떠나지 않는 것은, 바로 그 때문이다. 그런데 이러한 상황은 일부 수컷이 근친번식을 하게 되는 결과를 낳았다. 한 집단에 계속 남아 있다보면 혈연관계의 암컷과 짝짓기를 할 가능성이 높아지는 것은 당연하다. 풍부한 먹이가 있는 다른 지역—주로 고양이 전용 먹이통이 모여 있는 지역—에서 형성된 집단으로 옮기면 근친번식의 위험을 피할 수 있다.

한동안 과학자들은 한배에서 태어난 새끼들의 털 색깔로 녀석들의 아비가 한 마리인지 아니면 다른 아비도 있는지를 알 수 있다고 생각했다. 발정기의 암컷은 가끔은 한 마리의 수컷만 선택하기도 하지만, 보통은 두 마리 이상의 수컷과 짝짓기를 한다. 그러므로 한배 새끼들이라도 아비가 여러 마리일 가능성이 항상 존재한다. 그러나 털 색깔만으로 아비의 숫자를 분명하게 알아낼 수는 없다. 특히 규모가 큰 집단 내에 있는 수컷들이 모두 비슷하게 생겼을 경우에는 더욱 그렇다. 다만 DNA 검사를 통해 암컷이 여러 후보자 가운데서 무엇을 기준으로 자기 새끼의 아비들을 선택하는지에 대한 보다 신뢰성 있는 정보를 얻을 수 있게 되었다.

함께 지내는 수컷이 한 마리뿐인 작은 집단 소속의 암컷들은 그 수컷 외에 다른 수컷과도 짝짓기를 하려고 그리 노력하는 것 같지 않다. 실제로 다섯 번의 출산 가운데 한 번 정도만 새끼에게서 다른 수컷의 DNA가 나타난다. 그 암컷들은 이미 오래전에, 즉 자기 무리에 그 수컷을 처음 받아들였을 때부터 녀석만을 새끼의 아비로 삼기로 정해놓았을 수도 있다. 아니면 그 수컷이 평소에 암컷들에게 자기 유전자의 우수성을 증명하기 위해 힘을 과시했기 때문에 암컷들이 다른 수컷을 바라지 않는 것일지도 모른다.

규모가 더 큰 집단에 소속된 암고양이는 수컷 몇 마리와 연달아 짝짓기를 하기 때문에 대부분의 새끼가 제각각 한 마리 이상의 수컷에게서 물려받은 DNA를 가지게 된다. 암고양이는 때로는 무리 밖에 있는 수컷을 골라서 근친번식의 위험을 피하기도 하고, 때로는 자기 무리 안에 있는 수컷 가운데 가장 넓은 영역을 지킬 수 있는 녀석을 선택하기도 한다.

암고양이가 수컷 여러 마리와 연달아서 짝짓기를 하는 습성은 어쩌면 다른 목적을 가지고 있을지도 모른다. 즉 수컷이 새끼를 못 죽이도록 하기 위한 하나의 전략일 수도 있다. 수고양이는 암컷이 다른 수컷과도 짝짓기 하는 것을 지켜보지만 암컷의 새끼 가운데는 자기 DNA를 물려받은 새끼가 있을 수도 있음을 안다. 또한 암컷 여러 마리와 짝짓기를 하는 수컷은 주로 덩치 큰 놈들이기 때문에 그 어떤 수컷도 함부로 새끼를 해치기는 어렵다.

오늘날 도시에서 살아가는 수고양이들은 새로운 문제에 직면해 있다. 점점 더 많은 암고양이가 중성화 수술을 받기에 새끼를 낳을 수 있는 짝을 발견하기 어렵기 때문이다. 여러 동물 복지 단체는 고양이 주인들에게 암고양이 중성화 수술을 장려하고 있을 뿐만 아니라 길고양이 집단에서도 암고양이를 찾아내서 중성화 수술을 시키고 있다.[21] 상황이 이러하기에 도시에서 생활하는 수고양이 대부분은 자신의 새끼를 낳아줄 젊은 암컷을 우연히 만날 수 있기를 바라면서 녀석들의 야생 조상처럼 이리저리 돌아다니는 생활 방식을 택하고 있다.

그동안 관찰해온 것으로 판단하건대, 수고양이는 중성화된 암컷과 임신이 가능한 암컷을 구별하지 못하는 것으로 보인다. 우리 집 암고양이 두 마리가 중성화 수술을 받은 후에도(중성화 수술을 받기 전에는 각각 한 마리와 세 마리의 새끼를 출산했다) 매년 늦겨울이면 떠돌이 수컷들이 우리 고양이를 찾아오곤 했기 때문이다. 중성화된 암컷의 냄새나 행동도 수컷을 충분히 자극하는 듯하다.

한마디로 말해 도시에 사는 수고양이가 수많은 암컷 중 자신에게 아비가 될 수 있는 기회를 주는 암고양이를 찾는 것은 모래밭에서 바늘 찾기와 같다. 그러므로 수고양이는 가능한 한 넓은 지역을 배회하면서 발정기에 접어들고 있는 몇 안 되는 암컷의 울음소리와 특유의 냄새를 찾기 위해 모든 감각을 끊임없이 동원해야 한다. 이런 수고양이 대다수는 길고양이다. 녀석들은 암컷을 찾아 헤맬 때를 제외하면 거의 사람들 눈에 띄지 않기 때문에 우리 생각보다 그 수가 훨씬 많다. 털 몇 가닥으로 고양이의 DNA 지문을 얻는 것이 처음으로 가능해졌을 때, 나의 연구 팀은 사우샘프턴의 두 지역에 있는 가정에서 태어난 새끼 고양이에 대한 DNA 조사를 실시했다. 그동안의 연구 결과와 마찬가지로 '가장 능력 있는' 수컷 몇 마리가 새끼 대부분의 아비라는 것이 확인되기를 기대하면서. 하지만 어미가 다른 70여 마리의 새끼들 중 아비가 같은 경우는 단 한 건도 없었다. 다시 말해 수컷 한 마리가 암컷 여러 마리를 임신시킬 수 없었다는 얘기다. 중성화 수술의 유행으로 인해 번식할 수 있는 암고양이 수가 워낙 적다 보니, 그 지역에 사는 가장 강하고 사나운 수고양이조차 한 마리의 암컷만 임신시키게 되었을 것이다.

하지만 인간과 함께하기 시작한 이래로 고양이는 인간이 만들어낸 다양한 상황에 놀라울 정도로 잘 적응해왔고, 번식에서도 그런 융통성을 보여주기에 집고양이 암컷은 현재도 매년 열두 마리나 되는 새끼를 낳을 수 있다. 길고양이 역시 적어도 두세 마리의 새끼를 낳아 개체 수를 유지한다.

고양이는 영역 동물이지만, 좁은 지역에서 함께 사는 상황에 잘 적응하고 있다. 사실 좁은 지역에 고양이들이 밀집해서 살면 새끼 고양이는 수컷들로부터 공격당할 가능성이 크다. 그래서 암고양이는 발정기 때 되도록 여러 수컷을 받아들인다. 수컷들은 자기 자식일지도 모르는 새끼는 공격하지 않기 때문이다. 한편 농장에 사는 암고양이는 자기 새끼를 침입자로부터 잘 보호해줄 수 있는 수컷 한 마리를 가족으로 받아들이기도 한다. 이렇듯 암고양이는 새끼들을 잘 기르기 위해 자신이 처한 상황에 알맞은 방법을 찾아 잘 적응해왔다.

수고양이 역시 자신이 처한 상황에 놀라울 만큼 잘 적응해왔다. 이론상 수컷 한 마리는 새끼 수백 마리의 아비가 될 수 있기에, 한 지역의 수컷 개체 수가 고양이 전체 개체 수를 제한하는 요인으로 작용하지는 않는다. 수컷은 자기 종 전체의 생존에는 별로 관심이 없지만, 본능적으로 자손을 최대한 많이 남기려고 한다. 그래서 새끼를 낳을 수 있는 암컷의 수가 극히 적은 곳에 사는 수컷은 중간중간 먹이를 찾기 위해 잠시 멈출 때만 제외하고는 짝짓기 기회를 찾아 가능한 한 넓은 지역을 계속 돌아다닌다. 우연히 한 암컷 무리가 살고 있는 지역에 이른 수컷은, 그 무리에 속한 암컷 모두를 거느리는 특권을 누릴 수도 있다. 하지만 또 다른 암컷 무리와도 번식할 수 있다고 판단되면 그들을 계속 주시하다가 때때로 그 무리의 새끼들을 죽이기도 한다. 그러나 수컷이 잠재적인 짝짓기 대상뿐 아니라 잠재적인 경쟁자도 많은 규모가 큰 집단에 산다면, 타고난 공격성을 억제하게 된다. 이것은 치명적인 부상을 피하고 자기 새끼도 가질 수 있는 유일하고도 현명한 전략이다.

지금까지는 반려고양이가 아닌 고양이들의 자발적인 짝짓기에 관한 이야기였다. 오늘날 서구 사회의 반려고양이 대부분은 성적으로 성숙해지기 전에 중성화 수술을 받는데, 고양이 주인들은 이 중성화 수술에 대한 여러 가지 소문을 들었을 것이다. 예를 들어 난소 제거 수술을 받은 암컷은 항상 발정기처럼 행동한다든가, 어렸을 때 중성화 수술을 받은 수컷은 수컷의 특징적인 행동을 발달시키지 못하고 중성화된 암컷처럼 행동한다든가 하는 이야기들을 말이다. 하지만 모두 근거 없는 소문일 뿐이다. 중성화된 수컷들은 다른 고양이에 대한 포용력이 향상되긴 하지만 어느 정도까지만 그럴 수 있을 뿐이다. 또한 중성화 수술을 받아도 남매 사이 혹은 어미와 새끼 사이에 형성된 가족 유대감은 유지된다. 또한 중성화 수술을 받은 고양이도 주인이 낯선 고양이를 데려와 기르게 된 경우나 이웃집에 사는 낯선 고양이를 정원에서 마주치게 되는 경우에, 야생 조상으로부터 물려받은 타고난 적대감을 보인다. 그러나 그 조상과 달리 오늘날의 집고양이는 인간과 밀접한 유대감을 형성할 수 있기에 새로운 차원의 사회적 생활을 할 수 있게 되었다.

제 8 장

고양이와
주인

고양이와 주인의 관계는 본질적으로 애정을 바탕으로 하고 있다. 이 관계가 갖는 복잡성과 풍부함을 능가하는 것은 오직 개와 주인 사이의 유대감밖에 없다. 그러나 냉소자들은 고양이는 먹이와 거처를 얻기 위해 사람에게 거짓된 애정 표현을 하는데, 주인은 그것을 자기 감정을 투사해서 바라보며 자신의 사랑에 대한 화답으로 여긴다고 주장한다.

사람들은 왜 고양이를 좋아할까

고양이가 거짓된 애정을 표현한다는 주장을 가볍게 무시할 수는 없지만, 우리가 고양이에게 애정을 느끼는 것은 그럴 만한 확실한 이유가 있기 때문이다. 인간에게 해로운 동물을 통제하는 능력에 있어서 흰담비는 고양이만큼이나 뛰어났지만, 고양이처럼 많은 사람의 마음을 끌지는 못했다. 따라서 우리가 고양이에게 갖는 감정적 유대감은 단순히 실용성에 대한 고마움에서 비롯된 것이 아니다. 사실 오늘날의 고양이 주인들은 고양이의 사냥 솜씨를 고마워하는 것이 아니라 끔찍할 정도로 싫어하지만, 여전히 자기 고양이를 사랑한다. 고양이가 가진 몇몇 특성으로 인해 우리는 녀석의 행동을 마치 사람의 행동인 양 생각하게 되며, 그 결과 우리는 종종 녀석들을 덩치만 작지 우리와 똑같은 사람처럼 대한다.

우리가 고양이를 '덩치 작은 사람'으로 생각하는 가장 명확한 이유는 녀석들의 얼굴이 인간과 비슷한 특징을 가지고 있기 때문이다. 흰담비를 포함하여 눈이 다소 얼굴 측면에 위치한 대부분의 다른 동물과 달리 고양이 눈은 우리 눈처럼 얼굴 정면에 있다. 고양이의 머리는 둥글고 이마는 넓어서 사람 아기 얼굴을 연상시킨다. 이런 얼굴은 사람에게, 특히 아기를 가질 수 있는 여성에게 강력한 보호 본능을 불러일으킨다. 따라서 고양이의 외모는 인간에게 놀라운 영향을 미칠 수도 있다. 과학자들은 귀여운 강아지나 고양이 사진을 보는 것만으로도 사람들 마음에 아기를 돌보고자 하는 것과 비슷한 감정이 생긴다는 것을 밝혀냈다.[1]

우리가 아기 얼굴을 가진 동물을 좋아한다는 사실은 '테디 베어'의 모습이 진화한 것만 봐도 알 수 있다. 원래 테디 베어는 불곰을 있는 그대로 묘사하여 만들었지만 20세기를 거치면서 점점 아기 같은 모습으로 변화했다. 몸집은 작아지고 머리, 특히 이마가 커졌으며 코도 아기처럼 작고 동그란 모양으로 바뀌었다.[2] 이러한 변화를 가져온 '선택적 압력'은 곰 인형을 갖고 노는 아이들한테서 비롯된 것이 아니라—네 살 미만의 아이들은 자연 그대로 생긴 곰 인형도 잘 갖고 논다—테디 베어를 구입하는 성인, 보통은 여성으로부터 비롯된 것이다. 하지만 고양이의 외모는 변할 필요가 없었다. 원래부터 사람의 마음을 끄는 외모를 타고났기 때문이다. 그럼에도 불구하고 고양이 이미지는 계속 진화해왔으며 결국 일본 고양이 캐릭터인 '헬로 키티'에서 절정에 이르게 되었다. 키티는 머리가 몸보다 크고 머리의 절반 이상을 이마가 차지한다.

하지만 고양이의 귀여운 외모 때문에 지금까지 인간과 고양이의 애정 어린 관계가 유지된 것은 아니다. 귀여운 것으로 따지자면 판다도 고양이에 뒤지지 않는다. 판다의 이미지는 50년이 넘도록 세계자연보호기금World Wildlife Fund의 로고로 채택되어 수백만 파운드의 기금 모금에 커다란 도움이 되었다. 세계자연보호기금도 판다의 귀여움 덕분에 '판다가 나한테 시킨 일이에요The Panda Made Me Do it' 등 여러 기금 모금 캠페인이 성공했음을 인정한다.[3] 하지만 판다를 직접 보면 누구나 녀석이 좋은 반려동물은 될 수 없다고 말할 것이다. 판다는 사람을 좋아하지 않기 때문이다. 즉 외모가 귀엽다고 다 반려동물이 될 수 있는 것은 아니다.

고양이가 반려동물로 사랑받는 이유는 단지 외모 때문이 아니라 녀석들이 인간과 관계를 맺는 데 있어서 개방적이기 때문이다. 가축화되면서 녀석들은 우리가 매력적이라고 여기는 방식으로 인간과 상호작용하는 능력을 발전시켰다. 바로 이러한 능력으로 인해 고양이는 인간에게 해로운 동물을 물리치는 '해결사'에서 인간과 함께 살아가는 소중한 '동반자'로서의 변신이 가능했고, 고양이를 반려동물로 삼는 사람의 수는 점점 증가하고 있다.

인간에 대한 고양이의 애정

우리는 고양이에게 애정을 느낀다. 그렇다면 고양이는 우리에게 무슨 감정을 느낄까? 인간을 적으로 여기던 야생고양이가 어떻게 집고양이로 변화했는지를 살펴보면 답을 알아낼 수 있을 것이다. 고양이는 인간과 함께하면서 개만큼 다양한 일을 수행하지는 않았다. 개는 양 떼를 몰고, 주인과 함께 사냥을 하며, 주인이 사는 집을 지키기도 한다. 개는 인간의 몸짓이나 표정에 집중할 수 있는 독특한 능력이 발달했기 때문이다. 반면에 고양이는 인간으로부터 독립적으로 활동한다. 혼자서 쥐를 잡거나 자신의 결정에 따라 하고 싶은 행동을 한다. 사실 쥐를 잡는 행동도 인간이 훈련시켜서 한 것이 아니라 스스로 원해서 한 것이다. 즉 고양이의 주된 관심사는 자기 주인이 아니라 주변 환경, 다시 말해 자기 영역이다. 그럼에도 불구하고 가축화의 가장 초기 단계에서부터 고양이는 자신을 보호해주고 먹이도 제공해주는 인간이 필요했다. 녀석이 책임지고 있던 곡식 창고에 쥐가 별로 나타나지 않는 시기도 있었기 때문이다. 그리하여 사냥 능력이 뛰어날 뿐 아니라 인간과 친구가 될 수 있는 새로운 능력까지 갖춘 고양이가 번성할 수 있었다.

고양이가 인간에게 애착을 갖는 것은 단순히 실용적인 이유 때문만은 아니다. 분명 감정적인 기반도 가지고 있다. 이제 우리는 고양이가 다른 고양이에게 애정을 느낄 수 있는 능력이 있음을 안다. 그렇다면 주인에 대해서도 그러지 말라는 법이 있겠는가. 고양이는 자기 가족에게 가지고 있는 유대감을 가축화를 거치면서 자기를 돌봐주는 주인에게까지 확장시켰다. 물론 고양이의 사회성은 개의 사회성만큼 정교하지는 않기에, 고양이가 개처럼 자기 주인에게 온 신경을 집중할 수 있다고 기대할 수는 없다. 그러나 야생고양이가 자기 가족에게 지속적으로 보여준 충실함이 좋은 원료가 되어, 인간과 애정 어린 유대감을 형성할 수 있는 반려고양이로의 진화가 가능하게 되었다.

나는 고양이가 우리를 그저 좋아하는 척할 뿐이라는 회의론자들의 생각이 맞을 수도 있겠다는 생각이 들 때마다, 내가 키우던 고양이 얼루기를 떠

올려보곤 한다. 얼루기는 중성화 수술을 받은 잡종 수고양이로 매력적인 긴 털을 가지고 있었는데, 성격은 외향적이고 애정이 많았던 자기 어미나 여자 형제와 달리 차갑고 도도했다. 녀석은 방구석에 혼자 앉아 있는 것을 좋아했고 다른 사람의 무릎 위에는 절대 앉지 않았다. 집에 방문객이 찾아오기라도 하면 정말 싫다는 티를 내며 일어나서 기지개를 한 번 쭉 켜고는 천천히 방을 나섰다. 녀석은 사람을 무서워한 것이 아니라 단지 방해받고 싶지 않았던 것이다. 하지만 자기가 마음에 들어하는 몇몇 사람은 정말로 좋아했다. 한 명은 박사과정 연구 때문에 얼루기를 조사하기 위해 종종 우리 집을 찾았던 학생이었다. 처음 몇 번 만난 후에 얼루기는 그 학생의 목소리가 들리기라도 하면 뛸 듯이 기뻐하며 한걸음에 달려 나왔는데, 자기와 재미있게 놀아주었던 기억 때문이었을 것이다.

얼루기가 애정을 갖는 또 다른 대상은 고맙게도 나였다. 내가 차를 가지고 출근했음을 눈치챌 때마다 녀석은 앞마당에 온종일 앉아 있곤 했다. 심지어 비가 내려도 내가 오기만을 기다렸다. 그러다가 집으로 돌아오는 내 차를 발견하면 진입로까지 뛰어왔고, 내가 차 문을 열어주면 바로 내 무릎으로 올라와서 큰 소리로 가르랑거렸다. 그러고는 잠시 동안 차 안을 돌아다니고 나서 뒷다리는 조수석을, 앞다리는 내 다리를 딛고 서서 자기 얼굴을 내 얼굴에 비볐다. 이러한 행동을 깊은 애정에서 나온 것이 아니라고 주장하기는 어려울 것이다. 먹이나 다른 보상을 기대하며 하는 행동은 분명 아니었다. 보통 얼루기에게 먹이를 주는 것은 내 아내였지만, 녀석은 아내한테는 절대 그런 행동을 하지 않았다.

고양이가 사람과 함께 있을 때 실제로 행복한 감정을 느낄 수 있다는 가장 믿을 만한 증거가 20년 전에 우연히 발견되었다. 일군의 과학자들은 자신이 연구하는 고양잇과 동물 일부가 번식하지 못하는 이유가 작은 우리에 간혀 사는 스트레스 때문이 아닐까 추측하며, 여러 가지 스트레스에 대한 실험을 해보기로 했다.[4] 과학자들은 우선 퓨마 두 마리와 표범살쾡이 네 마리, 제프로이고양이 한 마리를 원래 살던 우리에서 낯선 우리로 이동시켰다. 그런 후 녀석들의 오줌에서 스트레스 호르몬(코르티솔) 분비량을 측정하자 그 수치가 엄청났다. 사실 이것은 당연한 결과였다. 녀석들 같은 영역 동물은 사는 장소가 바뀌면 불안해하기 때문이다. 이후 10여 일 동안 녀석들이 새로운 환경에 적응해가자 그 수치는 점차 감소했다.

위의 고양잇과 동물들과 비교하기 위해, 과학자들은 집고양이 여덟 마리도 원래 있던 우리에서 다른 우리로 옮겨 수의사로 하여금 매일 오줌을 분석하게 했다. 녀석들 중 네 마리는 사람을 아주 잘 따랐고 나머지 네 마리는 사람에게 그리 우호적이지 않았다. 오줌 분석 결과, 사람을 별로 좋아하지 않는 고양이 네 마리한테서만 스트레스 호르몬 분비량이 증가했고, 나머지는 그렇지 않았다. 모든 고양이를 다시 원래 있던 우리로 돌려보내자, 이번에는 사람에게 우호적인 네 마리한테서 높은 수치의 스트레스 호르몬이 검출되었다. 이 실험의 결과는 사람에게 우호적이지 않은 고양이들에게는 매일 수의사를 만나는 것이 스트레스였고, 사람에게 우호적인 고양이들에게는 수의사와 헤어져 원래 우리로 돌아가는 것이 스트레스였음을 보여준다. 수의사가 후자의 고양이들에게 매일 핸들링을 해주자 녀석들의 스트레스 수치는 다시 내려갔다. 즉 녀석들은 우리에 혼자 있을 때는 약간 기분이 안 좋아졌다가 사람과 접촉하면 다시 기분이 평온해지는 모습을 보였다. 이 고양이들이 '분리 불안separation anxiety'을 겪었다고 말하는 것은 지나치겠지만, 녀석들은 분명 사람으로부터 관심을 받을 때 행복해했다.

고양이 주인이 자기 고양이의 감정 상태를 판단하려면 관찰밖에 방법이 없다. 호르몬 테스트를 할 수는 없기 때문이다. 하지만 안타깝게도 고양이는 개처럼 자기 감정을 겉으로 잘 드러내는 동물이 아니다. 평생을 사회적 무리 안에서 생활하는 동물 외에 나머지 동물들은 자기 감정을 드러내지 않는 쪽으로 진화해왔다. 자신의 종에 속한 모든 동물이 잠재적 경쟁자일 때 맛있는 것, 잠자기에 안전한 장소, 이상적인 짝짓기 상대를 찾을 때마다 노골적으로 기쁨을 표현하는 것은 불리할 수 있기 때문이다. 또한 아파서 건강하지 못한 개체도 경쟁자에게 자기 약점이 노출될까봐 아픈 것을 감추려 한다. 그러므로 고양이처럼 독립적인 동물에게 확연한 감정 표현을 기대할 수는 없다.

어떤 동물의 힘과 건강 상태를 가장 정직하게 보여주는 지표는, 암컷과 수컷의 이해관계가 상충하는 동물에게 발달하는 경향이 있다. 예를 들어 모든 수고양이는 어떻게 해서든 건강하고 능력 있는 사냥꾼으로 보이려 하지만, 암고양이는 허세가 아니라 정말로 사냥에 뛰어난 건강한 수컷을 찾으려 한다. 때문에 암고양이는 과대 포장에 속지 않고 능력 있는 수컷을 가려내는 방법을 발달시켜왔다. 오줌 지린내가 심한 수고양이는 실제로 능력 있는 사냥꾼이라는 증거가 되는 셈이다. 동물성 단백질을 많이 섭취할수록 오줌 냄새가 심하기 때문이다. 공작새 수컷의 경우, 커다란 꼬리가 건강하다는 증거다. 따라서 수컷의 꼬리가 크지 않다면, 그 수컷은 암컷에게 나는 별 볼일 없으니 다른 짝을 찾으라고 말해주는 것이나 다름없다.

가르랑거리는 소리의 의미

한편 동물은 상대에게서 무언가를 얻어내기 위한 가장 손쉬운 방법으로 신호를 이용하기도 하는데 고양이도 그렇다. 고양이 어미는 새끼 고양이들이 태어나면 처음 2개월 동안에는 계속 젖을 물리지만, 새끼들이 조금씩 성장해가면 녀석들에게 젖이 아니라 사냥해온 쥐처럼 고체로 된 음식을 먹이려고 한다. 하지만 새끼들은 계속 어미젖을 먹고 싶어하고, 이때 할 수 있는 방법이 가르랑거리는 신호를 보내는 것이다.

이렇듯 이제껏 우리가 고양이의 만족스러운 기분을 나타내는 전형적인 신호라고 생각해왔던 가르랑거리는 소리는, 어떤 경우에는 다른 의미일 수도 있다. 물론 어른 고양이도 가르랑거리는 소리를 내는데, 다소 약해서 가까운 거리에서만 들리는 이 신호는 새끼 때 내던 소리를 발전시킨 것이 거의 확실하다(289쪽의 '고양이는 어떻게 가르랑거리는 소리를 낼까?'를 보라). 야생 고양이는 짝짓기 할 때를 제외하면 어미와 새끼 사이에서만 이 친밀한 신호를 사용하는데, 새끼가 젖을 빨면서 가르랑거리면 어미가 같은 소리를 내기도 한다. 이때 새끼들은 젖이 잘 돌게 하기 위해 어미의 배를 꾹꾹 눌러가며 주무른다.

고양이가 이렇듯 신체 접촉을 할 때만 가르랑거리는 것은 아니다. 어떤 고양이는 먹이를 얻기 위해 주인 곁을 어슬렁거릴 때 다급하게 가르랑 소리를 내어 주인의 관심을 끈다. 어떤 고양이는 화가 나 있다는 표시로 꼬리털을 곤두세운 채 주인에게 가르랑거린다.[5] 또한 주변에 사람이 없을 때 가르랑 소리를 내기도 한다. 주인에게 잘 들리지 않을 텐데도. 우리는 무선마이크를 사용한 여러 실험을 통해 고양이가 친하게 지내는 다른 고양이를 만나 서로 그루밍을 해줄 때나 몸을 기댄 채 편하게 쉴 때도 가르랑거리는 소리를 냄을 확인할 수 있었다. 부상을 당한 순간이나 죽기 직전처럼 깊은 고통을 느낄 때 가르랑거리는 고양이들도 있다.

고양이는 많은 경우 "제 옆에 있어주세요"라는 뜻으로 가르랑거린다. 새끼 고양이는 어미한테 젖을 빨 수 있게 곁에 있어달라고 가르랑거린다. 물론 어미가 새끼 곁에 항상 있을 수는 없는 노릇이지만. 어른 고양이도 상대방에게 머물러달라고 요청하는 의미로 가르랑거릴 때가 있다. 내가 키우던 고양이 리비는 자기 어미 루시의 털을 손질하다가 다소 공격적으로 가르랑거리기도 하고 때로는 발 하나를 어미 목덜미에 올려놓기도 했다. 마치 "아이, 어디 가려 하지 말고 그냥 계세요" 하는 것처럼.

고양이가 가르랑 소리를 내는 가장 일반적인 경우는 만족감이나 행복감 등 자신의 감정 상태를 상대에게 전달할 때인데, 이때 그 소리에는 다른 목적이 담겨져 있기도 하다. 가령 어미의 젖을 빠는 새끼 고양이나 주인이 만져주는 것을 즐기는 반려고양이는 자신이 만족한다는 것을 나타내기 위해 가르랑거리면서 그 만족스러운 상황을 더욱 연장시키려 한다. 또 어떤 경우에는 그저 배가 고파서, 아니면 자기 주인이나 다른 고양이가 어떻게 반응할지 몰라 약간 불안해서 가르랑거리기도 한다. 심한 두려움이나 고통을 겪을 때도 같은 소리를 내는 경우가 있다. 이 모두가 본능적으로 자신에게 유리한 상황을 만들기 위해서다.

마크 트웨인은 가르랑거리는 고양이를 지켜볼 때면 녀석이 자신을 속이고 있을지 모른다고 기분 좋게 인정한다면서 이렇게 썼다. "나는 고양이를, 특히 가르랑거리는 고양이를 절대 뿌리칠 수 없다. 고양이는 내가 아는 동물 가운데 가장 깨끗하고 가장 영악하며 가장 똑똑하다."[6] 그가 고양이를 영악하다고 한 것은, 고양이의 정신적 능력을 과장해서 생각했기 때문이다. 고양이는 가르랑 소리를 통해 고의적으로 자기 주인이나 다른 고양이를 속이려 하지 않기 때문이다. 그저 특정한 상황에서 가르랑 소리를 내는 것이 자기

고양이는 어떻게 가르랑거리는 소리를 낼까?

고양이가 가르랑거리는 소리는 매우 특이하다. 후두 쪽에서 나는 소리 같지만 끊김 없이 연속적으로 들리기 때문이다. 그래서 과학자들은 고양이가 어떤 방식으로든 혈액을 가슴 부분에서 울리도록 만들어 가르랑 소리를 내는 것으로 생각하기도 했다. 하지만 면밀히 조사해본 결과, 이 소리는 들숨과 날숨 사이의 짧은 시간 동안 미묘하게 변하면서 잠깐은 거의 멈춘다는 것을 알 수 있었다. 이것을 확인하려면 소나그램〔소리의 주파수 분석 결과를 시간 순서대로 기록한 것〕을 왼쪽에서 오른쪽으로 살펴보길 바란다. 그래프 끝이 높을수록 가르랑거

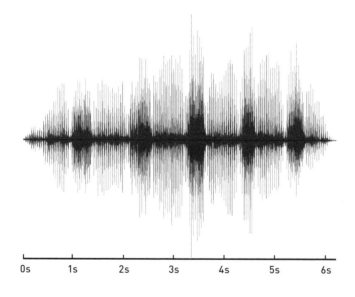

가르랑거리는 소리의 소나그램: 왼쪽에서 오른쪽으로 살펴보면
선들이 좁게 밀집되어 있고 높은 부분은 들숨일 때의 소리고,
선들 사이가 비교적 넓고 높이가 낮은 부분은 날숨일 때의 소리다.

리는 소리가 크다는 의미다. 가르랑거리는 소리는 들숨일 때는 간격이 짧고 커지며, 날숨일 때는 간격이 길어진다.

가르랑 소리는 낮은음의 허밍처럼 성대가 진동되면서 생겨난다. 하지만 허밍은 소리가 성대를 지나면서 진동되지만, 가르랑 소리는 성대 자체가 서로 부딪혀 진동되면서 만들어진다. 마치 손잡이를 잡고 돌리면 회전하는 톱니바퀴에 얇은 나무판이 부딪히면서 딱딱 소리를 내는 축구 응원 도구 같다. 고양이는 종종 가르랑거리면서 동시에 허밍 소리를 내기도 하는데, 이것은 날숨일 경우에만 가능하며 이때 가르랑 소리는 좀더 강화되고 더욱 리드미컬해진다.

어떤 고양이는 가르랑거릴 때 야옹 소리를 더해 듣고 있는 주인에게 다급함을 전달할 수도 있다.[7] 주인에게 먹이를 바랄 때 이렇게 '다급한 가르랑 소리'를 내다가 먹이를 먹은 후에는 원래의 가르랑 소리로 돌아간다. 새끼 고양이나 주인 없는 고양이에게서 나는 다급한 가르랑 소리가 녹음된 적은 아직까지 없다. 따라서 이런 가르랑 소리는 야옹 소리와 마찬가지로, 고양이가 자신이 원하는 것을 얻기 위해 후천적으로 학습한 것으로 보인다.

삶을 좀더 순탄하게 만든다는 것을 알고 있을 뿐이다.

이렇듯 고양이를 키우는 사람들이 고양이의 애정 표현이라고 생각하는 가르랑 소리는 때때로 다른 것을 의미할 수 있음이 밝혀졌다. 게다가 여러 연구를 통해 드러났듯이, 가르랑 소리는 어미 고양이와 새끼 사이의 상황을 제외하고는 고양이 사회에서 핵심적인 애정 표현이 아니다. 오히려 우리가 간과하는 다른 신호들이 진정한 애정 표현일 수 있다. 어른 고양이는 서로 핥아주거나 몸을 비비는 행위를 통해 애정을 표현하는 것으로 보인다. 따라서 우리에 대한 애정 표현도 바로 그런 행동이 아닌지 조사해볼 필요가 있다.

핥고, 쓰다듬고, 비비고… 고양이와 인간의 교감

많은 고양이가 정기적으로 자기 주인을 핥는다. 하지만 그 이유에 대한 과학적 연구는 아직 이루어지지 않았다. 주인을 핥지 않는 고양이는 주인이 싫어했기 때문에 그런 습관을 버린 것일 수도 있다. 고양이의 혀는 엉킨 털을 잘 손질할 수 있도록 뒤쪽으로 향한 돌기로 덮여 있지만 그렇다고 인간의 피부에 거친 느낌을 줄 정도는 아니다. 어떤 과학자들은 우리 피부에 남아 있는 소금기 때문에 고양이가 우리를 핥는다고 추측하기도 한다. 하지만 고양이는 짠맛을 그리 좋아하지 않는 것으로 보인다.[8] 가장 그럴듯한 설명은, 고양이가 주인에게 무언가를 전달하기 위해 그런 행동을 한다는 것이다. 전달하려는 그 '무언가'는 고양이마다 제각각 다를 것이다. 고양이가 다른 고양이의 털을 핥아주는 이유가 제각각 다르듯이.

하지만 고양이가 주인을 핥는 행동은 기본적으로는 애정에서 비롯된 행동임에 틀림없다. 다른 고양이의 몸을 핥으며 몸단장을 해주는 것이 애정에서 나오는 행동인 것처럼 말이다. 또한 주인은 알아채지 못했지만 고양이 스스로 크게 잘못했다고 생각하는 일에 대해 '사과'하기 위해 그런 행동을 할 수도 있다. 한편 한 발을 주인 손목에 올려놓고 주인 손을 핥는 행위는 주인에게 영향력을 행사하려는 의도일 수 있다. 하지만 고양이가 왜 서로의 털을 '단장'해주는지 더 많이 알게 되기 전까지, 고양이가 우리를 핥아주는 구체적인 이유도 그저 추측만 할 수 있을 뿐이다.

고양이 주인은 고양이를 쓰다듬으면서 녀석과 촉감을 통해 교감하게 된다. 주인 대부분은 그저 자기 고양이가 쓰다듬어주는 것을 즐기기 때문에 쓰다듬는다고 말하지만, 고양이에게 그와 같은 주인의 행동은 상징적인 의미로 다가올 수 있다. 다시 말해 자신과 우호적인 관계를 가진 다른 고양이가 그루밍을 해주는 것과 같은 뜻으로 받아들일 수 있다. 그래서인지 대부분의 고양이는 주인이 신체 부위 중에 머리를, 정확히 말하자면 다른 고양이들이 자주 그루밍해주는 부위를 쓰다듬어주는 것을 좋아한다. 주인이 배나 꼬리 주변을 쓰다듬는 것을 좋아하는 고양이는 열 마리 가운데 한 마리도 채 안 된다는 사실이 여러 연구를 통해 밝혀졌다.

많은 고양이가 주인이 쓰다듬어주기를 그냥 수동적으로 기다리기보다는 주인 무릎에 올라가거나 그 앞에서 뒹굴며 적극적으로 요구하는데, 이런 행위에는 어떤 숨은 의미는 없고 그저 주인과 서로 합의한 즐거운 상호작용을 하고 싶다는 뜻으로 보인다. 그러나 자신이 원하는 부위를 내밀거나 바로 그 부위에 주인 손이 닿을 수 있도록 몸의 위치를 바꾸는 행동까지 하는 것을 보면,[9] 고양이는 우리가 쓰다듬어주는 것을 즐길 뿐만 아니라 그것을 주인과의 유대감을 강화하는 일종의 '사회적 의식'으로 생각하는 것 같기도 하다.

어떤 과학자들은 녀석들이 원하는 부위를 적극적으로 내미는 것은 자기 체취를 우리에게 남기기 위한 시도라고 추측한다. 녀석들이 주로 내미는 볼이나 귀 주변에 냄새가 만들어지는 취선이 분포하고 있기 때문이다.[10] 하지만 취선이 있는 꼬리 아랫부분은 만져주는 것을 싫어하기에, 이 추측은 맞지 않는 듯하다. 사실 고양이를 쓰다듬으면 우리 손에 우리는 맡을 수 없는 고양이의 미묘한 체취가 불가피하게 남는다. 하지만 고양이가 우리가 쓰다듬어주는 것을 좋아하는 것은, 자기 냄새를 우리에게 남기고 싶어하기 때문은 아닌 것 같다. 만약 그렇다면 녀석들은 끊임없이 우리 손 냄새를 맡으려 할 것이기 때문이다. 물론 고양이는 가끔 주인 손 냄새를 맡기도 하지만 과도할 정도는 아니다. 따라서 우리가 고양이를 쓰다듬어주는 행위의 주된 기능은 그 촉각적인 요소에 있다고 할 수 있다.

우리가 쓰다듬을 때 녀석들이 보이는 애정 표현 중에는 우리를 핥는 행동도 있지만, 가장 확실한 애정 표현은 꼬리를 세우는 것이다. 마치 다른 고양이에게 친근감을 표현할 때처럼. 다른 것이 있다면 상대가 고양이일 경우에는 상대도 꼬리를 세우는지 확인하려고 기다리지만, 우리한테는 그럴 필요가 없다는 것이다. 대신 고양이는 주인이 자신을 쳐다본 후에야 꼬리를 든다. 즉 고양이는 주인이 자신과 소통할 준비가 되어 있는지를 확인한다. 물론 예외가 전혀 없는 것은 아니다. 내가 기르던 얼루기는 내가 등을 돌리고 앉아 있을 때 쥐도 새도 모르게 다가와서 갑자기 내 무릎에 머리를 비비곤 했다. 내가 녀석이 다가오는 것을 알아채고 반길 준비를 한 상태인지 전혀 신경 쓰지 않았다는 말이다.

꼬리를 세우는 신호는 집고양이 특유의 행동이기에 원래 사람과 소통하기 위해 만들어진 신호였다가 다른 고양이와 우호적인 관계를 맺는 데도 쓰이게 되었다고 생각할 수도 있지만, 그 역일 가능성이 더 높다. 즉 다른 고양이와 우호적인 관계를 맺기 위해 사용하던 꼬리 세우는 행동을 이후에 사람한테도 사용했을 가능성이 더 높다. 그렇다면 꼬리를 세우는 행동은 새끼 고양이와 어미 사이의 상호작용에서 유래했을 것이고, 새끼 때의 행동이 커서도 유지되어 어른 고양이 사이의 소통 신호로 확장되었을 것이다. 고양이를 처음으로 가축화시킨 사람들은, 녀석들의 꼬리 세우는 몸짓을 무척 매력적이라고 여겨 그런 행동을 하는 고양이부터 가축화했을 거라는 추측도 가능하다. 어찌 됐든, 원래 사람을 향한 신호였을 가능성은 거의 없어 보인다.

고양이는 상대편 고양이에게 꼬리를 세우고 다가가 몸을 비비는 것처럼, 주인에게도 꼬리를 세우고 다가가 주인 다리에 몸을 비빈다. 고양이가 상대에게 몸을 비빌 때 사용하는 신체 부위는 각각 다르다. 나는 사용하는 신체 부위가 다른 이유를 알아내기 위해 수년 동안 연구했지만, 아직까지 성과를 거두지 못했다. 어쨌거나 어떤 고양이는 머리 옆면을, 어떤 고양이는 옆구리를, 또 어떤 고양이는 머리와 옆구리와 꼬리 모두를 사용한다. 물론 어떠한 접촉도 하지 않고 상대를 그냥 지나쳐버리는 고양이도 있다. 얼루기를 포함한 소수의 고양이는 서 있는 주인을 향해 상반신을 세운 채 머리 옆면은 주인 무릎에, 옆구리는 주인 종아리에 비빈다.

다소 소심한 고양이들은 다른 고양이나 사람보다는 의자 다리나 방문 모서리 같은 물체에 몸을 비비는 것을 좋아한다. 얼루기의 증손녀뻘인 리비도 그랬다. 하지만 자신감 넘치는 고양이도 낯선 사람이 나타나면 그에게 몸을 비비지 않고 대신 근처에 있는 물건에 몸을 비빈다(물론 녀석들은 주인 다리에 몸을 비빌 때 가장 행복해하지만). 일종의 '전가행동轉嫁行動'이라 할 수 있는 이런 일은 실제로 자주 일어나는데, 사람과 달리 물건은 자기를 떠밀어내지 않을 것이라고 생각하기 때문인 듯하다. 때로 고양이는 취선이 분포한 머리 측면을 어떤 물체에 비비기도 하는데, 그러면 당연히 거기에 고양이 체취가 남는다. 우리 집 고양이가 자주 머리를 비비는 기둥에 종이를 문질러 그 종이를 다른 집 고양이에게 내밀자 엄청난 관심이 쏟아진 것만 봐도 그 사실이 확인된다. 이렇게 처음부터 물체에 냄새를 남기기 위해 몸을 비비는 행동은, 사람이나 다른 동물 대신 물체에 몸을 비비는 전가행동과는 차이가 있다. 고양이 머리 앞에 끝이 뭉툭한 연필을 갖다 대보면 그 차이를 쉽게 확인할 수 있다. 녀석은 의자 다리에 아무렇게나 몸을 비빌 때와는 다르게, 취선이 분포한 머리 옆면을 집중적으로 비비며 연필에 냄새 표시를 남기려 할 것이다. 대체로 고양이는 뾰족한 나뭇가지에 냄새 표시를 남길 때 바로 그렇게 한다.

고양이가 몸을 비비는 행동은 순수한 애정 표현일 수도 있다. 하지만 그간 고양이는 주인이 먹이를 주려 할 때 가장 열심히 몸을 비빈다며 소위 '타산적인 사랑cupboard love' 말고는 보여줄 것이 없는 동물이라는 핀잔을 들어왔다. 하지만 뭔가 확실한 보상을 기대할 때만 몸을 비비는 고양이는 거의 없다. 실제로 고양이 두 마리가 서로 몸을 비빌 때 먹이나 다른 대가를 주고받지 않으며, 몸을 비비고 난 후에는 각자 하던 일로 돌아간다. 즉 이 행위는 두 고양이 사이의 애정 표현 그 이상도 이하도 아니다.

고양이는 다른 고양이나 인간뿐만 아니라, 몸을 비비는 행동이 무슨 의미인지 이해하지 못하는 동물에게 다가가 몸을 비비기도 한다. 나는 온순한 성격의 래브라도레트리버 한 마리를 키웠는데, 녀석의 이름은 브루노였다. 브루노는 얼루기가 생후 8주차에 처음 우리 집에 왔을 때 이미 다 큰 두 살이었다. 이렇듯 브루노는 어려서부터 고양이와 함께 자라진 않았지만 성격이 느긋해서 얼루기를 쫓아다니거나 귀찮게 하지 않았고, 얼루기는 그런 브루노를 처음부터 친구로 여겨 꼬리를 들거나 몸을 비비곤 했다. 브루노가 얼루기한테 먹이를 가져다준 적은 한 번도 없다. 오히려 전형적인 래브라도인 브루노는 얼루기가 먹이를 남기기라도 하면 그걸 허겁지겁 다 먹어치웠다. 그래도 얼루기는 브루노에게 몸을 비비곤 했다. 따라서 고양이가 타산적인 사랑만 한다는 말은 맞지 않다. 고양이는 순수한 애정 표현으로 몸을 비비기도 한다는 뜻이다.

고양이가 주인에게 몸을 비비면 분명 고양이 체취가 주인한테 남겠지만 그것이 고양이가 몸을 비비는 목적은 아닌 듯하다. 대부분의 고양이 주인들도 나와 같은 생각일 것이다. "고양이가 하고 싶어하는 대로 내버려두면 녀석은 당신 다리 여기저기에 자기만의 흔적을 남길 것이다"라고 말한 마크 트웨인을 제외하면.[11] 만약 고양이가 주인에게 몸을 비비는 것이 냄새 표시를 남기기 위해서라면, 주인 몸에 다른 고양이 냄새도 남았나 알아보려고 끊임없이 주인 다리에 코를 댈 것이다. 사람은 규칙적으로 옷을 갈아입기에 그런 행동으로 얻는 효과는 없고 혼란스럽기만 할 테지만. 모든 사실로 보아 고양이가 몸을 비비는 행위는 쓰다듬는 행위와 마찬가지로 후각이 아니라 촉각을 이용한 감정 표현임을 알 수 있다.

고양이는 상대에게 —그것이 같은 고양이든 사람이든 다른 동물이든— 몸을 비빌 때 상대도 자신과 똑같은 행동으로 화답하리라고 기대하는 것은 아니다. 크기가 다른 고양이 두 마리가 서로 마주쳤을 때 보통 작은 고양이가 큰 고양이에게 먼저 다가가 몸을 비비는데, 상대가 대부분 화답하지 않는다는 걸 알면서도 그렇게 한다. 몸집이 매우 큰 브루노에게 몸을 비볐던 얼루기도 본능적으로 녀석에게 어떤 반응을 기대하면 안 된다는 것을 알았을 것이다. 고양이는 키가 크고 집에 있는 모든 자원을 좌지우지하는 우리에게 몸을 비빌 때도 우리가 아무 반응을 보이지 않을 수도 있다는 것을 예상할 것이다. 정말로 우리는 고양이가 우리 다리에 몸을 비빌 때마다 늘 몸을 구부려 녀석을 쓰다듬어주지는 않는다. 즉 고양이는 우리에게 어떤 반응도 기대하지 않으면서 자신의 애정을 표현하는 것이다.

우리에게 몸을 비비는 행위 자체가 고양이한테는 보상이 되는 것으로 보인다. 그렇지 않다면 녀석들은 이 행위를 그만뒀을 것이다. 그리고 인간과 의사소통하는 다른 행위와 마찬가지로 이 행위 역시 후천적으로 학습해서 터득한 것으로 보인다. 새끼 고양이는 자기가 우호적으로 여기는 다른 고양이에게 자연스럽게 몸을 비비며 나이가 들어서도 이러한 행동을 계속한다.

그러나 생후 8주 정도가 지나서 새로운 가정에 입양된 새끼 고양이는(특히 암컷은) 새로운 주인에게 몸을 비비기까지 몇 주 혹은 몇 달이 걸릴 수도 있다. 마치 새 주인과의 관계를 공고히 하기 위해 어떻게 몸을 비비는 것이 가장 좋을지 궁리할 시간이 필요한 것처럼 보인다. 하지만 일단 습관이 형성되면 지속적으로 주인에게 몸을 비비게 된다.[12]

'야옹야옹' 감정 섞인 울음소리

고양이는 우리에게 원하는 것이 있을 때 우리의 관심을 끄는 방법을 학습할 정도로 매우 영리하다. 그래서 많은 고양이가 사람에게서 자신이 원하는 행동을 이끌어내려고 자기만의 방법을 만들어낸다. 예를 들어 어떤 고양이는 가르랑 소리를 내고, 어떤 고양이는 주인 무릎 위로 뛰어오르고, 또 어떤 고양이는 벽난로 위 장식 선반에 놓인 귀한 장식품 사이를 아슬아슬하게 걷기도 한다. 하지만 우리의 관심을 끄는 가장 보편적인 방법은 역시 야옹야옹하고 우는 것이다.

가르랑거리는 소리는 매우 작고 낮기 때문에 고양이가 우리의 관심을 끌기 위해 자주 사용하는 소리는 아니다. 대신 어떤 고양이는 짧고 부드럽게 혀 차는 소리를 낸다. 고양이 어미가 새끼들이 있는 보금자리로 들어올 때 바로 그런 소리를 낸다.[13] 내가 기르던 얼루기도 정원을 어슬렁거리며 돌아다니다가 집에 들어와서는 나를 보며 그런 소리를 냈다. 고양이 행동에 대해 약간은 알았던 나는 얼루기가 그럴 때마다 똑같은 소리를 냈고, 얼루기는 내 소리가 화답의 의미임을 확실히 이해했다. 이렇게 소리를 교환하는 것은 우리 둘만의 의식 같은 것이 되었다.

야옹 소리는 고양이의 선천적인 레퍼토리 중 하나지만, 다른 고양이와 의사소통하려고 그런 소리를 내는 법은 거의 없기에 고양이 사회에서 야옹 소리의 의미는 다소 불분명하다. 가령 야생고양이는 뒤에서 다른 고양이를 따라가다가 서로 몸을 비비자는 의사를 전달하기 위해 어쩌다 야옹 소리를 내기도 하지만, 일반적으로는 매우 조용해서 집고양이만큼의 소리도 내지 않는다. 따라서 모든 고양이는 태어날 때부터 야옹 소리를 낼 줄 알지만, 그 소리를 효과적인 의사소통 수단으로 사용하는 방법은 후천적으로 배워야 한다.

어디에 사는 고양이든 야옹 소리는 똑같다. 이것은 야옹 소리가 본능이라는 사실을 말해준다. 인간이 사용하는 모든 언어에는 이 고양이 울음소리를 표현하는 단어가 존재한다.

> 고양이 야옹 소리는 대체로 영국에서는 'mews', 인도에서는 'myaus', 중국에서는 'mio', 아랍에서는 'naoua' 그리고 이집트에서는 'mau'라고 표현한다. 그러나 고양이 울음소리를 표현하는 것이 얼마나 어려운지, 영어에서만 서른한 개의 다른 표기법이 있다. 다섯 개만 예로 들면 maeow, me-ow, mieaou, mouw 그리고 murr-raow가 있다.[14]

가축화를 거치는 동안 고양이의 야옹 소리는 미묘하게 변한 것으로 보인다. 살고 있는 지역이 스코틀랜드 북부든 남아프리카든 당연히 모든 야생고양이는 야옹 소리를 낸다. 과학자들이 일반적인 집고양이의 야옹 소리보다 더 저음이고 길게 늘어지는 남아프리카야생고양이의 야옹 소리를 녹음해서 고양이를 키우는 사람들에게 들려줬더니, 그들은 그 소리가 자기 고양이가 내는 소리보다 덜 유쾌하게 들린다고 평가했다.[15] 이 사실로 미루어보아,

사람들은 고양이를 가축화시키는 과정에서 듣기 좋은 야옹 소리를 내는 고양이를 선택했는지도 모른다. 하지만 집고양이의 직계 조상인 리비아고양이의 야옹 소리가 사촌인 남아프리카야생고양이의 소리와 달랐을 가능성도 있다.

길고양이의 야옹 소리는 야생고양이의 그것만큼 후두음에 가까운 소리는 아니지만 반려고양이의 그것만큼 부드럽지도 않다. 길고양이는 반려고양이와 유전적으로 거의 동일함에도 불구하고 그렇다. 이는 다른 많은 고양이 행동과 마찬가지로 울음소리도 인간과의 초기 경험에서 깊은 영향을 받음을 시사한다. 반려고양이 새끼는 젖을 뗀 후 야옹 소리를 낼 정도로 성장하면 주인에게 다양한 소리를 시도해보는데, 높은음의 야옹 소리가 더 긍정적인 반응을 불러옴을 곧 깨닫는다. 결과적으로 야생고양이, 길고양이, 반려고양이의 야옹 소리의 차이는 부분적으로는 유전적이며 부분적으로는 후천적인 것으로 보인다. 즉 고양이는 가축화 과정을 거치면서 듣기 좋은 야옹 소리를 배우는 능력을 향상시켰을 것이다.

고양이는 상황에 맞게 야옹 소리를 수정할 수도 있다. 즉 어떤 경우에는 달래는 소리로, 다른 경우에는 좀더 다급하고 뭔가를 요구하는 소리로 야옹거릴 수 있다는 애기다. 음높이나 길이를 바꾸면서, 혹은 혀 차는 소리나 으르렁 소리를 섞으면서. 고양이 주인들은 자기 고양이가 무엇을 원하는지 야옹 소리의 톤만 들어도 알 수 있다고 애기한다. 그러나 과학자들이 고양이 열두 마리의 야옹 소리를 녹음해서 각각의 주인에게 들려주면서 그 소리가 무슨 의미인지 추측해보라고 했을 때, 제대로 대답한 주인은 거의 없었다. 애정 어린 야옹 소리와 마찬가지로 화난 야옹 소리도 특유의 톤이 있다. 하지만 먹이를 달라거나, 문을 열어달라거나, 도움을 요청하는 야옹 소리는 서

안으로 들어가게 해달라고 야옹 소리를 내는 고양이

로 구별하기가 쉽지 않다. 물론 주인이 고양이가 그 소리를 내는 상황에 같이 있으면 그 의미를 알아들을 수 있겠지만.[16] 고양이는 주인이 자기가 내는 야옹 소리에 반응한다는 것을 알게 되면, 시행착오를 거치면서 특정한 상황에 효과적인 다양한 야옹 소리를 만들어낸다. 물론 이것은 어떤 야옹 소리가 주인이 먹이 한 사발을 주거나 머리를 쓰다듬어주는 등의 보상을 유발하느냐에 달려 있다. 고양이와 주인은 그들만 이해할 수 있는, 다른 고양이나 주인은 이해할 수 없는 그들만의 '언어'를 점차 발달시킨다. 물론 이것은 훈련의 한 형태지만 개 훈련처럼 형식을 갖춘 것은 아니다.

만약 우리가 고양이의 다양한 야옹 소리의 의미를 해독할 수 있다면, 녀석들의 감정을 들여다볼 수 있을지도 모른다. 우리가 '화난 야옹 소리'와 '애정 어린 야옹 소리'로 인식하고 있는 소리들에는 분명 고양이의 감정이 담겨 있음을 암시한다. 단지 주인의 관심을 끌려는 고양이는 그것들과는 다른, '요청하는 야옹 소리'를 낼 것이다. 즉 닫힌 문 옆에 앉아 있거나 음식이 보관되어 있는 찬장을 바라보며 부엌 주변을 어슬렁거릴 때 내는 야옹 소리는, 그런 근본적인 감정을 담은 소리는 아닌 것으로 보인다.

　고양이는 우리와 의사소통하는 방식에서 상당한 융통성을 보이는데, 이는 녀석들이 인간에게 무관심하다고 알려진 것과는 반대되는 사실이다. 고양이는 인간이 자신에게 항상 주의를 기울이는 것은 아니기 때문에 종종 야옹야옹하고 울어서 주의를 환기시킬 필요가 있음을 깨닫는다. 그리고 자신이 내는 가르랑 소리를 들으면 자기 어미가 그랬듯이 인간 마음이 차분해진다는 것을 배운다. 고양이는 또한 인간이 자신을 쓰다듬는 행동이 다른 고양이가 그루밍을 해주거나 몸을 비비는 행동과 같은 애정 표현임을 학습한다. 심지어 고양이는 자기가 가구나 인간의 다리에 냄새 표시를 남겨도 인간이 잘 알아차리지 못한다는 것을 우리의 반응을 보고 알게 되는지도 모른다.

　일부 고양이 행동은 녀석들이 우리로부터 원하는 행동을 끌어내기 위한 것이라고 여겨지기도 한다. 하지만 가령 고양이가 문 앞에서 야옹야옹하고 울면 우리가 문을 열어주는 것은 서로 간에 합의된 사항이며, 인간과 고양이 사이에 기본을 이루는 감정은 의심할 여지없이 애정이다. 이는 고양이가 주인과 의사소통할 때 다른 고양이와 가까운 관계를 형성하고 유지하기 위해 사용하는 행동 패턴을 그대로 따른다는 사실에서 알 수 있다.

자기 고양이와 열정적인 상호작용을 기대하는 주인들은 자주 실망하곤 한다. 대부분의 개와 달리 고양이는 주인과 어울려 놀 준비가 항상 되어 있는 것은 아니며 놀고 싶은 때를 자기가 선택하는 것을 선호하기 때문이다. 또한 고양이는 늘 위협의 징후에 온 신경을 곤두세우는 동물이다. 그 위협이 단지 녀석의 상상에서 비롯된 것이라 할지라도. 그래서 많은 고양이는 누군가가 자신을 쳐다보는 것을 좋아하지 않는다. 누군가가 쳐다본다는 것은, 곧 공격하겠다는 표시일 수 있기 때문이다. 따라서 고양이는 주인이 먼저 자신을 쳐다보며 다가오는 것보다, 자기가 다가가서 시작되는 상호작용을 더욱 만족스럽게 생각한다. 자신이 요청하지도 않았는데 다가오는 주인을 의심스럽게 여길 때도 있다.[17]

고양이의 '피투성이 선물'

고양이는 우리를 어떤 존재로 여길까? 어미로 생각할까 아니면 동료 고양이로 여길까? 혹시 자기 새끼쯤으로 여기는 것은 아닐까? 생물학자 데즈먼드 모리스는 상황에 따라서 적어도 이 가운데 두 개는 적용될 수 있다고 생각한다. 그는 보통의 경우에 반려고양이는 인간을 자기 부모처럼 여기지만, 방금 사냥한 먹이를 집으로 가져오는 고양이는 '인간을 자기 새끼로 여긴다'고 주장한다.[18] 즉 그 먹이를 주인에게 먹이려고 가져온다는 것이다. 그러나 이 주장은 설득력이 떨어진다. 새끼들을 먹이려고 사냥을 하는 것은 출산으로 인한 호르몬 변화가 일으키는 행동인데, 출산하지 않은 고양이도 먹이를 집으로 가져오기 때문이다.[19] 고양이가 어느 날 갑자기 부엌 바닥에 전혀 반갑지 않은 '피투성이 선물'을 놓아두는 것에 대한 훨씬 그럴듯한 설명은 다음과 같다. 고양이는 잡은 먹이를 천천히 먹고 싶지만, 그것을 사냥한 장소

별로 반갑지 않은 고양이의 선물

에는 분명 다른 고양이들의 냄새가 날 것이다. 따라서 그 먹이를 안전하게 지키기 위해 주인의 집으로 가져오는 것이다. 하지만 집에 도착하고 나면 쥐를 잡는 것은 재미있지만 그 맛은 주인이 주는 사료만큼 좋지 않다는 사실이 기억나 죽은 쥐를 부엌 바닥에 방치하는 것이다.

고양이가 우리를 자기 새끼로 여긴다는 주장은 둘 사이의 몸집 차이를 고려해볼 때도 이해하기 힘들다. 반면에 고양이가 자기 주인을 '어미를 대신하는 존재'로 생각한다는 가정은 논리적이다. 고양이가 보여주는 사회적 상호작용 방식은 대부분 어미와 새끼 사이의 의사소통 방식에서 진화한 것이며, 또한 고양이는 우리와 상호작용할 때 우리의 큰 키와 직립 자세를 의식한다. 그래서 많은 고양이가 자기 주인과 같은 눈높이에서 '이야기'하기 위해 가구 위로 뛰어오르는 것이다. 물론 가구에 뛰어오르는 것을 탐탁지 않게 여기는 주인을 가진 고양이는 그런 행동을 그만두기도 한다. 고양이가 아무런 답례나 보상을 기대하지 않고 우리에게 몸을 비비거나 우리를 핥는 것은, 녀석들이 우리를 꼭 어미라고 여기지 않더라도 자신보다 우월한 존재로 인정한다는 것을 암시한다. 그 한 가지 이유는 우리가 신체적으로 훨씬 크기 때문일 것이다. 즉 우리의 몸집 때문에 고양이는 덩치 큰 고양이나 경험 많은 고양이에게 하는 행동을 우리에게도 하는 것이다. 또 한 가지 이유는, 우리가 녀석들의 먹이 공급 권한을 쥐고 있기 때문일 것이다. 우리는 자기 먹이를 밖에서 직접 사냥하는 고양이에게도 더 맛있고 더 다채로운 사료를 제공해 녀석들을 통제할 수 있다. 사실 이런 우리 모습은, 규모가 큰 고양이 집단 내에서 먹이 자원을 통제하는 힘세고 경험 많은 소수의 고양이 모습과 매우 닮았다. 그러나 우리에 대한 고양이의 인식이 변화한 것은 우리와 관계 맺기 시작한 이후, 즉 가축화 이후부터였으므로 겨우 1만 년에 불과하다. 따라서 고양이와 인간의 관계는 여전히 유동적이며, 고양이가 우리를 최종적으로 어떠한 존재로 여기게 될지는 아직 미지수다. 지금으로서는 고양이가 우리를 부분적으로는 어미를 대신하는 존재로, 부분적으로는 자신보다 우월한 고양이로 보고 있다는 설명이 가장 타당할 것이다.

대부분의 고양이가 오로지 인간과의 애정 어린 관계에 의지해서 살아가지는 않지만, 타고난 사냥꾼으로서의 습성과 인간의 동반자라는 새로운 역할 사이에서 균형을 맞추기 위해 같이 사는 인간에게 애착을 가지려고 한다. 하지만 녀석들이 가장 강하게 애착을 가지는 것은 살고 있는 장소―즉 먹이 공급원을 둘러싼 '작은 영역'―다. 이와는 완전히 대조적으로 반려견들은 대부분 제일 먼저 주인에게, 두 번째로 다른 개에게, 마지막으로 자기가 사는 물리적 환경에 애착과 유대감을 보인다. 바로 그러한 이유로 휴가 때 고양이보다 개를 데려가기가 쉬운 것이다. 고양이들은 대부분 익숙한 환경을 떠나면 불안을 느끼기에, 휴가지에 따라가는 것보다 주인 없는 집에 남아 있는 것을 더 좋아한다.

논리적으로만 따지면 영양 상태가 좋고 중성화 수술을 받은 고양이는, 사냥이나 짝짓기를 위한 자기 영역을 가질 필요가 없다. 실제로 주인이 주는 고품질의 먹이를 매일 먹는 고양이들은 대부분 사냥을 하지 않는다. 사냥을 하는 고양이라도 그다지 열정적으로 사냥하는 것은 아니며―녀석들도 영양 보충이 필요한 상태는 아니므로―대체로 사냥감이 고양이 사료보다 맛이 없기 때문에 잡아놓고도 먹지 않는 경우가 대부분이다. 그럼에도 불구하고 녀석들 대부분은 주인이 나가게 해주면 자기가 사는 집 주변 즉 자기 영역을 순찰하고 다닌다. 도시 지역 고양이들은 그리 멀리 돌아다니지 않는다. 한 연구에 따르면 도시에는 50미터가 넘는 거리를 돌아다니는 고양이는 거의 없으며 어떤 고양이는 집에서 대략 7, 8미터 이내의 범위에서만 '모험'을 한다고 한다. 시골 지역 고양이는 대체로 도시 지역 고양이보다 돌아다니는 범위가 20~90미터 더 넓다고 한다.[20] 도대체 왜 녀석들은 야생 조상의 유산인 영역 활동을 지금도 계속하는 걸까? 이제는 필요 없는 활동처럼 보이는데도.

주인으로부터 정기적으로 먹이를 제공받는 고양이는 확실히 넓은 지역을 순찰하며 돌아다니지 않는다. 반면 사람에게 사회화는 되었지만 고정적인 주인이 없어서 정기적으로 먹이를 제공받을 수 없는 고양이는 보금자리로부터 대략 200미터 떨어진 지역까지도 돌아다닌다. 하지만 사회화가 아예 안 된 길고양이는 이보다 훨씬 넓은 지역을 순찰하며 심지어 TNR[포획Trap, 중성화Neuter, 방사Return의 약자] 사업으로 인해 중성화되어 짝을 찾아 돌아다닐 필요가 없는 수컷 길고양이도 반경 2킬로미터에 이르는 넓은 지역을 배회한다. 번식 능력이 있든 없든 녀석들은 새끼를 낳을 수 있는 암컷을 가능한 한 많이 만나려는 습성을 가지고 있기 때문이다. 물론 어떤 고양이라도 정기적인 먹이 공급원에 의존할 수 없는 상황에 처하게 되면 본능적으로 순찰 영역을 늘려 먹이를 보충하려 할 것이다.

주인으로부터 충분한 먹이를 제공받는 고양이들이 돌아다니는 범위가 아주 좁다는 것은, 열정적으로 사냥하지 않는다는 것을 암시한다. 그래도 사냥할 기회가 주어지면 분명 잡기는 할 것이다. 여기에는 타당한 진화적 이유가 있다. 사실 쥐 한 마리의 열량은 얼마 안 되기 때문에 야생고양이는 반드시 매일 여러 마리의 쥐를 잡아먹어야 한다. 그런데 배가 고플 때만 사냥을 한다면 몇 번의 사냥 실패가 처절한 배고픔과 영양 결핍으로 이어질 수 있다. 그래서 고양이는 영양을 충분히 섭취한 상태에서도 잡을 수 있는 거리 내에 쥐가 보이면 일단 그 쥐를 잡기 위해 몸을 움직이도록 진화한 것이다.

어쨌든 반려고양이 대부분은 사냥에 열정적이지 않는데도 왜 밖에 나가 앉아 있거나 어제 갔던 장소를 다시 돌아다니며 많은 시간을 보내는 걸까? 얼루기가 18개월쯤 되었을 때 나는 아주 가벼운 초소형 무선 추적기를 빌려서 얼루기의 신축성 있는 목줄에 부착했다. 녀석이 어디를 다니든지 찾을 수 있도록.[21] 나는 얼루기가 깨어 있는 시간의 3분의 1을 우리 정원이나 차고 지붕에서 보낸다는 사실은 이미 알고 있었다. 무선 추적기 정보를 확인해보니 녀석이 자주 정원을 나가 이웃 아파트 단지를 가로질러서 길게 뻗은 산림 지역으로 들어가는 것을 확인할 수 있었다. 그 아파트에는 나이 많은 수고양이 한 마리가 살고 있어 얼루기는 정말 필요한 경우를 제외하고는 그곳을 지나려 하지 않았다. 다행스럽게도 얼루기는 산림 지역을 지나 자동차들이 붐비는 도로까지 나가지는 않았다. 얼루기는 때때로 몇 시간 동안 한 장소에 머물러 있곤 했다. 특히 주변을 내려다보기 좋은 나무의 가지 위에 앉아 있는 것을 좋아했다. 다른 장소로 이동하거나 집에 돌아오기 전까지 보통 그런 곳에서 시간을 보냈다. 사냥은 거의 안 했다. 이따금 생쥐나 어린 들쥐를 잡기도 했지만, 지나가는 새들은 무심하게 지켜보기만 했다. 나는 얼루기가 같은 지역을 매일, 그것도 수년 동안 감시하듯 지켜보면서 도대체 무슨 생각을 했는지 아직까지 궁금하다.

이렇듯 주인에게서 충분한 먹이를 제공받아 더 이상 사냥할 필요가 없는 고양이 역시 자기 영역을 유지해야 할 필요성을 느껴 때때로 다른 고양이와 싸우는 일도 서슴지 않는다. 이런 야생고양이 시절의 습성을 완전히 버리기에는 충분한 시간이 흐르지 않았다. 불과 몇 세대 전만 해도 고양이 사료는 구하기가 쉽지 않을뿐더러 영양상으로도 완벽하지 않아 사실상 모든 고양이가 사냥을 해야만 했고, 그를 위해 영역을 지켜야 했다. 따라서 고양이의 이러한 습성이 완전히 사라지려면 더 많은 시간이 흘러야 할 것이다.

자신의 영역을 만들고 이를 지키고자 하는 모든 고양이의 소망은 불가피하게 다른 고양이와 마찰을 빚게 된다. 그러나 시골에서는 사람들이 서로 띄엄띄엄 떨어져서 살기보다는 한 마을에 모여서 살다보니 반려고양이들도 대개는 무리를 지어 살아간다. 이러한 상황에서는 사냥할 때 다른 고양이와 갈등이 생기는 일이 빈번하지 않다. 모든 고양이가 마을 중앙에서 각자 다른 방향을 향해 마치 꽃잎이 펼쳐지듯 흩어져 사냥을 나가다보니 먹잇감을 놓고 충돌할 일이 많지 않기 때문이다. 또한 시골 고양이들은 농장에서 살다가 반려고양이가 되기도 하고 그 반대의 경우도 자주 생기기에, '영역 소유'라는 개념이 다소 느슨한 편이다. 따라서 가까이 사는 두 마리 중 한 마리가 불편하다고 느끼면 근처의 빈 공간으로 보금자리를 옮기기도 한다.

고양이 주인 대부분은 자기 고양이가 주인이 지정해주는 곳이면 어디서나 잘 지낼 것으로 생각한다. 즉 고양이가 물리적 환경에 애착을 가진다는 것을 충분히 이해하지 못한 채 자신이 먹이와 보금자리만 제공해주면 어디서나 군소리 없이 머물 거라고 생각한다. 하지만 실제로는 많은 고양이가 '두 번째 주인'을 선택하기도 하고 때로는 영원히 집을 나가기도 한다.[22]

이러한 상황은 내가 영국에서 실시한 조사에서도 확인할 수 있었다. 고양이 주인들에게 고양이를 어디서 얻었느냐고 물었더니 상당수가―어떤 지역에서는 전체 주인의 4분의 1이나 되는 수가― "어느 날 그냥 나타났어요"라고 대답했다. 녀석들은 야생고양이가 아니었다. 나는 그들의 대답을 통해 갑자기 집에서 '행방불명'된 고양이들의 행방을 알 수 있었다. 즉 녀석들은 스스로 새로운 주인을 찾아간 것이다. 물론 길을 잃어 원래 주인에게로 돌아가지 못해 새 주인 앞에 나타난 녀석들도 있었지만, 대부분은 원래 주인이 제공했던 삶보다 더 나은 삶을 찾아 자발적으로 집을 떠난 고양이들이었다. 나는 녀석들 중 몇몇이 원래 살던 집을 추적할 수 있었다. 그런데 그곳을 보니 주인이 먹이를 안 주거나 사랑을 주지 않아 집을 나온 것 같지는 않았다. 정기적으로 먹이를 제공받았고 애착도 가지고 있었던 그 집을 떠난 것은 다른 심각한 문제가 있었기 때문이었을 터이고, 그 문제로 가장 유력시되는 것이 바로 다른 고양이에게 느끼는 위협감이다.

고양이는 이웃집 고양이나 심지어 같은 집에 사는 고양이에게서도 위협감을 느낄 수 있다. 주인이 같다고 두 고양이가 잘 지낸다는 법은 없다. 많은 고양이가 '가족이나 혈연관계가 아닌 고양이를 만나면 조심해서 피해야 한다'는 고양이 사회의 기본 원칙을 지키며 살아가지만, 고양이 주인들은 대부분 그 원칙을 모른다. 그래서 주인들은 원래 있던 고양이와 새로 데려온 고양이가 당연히 서로 친구가 될 수 있을 거라 여긴다. 개는 그럴 수 있지만, 고양이는 그저 서로를 '견뎌내는' 정도다(310쪽의 '같은 집에 사는 고양이들이 서로 잘 어울리는지 아닌지에 관한 신호'를 보라). 주인은 고양이들 사이의 갈등을 줄이기 위해 집 안에서 각 고양이의 영역이 겹칠 경우 이를 분리시켜주기도 하지만, 그래도 녀석들은 가끔씩 계속 싸운다. 고양이 두 마리를 키우는 주인 3분의 1가량이 두 고양이가 가능한 한 서로를 피한다고 말했고 4분의 1은 가끔 싸운다고 대답했다. 두 고양이는 상대방이 좋아하는 휴식 장소를 서로 존중해주지만—보통은 덩치가 더 큰 고양이나 원래부터 살았던 고양이가 가장 좋은 자리를 차지한다—둘이 같은 방에 있거나 변기통이 하나만 있으면 긴장이 지속될 수 있다. 또한 한 녀석이 고양이 출입문이 자신의 핵심 영역 안에 있다고 생각하면 이것을 놓고도 경쟁이 벌어질 수 있다. 주인이 고양이를 각각 다른 방에서 키우며 먹이를 주고 변기통도 서로 다른 장소에 놓아준다면, 두 녀석은 이 상황을 좀더 쉽게 견딜 수 있다.

새로 온 고양이는 그 집에 고양이가 있든 없든 상관없이, 다른 고양이의 영역 한복판에 뚝 떨어진 느낌을 받을 것이다. 만약 주인집 양옆에 위치한

같은 집에 사는 고양이들이
서로 잘 어울리는지 아닌지에 관한 신호[23]

서로를 같은 사회 집단에 속한다고 생각하는 고양이들은 대체로

- 만나면 꼬리를 세운다.
- 지나쳐 걷거나 나란히 걸을 때 서로 몸을 비빈다.
- 정기적으로 몸을 서로에게 기댄 채 잠을 잔다.
- 서로 장난으로 싸우는 흉내를 내면서 다정하게 논다.
- 서로의 장난감을 공유한다.

집 안에 각자의 영역을 만들어놓은 고양이들은 대체로

- 상대를 쫓거나 상대로부터 도망친다.
- 서로 만날 때면 쉬익 하는 소리를 내거나 화난 소리를 낸다.
- 서로 접촉을 꺼린다: 한 녀석이 방에 들어오면 다른 녀석은 방을 나간다.
- 멀리 떨어진 곳에서 잠을 잔다: 한 마리는 다른 고양이를 피하려고 선반 같이 높은 곳에서 잔다.
- 방어적으로 자는 척한다: 눈을 감고 있어서 마치 자는 것처럼 보이지만 실제로는 자세가 경직되어 있고 귀가 움찔거린다.
- 상대방의 움직임을 의도적으로 제한하려 한다. 예를 들어 고양이 출입문 옆이나 계단 맨 위에 몇 시간씩 앉아 있다.
- 서로 응시한다.
- 두 마리가 같은 방에 있을 때 매우 긴장되어 보인다.

- 주인과 따로따로 소통한다. 그래서 가령 주인 곁에 앉을 때도 서로 신체 접촉을 피하려고 주인의 양쪽에 앉는다.

이웃집에 고양이가 살고 있다면 혹은 앞집과 뒷집까지 모두 고양이를 기른다면, 주인의 정원은 그 녀석들 중 한 마리나 그 이상이 차지하고 있을 가능성이 높다. 고양이에게 집 사이의 담벼락은 고속도로지 경계선이 아니기 때문이다. 따라서 새로 온 고양이는 정원을 돌아다닐 수 있는 권리를 확보하기 위해 다른 고양이들과 맞서야 한다. 이러한 영역 쟁탈전은 수년간 계속될 수도 있다. 고양이 주인을 대상으로 벌인 한 조사에서, 주인의 3분의 2는 자기 고양이가 이웃에 사는 고양이와의 접촉을 적극적으로 피한다고 밝혔고 3분의 1은 자기 고양이와 이웃집 고양이의 싸움을 목격했다고 말했다.

주인들은 놀랍게도, 자기 고양이의 건강에 영향을 미치기 전까지는 이런 고양이 간의 마찰에 거의 신경 쓰지 않았다. 다른 고양이에게 한번 물리면 그 상처는 수의사의 치료가 필요한 종기로까지 변할 수 있다. 다른 고양이와의 마찰로 인해 스트레스를 심하게 받거나 움직임에 많은 제약을 받는 고양이는 집 안 곳곳에 대소변을 보기 시작한다(312쪽의 '고양이가 주인집 밖에서 자기 영역을 구축하지 못하고 있다는 신호'를 보라). 고양이들의 싸움이 멈출 때도 있지만, 주인이 무심코 한 행동으로 인해 갈등에 다시 불이 붙을 수도 있다. 가령 주인이 몇 주 동안 휴가를 떠나면서 자기 고양이를 다른 곳에 맡기면, 이웃 고양이들은 녀석의 냄새 표시가 희미해지고 눈에 띄지 않는다는 사실에 고무되어 녀석이 영원히 떠났다고 생각하고 다시 영역을 침범하기

고양이가 주인집 밖에서 자기 영역을
구축하지 못하고 있다는 신호[24]

- 정원으로 나가자고 재촉해도 집 안에만 있으려고 한다.
- 주인이 자기를 안고 문밖으로 나가지 않는 한 실내에 계속 머무르며 고양이 출입문을 사용하지 않는다(출입문 밖에 경쟁 관계의 고양이가 숨어 있을지도 모르기 때문에).
- 이웃에 사는 고양이가 고양이 출입문을 통해 집 안으로 들어온다.
- 주인이 정원에 있을 때만 집 밖으로 나간다.
- 창밖을 보느라 많은 시간을 보낸다.
- 창가에 있다가 정원에 있는 다른 고양이를 발견하면 즉시 숨는다.
- 집으로 뛰어 들어오자마자 현관문에서 멀리 떨어진 안전한 장소로 간다.
- 거친 놀이를 포함하여 주인과 긴장된 상호작용을 자주 한다.
- 보통은 나가서 볼일을 보던 고양이가 왠지 불안해하면서 집 안에 대소변을 보기 시작한다.
- 집 안에, 특히 현관문이나 고양이 출입문 같은 출입구 근처에 냄새 표시를 남기기 위해 오줌을 분사한다(보통은 암컷보다 수컷이 이런 경우가 더 많다).
- 자기 몸을 지나치게 핥는 행위처럼 심리적 스트레스의 징후를 보인다.

시작한다. 그 결과 휴가를 마친 주인과 함께 돌아온 고양이는 처음부터 다시 정원에 대한 자기 권리를 세우는 일을 시작해야 한다.

행복한 반려고양이를 위하여

요즘에 사람들은 자동차 사고나 질병 혹은 도둑(특히 귀한 순혈종 고양이일 경우)으로부터 자기 고양이를 지키기 위해 점점 더 녀석들을 실내에서 키우고 있어 녀석들의 사회적 스트레스는 줄어들고 있다. 하지만 고양이를 평생 작은 공간에서 키우면 또 다른 스트레스가 유발될 수 있다. 고양이를 실내에서만 키우는 아파트 거주민들이 30년 전부터 생겨났지만, 이러한 공간 제약으로 인해 집고양이가 받을 수 있는 스트레스를 체계적으로 연구한 사례는 거의 없는 실정이다. 실내에서 사는 고양이가 받을 수 있는 스트레스를 알아보기 위해, 우선 '감금 상태'에 있는 고양잇과 동물을 살펴보자.

고양잇과 동물을 제한된 공간에 가둬두면 종종 안 좋은 반응을 보인다. 사자 같은 대형 고양잇과 동물이나 정글살쾡이와 표범살쾡이 같은 소형 고양잇과 동물 모두 우리 안에서 앞뒤로 왔다 갔다 하는 습성을 보인다. 이러한 행동은 전 세계 어느 동물원에 가더라도 흔하게 볼 수 있다.[25] 우리 안에서 같은 습성을 보이는 다른 종의 동물은 곰이 유일한데, 곰도 대부분의 고양잇과 동물과 마찬가지로 혼자 영역 생활을 하는 육식동물이다. 이러한 습성의 원인은 아직 정확히 파악되지 않았지만, 사냥 영역을 가질 수 없다는 좌절감과 지루함이 복합적으로 작용한 결과로 보인다. 즉 육식동물은 깨어 있는 동안에는 정신적인 자극을 간절히 필요로 하는 것 같다. 그래서 이제 사육사들은 고양잇과 동물들에게 하루에 한 번이 아니라 여러 번에 나누어 먹이를 제공하며, 녀석들 스스로 노력해야만 먹을 수 있는 먹이를 주는 등 먹이 공급 방식을 변화시키고 있다. 예를 들어 살코기를 주지 않고 살을 발라 먹어야 하는 뼈를 주거나, 상당 시간 다양한 시도를 해야 열 수 있는 퍼즐 먹이통에 먹이를 넣어주기도 한다.

그런데 실내 생활을 하는 반려고양이는 동물원 우리에 사는 고양잇과 동물과 달리, 앞뒤로 왔다 갔다 하는 행동을 보이지는 않는다. 놀랍게도 야생 고양이조차 우리에 갇혀 있을 때 그런 행동을 보이기보다는, 주변을 신경 쓰지 않는 무관심한 태도를 보이는 경우가 많다. 어딘가에 갇혀 있을 때 고양이의 태도가 다른 고양잇과 동물과 이렇게 다른 것은, 가축화 이전에 거친 진화 과정 때문일 수도 있고 가축화 때문일 수도 있다. 어느 것이 원인이든, 고양이는 타고난 배회 본능을 상당 부분 잃은 것으로 보인다. 1만 년이라는 고양이 가축화의 역사 중 대부분의 기간 동안 사냥을 하기 위해 배회 본능을 유지했던 녀석들이, 무슨 이득을 얻기 위해 그 본능을 버렸는지 우리는 아직 잘 알지 못한다.

가축화를 거치면서 고양이는 영역 행동에 있어서도 융통성을 가지게 되었는지 모른다. 다른 고양잇과 동물은 먹잇감이 되는 동물이 주로 넓은 지역에 흩어져 살기 때문에 큰 영역을 필요로 한다. 또한 먹이가 부족해지면 사는 곳에서 멀리 떨어진 장소까지 사냥을 나가기도 한다. 그 장구한 세월 동안, 고양잇과 동물은 자신의 영역에 먹잇감이 풍부해서 다른 곳까지 가지 않아도 되는 상황에 놓인 적이 단 한 번도 없었다. 이와는 대조적으로 집고양이는 매우 작은 지역, 즉 인간의 정착촌과 그 주변에서 사냥하며 살 수 있도록 진화해왔다. 물론 집고양이도 먹이가 부족할 때는 다른 고양이의 방해만 없다면 재빨리 자신의 영역을 늘리기도 한다.

반려고양이는 24시간 야외 출입이 가능하다 해도 자기 영역이 좁지만, 길고양이는 그에 비해 1만 배나 넓은 영역을 가질 수 있다. 이렇듯 고양이라는 종은 자기 영역을 융통성 있게 조절할 수 있는 동물이지만, 그렇다고 모든 고양이가 다 그럴 수 있는 것은 아니며 대다수는 기존 방식을 고수하려 한다. 따라서 200제곱미터가 넘는 공간을 돌아다니며 사냥하는 생활에 익숙하던 길고양이가 갑작스럽게 울타리 안에 갇히면 고양잇과 동물만큼이나 괴로워할 것이다. 반면에 생존을 위해서는 한 번도 사냥해본 적이 없던 반려고양이가 어딘가 먼 곳에 버려진다면 십중팔구 죽게 될 것이다.

반려고양이는 생활하는 공간에 대한 융통성이 많기 때문에 상황만 적절하다면 실내 생활에 잘 적응할 수 있다. 하지만 야외 활동이 허락되는 반려고양이 가운데 자신의 생활 영역을 자발적으로 실내 공간에 한정시키는 녀석은 거의 없기에 이 녀석들은 다른 고양이와 마주칠 수 있는 위험만 없다면 대부분 먼 곳까지 탐험을 나갈 것이다. 이렇게 가고 싶은 곳이면 어디든 돌아다니며 자란 반려고양이는 아픈 몸을 치료받기 위해 잠시 병원에 머무는 경우에도 스트레스를 받는다. 그러므로 평생 실내에서 생활해야 할 운명을 타고난 고양이는 아예 야외로 데리고 나가지 말아야 한다. 그러면 바깥에 나가고 싶어 안절부절못하며 바깥세상을 갈망하지 않을 것이다. 자신이 경험해보지 못한, 알지도 못하는 세상이기 때문이다.

제한된 공간은 질적으로 좋은 공간이어야 한다. 고양잇과 동물이 사방으로 뚫려 있는 공간에서 만족감을 느끼는 것은 단순히 멀리 있는 풍경을 즐길 수 있어서가 아니라, 다음 사냥감이 숨어 있을 만한 장소를 볼 수 있기 때문인 것으로 보인다. 그래서 사육사들은 우리 안에 사는 대형 고양잇과 동물에게 사방이 트인 넓은 공간으로 나갈 수 있는 기회를 주었다. 하지만 제한된 공간에 대한 스트레스 신호인 앞뒤로 왔다 갔다 하는 습관은 여전했고, 심지어 사육사가 확장해준 새로운 공간에 잘 가보지도 않았다. 그래서 사육사들은 다른 방법을 썼다. 녀석들이 머물고 있는 바로 그 공간을 좀더 흥미롭게 만든 것이다. 그러자 녀석들은 비로소 호기심을 느끼며 우리 안

실내에서 사는 고양이를 행복하게 만들기[26]

🐈

- 고양이가 돌아다닐 수 있는 공간을 최대한 늘려라.
- 고양이가 볼일을 보면서 다른 고양이를 내다볼 수 없도록 고양이 변기는 창문에서 멀리 떨어진 곳에 두라.
- 가능하다면 발코니 같은 야외 공간에 울타리를 쳐서 고양이가 바깥 공기를 쐴 수 있도록 하라. 고양이가 신선한 바람을 쐬는 것이 필요하다는 증거는 없으나 야외의 풍경과 소리, 냄새는 고양이를 흥미롭게 한다.
- 실내에 종류가 다른 침대 두 개를 두라. 하나는 지붕이 있고 삼면이 막혀 있는 것으로 마련해 바닥에 두라(고양이는 종종 자기 집 옆에 종이 박스가 놓여 있는 것을 좋아한다). 다른 하나는 천장 근처의 높은 곳, 그러나 올라가기 쉬운 곳에 두라. 고양이가 거기서 대문이나 창밖을 내려다볼 수 있도록. 모든 고양이가 침대 두 개를 다 이용하지는 않겠지만 어떤 녀석은 바닥의 침대에서 어떤 녀석은 높은 곳의 침대에서 안전함을 느낄 것이다.
- 몸을 긁을 수 있는 기둥을 적어도 한 개 이상 제공하라.
- 하루에 여러 번 고양이와 놀아주라. 특히 고양이가 창밖의 새들을 쳐다보는 습성이 있다면, 먹잇감처럼 생긴 장난감으로 놀아주면 사냥 욕구를 충족시켜줄 수 있다. 고양이의 흥미를 지속시키기 위해 종종 장난감을 바꿔주라.
- 소량의 건조 사료가 들어 있는 퍼즐 먹이통을 사용해보라. 옆면에 적절한 크기의 구멍이 몇 개 뚫려 있는 플라스틱 먹이통은 몇 시간 동안 고양이를 바쁘게 만들 것이다. 더 복잡한 장치들도 구입 가능하다.[27]
- 고양이 먹이용 풀이 심어진 화분을 실내에 놓아두라. 이유는 명확하지 않지만 많은 고양이가 귀리의 어린 풀을 씹는 것을 좋아한다.
- 먹이를 많이 주지 마라. 실내에서 키우는 고양이는 밖에서 사는 고양이

플라스틱 병으로 만든 퍼즐 먹이통

보다 비만해질 가능성이 높기 때문이다.

- 당신이 아직 고양이가 없다면, 한배에서 태어난 새끼 두 마리를 기르는 것을 고려해보라. 녀석들은 서로에게 좋은 친구가 될 것이다.
- 만약 당신에게 이미 실내에서 키우는 고양이가 있다면, 녀석에게 '친구'를 만들어주려고 새로운 고양이를 입양하기 전에 미리 계획을 세워라. 전에 만난 적이 없는 고양이들은 좁은 공간을 공유하는 것에 자연스럽게 적응하지 못하기 때문이다.

곳곳을 돌아다니기 시작했다. 이 방식이 갇혀 사는 스트레스를 푸는 데 효과적임이 입증되어, 오늘날 많은 동물원이 이 방식을 사용하고 있다.

고양이가 야외 생활을 할 때는 자동적으로 다양한 경험을 하지만 실내에서는 그럴 수 없기 때문에 환경을 흥미롭게 만들어줄 뿐만 아니라 녀석들을 바쁘게 만들어야 한다. 그러지 않으면 분명 다른 고양이가 어딘가에 잠복해 있을지 모른다는 걱정을 하기 시작할 것이다. 이를 위해서 주인은 좀더 추가적인 노력을 기울일 필요가 있다(316쪽의 '실내에서 사는 고양이를 행복하게 만들기'를 보라). 특히 고양이가 야외 활동을 할 때 보이는 본능적인 행동을 실내에서도 유사하게나마 할 수 있게 해주는 것이 중요하다. 동물 복지 지침 중 척추동물을 위한 권고 사항에도 이러한 내용이 포함되어 있다.

주인은 고양이와 같이 놀아주거나, 서로 마음이 통하는 고양이 두 마리를 함께 키우면서 사회적 행동을 유도해 고양이의 스트레스를 줄여줄 수 있다. 후자의 방법을 통해 스트레스를 줄여주려면 한배에서 태어난 고양이 두 마리를 기르는 것이 좋다. 물론 이것이 성공을 확실히 보장하는 것은 아니다. 때로는 형제나 남매 사이에도 경쟁 구도가 생기기 때문이다. 고양이에게 실제 먹잇감 크기의 장난감을 주거나 '사냥 행동'을 해야만 먹이(건조 사료)가 나오게 되어 있는 장치를 주어 유사 사냥 경험을 하게 하는 것도 고양이의 스트레스를 줄여줄 수 있다(이런 유사 사냥 행동은 포획된 야생고양이의 정상적인 행동을 돕는 데 사용되기 때문에 실내에서 키우는 반려고양이에게도 도움이 될 수 있다).[28] 물론 어떠한 대안도 실제로 야외에서 본능적인 행동을 할 때만큼의 만족감을 주지는 못하겠지만, 실내 생활의 스트레스를 조금이나마 줄여줄 수 있을 것이다. 게다가 실내에서 여러 가지 행동을 할 때는 이웃 고양이에게 시달림을 받을 위험도 없다.

고양이가 가축화된 시간이 얼마나 짧은지를 생각해보면, 변화된 생활공간에 대한 고양이의 적응력은 놀라울 정도다. 하지만 우리는 고양이에게 너무 작은 공간을 제공한 것은 아닌지, 혹은 공간 안에 위협이 될 만한 요소가 있는 것은 아닌지 끊임없이 주의를 기울여야 한다. 이제 반려고양이는 사냥을 위해서 자신의 영역을 구축할 필요는 없지만, 영역 욕구가 완전히 사라지기까지는 더 오랜 진화의 시간이 필요하다. 자신의 영역을 유지하기 위해 주변을 돌아다니는 고양이의 습성은, 불행하게도 다른 고양이와 매일 충돌하게 만들 수도 있다. 또한 고양이는 상대적으로 단순한 의사소통 레퍼토리를 갖고 있어서 다른 고양이들과 영역 경계선을 '협상'하려면 충분한 시간이 필요하지만, 우리는 그런 시간을 점점 더 제공해주지 않고 있다.

　오늘날 고양이는 현대화된 도시에 적응해야 할 뿐만 아니라 삶의 방식 전반을 바꿔야 하는 엄청난 압력을 받고 있다. 호주와 미국 그리고 영국에 이르기까지, 여러 국가의 자연보호 단체들이 고양이가 사냥 영역을 유지하는 것에 점점 반대하고 있다. 고양이는 이렇게 변하는, 그것도 유례없는 속도로 변하는 환경에 적응할 수 있는 새로운 방법을 모색해야 한다. 진화는 다양성을 필요로 한다. 즉 고양이는 제각각 다른 방법으로 자기 주변의 사회적, 물리적 환경을 인지하고 그에 반응해야 더욱 나은 방향으로 진화할 수 있다. 다행히도 오늘날의 고양이는 제각각 다양한 특성을 보여주고 있다. 우리는 그중에서 21세기 고양이에게 맞는 특성들의 이상적인 조합을 발견할 수 있을 것이다.

제 9 장

각각의
고양이

종種으로서 고양이는 다른 종과 뚜렷이 구별되지만 고양이 한 마리 한 마리는 서로 공통점을 많이 가지고 있다. 따라서 한 고양이에게 해당되는 것은 다른 고양이에게도 해당될 가능성이 높다. 하지만 고양이는 외모는 물론이고 행동 방식에서 분명한 개인차를 보이며, 전자보다 후자가 주인과의 관계뿐 아니라 미래를 생각할 때 훨씬 더 중요하다. 이제는 과학자들조차 고양이가 각자 자신만의 성격을 가졌다고 거리낌 없이 이야기한다. 오늘날 다양한 유형의 성격을 가진 고양이들이 존재한다는 사실은 우리에게 희망을 준다. 고양이에게 21세기와 그 이후의 다양한 요구에 적응할 수 있는 잠재력이 있다는 증거이기 때문이다. 우리 주변에 살고 있는 고양이 몸속 어딘가에 숨어 있는 유전자들이, 고양이 후손을 지금과는 약간 다른 종류의 고양이, 예를 들자면 지금보다 실내 생활에 더 잘 적응하는 고양이로 진화시킬 것이다.

물론 고양이의 성격 발달에 영향을 미치는 것은 유전자뿐만이 아니다. 고양이가 속한 환경도 성격 발달에 강력한 역할을 한다. 그리고 변화를 위해 고양이만 고군분투할 필요는 없고 주인인 우리도 고양이의 더욱 행복한 삶을 위해 다양한 전략을 구사할 수 있다. 만약 고양이의 유전자가 몇몇 순혈종 개의 유전자처럼 한결같다면 기질 개선을 위한 품종개량은 별 효과를 보지 못할 것이다. 사실 많은 순혈종 개에게서 나타나는 유전적 변화는 인간의 대가족 안에서 나타나는 유전적 변화에 그친 수준이다. 만약 고양이도 이와 같다면 성공으로 가는 유일한 길은 고양이 주인이 고양이를 이해하는 방식을 변화시키는 것밖에 없다. 그러나 고양이는 유전적으로 매우 다양하며, 이러한 사실은 녀석들이 우리 세상에 적응하도록 도울 수 있는 방법을 제공해준다.

유전자와 성격의 상관관계

여기서 중요한 질문은 유전자가 고양이의 성격에 과연 얼마만큼의 영향을 미치느냐는 것이다. 고양이 성격의 많은 부분은 유전자 외의 요인에도 영향받는다. 예를 들어 한 고양이가 사람을 얼마나 잘 받아들일 수 있는가 하는 문제는 녀석이 생후 첫 8주 동안 사람과 적절한 종류의 접촉을 했느냐에 달려 있다. 하지만 그 시기에 사람과 적절한 접촉을 한 고양이들도 사람 일반에게, 심지어 자기 주인에게 친근하게 다가가는 정도가 제각각이다. 이렇듯 각각의 고양이의 개성은 기본적인 사회화 과정을 거쳤느냐 아니냐만으로는 설명될 수 없다. 그렇다면 어떤 고양이가 다른 고양이와 함께 지내는 상황에 잘 적응한다면, 그것은 녀석이 어려서부터 다른 고양이와 함께 자랐기 때문일까 아니면 유전적으로 더 많은 융통성을 가지고 태어났기 때문일까?

고양이 성격의 유전성을 해독하는 일은 털의 색깔 및 길이의 유전성을 해독하는 일과는 매우 다르다. 우리는 고양이 외모의 유전성에 대해서는 20여 개의 잘 알려진 고양이 유전자를 이용해 설명할 수 있다. 따라서 예를 들어 부모가 모두 검은 털을 가졌으면 그들의 자식도 털이 검을 것이라고 예상할 수 있다. 하지만 한 고양이가 울타리에서 태어났는지 부엌에서 태어났는지에 따라 성격이 어떻게 달라질지는 예상할 수 없다.

유전자와 환경은 복잡한 방식으로 상호작용한다. 심지어 털 색깔조차 환경의 영향을 받을 수 있다. 예를 들어 샴고양이의 얼굴과 발과 귀에 있는 짙은 '반점'은 온도 민감성 돌연변이 유전자로부터 생겨난 것이다. 그 유전자는 샴고양이 몸에서 정상 체온보다 낮은 체온이 나타나는 부위의 털 색깔을 짙게 만든다. 샴고양이는 갓 태어났을 때는 몸 전체가 모두 희끄무레한 색을 띠고 있다. 어미의 배 속은 전체가 한결같이 따뜻하기 때문이다. 그러나 자라면서 환경의 영향을 받아 몸의 말단 부위의 체온이 약간 떨어지면 바로 그곳 털 색깔이 짙어져 샴고양이 특유의 짙은 반점이 나타난다. 훗날 샴고양이가 노쇠하게 되면 혈액순환이 나빠지면서 전체적인 털 색깔이 서서히 갈색으로 변한다.

유전자와 환경의 관계는 고양이의 성격에서도 분명하게 나타난다. 고양이의 성격은 수백 개의 유전자와 평생의 경험에 의해 영향받는다. 이 둘 사이의 상호작용을 통해 오늘날 우리가 보는 고양이가 생겨나는 것이다.

성격이 유전될 수 있다는 증거를 찾기 위해 우리는 순혈종 고양이부터 검토해볼 수 있다. 수 세기 동안 인간은 개를 교배시킬 때 다양한 기능을 향상시키는 것을 목적으로 했지만, 고양이를 교배시킬 때는 외모의 일관성만 중요하게 여겼기에 대부분 순종교배시켰다. 그러나 그런 선택적인 교배가 고양이 품종 간에 크고 일관된 행동 차이를 만들어낸 것 같지는 않다. 왜냐하면 순혈종 고양이 품종 간에는, 가령 개 품종인 보더콜리와 래브라도레트리버 사이에 나타나는 커다란 행동 차이가 발견되지 않기 때문이다. 순혈종 고양이 품종 간에 작으나마 일관된 행동 차이가 나타난다면, 그것은 유전자 때문일 가능성이 높다. 사육 방식에 있어서는, 모든 순혈종 고양이는 전문 사육사를 통해 매우 유사하게 사육되기 때문이다.

순혈종 고양이나 고양이 쇼에 출품하기 위한 고양이는 각각의 품종 클럽이 정한 기준에 의해 교배된다. 그리고 그 결과로 태어난 품종별 최고의 고양이가 고양이 쇼에서 경쟁하게 된다. 고양이 쇼는 미국고양이애호가협회Cat Fanciers' Association와 국제고양이협회International Cat Association 그리고 영국고양이애호가관리협회Governing Council of the Cat Fancy 같은 단체에 의해 운영된다. 잘 알려져 있다시피 고양이 품종 그룹에는 긴 털과 편평한 얼굴에 다부진 체격을 가진 페르시아고양이를 포함한 '이국적인' 품종, 샴고양이와 버마고양이와 아비시니아고양이처럼 뼈대가 가늘고 다리가 긴 '외국산' 품종, 그리고 영국 여러 섬의 집고양이로부터 유래한 영국 품종이 있다. 다른 품종으로는 돌연변이 특징을 나타내는 짧고 곱슬곱슬한 털의 코니시렉스, 솜털 같은 털의 스핑크스, 짧은 꼬리의 맹크스 같은 것이 있다.

새로운 품종으로는 기존의 품종에 색깔 변화를 준 것들이 있다. 예를 들어 아바나브라운은 샴고양이 털 색깔 대부분을 크림색으로 만들어주는 돌연변이 유전자가 빠진 것만 제외하면 유전적으로 샴고양이와 구별이 불가능하다. 어떤 사람들은 오래된 고양이 품종 가운데 일부는 고대의 혈통을 가지고 있다고, 가령 샴고양이는 고대 시암 왕국의 아유타야 왕조 시절 (1350~1750년) 그림과 시 속에 등장했다고 주장한다. 하지만 DNA는 샴고

양이가 생물학적으로 독립적인 품종이 된 것은 불과 150여 년 전에 불과함을 보여준다.[1]

최근의 DNA 분석 기술을 이용해 우리는 고양이 품종을 대략 여섯 개의 그룹으로 나눌 수 있는데, 각각의 그룹은 각 지역의 길고양이에서 유래되었거나 그들과의 번식에서 태어난 종류로 보인다. DNA를 분석해보면 샴고양이, 아바나브라운, 싱가푸라, 버마고양이, 코라트가 서로 밀접하게 연관되어 있음을 확인할 수 있으며, 이 녀석들이 동남아시아 길고양이와 유전적으로 흡사하다는 것도 알 수 있다. 일본의 전통적인 품종인 밥테일은 유전적으로 한국, 중국, 싱가포르의 고양이와 가깝다. 터키시반은 이탈리아, 이스라엘, 이집트 잡종 고양이뿐 아니라 그 이름이 암시하듯이 터키 잡종 고양이와도 관련이 있다. 시베리아고양이와 노르웨이숲고양이는 털이 긴 북유럽 고양이로부터 유래했다. 반면에 이들과 외모가 비슷한 메인쿤의 가장 가까운 친척뻘 고양이는 뉴욕 주에서 발견된다. 아메리칸쇼트헤어, 브리티시쇼트헤어, 샤트룩스, 러시안블루 등 체격이 다부진 고양이 대부분은 놀랍게도 페르시아고양이 등 이국적인 품종과 밀접하게 관련 있으며 아마도 서유럽 고양이에서 유래했을 것이다. 현대의 페르시아고양이는 먼 조상들 가운데 일부가 중동 지역에서 유래했지만, 그 조상들이 가지고 있던 특성 대부분을 잃어버린 것으로 보인다. 아마도 편평한 얼굴을 선호하는 애호가들로 인해 품종개량이 이루어졌기 때문인 것으로 보인다.

품종개량 클럽은 그들이 번식시키는 품종들의 전형적인 성격을 기록으로 남기는데, 예를 들어 영국고양이애호가관리협회는 아비시니아고양이와 샤미즈 그리고 아메리칸쇼트헤어 계통에서 유래한 미국 품종인 오시캣을 다음과 같이 묘사한다.

오시캣을 기르는 많은 주인은 자신들의 고양이가 개와 비슷한 성향을 가지고 있다고 말한다. 사람에게 헌신하고 쉽게 훈련시킬 수 있으며 사람 목소리에 잘 반응한다고. 녀석들도 다른 고양이들처럼 독립적이지만, 적응력이 뛰어나고 성격이 까다롭지 않기에 사람과 함께하는 삶을 수월하게 받아들이는 것처럼 보인다. 오랜 시간 동안 혼자 있는 것을 싫어하는 성격을 가진 오시캣은 다른 반려동물뿐 아니라 아이들에게도 이상적인 친구가 된다.[2]

이렇듯 각 고양이 품종에 대한 공식적인 평가가 고양이 애호가들 사이에 널리 퍼져 있지만, 지금까지 과학자들은 고양이의 품종별 특성에 대해 거의 관심을 기울이지 않았다. 한편 인간이 품종 특유의 외모를 유지시키기 위해 시행한 근친교배는 유전적 원인에서 오는 몇 가지 비정상적인 행동을 발생시켰다(328쪽의 '오리엔탈고양이에게서 나타나는 천 조각을 먹는 행동'을 보라). 이러한 비정상적인 행동은 한 품종이나 품종 그룹 안에서 나타나는 병적 증상이기 때문에 과학자들은 그런 행동을 '성격'으로 분류하지 않는다. 보다 보편적인 고양이 행동 면에서 보면, 샴고양이와 오리엔탈고양이[샴고양이를 다양한 품종과 교배시켜 만든 고양이]는 타고난 수다쟁이다. 녀석들은 야옹 소리에 다양한 변화를 주어서 마치 주인과 이야기를 나누는 것처럼 보이기도 한다. 한편 페르시아고양이처럼 털이 긴 고양이는 활발하지 못하고 사람과의 접촉을 좋아하지 않는다는 평판이 있는데, 그것은 녀석들이 더위를 쉽게 타기 때문일 수도 있다. 이렇게 분명히 알 수 있는 차이점 외에, 품종마다 성격이 정확히 어떻게 다르고 그 차이가 어떻게 생겨나는지에 대한 구체적인 정보는 거의 없다. 우리가 가진 대부분의 정보는 전문가들―수의사나

오리엔탈고양이에게서 나타나는 천 조각을 먹는 행동

🐈

샴고양이, 버마고양이, 오리엔탈고양이는 유별난 형태의 이식증, 즉 영양가 없는 물질을 반복적으로 먹는 습관을 가지기 쉽다. 예를 들면 고무줄이나 고무 장갑 같은 것을 먹는다. 순혈종 오리엔탈고양이 상당수는 천 조각을 씹고 심지어 먹기도 한다. 녀석들이 선택하는 천 조각은 대개 모직이며 면도 아주 좋아한다. 나일론이나 폴리에스테르 같은 합성섬유는 별로 인기가 없다. 녀석들은 처음에는 모직 천을 씹다가 나중에는 그것을 통째로 삼켜버리는 경향이 있다. 천 조각과 먹이를 혼동하기 때문에 그러는 것으로 보인다. 심지어 오래된 양말 한 짝을 먹이 그릇 쪽으로 질질 끌고 와서는 양말과 먹이를 번갈아서 한 입씩 물어보는 샴고양이도 본 적이 있다.

이 고양이들이 다른 직물보다 왜 모직을 더 좋아하는지는 아직 밝혀지지 않았다. 녀석들이 양털 속에 들어 있는 천연 라놀린[양모에서 추출한 기름]을 아주 좋아하기 때문이라는 주장도 있지만, 직접 시험해본 결과 이 주장은 맞지 않

천 조각을 먹는 샴고양이

았다.

모직을 먹는 행동은 가까운 관계에 있는 몇몇 품종에서만 나타나기 때문에 분명 유전적인 요인이 있을 것으로 보였지만, 내가 일곱 마리 어미와 그로부터 태어난 새끼 고양이 75마리를 조사했을 때, 어미는 일곱 마리 중 세 마리가 천 조각을 먹었는데 새끼는 3분의 1이 천 조각을 먹었고 그중 많은 수는 '정상적인' 어미의 새끼였다(새끼들의 아빠가 천 조각을 먹었는지는 모른다). 따라서 어떤 새끼 고양이들이 천 조각을 먹는 이유가 유전적 요인들 때문인지 어미의 행동 모방이라는 후천적 요인 때문인지는 정확히 알 수 없었다.

천 조각을 먹는 고양이 다수는 주인을 물거나 과도하게 긁는 등 다른 종류의 비정상적인 행동도 보였다. 이러한 행동은 잡종 고양이한테서도 나타나는데 이는 불안과 스트레스의 표시다. 오리엔탈고양이가 천 조각을 먹는 행동을 보이는 시기는 대체로 새 가정에 입양되고 몇 주 내다. 이때는 고양이가 달라진 환경으로 스트레스를 받을 수 있는 시기다. 이런 행동은 새로운 환경으로 이주하지 않아도 대략 한 살 정도에 시작되기도 한다. 이때는 고양이가 성적으로 성숙해지고 집 안에서 같이 사는 고양이나 이웃 고양이와 충돌하기 시작하는 시기다(내 연구 대상이 된 고양이들은 값비싼 순혈종 고양이라도 주인이 전적으로 집 안에서만 키우는 경우는 거의 없었다).

그러므로 천 조각을 먹는 행동은 고양이가 특히 스트레스를 받을 때 마음을 진정시키기 위해 선택하는 구강기 행동인지도 모른다. 인간이 엄지손가락을 빠는 행위처럼 말이다. 하지만 왜 천 조각을 선택하는지 그리고 왜 씹는 행위가 종종 먹는 행위로까지 이어지는지 그 이유는 아직 불분명하다.

고양이 쇼 심사위원 등—의 조사 자료에 기반하고 있는데, 사실 그들이 보는 고양이 대부분은 원래 살던 곳을 떠나 그들 앞에 온 녀석들이다. 그래서 그들은 자신이 보는 각 고양이의 행동을 전체적으로 파악하기는 어렵다.

노르웨이에서 시행된 한 소규모 연구는 샴고양이와 페르시아고양이가 집에서 특유의 방식으로 행동한다는 것을 확인했다.[3] 고양이의 성격이 전문가가 아니라 주인에 의해 기록되었기에 약간의 편견이 개입되었을 수 있지만, 샴고양이는 보통 고양이보다 더 사교적이고 더 소리를 많이 내고 더 놀이를 좋아하고 더 활동적이라고 보고되었다. 샴고양이 열 마리 가운데 한 마리는 어김없이 사람들에게 공격적이었다. 반면 보통 고양이는 20마리 가운데 한 마리가, 페르시아고양이는 60마리 가운데 한 마리가 이와 같은 성향을 보였다. 페르시아고양이는 대체로 다른 고양이보다 덜 활동적이고 낯선 사람이나 고양이를 더 잘 받아들이는 모습을 보였다. 낯선 존재로 인해 만약의 경우가 발생해도 게으른 성향 때문에 도망조차 가지 않을 것 같았다.

고양이의 성격 차이가 모두 유전자에서 기인한다고 보기는 어렵지만, 새끼 때 이미 전반적인 성향이 나타나는 듯 보인다. 예를 들어 새로운 물체나 상황에 접했을 때 어떤 새끼들은 탐험을 선택하고 다른 새끼들은 도망을 선택한다. 결국 이러한 성향은 새끼 고양이가 무엇을 배우게 되는지와 행동 발달에도 영향을 미친다. 각각의 새끼 고양이는 특정한 상황에서 유용했던 전략을 많은 상황에 사용하는 일반적인 전략으로 채택하는 듯 보이는데, 이것이 각 품종별로 어떠한 과정을 통해 이루어지는지에 대한 연구는 아직 부족하다. 다만 한 연구에서 노르웨이숲고양이 새끼가 새로운 상황을 기억하는 능력이 다른 순혈종 고양이(오리엔탈 품종과 아비시니아고양이) 새끼보다 천천히 발달한다는 것과, 순혈종 고양이는 일반적으로 보통 고양이보다 뇌가 약간 더 빠르게 발달한다는 것이 밝혀졌다.[4] 개의 경우에는 뇌의 각 부분이 발달하는 속도의 차이가 어떤 행동의 차이를 낳는지에 대한 연구가 품종별로 광범위하게 이루어졌다. 그 결과 가령 시베리아허스키는 늑대가

하는 모든 행동을 보여주지만 불도그처럼 '베이비 페이스'를 가진 품종은 태어난 지 몇 주 정도 된 늑대가 서로에게 신호를 보내는 행동만 보인다는 것을 밝혔다.[5]

품종별로 잘 기록되어 있는 순혈종 고양이에 대한 정보를 활용하면, 유전자가 고양이 행동에 어떤 영향을 미치는지에 관한 통찰력을 얻을 수 있을 것이다. 인기 있는 수고양이들은 많은 새끼를 낳을 수 있지만 새끼를 아예 보지도 않는 경우가 많다. 따라서 녀석들이 후손들에게 영향을 미친다면, 그것은 분명 후천적인 영향이 아니라 유전적인 영향일 것이다. 노르웨이의 한 연구는 새끼 고양이들은 공통적으로 낯선 사람을 만나면 일단 일종의 공격성을 나타내지만, 어떤 아버지에게서 태어났느냐에 따라 두려움과 자신감, 낯선 사람과 놀고 싶어하는 정도가 다르게 나타남을 밝혔다. 이 연구는 소규모로 그것도 한 나라에서만 시행되었기에 거기서 도출된 모든 원칙을 일반화시킬 수는 없을 것이다. 하지만 고양이 행동의 몇몇 측면은 아버지 유전자의 영향을 받는다는 원칙만은 일반화시킬 수 있을 것이다.[6]

잡종 고양이는 외모만큼 성격도 매우 다양해서 고양이 기질과 털 색깔 사이에 밀접한 관련이 있다는 미신이 힘을 얻기도 한다.[7] 영국 사람들은 거북등무늬 고양이는 '장난꾸러기 녀석', 얼룩무늬 고양이는 '집 안에서만 뒹구는 녀석', 고등어 무늬 고양이는 '독립적인 녀석'이라고 여긴다. 또한 어떤 사람들은 고양이 털에 있는 하얀 반점이 녀석들을 '평온하게 하는 효과'가 있다고 믿기도 한다. 이 모두는 겉으로 드러난 모습과 내면적 특성을 연결시키려는 인간 본성에서 비롯된 생각인데, 둘 사이에는 아무런 관련이 없음이 입증되어도 사람들은 계속해서 외모와 성격 사이의 연결 고리를 찾으려 한다. 몇몇 과학자는 털 색깔을 만들어내는 특정한 생화학적 특징이 동물의 뇌가 작동하는 방식에도 다소 영향을 준다고 주장한다. 하지만 이러한 주장을 뒷받침해줄 만한 증거가 고양이에게서는 거의 나타나지 않는다.[8]

순혈종 고양이에게서만 털 색깔과 성격 사이의 관련성이 간혹 나타나는데, 순혈종은 정확한 가계도를 그리는 것이 가능하기 때문에 이에 대한 적절한 연구를 할 수 있다. 순혈종 고양이에게서 털 색깔과 성격 사이의 관련성이 나타나는 이유는, 순종교배를 하면 유전자 풀gene pool이 제한될 수밖에 없어서 특정한 기질을 발생시키는 유전자가 특정한 털 색깔을 발생시키는 유전자와 뜻하지 않게 결합되기 때문인 것으로 보인다. 그리고 항상 가장 우수한 형질을 가진 소수의 수고양이의 기질이 각 품종 집단 내에 널리 퍼지는 경향이 있는데 바로 그 녀석들이 사람이 기대하는 색깔을 가진 새끼를 만들어낸다. 예를 들어 20년 전만 해도 거북등무늬나 크림색 그리고 특히 귤색(무늬가 없는 희귀한 황갈색 버전) 털을 가진 스코틀랜드의 브리티시쇼트헤어는 상대적으로 다루기 어려운 품종이었는데, 과학자들은 이러한 특성이 특별히 까다로운 기질을 가졌던 한 마리의 수고양이에게서 유래됐음을 추적해서 밝혀냈다.[9] 또한 발과 귀에 짙은 '반점'이 있는 고양이는 순혈종 샴고양이가 아니라 해도 소리를 많이 낼 가능성이 높은데, 그 고양이의 가까운 조상 중에는 분명 적어도 한 마리 이상의 샴고양이가 있을 것이다. 그렇지 않다면 그 어떤 고양이도 반점을 발현하는 유전자를 가질 수 없기 때문이다.

고양이는 열여덟 쌍의 염색체와 두 개의 성염색체까지 총 서른여덟 개의 염색체를 가지고 있는데, 그중 한 염색체 위에 색깔을 통제하는 유전자와 뇌 발달 방식에 영향을 미치는 유전자가 아주 가깝게 놓여진 경우, 털 색깔과 성격의 몇 가지 측면이 연관될 수 있다. 그러나 만약 이 두 유전자가 각각 다른 염색체 위에 있다면 새끼 고양이가 두 유전자의 특정한 조합에 영향받게 될 확률은 본질적으로 무작위적일 것이다. 다시 말하면 같은 염색체상에 있는 두 유전자는 함께 유전되는 경향이 있다. 하지만 반드시 그런 것은 아니다. 때때로 상동염색체 간에 부분적으로 유전자 교환 현상이 나타나기 때문이다. 이러한 메커니즘을 교차라고 한다. 만약 색깔을 통제하는 유전자와 뇌 발달 방식에 영향을 미치는 유전자 사이에 교차가 이루어지면, 이들 유전자는 따로따로 유전된다. 같은 염색체상에서 서로 가까이 있는 유전자 사이에는 교차가 일어나는 경우가 드물다. 예를 들어 하얀 털을 만드는 유전자('흰색 우성유전자'로 알비노와는 다르다)와 두 눈을 파랗게 만드는 유전자 그리고 귀머거리를 만드는 유전자가 같은 염색체상에서 서로 가까이 있다면, 그중 하나의 유전자만 외모와 (간접적으로) 행동에 영향을 미치는 예는 거의 없다. 그러므로 털이 하얗고 푸른 눈을 가진 고양이는 거의 틀림없이 귀머거리가 된다.[10] 프랑스 교외 지역에 사는 황갈색 고양이들을 야생 생활양식에 적합하게 만든 유전자는, 그 고양이가 황갈색이 되는 데 직접적인 영향을 미친 것이 아니라 엑스염색체상에서 황갈색을 만드는 유전자와 매우 가까이 있는지도 모른다.

고양이는 각자 자신만의 개성이 있다

그러나 어떤 고양이의 성격이 오직 녀석의 외모적 특성과 관련 있다고 생각하는 것은 오해를 낳을 수 있다. 고양이는 털 색깔과 상관없이 행동에서 개인차가 아주 심하기 때문이다. 약 20년 전만 해도 대부분의 과학자는 오직 사람만이 성격 혹은 개성을 가질 수 있다고 생각했다. 하지만 이제 성격이라는 개념은 가축이나 반려동물뿐만 아니라 모든 동물에게 널리 적용되고 있다. 심지어 야생동물도 자기 주변의 세상에 대해 제각각 다른 방식으로 반응하고 행동한다. 지난 몇 년에 걸쳐 성격이라는 개념은 도마뱀, 귀뚜라미, 벌, 침팬지, 기러기에 이르기까지 다양한 동물에 적용되었다. 몇몇 개체는 특히 대담해서 먼저 새로운 먹이 자원을 얻기 위해 위험을 감수하기도 한다. 반면 소심한 개체들은 위험한 상황에 무모하게 달려들 가능성이 적다. 각 개체가 선택하는 전략의 성공 여부는 어떤 환경에 처해 있느냐에 따라 달라질 것이다. 즉 어떤 환경에서는 대담한 개체들이 최선의 결과를 낳을 것이고 또 다른 환경에서는 이들이 제일 먼저 죽게 될 수도 있다. 따라서 대담한 유형과 소심한 유형 유전자 둘 다 그 종 안에 살아남아 계속 영향을 미치게 된다.

사회적인 상황이 동물의 성격에 영향을 미치기도 한다. 가령 큰가시고기는 상황에 따라 대담하기도 하고 소심하기도 하다. 대담한 개체들로 이루어진 무리와 소심한 개체들로 이루어진 무리 사이에서 선택을 해야 할 경우, 큰가시고기는 설사 원래 소심한 성격이라 해도 대담한 무리에 합류한다. 대담한 무리가 더 많은 먹이를 찾으며, 그 무리의 중간 부분은 숨기 좋은 장소이기 때문이다. 그리하여 대담한 무리에 합류한 큰가시고기는 평소보다 빠른 속도로 헤엄치는 등 대담한 물고기처럼 행동하기 시작한다. 사회적인 상황이 고양이의 성격에 미치는 영향에 관해서는 아직 밝혀진 것이 많지 않지만, 큰가시고기의 예는 고양이도 자신이 살고 있는 집에서 다른 동물—사람, 다른 고양이, 개—의 무리에 들어가기 위해 자기 성격을 조정할 수 있을지도 모른다는 흥미진진한 가능성을 불러일으킨다.

고양이 성격 연구에는 크게 두 가지 접근법이 있다. 하나는 연구자가 고양이를 직접 관찰하는 것이고 다른 하나는 녀석들의 주인에게 물어보는 것이다. 그러나 주인은 편견을 가질 수 있기에 연구자가 고양이 행동을 직접 관찰하는 것이 더 온전한 결과를 얻을 수 있다. 때문에 내가 진행한 연구 대부분은 고양이의 행동을 직접 관찰해 기록하는 식으로 이루어졌다. 많은 수의 고양이를 키우는 가정을 방문해 고양이를 관찰할 때, 나는 보통 식사가 시작되기 몇 분 전부터 식사 시간이 끝나고 몇 분 후까지 녀석들을 지켜봤다. 그 시간에는 밖에 나가서 놀던 녀석들도 밥 먹으러 집으로 들어오기 때문이다.[11] 녀석들이 배가 고플 때 관찰을 시작하면 부수적인 장점도 있다. 녀석들 대부분은 먹이를 기대할 때, 즉 배고플 때 자기 주인과 가장 열정적으로 소통하기 때문에 다양한 소통 방법을 관찰할 수 있다.

그 연구에서 관찰한 서른여섯 마리의 고양이들은 주인이 먹이를 준비하는 동안 먹이를 기다리는 일상적인 행동을 했다. 즉 꼬리를 세우고 부엌을 돌아다니고 주인 다리에 몸을 비비기도 했다. 밥을 다 먹은 후에 몇몇은 곧장 집 밖으로 나갔고 다른 몇몇은 앉아서 몸단장을 했다. 또한 주인과 다시 소통하는 녀석도 있었고, 방 안에 있는 낯선 사람 즉 자신을 관찰하고 있는 과학자를 조사하는 녀석도 있었다. 하지만 우리 연구의 첫 번째 목표는 각각의 고양이가 매번 일관된 방식으로 행동하는지를 알아내는 것이기에 매주 한 번씩 8주 동안 각 가정을 방문했고, 녀석들이 실제로 꽤 일관성 있게 행동함을 확인했다. 따라서 우리가 관찰한 것은 각 고양이의 성격 혹은 적어도 '개인적 스타일'이 반영된 모습이라고 생각된다.

우리는 먹이가 제공되기 전에 보인 행동을 기준으로 녀석들을 다양한 유형으로 나누었다. 어떤 녀석들은 항상 주인 다리에 몸을 비비며 쉬지 않고 가르랑거렸지만 어떤 녀석들은 단 한 번도 그런 행동을 하지 않았다. 몇몇은 다른 녀석들보다 훨씬 더 부엌 주변을 돌아다녔고 몇몇은 계속 야옹거리면서 주인의 관심을 끌려 했다. 그런데 고양이 주인 대부분은 그렇게 노력하는 고양이들을 특별히 사랑스럽게 여기기보다는, 조용히 기다리는 녀석들을 더 자주 쓰다듬어주었다. 절반 정도의 고양이만 끝까지 조용히 기다렸고, 나머지는 몸을 비비기도 하고 야옹거리기도 하는 등 고양이의 전형적인 행동을 보였다.

먹이를 먹은 후에 어린 고양이 몇몇은 곧장 집 밖으로 나갔다. 이것은 성격적인 특성이라기보다는 습관에 가까운 것 같았다. 대부분은 몇 분 더 부엌에 남아 있었다. 먹이가 나오기 전에 다른 고양이들보다 더 활동적이었던 몇몇은 꼬리를 세운 채 돌아다니고 야옹거리면서 계속 주인과 적극적으로 소통했다. 밥 먹기 전에 낯선 사람에게 가장 큰 관심을 보였던 녀석들은 이후에도 계속 관심을 보였다.

우리는 고양이 주인들과 이야기를 나누는 것으로 관찰 작업을 마무리했다. 우리가 관찰한 고양이들 사이의 차이점 중 일부는 녀석들의 성격이 반영된 결과로 보였다. 하지만 우리는 녀석들을 오직 한 가지 상황에서만 관찰했을 뿐이다. 집 밖에 나가서 탐험할 때, 다른 고양이들과 어울리거나 혹은 그들을 피할 때, 주인이 TV를 보는 동안 몸을 웅크리고 앉아 있을 때도 녀석들을 관찰했다면 고양이 성격의 또 다른 면을 볼 수 있었을까? 몇몇 연구는 고양이 주인이나 고양이를 돌보는 사람이 고양이 행동을 연구자에게 보고하는 방식으로 이루어졌다. 그렇지만 이런 연구를 통해서는 고양이가 혼자 있을 때 하는 행동에 대한 정보는 얻지 못할 수밖에 없다. 또한 고양이를 한 마리만 키우는 주인들은 그 고양이가 집 안에서 다른 고양이와 얼마나 잘 지낼 수 있는지는 알 수 없기에 그에 대해서는 보고할 수 없다.

이렇듯 이제껏 실시된 고양이 연구들은 한계를 가지고 있지만, 그를 통

과학자를 세심하게 살피는 대담한 고양이

해 고양이 성격을 분류할 수 있는 기본적인 세 가지 측면 혹은 차원이 생겼다.[12] 첫째는 고양이가 같은 집이나 다른 사회적 집단에 있는 고양이와 잘 지내는가, 둘째는 한집에 있는 사람들에 대해 얼마나 사교적인가, 셋째는 근본적으로 대담하고 활동적인가 혹은 소심하고 차분한가 하는 것이다. 고양이 각각은 이 기본적인 세 가지 측면에서 나올 수 있는 다양한 특성을 가지고 있다. 예를 들어 어떤 고양이는 겁이 많고 소극적이지만 주인과 집 안의 다른 고양이에 대해서 애정이 넘칠 수 있다. 또 다른 고양이는 아주 활동적이고 주인에게도 애정이 넘치지만 집 안의 다른 고양이와는 거리를 둘 수 있다. 그리고 이러한 특성들은 대부분 극단적이 아니라 중도적으로 표현된다. 바로 이 때문에 우리는 '일반적인 고양이'의 모습을 그릴 수 있다. 주인의 입장에서 보면 일반적인 고양이라는 것은 없을지 몰라도.

고양이의 성격 측면 중 대범함과 소심함은 무엇보다 가장 중요할 것이다. 이는 매 순간 고양이가 행동하는 방식뿐만 아니라 무엇을 얼마나 학습하는지에도 영향을 미치기 때문이다. 어떤 상황에서 대범한 고양이는 뒤로 물러나는 고양이보다 새로운 경험을 통해 더 많은 것을 배운다. 하지만 지나치게 자신감에 넘쳐서 행동하다가—예를 들어 호전적인 수고양이 쪽으로 과시하듯 걸어가다가—다치게 된다면, 상황을 신중하게 바라보는 소심한 고양이보다 덜 배우게 되는 결과에 이를지도 모른다.

고양이가 다른 고양이와 잘 지내는 정도나 사람에게 애정을 느끼는 정도는 새끼 때나 어린 시절의 경험에 강하게 영향받는다. 과학자들은 한때 어떤 고양이는 '우호적인' 유전자를 지니고 다른 고양이는 '비우호적인' 유전자를 지닌다고 생각했지만, 더욱 깊은 연구를 통해 대범함에 영향을 미치는 유전자가 우호성의 차이를 발생시킴을 발견했다. 대범한 고양이와 소심한 고양이는 다른 고양이나 사람과 소통하는 방법에 대해 다르게 배운다. 이는 대범한 고양이가 필연적으로 소심한 고양이보다 우호적이라거나 혹은 그 반대라고 말하는 것은 아니다. 물론 대범한 녀석들이 애정을 조금 더 적극적으로 표현할 가능성이 높은 것은 사실이다.

대범한 고양이와 소심한 고양이가 미묘하게 다른 방식으로 학습한다는 것은 수고양이 두 마리의 새끼들을 대상으로 한 고전적인 실험에서 확인되었다. 수고양이 한 마리는 '우호적인' 성격으로, 다른 한 마리는 '비우호적인' 성격으로 유명한 녀석들이었다. 이 두 마리 새끼들은 서로 섞여서 두 그룹으로 나누어져 다른 방식의 사회화 과정을 거쳤다. 즉 한 그룹은 최소한의 핸들링을 받았고 다른 그룹은 매일 핸들링을 받았다.[13] 새끼들이 한 살이 되었을 때, 실험장에 낯선 물체를 두고 녀석들의 행동을 비교해보았다. 그 낯선 물체는 녀석들이 태어나서 한 번도 본 적이 없는 종이 박스였다. 빠른 속도로 대범하게 그 종이 박스에 다가가 세심하게 살펴보는 새끼들은 '우호적인' 성격으로 유명한 고양이의 자식이었고, 소심하게 뒤로 물러나는 새끼들은 '비우호적인' 고양이의 자식이었다. 즉 새끼들이 전에는 보지 못한 무언가에 반응하는 방식에 보다 근본적이고 중요한 영향을 미친 것은, 사회화 과정이 아니라 아비가 물려준 유전자였다.

아비로부터 물려받은 유전자는 사회화 기간 동안 새끼들이 사람과 소통하는 방식에도 영향을 미쳤다. 대범한 성격을 물려받은 새끼들은 사람에게 자연스럽게 다가가기에 사람과 소통하는 방법을 빠르게 배워나갔다. 소심한 성격을 물려받은 새끼들은 사람에게 자신 있게 다가가기까지 더 오랜 시간이 걸렸다. 하지만 충분한 핸들링을 해주면 소심한 녀석들도 대범한 녀석들만큼 우호적인 고양이가 될 수 있었다. 물론 호감을 표현하는 방식은 대범한 새끼들만큼 적극적이지는 않았다. 소심한 새끼들 중 핸들링을 매일 받지 않는 녀석들은 사람을 매우 두려워해서 심지어 한 살이 되어도 자기 아비처럼 바닥에 몸을 낮게 붙이고 쉬익 하는 소리를 내며 사람을 피했다. 이 실험의 결과를 성급하게 일반화시킬 수는 없다. 가정에서 태어난 새끼 중에 매일 핸들링을 받지 않는 녀석은 드물기 때문이다. 하지만 이 실험은 소심한 아비로부터 태어난 새끼가 사회화 과정까지 제한당하면 얼마나 취약한 상황에 빠질 수 있는지에 대한 통찰력을 제공해주었다.

새끼 때의 사회화 경험은 고양이의 성격을 결정한다

가정에서 태어난 새끼 고양이는 유전적으로 대담하든 소심하든 어느 정도 핸들링을 받아 적어도 사람에게는 우호적이 될 수 있다. 하지만 애정 표현 방법은 각자 다른데, 인생 초기에 경험한 핸들링과 연관된 복잡한 상호작용의 결과인 듯하다. 2002년에 내 연구 팀은 평범한 가정에서 태어난 아홉 마리의 한배 새끼들이 성장해서 낳은 스물아홉 마리의 새끼들을 대상으로 이러한 상호작용에 대해 연구했다.[14] 이 새끼들이 생후 5주에서 8주 동안 받은 핸들링의 정도는 각각 하루 20분에서 두 시간까지 다양했다. 이들이 생후 8주가 되었을 때, 그러니까 새 가정으로 입양되기 직전에 우리는 녀석들을 한 마리씩 들어 올려 안아보았다. 핸들링을 가장 적게 받은 새끼들은 우리에게서 벗어나고 싶어했지만, 핸들링을 가장 많이 받은 녀석들은 몇 분이나 안고 있을 수 있었다. 즉 핸들링의 정도가 그 어떤 유전적 요인보다 녀석들의 행동에 가장 큰 영향을 미치는 것으로 보였다. 각각 다른 어미에게서 태어난 새끼들 중에 아비가 같은 녀석들이 있을 가능성은 매우 적었다. 녀석들이 태어난 집은 서로 아주 멀리 떨어져 있었기 때문이다.

그 새끼들이 새로운 가정으로 입양된 후 다시 검사를 해보니 정확히 반대의 결과가 나왔다. 생후 5주에서 8주 동안 가장 많은 핸들링을 받았던 새끼 고양이들이 가장 불안한 모습을 보이고, 가장 적은 핸들링을 받았던 녀석들이 차분한 모습을 보인 것이다.

이 사실은 고양이는 생후 5주에서 8주 사이에 사람에 대한 사회화가 일어날 뿐만 아니라 특정한 사람에 대한 애착심도 생긴다는 것을 증명해준다. 사실 그 실험 대상이 된 새끼들 중 생후 8주차일 때 사람이 들어 올리면 불안해하는 녀석은 매우 드물었는데, 모두 충분한 사회화 과정을 거쳤기 때문이었다. 다만 핸들링을 가장 적게 받은 녀석들은 사람이 들어 올렸을 때 완전히 편안해하지는 않았는데, 새 가정으로 입양되어 새로운 사람—즉 새로운 주인—에 대해 배우는 과정을 겪은 후에는 어느 누가 들어 올려도 완전히 편안해했다. 그런데 원래의 집에서 주인으로부터 가장 많은 핸들링을 받은 새끼 고양이들은 그 주인에 대한 애착심으로 인해 새로 입양된 가정에서 매우 불안해했고, 두 달 후에 다시 방문해봐도 여전히 불안해하는 모습을 보였다.

새끼들이 받은 핸들링의 차이는 녀석들의 성격을 다른 방향으로 나아가게 만드는 것처럼 보인다. 하지만 그로 인한 모든 영향은 성장해가면서 서서히 사라진다. 우리가 8개월 만에, 즉 녀석들이 한 살 정도 됐을 때 다시 방문하여 안아보니 좋아하는 정도가 저마다 달랐다. 하지만 이 차이는 새끼였을 때 핸들링을 받은 정도와는 관계가 없었다. 한배에서 태어난 새끼들도 저마다 반응이 달랐기에 그 반응은 유전자와도 무관하다 할 수 있다. 녀석들이 두 살 그리고 세 살이 되었을 때 다시 검사해보니 한 살 때와 별로 변한 것이 없었다. 따라서 고양이는 태어난 지 1년이 될 때까지 사람들에게 반응하는 자신만의 특유한 방식을 발달시키고 그 후로는 그 방식을 고수하는 듯하다.

낯선 사람이 안았을 때 반응하는 방식이 한 살 이후에도 조금 변하는 경우가 드물게나마 있는데, 그것은 새 주인이 녀석들과 상호작용하는 방식의 영향인 듯하다. 하지만 대체로 녀석들의 반응은 한 살이 지나면 고착화된다. 예를 들어 어떤 고양이는 분주한 분위기의 집에 익숙해져서 낯선 사람이 방문해도 동요하지 않는다. 주인하고만 있는 것을 좋아하는 고양이는 낯선 사람이 방문하면 불안해지지 않고 그냥 자리를 피해버린다. 즉 제각각 어린 시절 받은 핸들링의 경험과 물려받은 유전자는 달라도, 한 살이 지나면 최종적으로 사람에 대한 반응 방식이 안정화된다는 것이다.

한편 고양이 대부분은 우리 생각보다 사람의 몸짓언어에 대단히 민감하다. 고양이를 싫어하는 사람들은 종종 이런 불평을 한다. 여러 사람과 함께 고양이가 있는 방에 있으면, 고양이가 항상 제일 먼저 자신한테 다가온다고. 나는 이 말을 고양이를 좋아하는 사람과 싫어하는 사람이 함께 있는 자리에 고양이 여러 마리를 들여보내는 실험을 통해 확인해보기로 했다.[15] 내가 실험에 참가시킨 사람들 중 고양이를 싫어하는 사람은 모두 남자였다. 고양이를 싫어한다고 인정하는 여성은 만날 수가 없었기 때문이다. 그들을 소파에 앉게 한 후 고양이들이 방에 들어왔을 때 움직이지 말라고, 심지어 무릎에 올라오려 해도 움직이지 말라고 지시했다. 고양이들은 방에 들어와서 몇 초 내에 사람들의 성향을 파악한 듯, 고양이를 싫어하는 사람들에게는 다가가기는커녕 눈길 한번 제대로 주지도 않았다. 녀석들이 그 차이를 어떻게 감지하는지는 분명치 않다. 자신들을 싫어하는 사람들에게서 긴장된 모습이나 초조하게 힐끗거리는 모습을 감지했을 수도 있고, 살짝 다른 체취를 맡았을 수도 있다. 어쨌거나 실험에서 나타난 고양이들의 반응은 어떤 사람을 처음 대면했을 때 그 사람을 판단하는 날카로운 직관력이 있음을 보여주었다. 그런데 여덟 마리 가운데 한 마리는, 녀석도 다른 고양이들처럼 직관력이 있음에도 불구하고 반대로 행동했다. 즉 고양이를 싫어하는 사람들에게 가장 큰 관심을 보이며 무릎 위로 뛰어오르고 큰 소리로 가르랑거려 그들을 얼어붙게 만들었다. 그 녀석은 아마도 그들에게 잊지 못할 인상을 남겼을 것이다.

고양이는 어릴수록 주변 환경에 훨씬 잘 적응한다. 생후 1년 동안 고양이는 자기가 속한 가정에 적응하기 위해 최대한 융통성을 발휘한다. 이에 대한 연구는 아직 걸음마 단계에 있으며 그 과정은 장기화될 가능성이 높다. 본질적으로 사적인 특징들을 포함하는, 즉 실험실이 아니라 녀석들이 사는 가정집이 주된 무대가 되는 연구이기 때문이다. 하지만 지금까지의 연구에서도 분명히 밝혀진 바가 있는데, 고양이의 적응력은 주인과의 관계와 밀접한 관련이 있다는 것이다. 예를 들어 주인과 감정적으로 매우 깊은 관계를 맺고 있는 고양이는 주인은 물론 다른 사람이 자기를 들어 올리거나 껴안을 때도 매우 행복해하는 경향이 있다.[16] 하지만 대부분의 고양이는 자기가 원하지 않을 때 사람이 자기를 들어 올리는 것을 싫어한다. 따라서 고양이를 입양하려는 사람은 사람이 들어 올리거나 껴안는 것을 별로 좋아하지 않는 고양이를 입양해 변화시키려 하기보다는, 더 사교적인 성격의 고양이를 입양하는 것이 좋다. 하지만 사교적이지 않은 고양이라 해도 어리다면, 입양된 후 새 주인의 요구에 융통성 있게 적응할 수 있을 것이다.

고양이와 주인의 관계는 그 고양이가 대담한 성격을 타고났는지 아니면 소심한 성격을 타고났는지에 의해 엄격하게 결정되는 것이 아니다. 성격보다 더 중요한 것은 생후 몇 달간 받은 핸들링의 양이며, 충분한 핸들링을 받은 고양이는 자신의 행동 방식을 주인의 요구에 적응시킨다. 어떤 새끼 고양이는 직원 수에 비해 고양이 수가 너무 많은 보호소에서 태어났거나 어미가 녀석을 숨겨놓고 키운 탓에 많은 핸들링을 받지 못한다. 이런 새끼 고양이가 소심한 유전적 성향까지 물려받았다면 새 주인과 애정 어린 관계를 충분히 발달시킬 수 없을지도 모른다. 새끼 고양이의 성격 발달을 추적하는 연구의 대상이 된 녀석들 중에 꼭 몇몇은 주인집에서 사라졌다. 그에 대해 완전하게 설명할 수는 없지만, 그런 고양이는 반려동물이 되기에는 적합하지 않은 성격을 타고난 데다 적절한 때에 핸들링을 받지 못해 스스로 길고양이가 되는 것을 선택한 듯 보인다.

소심한 성격을 물려받은 새끼들도 사람들과 지속적으로 온화한 소통을 하다보면 소심함을 줄일 수 있다. 따라서 그런 새끼들일수록 많은 핸들링을 받아 그 소심함을 극복해야 한다. 핸들링을 받지 못한다면 커서도 녀석들의 몸속에는 소심함을 유발하는 유전자가 남아 있을 것이고, 녀석들이 짝짓기를 하면 그 유전자는 다음 세대로 전해질 것이다.

우리는 고양이의 유전자가 다른 고양이에 대한 사회성에 어떻게 영향을 미치는지 거의 알지 못하는 형편이다. 대신 우리는 다른 고양이와 어울렸던 새끼 때의 경험이 어떤 행동 변화를 일으키는지에 주목했다. 삼 형제와 같이 자란 녀석들은 정도가 좀 덜했지만, 사람 손에서만 키워진 모든 고양이는 다른 고양이에 대해 비정상적으로 행동했다. 즉 흥미로운 감정과 두려운 감정이 뒤섞인 이상한 행동을 보여주었다.[17] 이를 통해 우리는 고양이의 정상적인 사회적 행동 발달에는 어미나 다른 우호적인 어른 고양이의 역할이 필수적임을 알 수 있다.

어미에 의해 정상적인 방법으로 양육된 고양이도 다른 고양이한테 우호적인 정도는 제각각 다르다. 그러나 사람 손에서만 키워진 고양이처럼 극단적인 모습을 보이지는 않는다. 이러한 차이는 많은 부분 새끼였을 때 겪은 서로 다른 경험으로부터 생긴다. 일반적으로 여러 가족으로 구성된 큰 집단에서 자란 새끼들이 한 어미와 그 자식으로 구성된 작은 집단에서 자란 새끼보다 사회적인 기술을 더 쉽게 배운다. 예를 들어 뉴질랜드 몇몇 지역의 농장 주변에서 큰 집단을 이루어 사는 녀석들은 함께 설치류를 사냥하기도 하고 농부가 주는 남은 음식도 먹는다. 영국이나 미국의 농장 고양이들처럼 말이다. 그런데 뉴질랜드 숲 속에 사는 고양이들은 한 어미 중심의 작은 집단 안에서 살아가며, 사냥한 먹이만으로 충분히 배를 채울 수 있다. 근처에 경쟁할 만한 다른 포식자가 없기 때문이다. 이것은 가축화되지 않은 리비아고양이의 생활 방식과 유사하다.[18] 이 두 집단에서 태어난 수컷들은 양쪽을 왔다 갔다 하면서 유전적으로 서로 섞이게 만든다. 하지만 암컷들은 자기 어미의 생활 방식을 선택하는 것으로 보인다. 즉 농장에서 태어난 암컷은 자라서도 어미의 영역을 공유하며 함께 지내고, 숲 속에서 태어난 암컷은 자라면 독립해서 따로 자신만의 집단을 만든다. 즉 암컷은 '사회적 문화'의 형태를 어미로부터 물려받는 것으로 보인다.

한편 같은 집단에서 평생을 함께 산 고양이들도 다른 고양이에게 반응하는 방식은 저마다 다를 수 있는데, 이것은 사교성의 정도가 문화적인 영향은 물론 우리가 알지 못하는 유전적인 영향도 받음을 암시한다. 실내에 사는 두 개의 고양이 집단(각각 일곱 마리의 암컷으로 구성)에 대한 연구에서, 과학자들은 같은 집단에 속한 고양이들이라 해도 다른 고양이와 소통하는 정도가 제각각 지속적인 차이를 보인다는 것을 발견했다. 이것은 한 고양이가 사람에게 얼마나 사교적인지, 혹은 성격이 얼마나 활동적이고 호기심이 많은지와는 별개로 나타나는 차이였다.[19] 즉 각각의 고양이가 자기 주변의 고양이와 소통하는 자신만의 방법에 영향을 끼치는 유전자는 '대범함'과 관련된 유전자만은 아닌 듯했다.

물론 한 고양이가 다른 고양이에게 처음으로 접근하는 방식은 그 고양이가 얼마나 대범한가에 따라 다를 것이다. '대범함'은 새로운 상황에 처음 직면하는 경우에 발현되는 특성이기 때문이다. 하지만 또 다른 가능성도 있다. 즉 고양이는 다른 고양이들과 반복적으로 만나면서 자신이 얼마나 대범한지와는 상관없이, 그 고양이들을 상대하는 새롭고 안정적인 자신만의 개성을 발달시킬 가능성도 있다. 현재로서 우리는 한 고양이가 다른 고양이를 대하는 태도의 차이가 어떻게 형성되는지 거의 모르기에, 다음과 같이 짐작만 할 뿐이다. 가령 한 고양이가 상대 고양이를 대하는 태도가 처음 몇 번의 대면으로 고정되는 것이라면, 그 태도는 상대를 처음 만났을 당시 자신이 작고 약했느냐 크고 강했느냐에 따라 결정됐을 가능성이 있다. 반면 다른 고양이를 대하는 태도가 지속적인 대면을 통해 발달하는 것이라면, 대범함 혹은 소심함을 만드는 유전자와는 다른 유전자에 의해 형성되었을 것이다.

한편 다른 고양이와 사이좋게 지낼 수 있는 집고양이의 능력은 유전적 변화에 따라 발전할 것이다. 집고양이의 야생 조상은 어미와 새끼 간에는 일시적인 유대를 형성했지만 그 외의 고양이와 함께 생활하는 것은 불가능했다. 하지만 오늘날의 집고양이는 다른 고양이와 애정 어린 유대 관계를 형성하기도 하며, 이러한 변화는 앞으로도 계속될 것이다. 고양이들 간 사회성의 차이를 만들어내는 것은 새끼 때의 경험뿐 아니라 대범한 성격과 관련된 유전적인 요인도 있는데, 이 요인은 다른 고양이를 친구나 적으로 결정하는 데 영향을 미친다기보다는 다른 고양이에게 접근하는 방식에 영향을 미치는 것으로 보인다.

우리는 집고양이의 사냥 능력에 관한 유전자가 변할 수 있다는 기대는 크게 안 하는 것 같다. 고양이는 포식자의 후손일 뿐만 아니라, 영양상 균형 잡힌 상업적인 고양이 먹이가 나오기 전이었던 40년 전만 해도 사냥에 능숙하지 않으면 번식하기도 어려웠기 때문이다. 과학적 연구는 대부분의 고양이가 생후 6개월 무렵이면 능숙한 포식자가 될 수 있다는 사실을 밝혔다. 사냥 방법은 고양이에 따라 천차만별이다. 쉬지 않고 먹잇감 주변을 맴돌기도 하고 먹잇감이 나타날 장소에서 몇 시간이고 앉아서 기다리기도 한다. 잘 잡는 먹잇감의 유형도 고양이에 따라 다르다. 어떤 고양이는 새를 잘 잡지 못하지만 다른 고양이는 설치류보다 오히려 새를 더 많이 잡는다. 이러한 차이를 '개성'으로 간주할 수도 있지만, 사냥 기술을 가다듬을 당시의 경험이 그런 차이를 발생시켰을 수도 있다. 왜냐하면 고양이는 성공적으로 먹잇감을 사냥하게 만든 기술을 반복해서 사용할 가능성이 높기 때문이다. 어떤 고양이는 선천적으로 새 사냥꾼으로 태어나고 어떤 고양이는 선천적으로 쥐의 천적으로 태어난다는 증거는 없다.

과학적 조사 결과, 새끼 고양이는 생후 9주에서 12주 사이에 먹이를 잡는 능력에서 저마다 큰 차이를 보였다. 모든 새끼 고양이는 생후 첫 몇 주 동안 주변에 있는 물체를 가지고 놀면서 몰래 다가가기, 덮치기, 물기, 발톱으로 긁기 등 사냥 행동을 연습하지만, 생후 9주에서 12주 사이에 이르면 그 행동들을 효과적으로 연결하는 능력, 잡을 수 있는 것과 피해야 하는 것을 가늠하는 능력, 이미 날아 오른 새는 더 이상 쫓지 말아야 한다고 생각하는 상황 판단 능력 등 여러 면에서 능력의 차이를 보인다.[20] 그런데 그 시기가 지나면 모두가 똑같이 유능한 사냥꾼이 된다. 어떻게 그럴 수 있는지는 몰라도, 뒤처졌던 녀석들이 앞선 형제자매를 따라잡는 것이다. 그 전에는 왜 새끼 고양이들 사이에서 사냥 능력의 차이가 나타나는지 아직 과학적으로 정확히 밝혀지지는 않았지만, 유전적인 영향일 가능성이 크다. 유전적 특징은 새끼 고양이가 눈을 뜨는 시기 등 여러 가지 발달 속도에 분명 영향을 미치기에, 사냥 능력 발달 속도에도 영향을 미친다고 추론할 수 있다.

고양이를 키우는 사람이라면 모두 알고 있듯이 고양이는 제각각 외모뿐 아니라 성격도 다르며, 거기에 영향을 끼치는 것은 유전자와 자라면서 겪은 경험이다. 즉 고양이의 성격은 유전적 특징과 생후 1년 남짓 동안의 경험이 복잡한 상호작용을 일으켜 발달한다. 어떤 경험은 매우 강력한 영향을 끼쳐 유전적 특징을 거의 지워버릴 수도 있지만, 사람의 집에서 '정상적인' 양육을 받은 고양이들이 그런 경험을 할 가능성은 희박하기에 대개 유전적 특징을 유지한다고 할 수 있다.

사냥하는 방법을 배우는 속도도 고양이마다 다르다. 여기에도 경험이 중요한 역할을 하지만 유전적인 요인도 작용한다. 즉 각각의 고양이는 자신의 경험에 따라 환경에 적응할 수 있는 동물인 동시에, 자신의 행동에 영향을 미치는 유전적 다양성을 풍부하게 보유한 종의 일원이기도 하다. 이런 유전적 다양성을 가지고 있기에, 고양이는 우리의 요구에 맞게 더욱 진화할 가능성이 있다. 오늘날 고양이가 직면한 가장 큰 도전은 야생동물 파괴자라는 악명이 날로 높아지고 있다는 사실이다. 하지만 고양이를 가장 소리 높여 비난하는 사람들도 모든 고양이가 비난을 받아야 하는 것은 아니라는 사실을 인정해야만 한다. 만약 사냥 능력이 성격과 관련 있는 것이라면, 그리고 성격이 유전적 기초를 가지고 있다면, 어떤 고양이가 야생동물 생태계에 가장 적은 피해를 주는지 예측하는 것도 불가능한 일은 아닐 것이다.

제10장

고양이와
야생동물

야생동물 애호가들은 집에서 충분히 잘 먹는 반려고양이가 사냥을 한다고 비난하지만, 사실 반려고양이의 사냥 행위가 야생동물 개체 수에 구체적으로 얼마나 중대한 영향을 미치는지는 분명치 않다. 그런데도 특정 지역에서 야생동물의 균형에 변화가 생기면 고양이는 편리한 희생양이 된다. 사실 주인이 잘 먹이는 반려고양이는 식단을 보충할 필요가 없기에 사냥은 불필요한 행위이고, 더욱이 사냥한 먹이를 잡은 장소에서 먹지 않고 집으로 가지고 오는 습성은 고양이를 싫어하는 사람들의 손가락질을 받기 쉽다. 그런 행동은 고양이가 단지 '스포츠'를 위해 동물을 죽이는 것처럼 보이기 때문이다. 반면 다른 야생 포식자가 야생동물을 사냥해서 죽이는 일은 별 관심을 사지 않는다.

야생동물 애호가들의 목소리

야생동물 보호를 주장하는 과학 논문들에 반고양이 정서가 알게 모르게 영향을 미치고 있다. 호주의 한 과학자 집단은 최근에 '가구당 허용되는 고양이 수 제한, 고양이 중성화 수술 강제 시행 및 등록제 시행, 고양이 통금 시간 적용, 고양이 목줄에 포식 행위 제지 장치 부착, 고양이 행동반경을 주인 사유지 내로 제한' 등과 같은 규제가 필요하다고 주장했다.[1] 이러한 제재가 그 지역의 야생동물 생태계 회복에 도움이 되는지 확실하지 않음에도 불구하고.

1997년에 영국포유동물학회Mammal Society는 영국에서 매년 2억7500만 마리의 야생동물이 반려고양이에 의해 죽임을 당한다고 추정했다. 그런데 이 엄청난 수치는 겨우 고양이 696마리를 조사한 데이터만을 가지고 영국 전체의 무려 900만 마리나 되는 고양이의 포식 행동을 추정한 것이다. 게다가 이 조사는 주로 어린이들로 구성된 이 학회 부속 단체 회원들에게 질문지를 나누어주어 실시한 것이었다. 이 조사에 대한 전체적인 분석 내용[2]이 2003년에 학술지 『매멀 리뷰Mammal Review』에 발표되었는데, 사냥을 하지 않는 고양이가 전체 고양이 중 9퍼센트도 채 안 된다는 내용이었다. 하지만 이것은 그때까지 실시된 대부분의 조사 결과와 큰 차이가 났다. 다른 많은 조사에서는 야생동물을 사냥해서 집으로 가져온 적이 한 번도 없는 고양이의 비율이 전체 고양이 중 절반이나 된다고 했기 때문이다.[3] 물론 교외 지역 고양이는 도시 지역 고양이보다 사냥하는 비율이 약간 높게 나타났지만 말이다. 이렇게 사냥하는 고양이의 비율이 부풀려진 것은, 앞에서 말했듯이 이 조사의 질문지를 어린이들이 작성했기 때문으로 보인다. 질문지에는 고양이가 사냥한 먹이를 집으로 가져오는지를 5개월 동안 관찰해 그 횟수를 보고하라고 되어 있었는데, 어린이들이 그 횟수를 부풀렸을 가능성이 크다.

그럼에도 불구하고 이 조사가 내놓은 2억7500만이라는 수치는 왕립

조류보호협회Royal Society for the Protection of Birds와 영국조류협회British Trust for Ornithology 그리고 박쥐보호협회Bat Conservation Trust 같은 영향력 있는 많은 단체에 의하여 여전히 널리 인용되고 있다. 이 수치가 처음으로 발표됐을 때, 스스로 고양이를 싫어한다고 밝힌 영국 야생동물 TV 사회자인 크리스 팩햄은 BBC 라디오 프로그램에 출연해 고양이를 '교활하고 탐욕스러우며 악의적인 살인자'라고 묘사하면서 고양이는 '사살'되어야 한다고 주장했다. 보다 최근에 그는 모든 고양이에게 'ASBOs' 즉 반사회적 행동 금지 명령Anti-Social Behaviour Orders이 내려져야 한다고 강력히 주장했다.[4] 조지아대의 키티캠〔고양이 목줄에 부착한 소형 카메라〕이 조지아 주 아테네에 있는 고양이 가운데 극히 소수가 매주 두세 마리 정도의 도마뱀을 죽이고 있다는 것을 밝혔을 때, 『LA 타임스』의 폴 화이트필드는 "그러므로 고양이는 야생동물을 학살하고 있다. 당신은 고양이를 믿어서는 안 된다. 정부 차원의 조치가 필요한 것으로 보인다. (…) 현재 고양이를 키우고 있는 사람들로부터 그 고양이가 죽고 나면 다른 고양이를 키울 수 있는 권리를 박탈해야 한다"고 썼다.[5] 2013년 1월에 『뉴욕 타임스』가 미국 전역에 사는 고양이들의 포식 행위에 대한 스미스소니언협회의 조사 자료를 보도하자, 그 어느 때보다 많은 반응이 이메일로 쏟아졌다. 같은 조사에 대한 다른 기사의 제목은 '반려고양이가 지구를 파괴하고 있다'였다.[6]

생태 파괴자인가, 야생동물 보호자인가

상황을 좀더 객관적으로 들여다보면 고양이가 실제로 야생동물에 끼치는 피해는 고양이가 속한 환경에 따라 상당히 다르다. 고양이가 야생동물에게 가장 큰 피해를 입히는 경우는 대륙에서 멀리 떨어진 섬에 유입될 때로,

그 섬에서 고유하게 진화한 야생동물들의 생태계를 파괴할 수도 있다. 그간 섬에 유입된 고양이들 중에는 반려고양이도 있었는데, 그중 어느 등대지기가 키우던 녀석은 1894년에 뉴질랜드 스티븐스 섬에 살던 마지막 굴뚝새를 죽여 악명을 떨쳤다.[7] 사실 고양이가 섬에 유입됐던 이유는 그 섬을 방문한 배에서 탈출했거나 우연히 섬에 들어온 토끼나 쥐 같은 인간에게 해를 끼치는 동물을 억제하기 위해서였다. 그리고 자신과 경쟁할 만한 포식자가 없는 고립된 섬이라는 환경에서 고양이는 토끼나 쥐 같은 유입된 동물뿐 아니라 그 지역 고유의 야생동물을 쉽게 먹이로 삼으면서 커다란 야생고양이 집단을 형성했다. 그래서 몇몇 과학자는 섬에 유입된 생쥐가 번성할 경우 고양이는 안정적으로 먹이를 공급받을 수 있기에 토착 야생동물을 멸종시킬 정도까지 개체 수가 증가할 수 있다고 주장했다.

하지만 우리는 고립된 섬에 있는 고양이가 미치는 영향도 균형 잡힌 시각과 장기적인 안목으로 바라봐야 한다. 멸종되었다고 보고된 포유류 중 83퍼센트가 그런 섬에 살던 동물들이었는데, 사실 그들은 대륙에 사는 친척뻘 되는 동물들에 비해 질병과 기생충과 포식자에 대해 취약했기에 사라졌는지도 모른다. 과학자들은 섬 출신 멸종동물 중 15퍼센트는 고양이의 영향으로 멸종에 이르렀다고 밝혔는데, 그 15퍼센트라는 수치에는 섬에 유입된 또 다른 포식자들의 영향도 포함되어 있다. 여우와 줄기두꺼비, 몽구스 그리고 쥐는 고양이만큼 파괴적인 영향을 미치는 동물이며 곰쥐는 유입된 어떤 포식자보다 큰 피해를 입혔을 것이다. 고양이는 이 곰쥐에게는 천적이나 다름없기 때문에 고양이의 존재가 때로는 이득을 가져다주기도 한다.

예를 들어 뉴질랜드 사우스 섬에서 파도가 높기로 악명 높은 포보 해협을 건너면 스튜어트 섬이 나타나는데 거기에는 멸종 위기에 처한, 날지 못하는 카카포앵무새들이 고양이들과 함께 200년이 넘도록 살고 있다. 그곳 고양이들은 스튜어트 섬으로 유입된 곰쥐와 시궁쥐를 주된 먹이로 삼는데, 그 쥐들은 그 섬의 몇몇 토착 조류의 멸종에 책임이 있는 것으로 드러났다. 따라서 이런 지역에서 고양이를 제거하는 것은 쥐의 개체 수를 증가시켜 카 카포마저 멸종시키는 결과를 낳을 수 있다.[8] 하지만 고립된 섬의 고양이를 근절하는 것이 어떤 경우에는 멸종 위험에 처한 동물의 개체 수를 극적으로 회복시키는 방법이라는 사실도 부정할 수 없다. 실제로 서인도제도 롱케이 섬의 이구아나, 캘리포니아 만 코로나도 섬의 흰발생쥐, 뉴질랜드 리틀배리 어 섬의 희귀새 새들백은 고양이가 근절되자 개체 수를 회복했다.

대륙에서는 길고양이가 분명 여러 지역에서 유능한 포식자일 수 있지만 과연 그 영향이 어느 정도인지를 밝히는 것은 매우 어렵다. 그럼에도 불구하 고 길고양이의 개체 수가 미국에서 2500만~8000만 마리에 이르고[9] 호주 에서는 1200만 마리라는 사실은 고양이가 큰 영향을 미칠지도 모른다는 것 을 암시한다. 고양이는 대부분의 지역에서 '외래' 포식자다. 가령 고양이가 미국에서 산 지는 500년이 채 안 되었다. 대부분의 지역에서 녀석들은 그 지 역의 '토착' 포식자와 아주 효과적인 경쟁을 할 수 있는 것으로 보인다. 후자 가 그 지역의 환경에 더 잘 적응했겠지만 말이다.

길고양이는 세 가지 면에서 다른 포식자보다 우위에 있다. 첫째, 반려고양 이 집단에서 떨어져 나온 고양이나 쥐 잡는 역할을 하며 농장에서 살던 고 양이가 가세하면서 길고양이 수는 끊임없이 증가하고 있다. 둘째, 길고양이 는 일반적으로 다른 야생동물보다 사람을 두려워하지 않기 때문에 먹이를 찾기 힘들 때는 사람이 사는 지역으로 와서 음식물 쓰레기 같은 먹이를 섭 취할 수 있다. 셋째, 길고양이는 행동만 제외하면 반려고양이와 모든 면에서

카카포에게 몰래 접근하는 고양이

비슷하기 때문에 많은 사람에게 정서적으로 어필할 수 있다. 어떤 사람들은 길고양이에게 먹이는 물론이고 의학적인 보살핌까지 제공해주는 일에 일생을 바치기도 한다.

　비교적 길고양이 문제에 대한 가장 큰 과학적인 관심과 가장 강력한 항의가 일어난 곳은 최근에 고양이가 전파된 호주와 뉴질랜드다.[10] 이 두 나라에서 많은 소형 유대류와 날지 못하는 조류가 완전히 멸종되었기 때문이다. 하지만 그 주된 원인은 포식자가 아니라 서식지 파괴 현상에 있었고, 심지어 포식자가 멸종의 주된 원인이었던 지역에서도 책임은 고양이뿐만 아니라 쥐와 붉은여우 그리고 (호주의 경우에) 딩고에게도 있었다. 시드니의 야생동물 연구협회 크리스토퍼 딕먼에 따르면 "피식자 집단에 대한 고양이의 영향은 여전히 추측에 근거한 상태다."[11]

어떤 상황에서 고양이는 야생동물 개체 수 감소의 주된 원인이 되기도 하지만 다른 상황에서는 오히려 야생동물을 보호하는 역할을 하기도 한다. 물론 고양이의 포식 행위는 멸종 위기에 있는 빅토리아 주의 동부띠무늬반디쿠트와 북부 특별지구의 황갈색토끼왈라비 같은 몇몇 호주 토착종의 개체 수 감소에 크게 한몫했다. 하지만 시드니 교외 지역에 군데군데 남아 있는 숲에 관한 조사에서, 고양이는 나무에 둥지를 트는 새를 보호하는 역할을 하는 것으로 밝혀졌다. 고양이가 새의 둥지를 약탈하는 쥐 등의 동물을 사냥하기 때문이다.[12] 또한 고양이는 토착 야생동물과 먹이를 두고 경쟁하는 생쥐와 토끼 등 외부에서 유입된 포유류의 증가를 억누를 수 있다.

분명하지 않은 증거에도 불구하고 몇몇 호주 시 당국은 야생동물에 대한 고양이의 영향을 줄이는 조치들을 강행했다. 어떤 경우라도 주인 사유지를 벗어나는 것을 금하는 고양이 강제 구속, 새로운 교외 지역에서의 고양이 소유권 금지, 고양이 야간 통행금지, 생태 보존 지구를 자유롭게 돌아다니는 고양이에 대한 포획 실시 등. 하지만 이런 조치들 중 마지막 조치만 큰 피해를 주는 것으로 추정되는 고양이의 활동을 통제할 수 있다.

과학자들은 이러한 조치의 유효성을 아직 철저하게 평가하지 않았다. 다만 호주 서부 아마데일 시의 네 지역에서 최근에 시행된 조사 결과는 고양이가 예상과는 달리 야생동물을 위협하는 주범이 아닐지도 모른다는 것을 암시한다. 조사 대상이 된 첫 번째 지역은 고양이 소유가 엄격하게 금지되어 반려고양이가 전혀 없는 곳이었고, 두 번째 지역은 고양이 야간 통행금지 구역으로 반려고양이가 밤에는 실내에만 머물러야 하는 곳이었다. 나머지 두 지역은 고양이에 대한 통제가 없는 곳이었다. 조사 대상이 된 모든 지역에서 포식자의 주요한 먹잇감은 주머니여우, 남부갈색반디쿠트, 노란발엔테

치누스였다. 이 마지막 동물은 생쥐보다 약간 큰 소형 포식성 유대류로 고양이의 포식 행위에 가장 취약한 동물이다. 그런데 조사 결과 과학자들은 고양이 야간 통행금지 지역이나 아예 반려고양이가 없는 지역보다 고양이를 규제하지 않는 지역에서 더 많은 노란발엔테치누스를 발견했다. 주머니여우와 남부갈색반디쿠트의 개체 수는 모든 지역에서 별 차이가 없었다. 이런 결과를 보면 조사 지역의 야생동물 개체 수에 영향을 미치는 것은 고양이가 아니라 야생동물이 생활할 수 있는 숲의 면적이라는 주장이 설득력 있게 들린다. 즉 다시 말하면 고양이가 아니라 서식지의 파괴가 소형 유대류 개체 수를 줄이는 가장 큰 요인인 것이다. 따라서 반려고양이에 대한 엄격한 통제 조치는 적어도 아마데일 시에서는 야생동물에게 도움이 되지 못했을 것이다.[13]

고양이의 사냥은 정말 야생동물의 존속을 방해하는가

반려고양이가 야생동물에게 미치는 장기적인 피해는 어느 정도나 되는 것일까? 한 번이라도 다른 동물을 죽여본 적이 있는 반려고양이의 비율은 조사마다 상당히 다양하게 나온다. 하지만 실내에서만 살아 먹잇감에 접근할 기회가 없는 개체를 제외하고 나머지 반려고양이만 대상으로 해도 30~60퍼센트만 사냥한다고 보는 것이 적절하다. 사냥하는 고양이가 실제로 얼마나 많은 동물을 죽이는지에 관한 믿을 만한 정보는 거의 없다. 왜냐하면 이런 일은 거의 관찰되지 않기 때문이다. 기록에서 알 수 있는 정보는 고양이가 죽인 동물 숫자가 아니라 죽여서 주인에게 가져온 숫자다. 고양이가 죽인 동물 숫자를 계산하기 위해 '오차 요인'이 사용되는데, 이는 고양이가 동물을 죽인 곳에서 바로 그것을 먹는지, 혹은 그냥 버리고 오는지를 설명하기 위한 것이다. 고양이가 죽여서 집으로 가져오는 먹잇감 수는 대개 상당히 적는데, 최근 영국에서 실시된 한 조사에 따르면 그 수는 1년에 고양이한 마리당 4.4마리에 불과하다.[14]

집으로 가져오는 먹잇감의 비율은 사실 두 개의 연구에서 나온 수치만으로 계산되었는데(게다가 그중 한 연구의 조사 대상이 된 고양이는 겨우 열한 마리였다) 약 30퍼센트 정도로 추정된다. 최근 미국에서 실시된 한 연구는, 비유적으로나 문자 그대로나 보다 구체적인 그림을 보여주었다. 고양이들에게 초경량 비디오 캠코더인 키티캠을 부착시켜 일주일 혹은 그 이상의 기간 동안 영상이 촬영되게 한 것이다. 영상을 분석해보니 고양이들은 사냥한 동물의 약 4분의 1을 집으로 가져왔고 4분의 1은 그 자리에서 먹었으며 나머지는 먹지 않고 그 자리에 그냥 버리고 왔다. 그러나 이런 결과를 모든 고양이에게 적용할 수는 없다. 이 연구의 조사 대상이 된 고양이들은 보통은 고양이가 잘 먹지 않는 '캐롤라이나 애놀'이라는 도마뱀을 집에 가져왔기 때문이다. 고양이 사냥감이 주로 포유류인 영국의 한 지역에서 실시된 조사에 따르면, 고양이가 숲쥐를 집으로 가져오는 비율과 사냥한 자리에서 바로 먹고 오는 비율은 둘 다 높았다.

이러한 오차 요인을 고려해 고양이가 사냥한 전체 먹잇감 수를 추정해보면 언뜻 보기에도 놀라운 숫자가 나온다. 물론 영국포유동물학회가 내놓은 매년 2억7500만 마리라는 숫자는 아무래도 과장된 것 같지만, 영국 전체로 볼 때 1억에서 1억5000만 마리가 합당한 추정치일 것이다. 최근 스미스소니언협회에서 진행한 조사 결과를 보면, 미국 본토에서 반려고양이에게 죽임을 당하는 새들은 매년 4억3000만 마리에서 11억 마리 사이로 추정된다.[15] 게다가 항간에 떠도는 이야기를 여기저기서 듣다보면 고양이가 지역 야생동물을 멸종시킬 수도 있는 것처럼 들리기도 한다. 예를 들어 레딩대의 생물학자 레베카 휴즈는 2009년에서 2010년으로 넘어가던 혹한의 겨울에 '삼림지대 옆에 사는 고양이 한 마리가 2주 동안 매일 푸른박새 한 마리를 사냥했다고 보고했다.[16]

하지만 이 정도 수준의 포식 행위가 야생동물 존속에 장기적으로 중대한 영향을 미친다고 보기는 어렵다. 푸른박새를 예로 들어보자. 영국에는 어림잡아 350만 쌍의 푸른박새가 있으며 각각의 쌍은 매년 일고여덟 마리의 새끼를 낳는다. 즉 푸른박새가 존속하기 위한 개체 수에 매년 대략 2500만 마리가 추가된다는 얘기다. 바꿔 말하면 매년 2500만 마리의 푸른박새가 죽더라도 그 새의 존속에는 문제가 없다고 볼 수 있다. 일부는 둥지에서 세상 밖으로 나오기 전에 죽고 일부는 포식자에게 잡아먹히기도 하지만, 다수의 푸른박새는 추운 겨울 동안 굶어 죽는다. 왜냐하면 이 기간 동안 녀석들의 신진대사가 너무 빠르게 이루어져 몸속에 하룻밤 살아남을 수 있을 만큼의 음식을 보존하지 못하기 때문이다. 따라서 고양이가 집으로 가져오는 새들 중 일부는 밤사이에 자연적인 이유로 죽은 것일 가능성이 있다. 사실 영국의 정원에서 사는 푸른박새 수는 50년 전보다 25퍼센트 증가했기에, 반려 고양이가 그들의 개체 수에 중대한 영향을 미치고 있다고 보기는 어렵다. 고양이가 좋아하는 먹잇감은 대부분 번식력이 왕성하다. 가령 영국에서 숲쥐는 매년 한 쌍당 15~20마리의 새끼를 낳고, 시궁쥐는 15~25마리, 울새는 10~15마리를 낳는다.

즉 고양이는 야생동물 개체 수 감소에 큰 영향을 미친다기보다, 병이나 영양 부족 상태로 오래 살기 힘든 상태의 동물을 사냥하거나—이런 동물은 사냥하기가 쉽다—혹은 죽어 있는 동물을 그대로 물어서 집으로 가져오는 것일 가능성이 크다. 고양이가 집으로 가져오는 새들을 조사한 한 연구는, 이 새들이 대체로 몸무게가 적게 나가고 영양 상태가 매우 안 좋다는 사실을 확인시켜주었다.[17]

한편 최근의 한 연구는 도시 정원에 사는 새들이 고양이에 대처하는 전략을 진화시키고 있을지도 모른다는 흥미로운 사실을 밝혔다. 유럽참새의 주된 포식자는 교외 지역에서는 황조롱이와 새매고, 도시 정원에서는 고양이다. 도시 정원에는 참새 외에 울새, 푸른박새, 되새 등도 사는데 녀석들은 교외에 사는 새들에 비해 덜 꼼지락거려 '죽은 체'를 잘한다. 또한 교외에 사는 새들과는 달리 시끄럽게 울거나 동족에게 경고를 하기 위해 울부짖는 경우도 거의 없다. 도시화가 된 지 오래된 지역에 사는 새들일수록 교외 지역 새들과 큰 차이를 보인다. 이러한 사실은 도시의 새들이 고양이를 피하는 방법만 학습한 것이 아니라, 19세기 중반부터 시작된 대규모 도시화를 여러 세대에 걸쳐 경험하면서 일련의 새로운 방어 체계를 진화시켜왔음을 암시한다.[18]

반려고양이의 사냥은 범죄행위일까

야생동물 보호에 열성적인 사람들이 반려고양이에게 격분하는 것은 녀석들이 사냥을 한다는 사실 자체 때문이 아니다. 녀석들 대다수가 집에서 잘 먹고 있는데도 사냥을 하기 때문이다. 그래서 다른 포식자들이 먹잇감을 죽이는 행위는 살기 위한 '합법적인' 행위로 인정되는 반면, 고양이의 포식 행위는 종종 '범죄'로 묘사된다. 그런데 매번 사냥하며 살아가는 야생고양이와 달리 주인으로부터 먹이를 제공받는 반려고양이는 많은 수가 한 지역에 밀집해 살 수 있다. 영역 싸움이 그다지 자주 벌어지지 않기 때문이다. 따

쓰레기통을 뒤지는 길고양이

라서 특정한 지역에서 반려고양이가 아주 가끔 하는 사냥이 큰 영향을 미친다면, 그것은 그 지역에 지나치게 많은 반려고양이가 살고 있기 때문일 가능성도 있다.

물론 고양이는 여전히 사냥 욕구를 가지고 있다. 20세기 초까지만 해도 많은 고양이가 쥐를 사냥하며 곡식 창고를 지켜왔기에, 온전한 반려고양이로서 보낸 시간은 얼마 안 된다. 다시 말해 쥐 잡는 일에서 깨끗이 손을 떼고 완벽한 반려고양이로 진화하려면 아직 더 많은 시간이 필요하다. 그래서 집에서 아무리 잘 먹는 반려고양이라도 사냥을 하러 나가려는 것이다. 배고픈 고양이는 더욱 집중적으로 사냥하게 된다. 가령 사람들이 먹다 버린 음식 찌꺼기로 연명하는 길고양이는 반려고양이보다 사냥에 두 배 정도의 시간을 쏟아붓고, 게다가 먹여 살려야 할 새끼들이 있다면 거의 쉬지 않고 사냥한다.

이런 길고양이에 비한다면 반려고양이에게 사냥은 별로 중요한 일이 아니다. 그래서 녀석들은 종종 먹잇감이 나타나도 몰래 쫓아가지 않고 그냥 바라보기만 한다. 배고픈 고양이라면 먹잇감이 도망가더라도 잡을 때까지 몇 번이고 끝까지 쫓아가지만, 주인으로부터 풍부한 먹이를 제공받는 반려고양이는 그런 경우 금방 포기한다. 바로 그래서 반려고양이는 사냥을 한다 해도 굶주림이나 병으로 쇠약해진 새를 사냥할 확률이 높다. 게다가 잡은 먹잇감을 그 자리에서 먹는 경우도 드물고 집에 가져와도 대개는 먹지 않고 그냥 놔둔다.

고양이가 먹는 먹이의 질도 사냥 욕구에 영향을 미친다. 칠레에서 최근에 실시된 조사 결과를 보면 집에서 나오는 음식 찌꺼기를 먹고 사는 고양이는 현대적인 반려동물 식품을 먹고 사는 고양이보다 쥐를 사냥해서 잡아먹는 비율이 네 배나 높았다. 또 다른 조사에서는 질 낮은 고양이 식품을 먹는 고양이는 쥐가 지나가는 것을 보면 사냥하려고 잽싸게 쫓아가지만 신선한 연어를 먹는 고양이는 쥐를 무시한다는 것이 밝혀졌다.[19] 즉 음식물 찌꺼기나 영양상 불균형한 음식을 먹는 고양이는 사냥을 통해 영양을 보충하려는 욕구가 강한 것이다. 반려고양이는 다른 모든 고양잇과 동물과 마찬가지로 아주 특수한 영양소를 필요로 하며 그것은 영양상 균형 잡힌 현대적인 상업용 고양이 식품이나 쥐와 같은 먹잇감을 통해서만 얻을 수 있다(130쪽의 '고양이는 진정한 육식동물이다'를 보라). 음식 찌꺼기나 품질이 낮은 고양이 식품은 대체로 탄수화물을 많이 포함하고 있다. 이런 것만 매일 섭취하는 고

고양이가 사냥하는 것을 어떻게 막을 수 있을까?

다양한 조사에서 반려고양이 대부분은 극히 적은 수의 새나 포유류를 사냥하는 것으로 나타났다. 만약 여러분의 고양이도 이와 같다면 특별한 대책을 마련할 필요는 없다. 적어도 여러분이 생태 보존 지구 바로 옆에 살지 않는다면.

만약 당신 고양이가 열성적인 사냥꾼이라면 다음의 조치들이 녀석의 사냥 욕구를 줄여줄지 모른다.

- 고양이 목줄에 방울을 달아라. 어떤 연구는 그 효과가 미미하다고 말하지만 다른 연구들은 방울이 고양이가 사냥하는 포유류와 새의 수를 상당히 줄여준다고 주장한다.
- 네오프렌 턱받이[20]를 고양이 목줄에 달아라. 이것은 고양이가 먹잇감을 덮치는 능력을 방해하기 때문에 녀석이 잡는 새의 수를 줄여줄 것이다.
- 고양이 목줄에 초음파 장치를 달아서 잠재적인 먹잇감이 될 수 있는 동물에게 고양이가 다가가는 것을 알려줘라.
- 당신의 고양이를 밤에 실내에서 머물도록 하라. 이것은 녀석이 사냥하는 포유류 수를 줄여줄 것이고, 녀석이 차에 치일 수 있는 위험도 줄여줄 것이다.
- 당신의 고양이와 놀아주고 녀석이 먹잇감처럼 생긴 장난감을 '사냥'할 수 있도록 해줘라. 과학적으로 검증된 바는 없지만 이런 장난감은 고양이의 사냥 욕구를 줄여줄 것이다.

고양이에게 사용하는 목줄은 반드시 '딸각 소리가 나면서 열리는' 유형이어야 한다. 다른 유형의 목줄은 고양이의 목을 조를 수 있다. 추가적인 정보는 다음의 링크에서 확인하라.(http://www.icatcare.org/advice/how-guides/how-choose-

and-fit-collar-your-cat)

　덧붙여서 고양이를 키우는 사람들은 야생동물에게 먹이와 피난처를 제공해주는 적극적인 조처를 함으로써 자기 고양이가 야생동물에 미치는 피해를 완화할 수 있다. 고양이가 접근하지 못하는 새 모이 판[21]에 먹이를 두는 것과, 정원 한쪽에 나무를 쌓아 작은 포유류를 위한 은신처를 마련해주는 것이 그에 해당하는 대표적인 두 가지 방법이다.

양이는 단백질이 많은 음식, 녀석들의 기준으로 보자면 '신선한 살'을 간절히 원하게 된다. 50년 전과 비교하면 상업적인 고양이 식품의 질이 매우 좋아졌다. 따라서 오늘날의 반려고양이 대부분은 젖을 뗀 이후로 매일 영양상 균형 잡힌 먹이를 섭취하기에 열성적인 사냥꾼이 될 가능성은 적다. 하지만 방치되었거나 길을 잃고 떠도는 고양이는 영양상의 필요로 인해 강력한 사냥 충동에 휩싸이게 되고, 이러한 습성은 한번 생기면 버리기 어렵다. 고양이들이 불필요한 사냥을 하는 것을 막으려면 특별한 주의가 필요하다 (363쪽의 '고양이가 사냥하는 것을 어떻게 막을 수 있을까?'를 보라).

　물론 우리 모두는 고양이가 야생동물에게 미치는 피해가 최소화되기를 원한다. 그러려면 문제가 되는 고양이가 반려고양이냐 길고양이냐 또 다른 형태의 고양이냐에 따라 다른 해결책을 써야 한다. 대륙에서 멀리 떨어져 있는 섬들에 사는 고양이는 본질적으로 외부에서 유입된 '이방인'이다. 중간 크기의 육지 포유류가 오래전에 혼자 힘으로 그런 먼 섬까지 가서 그곳의 야생동물군에 속하게 되었을 리는 없기 때문이다. 따라서 녀석들은 오래전 사람들에 의해 배에 태워져 그곳까지 왔다가 사람들에게서 탈출한 고양이의 후손이든 정착민들이 키우던 반려고양이의 후손이든 본질적으로 외부에서 유입된 동물이고, 오늘날 녀석들은 대부분 사람에게 사회화되지 않은 야생동물 상태다. 각 섬의 고유한 생태계를 회복할 수 있는 유일한 방법은, 이런 유입된 야생동물들을 인도적인 방법으로 근절하는 것이다. 하지만 그 방법은 야생고양이만을 대상으로 이루어져서는 안 된다. 쥐와 같은 다른 '이 방인' 동물들이 고양이의 먹이가 되는 상황에서 벗어나면 그 섬의 토착 동물군은 엄청난 타격을 받게 되기 때문이다. 현재까지 육지에서 먼 섬들에서 야생고양이 근절 작업이 이루어진 것은 놀랍게도 100건 정도에 불과한데, 이는 사람들이 고양이가 받는 피해에 더 많은 관심을 기울이기 때문이다.[22] 그러나 섬의 깨지기 쉬운 생태계를 완전히 복원하려면, 궁극적으로는 야생 고양이에 대한 인도적인 방법의 근절이 광범위하게 이루어져야 한다.

길고양이가 반려고양이 근처에 살 경우에는 야생동물에 미치는 피해를 최소화하기가 훨씬 더 어렵다. 사실 대륙에서는 거의 대부분의 지역이 이와 같은 상황이다. 길고양이가 얼마나 큰 피해를 주는가에 대한 믿을 만한 추정치는 거의 없다. 왜냐하면 길고양이가 그 지역에 존재하는 유일한 포식자인 경우는 거의 없기 때문이다. 녀석들은 그 지역에 원래부터 존재했던 토착포식자들뿐만 아니라 붉은여우나 쥐처럼 외부에서 유입된 종과도 경쟁해야한다. 가끔 사람들이 건네주는 먹이를 받아먹거나 쓰레기를 뒤져서 나오는먹이에 의존하는 경우가 있다 해도 길고양이는 대다수의 반려고양이보다 필연적으로 훨씬 더 '진지한' 사냥꾼이다. 따라서 반려고양이와 비교할 때 야생동물에게 끼치는 피해는 훨씬 크다고 볼 수 있다.

많은 지역에서 인간의 활동은 생물 다양성 측면에서 가치가 높은 생태 보존 지구를 콘크리트로 둘러싸인 일종의 작은 '섬'으로 축소시켰다. 예를 들어 장지뱀이 서식하고 있던 영국 남해안 지역의 광대한 황야 지대에 도시화로 인해 마을과 도로가 들어서자, 장지뱀 서식처가 여러 개의 작은 섬으로 나눠지게 되었다. 그 결과 고립된 각각의 장지뱀 집단은 황야 지대에 화재가 나면 멸종될 수 있는 위험에 처하게 되었다. 아직까지 관련 증거는 미미하지만, 길고양이는 이처럼 작게 쪼개진 서식지에 살고 있는 야생동물에게 엄청난 피해를 끼칠 수 있다. 그러나 길고양이가 반려고양이와 공존하는 지역에서 길고양이만 가려내 박멸하는 것은 매우 어려운 일이기도 하고 궁극적으로는 효과도 미미하다. 우선, 모든 반려고양이를 야간에는 돌아다니지 못하게 하거나 아예 실내에만 있게 하거나 마이크로칩을 이식해 강제 등록하지 않는다면, 포획된 고양이가 길고양이인지 아닌지 확실하게 아는 것은 사실상 불가능하다. 특히 그 지역 길고양이들이 어느 정도 사람과 어울릴 수 있는 녀석들이라면 더더욱 집고양이와 구별이 힘들다. 또한 어떤 지역에서 길고양이를 박멸한다 해도 머지않아 다른 지역에서 넘어온 길고양이나 떠돌이 고양이가 그 빈자리를 채울 것이다.

환경보호론자들과 야생동물 애호가들은 노골적으로는 말하지 않지만 길고양이를 몽땅 박멸하고 싶어하는 듯하다. 이는 그들이 TNR 사업을 강하게 반대하는 것만 봐도 알 수 있다. TNR이란 길고양이의 복지를 위한 것으로 길고양이를 포획Trap하여 중성화Neuter시킨 후 녀석들이 잡혔던 장소에 다시 풀어주는 것Return이다. 이론상 TNR 사업은 길고양이의 번식을 줄여 문제가 되는 길고양이 집단을 사라지게 할 수 있다. 그러나 실제로는 이 사업이 성공적인 결과를 얻는 경우는 드물다. 번식 능력이 있는 다른 고양이들이 이동해오면 금세 그 효과가 사라지기 때문이다. 또한 이 사업은 고양이 주인들이 자기 고양이를 유기하는 '인기 장소'를 양산하는 의도하지 않은 결과를 낳을 수 있다. TNR이 실시되는 곳에 자기 고양이를 버리면 녀석이 길

병원에서 중성화 수술을 받은 길고양이들

고양이 집단에 합류해 같이 먹이를 나눠 먹으며 살 수 있을 거라고 착각하는 주인이 많기 때문이다. 게다가 설사 다른 지역의 번식력 있는 고양이들이 접근하기 어려운 고립된 지역에서 몇 년 동안 TNR이 성공적으로 이루어진다 해도, 길고양이가 완전히 사라지는 경우는 극히 드물다.

나는 영국 남부의 한 버려진 건물 주변에 형성된 길고양이 집단을 연구한 적이 있다. 그 건물은 원래 19세기에 정신병원으로 지어진 곳으로, 그런 곳이 대개 그렇듯 가장 가까운 마을과도 수 킬로미터 떨어져 있었다. TNR을 도입하기 전에 그곳은 수백 마리의 길고양이와 그 새끼들로 북적였지만 몇 년이 지나자 80마리 정도로 줄었다. 남은 고양이들은 처음부터 그곳에 정착해서 살던 녀석들로 대부분 중성화되어 있었으며 점점 늙어가고 있었다. 하지만 적어도 한 마리의 수고양이와 몇 마리의 암고양이는 포획에 걸리지 않고 계속 번식하고 있었다. 게다가 그곳 출신이 아닌 임신한 암컷들이 주기적으로 나타났다. 사람들이 그곳에 고양이를 유기하고 가는 듯했다. 병원이 폐쇄되기 전부터 환자들이 주는 먹이를 먹으면서 그곳에서 살아온 녀석들은 사회화가 잘되어 있어서 쉽게 포획되어 인도적인 구호단체를 통해 새 가정으로 입양되기도 하고 수명이 다해 하나둘씩 죽기도 했지만, 80마리라는 규모는 전반적으로 계속 유지되었다. 중성화되지 않은 소수의 고양이가 낳은 새끼들과 외부에서 이주해온 고양이들이 빈자리를 채우기 때문이었다.

TNR 지지자들은 일단 고양이 집단이 중성화되고 먹이 공급이 안정되면 녀석들이 야생동물에게 끼치는 피해는 분명 줄어들 것이라고 주장한다. 하지만 그런 주장을 뒷받침할 만한 증거는 거의 없다. 영양가 좋은 먹이를 공급해주면 녀석들의 사냥 빈도는 줄어들지 몰라도 사냥 습관 자체는 사라지지 않기에 야생동물들은 계속 괴롭힘을 당할 것이다. 녀석들을 그냥 안락사 시킨다 해도, 녀석들의 빈자리는 머지않아 다른 고양이로 채워질 것이다. 따라서 야생동물을 보호하려면 우리 모두가 협력해야 한다. 환경보호론자들은 고양이 애호가들과 협력해야 고양이 개체 수를 줄일 수 있다. 또한 고양이와 야생동물 모두를 사랑하는 사람들의 협력을 이끌어내려면, 자주 화제에 오르는 길고양이 정기 박멸은 피해야 할 것이다.

길고양이만 가려내기가 매우 어려운 지역에서는, 반려고양이에게 마이크로칩을 이식해야 한다거나 녀석들의 활동 범위를 집 안으로만 한정해야 한다는 등 반려고양이의 삶까지 제한하려는 움직임이 일어나고 있다. 반려고양이가 야생동물에게 중대하고 지속적인 피해를 준다는 구체적인 증거가 거의 없는데도 그렇다. 이런 증거 부족이라는 결정적인 단점을 보완하기 위해 셰필드대의 과학자들은 '공포 효과'라는 가설을 제시했다. 반려고양이는 존재 자체만으로도 새들에게 두려움을 유발해 새들의 사냥 행위뿐 아니라 번식력도 억누른다는 가설이다.[23] 하지만 이 이론은 도시에 사는 새들이 고양이의 영향을 극복하기 위해 다양한 전략을 발전시켜왔음을 무시한다. 더구나 게으른 고양이 한 마리가 주는 공포보다는 주로 작은 새들을 잡아먹는 쥐와 까치 그리고 까마귀 같은 '심각한' 포식자들이 주는 공포가 훨씬 클 것이다.

조류 애호가들은 반려고양이를 비난의 대상으로 삼을 때, 고양이보다 다른 포식자들이 새에게 훨씬 더 피해를 끼친다는 사실을 언급하지 않는다. 참새 둥지를 약탈하는 주된 포식자인 까치는 1970년 이래로 개체 수가 세 배나 증가하여 현재 영국에는 100만에서 200만 마리의 까치가 살고 있는 것으로 추정된다. 그런데 까치 개체 수가 가장 많이 늘어난 마을에서는 동시에 고양이 개체 수도 증가하는 양상을 보였다. 까치뿐만 아니라 녀석의 먹잇감까지 보호하겠다고 선언한 왕립조류보호협회는 이러한 망상이 같은 시기에 참새 개체 수의 감소와 관련이 있는지를 조사하여 다음과 같은 결론을 내렸다.

이 연구는 (⋯) 까치 개체 수의 증가가 참새 개체 수의 감소를 가져왔다는 증거를 발견하지 못함으로써 먹이가 되는 동물의 개체 수가 포식자의

찌르레기 새끼를 죽이는 까치

개체 수에 의해 결정되지 않는다는 것을 확인했다(왕립조류보호협회가 구체적으로 밝히지는 않았지만 여기에 언급된 포식자에는 반려고양이도 포함될 것이다―저자주). 참새 개체 수를 결정하는 가장 중요한 요인은 먹이에 대한 접근성과 둥지를 틀기에 알맞은 환경인 것으로 보인다. 우리는 (…) 집중적인 농지 개척으로 인한 먹이와 서식지의 감소가 참새 개체 수 감소에 가장 중요한 역할을 했음을 발견했다.[24]

고양이가 까치를 잡는 경우는 거의 없지만 다른 적들의 증가를 억제하면서 의도치 않게 작은 새들을 돕고 있는지도 모른다. 영국에는 고양이 한 마리당 적어도 열 마리의 시궁쥐가 살고 있다. 잡식동물인 쥐가 새와 작은 포유류에 끼치는 피해는 매우 잘 알려져 있다. 그런데 시궁쥐 새끼는 고양이가 가장 좋아하는 먹이 중 하나이기에[25] 고양이가 마을의 쥐 개체 수를 억누른다면 간접적으로 새들을 돕는 것이 된다. 그러므로 고양이 주인들이 야생동물의 삶에 기여하려면 고양이를 실내에 가두는 것보다는 정원에 살고 있는 작은 새들(그리고 쥐를 제외한 작은 포유류)의 생활환경을 개선해주는 방법을 써야 할 것이다(363쪽의 '고양이가 사냥하는 것을 어떻게 막을 수 있을까?'를 보라).

하지만 고양이 주인들이 야생동물을 위해 이런 조치를 취한다 해도, 고양이의 사냥 욕구가 감소하지 않는다면 고양이를 가장 크게 비난하는 사람들의 목소리를 잠잠하게 만들지는 못할 것이다. 그런데도 고양이 주인들은 대부분 녀석들의 사냥 능력을 칭찬하지는 않지만 그냥 참고 넘긴다. 오늘날의 반려고양이는 녀석들의 조상과는 다르게 건강을 유지하기 위해 사냥할 필요가 없다. 따라서 녀석들의 사냥 욕구를 감소시키는 것은 건강에 전혀 해가 되지 않는다. 사냥을 좋아하지 않는 고양이, 이것이 미래의 이상적인 고양이상이 될 것이다.

제11장

미래의
고양이

지금은 역사상 그 어느 때보다 많은 반려고양이가 살고 있는 시대다. 지난 반세기 동안 수의학과 영양학의 발전과 함께 버려진 고양이를 새 가정에 입양시키는 데 전념하는 여러 단체의 성장으로 인해 고양이는 그 어느 때보다 건강해졌다. 하지만 이러한 긍정적인 분위기에도 불구하고 고양이의 인기가 도리어 녀석들의 행복에 불리하게 작용하는 상황도 생겨나고 있다. 이런 상황은 향후 10년간 계속 증가할 것이다. 따라서 우리는 고양이의 미래를 낙관할 수만은 없다.

고양이가 직면한 21세기적 위기

지금 사람들은 그 어느 때보다 고양이의 '신체적 필요'에 대해 많은 주의를 기울이며 고양이를 보살피고 있지만, 고양이의 '감정적 필요'에 대해서는 여전히 소홀히 생각하거나 이해하지 못하는 경우가 많다. 그래서 고양이의 사회적 적응력이 실제보다 더 높다고 오해하는 경향이 있다. 그러나 최근 실시된 한 조사에서 고양이 주인들 절반이 자기 고양이가 집에 찾아오는 방문객을 피한다고 답했으며, 거의 모두가 자기 고양이가 이웃에 사는 고양이와 싸우거나 아예 접촉 자체를 꺼린다고 답했다. 또한 한 마리 이상의 고양이를 키우는 주인들은 녀석들의 절반 정도가 서로 싸우거나 서로를 피한다고 말했다.[1] 즉 이 조사는 고양이가 낯선 존재와 만나면 엄청난 스트레스를 받는다는 사실을 확인시켜주었다. 고양이는 이런 만남이 일어나는 동안 두려움을 경험하며 다음에 또 같은 상황에 처할 수 있다는 불안감에 휩싸이게 된다. 그래서 우리는 의식할 수 없는, 다른 고양이의 냄새 같은 것에 쉬지 않고 촉각을 곤두세운다. 이런 만성적인 불안은 고양이의 건강을 해칠 수 있으며 수명을 줄이는 결과를 가져오기도 한다. 불행히도 우리는 이 문제를 완화할 수 있는 충분한 지식이 없으며, 반려고양이 수가 많아질수록 이 문제는 더욱 심각해질 것이다.

고양이를 키우는 사람들은 고양이를 영구적으로 혹은 야간만이라도 실내에서 키우라는 압박을 점점 더 많이 받고 있다. 고양이 구호단체들도 도시환경 속에는 고양이에게 위험한 요소가 많다고, 가령 교통사고나 다른 고양이와의 싸움으로 인해 다칠 가능성이나 병, 기생충, 식중독에 노출될 위험이 많다며 실내에서 키우라고 요구한다. 그러나 그런 요구를 가장 집요하게 하는 사람들은 환경보호론자와 야생동물 애호가다. 그들은 다른 동물들이 죽임을 당하는 것을 막으려면 그래야 한다고 주장한다. 우리는 고양이를 온종일 혹은 몇 시간씩 협소한 장소에 놔두면 어떤 부작용이 생기는지에 대한 연구는 놀랍게도 거의 하지 않았다. 어떤 고양이들은 유독 협소한 실내에 사는 것에 잘 적응하지 못하는데도 말이다.

또한 우리는 미래의 고양이가 어떠한 모습일지에 대한 논의도 하지 않았다. 고양이가 항상 우리 주변에 있기 때문에 앞으로도 변함없이 그럴 것이라는 암묵적인 가정을 하는 듯하다. 하지만 앞 장에서 논의했듯이 고양이의 환경은 빠르게 변하고 있고, 고양이가 지금과 같은 인기를 계속 누릴 수 있을지도 장담할 수 없다.

100년 전만 해도 세상은 오늘날의 기준으로 볼 때 고양이에게 지나치게 잔인했다. 심지어 반려고양이로 선택받은 녀석들에게까지도 그랬다. 새끼 고양이 꼬리에 폭죽을 묶고 불을 붙이는 것은 재미있는 일로 간주되었고, 고양이를 발로 차는 행동은 너무나 흔한 일이어서 '고양이 발로 차기kicking the cat'라는 말이 좌절감이나 욕구불만을 분출하는 인간의 모습을 은유하는 표현으로 사용되기도 했다. 그러나 그 이후로 고양이에 대한 감정은 급격하게 변했다. 2012년에 라스베이거스에 사는 10대들이 컵에 물을 담아서 새끼 고양이 두 마리를 익사시킨 행동이 동물 학대죄로 기소된 이후로, 네바다 주는 동물 학대를 중죄로 여긴다.[2] 이제 우리는 동물 학대를 최소화할 수 있는 자원을 가지고 있을 뿐만 아니라 인도적인 방법으로 고양이 개체 수를 조절할 수 있다.

고양이는 새끼를 많이 낳는 동물이다. 녀석들을 그냥 내버려두면 암컷은 개체 수 안정에 필요한 수보다 훨씬 많은 새끼를 낳는다. 과거에는 새끼 고양이들의 삶이 어른이 되기 전에, 그것도 상당히 비참하게 끝나는 경우가 많았다. 주인에 의해 익사당하기도 했고, 백신이 없었기 때문에 호흡기 질병으로도 많이 죽었다. 그러나 지난 수십 년 동안 모든 고양이를 사랑받는 존재로 만들겠다는 목표하에 인도적인 고양이 구호단체가 많이 생겨났고, 그 단체들은 중성화 수술로 고양이 수를 제한해 자신들의 목표를 이루려 했다. 하지만 그 목표가 달성된 지역은 거의 없다. 중성화 수술률이 낮은 지역에서 태어난 새끼 고양이들이 중성화 수술이 집중적으로 시행되는 지역들로 계속 넘어오기 때문이다. 그런 고양이들은 고양이가 부족한 지역—혹은 귀여운 새끼 고양이가 부족한 지역—에서는 가정으로 입양되어 사랑받을 수도 있지만, 모두가 그런 행복을 누리지는 못하며 사실 고양이가 부족한 지역은 거의 없다. 어떤 주인들은 자신이 키우는 암고양이의 난소를 제거하기 전에 한 번은 새끼를 가지게 하고, 어떤 주인들은 (오늘날의 암고양이는 균형 잡힌 식사를 하기 때문에 생후 6개월만 되어도 임신할 수 있음을 모르기에) 자신의 암고양이가 생후 1년이 될 때까지 중성화 수술을 고려하지 않기 때문이다. 한편 암컷 길고양이는 임신했거나 새로 태어난 새끼들을 데리고 있어도 입양되어 반려고양이 집단에 들어갈 가능성이 있다. 반면 중성화되지 않은 수컷 길고양이는 그럴 가능성이 거의 없다. 특히 도시 사람들은 중성화되지 않은 수컷 길고양이를 입양하려 하는 경우가 거의 없다. 당분간은 입양 가능한 고양이 수가 충분할 것이다. 하지만 중성화가 더욱 널리 시행되면 입양 가능한 고양이, 그중에서도 새끼 고양이는 찾기 어려워질 수도 있다.

미래의 어느 시점에 보통의 잡종 고양이를 찾기 어려워진다면, 고양이를 키우고자 하는 사람들은 아마도 순혈종 고양이 전문 사육사들로부터 고양이를 구해야 할 것이다. 현재는 전문 사육사들로부터 반려고양이를 공급받는 비율이 영국에서는 15퍼센트 정도이고 다른 나라에서는 10퍼센트도 안 된다. 다행히 극단적인 외모 변화를 위해 반려견을 품종개량하던 관행이 고양이한테도 적용될 확률은 그리 높지 않아 보인다. 개가 겪은 품종개량의 폐해를 고양이는 겪지 않게 하기 위해, 유전학자들이 연구를 시작했기 때문이다. 가령 그들은 먼치킨 고양이의 다리를 짧게 만드는 유전자처럼, 고양이의 복지에 반하는 돌연변이 유전자들에 대해 신중하게 연구하고

순혈종 고양이: 극단적인 품종개량의 위험

지난 몇 년 동안 언론은 외모를 위한 무차별적인 품종개량으로 순혈종 개에게 생겨난 문제에 많은 관심을 보여왔다.[3] 지금은 고양이의 외모를 위한 품종개량의 문제점이 뉴스거리가 되지 않지만 곧 그럴 날이 올 것이다.

외모를 위한 고양이 품종개량은 두 가지 문제점을 만들어낼 가능성이 있다. 첫째, 고양이에게 고통을 유발하거나 만성적인 건강 불량을 가져올 수 있다. 대표적인 사례로 들창코에 편평한 얼굴(전문용어로 '단두短頭'라고 한다)을 한 페키니즈 개와 닮게 개량된 페르시아고양이를 들 수 있다. 터키시앙고라를 포함하는 다양한 장모 품종에서 유래한 페르시아고양이는 보통 고양이보다 다소 둥근 얼굴('인형 같은 얼굴')을 가지고 있는데, 이 품종에 편평한 얼굴이 이상적이라고 여겨지면서 편평한 얼굴을 만드는 돌연변이―1940년대 미국에서 등장했다―가 품종개량 과정에 채택되었다. 그리하여 페르시아고양이의 코는 점점 더 납작해지고 있으며 위치는 눈높이까지 올라가고 있다. 하지만 이렇게까지 극단적인 외모 변화를 이제는 전문 사육사 모임도 반대하고 있다. 들창코를 가진 모든 고양이는 호흡곤란, 눈 질환, 누관淚管 기형을 갖기 쉬우며 새끼를 사산할 확률도 높기 때문이다. 다행히 오늘날의 반려고양이 주인들은 전통적인 스타일의 페르시아고양이를 선호하는 것 같다. 1988년에서 2008년 사이에 영국에서 등록된 페키니즈 얼굴을 한 페르시아고양이 수가 네 배나 감소했다는 것이 그 증거다.

다른 품종도 개량의 결과로 건강상의 문제에 직면해 있다. 100년이 넘도록 고양이 쇼에 출연한 맹크스고양이의 뭉툭한 꼬리를 만드는 유전자는, 본질적으로 결함이며 종종 치명적이기까지 하다. 부모로부터 이 유전자를 각각 한 개씩 모두 두 개를 물려받은 새끼 고양이는 태어나기 전에 사망할 확률이 높다. 이 유전자를 하나만 가진 고양이들은 저마다 꼬리 길이가 다양한데, 그중 일부는 심각한 통증을 야기하는 관절염에 걸리기 쉽다. 이 유전자는 꼬리뿐 아니라 등

페키니즈 개와 닮은 얼굴의 페르시아고양이

의 성장에도 악영향을 미쳐 척추 파열을 야기할 수 있다. 또한 맹크스고양이는 내장 질병이 생기기도 쉽다.

또 다른 예로 '스퀴튼squitten'〔다람쥐squirrel와 새끼 고양이kitten의 합성어〕을 들 수 있다. '트위스티 고양이twisty cat'라고도 불리는 이 고양이는 앞다리 뼈가 충분히 발달하지 않아 앞발이 어깨와 거의 붙어 있다. 이 기형 고양이는 탈리도마이드라는 약품에 의해 기형으로 태어난 사람 아기와 비교되곤 한다. 이러한 고양이는 제대로 걸을 수도 뛸 수도 없고 땅을 팔 수도 없다. 따라서 자신을 제대로 보호할 수가 없다. 하지만 이 고양이는 마치 다람쥐처럼 똑바로 허리를 세워 '귀여운' 자세로 앉는다. 한마디로 이 고양이는 인간의 욕심이 만들어낸 기형 고양이다.

또 다른 품종에서 일어나는 외모 개량으로 인한 문제는 비교적 덜 명확하지만, 예를 들어 스코티시폴드 특유의 안으로 접힌 귀를 만드는 유전자는 신체의 어느 연골 부위에도 기형을 가져올 수 있고, 그 결과 많은 스코티시폴드 고양이가 상대적으로 어린 나이에 관절 기형으로 극심한 통증에 시달린다.

외모를 위한 품종개량으로 인한 두 번째 문제점은, 사실상 근친교배인 소위 계통 교배의 부작용에서 나온다. 우리가 원하는 표본을 얻기 위해 계속해서 근친교배를 시키다보면, 고양이에게 치명적인 단점을 유발하는 유전자가 사라지지 않아 끊임없이 고양이를 괴롭힐 것이다. 이러한 유전자가 길고양이에게서 나타났다면 빠르게 도태되었을 것이다. 왜냐하면 이 유전자로 인해 발생하는 단점은 명백히 사냥을 방해하기 때문이다. 예를 들어 샴고양이는 왼쪽 눈과 오른쪽 눈에서 들어오는 신호를 비교하는 뇌신경이 부족하기 때문에 입체적인 영상에 대한 시력이 안 좋다. 그래서 물체가 둘로 보이기도 하고, 한쪽 눈이 완전히 멀 수도 있으며, 때로는 사팔뜨기가 되기도 한다. 또한 고개를 돌릴 때마다 사물이 흐릿해지는 현상이 발생하기도 한다. 그러나 전문 사육사들은 샴고양이 특유의 외모를 유지시키기 위해 이런 결점들이 세대를 거듭해 유전되는 것을 용인하고 있다.

있다. 하지만 인기 있는 순혈종 고양이 품종 일부는 근친교배의 부작용뿐만 아니라 외모를 위한 품종개량이 가져온 불행에 이미 직면하기 시작했다(378쪽의 '순혈종 고양이: 극단적인 품종개량의 위험'을 보라). 더구나 외모를 위해서만 품종개량된 순혈종 고양이는 잡종 고양이와는 달리 행동 다양성이 매우 부족하다. 개도 외모를 위해 품종개량되기도 했지만 마약 탐지, 경비, 추적, 양치기 등 다양한 행동 능력 개발을 위한 품종개량도 많이 이루어졌다. 잡종 고양이가 부족해지면 순혈종 고양이로 대체하면 된다고 단순하게 생각해버리면, 순혈종 고양이의 유전적 문제가 영속화되어 고양이라는 종

자체가 위험에 직면할 수도 있다.

미래의 고양이를 위해서는 '훈련'과 '개입'이 필요하다

사냥 본능을 줄이는 것은 고양이가 21세기에 보다 잘 적응할 수 있게 해주는 몇 가지 요인 가운데 단지 하나일 뿐이다. 만약 고양이가 인간의 요구에 잘 적응하기 위한 일련의 목표를 위하여 스스로 희망 목록을 작성할 수 있다면 그 내용은 아래와 같을 것이다.

- 다른 고양이와 잘 지내기 위해서 녀석들과 마주치는 일이 이제는 불안 요소가 되지 않기.
- 인간 행동을 더 잘 이해하기 위해서 낯선 사람과 대면하는 것을 더 이상 위협으로 느끼지 않기.
- 배가 부를 때조차 슬금슬금 고개를 드는 사냥 충동을 현명하게 극복하기.

위의 목록을 주인의 입장에서 다시 표현해보면 다음과 같다.

- 나는 동시에 한 마리 이상의 고양이를 키우고 싶다. 녀석들이 나의 동반자일 뿐만 아니라 서로 간에도 그랬으면 좋겠다.
- 나는 사람들이 방문할 때마다 내 고양이가 침실로 숨어들어서 카펫에 오줌을 누지 않았으면 좋겠다.
- 나는 내 고양이가 고양이 출입문을 열고 피투성이 '선물'을 가지고 들어오지 않았으면 좋겠다.

현재 우리는 이 일련의 목표를 달성하기 위한 두 가지 방법을 알고 있다. 첫째는 훈련이다. 우리는 고양이가 각자 주변 환경을 해석하고 그에 반응하는 방법을 바꿀 수 있도록 녀석들을 훈련시킬 수 있다. 이 방법의 장점은 효과가 즉각적이라는 것이고, 단점은 새로운 세대가 태어나면 다시 훈련을 시켜야 한다는 것이다. 둘째는 유전자 변화다. 우리는 아직 완전히 가축화되지 않은 고양이의 유전자를 21세기 생활양식에 맞게 변화시킬 수 있다. 위에서 밝힌 우리의 목표에 맞게 유전자를 변화시켜 품종개량을 이룬다면 그 이득은 수십 년이 지나야 명백하게 나타나겠지만, 훈련과 달리 효과는 영구적일 것이다.

고양이는 똑똑하다. 그리고 (어느 정도는) 적응력 있는 동물이다. 따라서 우리는 고양이의 학습을 이끌면서, 즉 고양이가 자신에게 부과된 요구에 따를 수 있도록 적절한 경험을 제공해주면서 목표 중 일부를 성취할 수 있다. 이것은 분명 어느 정도의 '훈련'을 필요로 한다. 개 주인 대부분은 자신의 개가 사회적으로 받아들여지게 하기 위해 훈련이 필요함을 알고 있다. 하지만 고양이를 키우는 사람 대부분은 자신의 고양이가 사회적으로 받아들여져야 한다는 생각을 하는 경우가 드물고, 설령 한다 해도 훈련은 '공연하는 고양이'에게나 적합하다면서 거절할 것이다. 하지만 생후 첫 몇 달 동안 고양이에게 적절한 종류의 경험을 제공해주면, 그 효과는 오래 지속될 것이다. 바로 그 시기가 고양이의 성격이 형성되는 기간이기 때문이다. 하지만 정확히 어떤 경험들이 제공되어야 하는지를 알기 위해서는 더 많은 연구가 필요하다.

사람과 함께 사는 환경에 적응하면서 고양이의 행동은 물론 성격도 오늘날의 상황에 더 적합하게 변화하고 있다. 하지만 이런 계획성 없는 자연적인 변화는 느려서, 우리가 요구하는 변화의 속도를 따라잡지 못한다. 따라서 우리의 직접적인 '개입'이 필요하다.

우리는 고양이의 사랑스러운 행동 때문에 녀석들을 소중하게 여긴다. 하지만 고양이의 이러한 특성은 의도적인 품종개량으로 인해 생긴 것이 아니다. 이는 인간과 함께 살아오면서 자연스럽게 선택된 것이다. 사람들은 사납거나 무뚝뚝한 고양이보다는 사교적이고 사랑스러운 고양이를 곁에 두고 싶어했을 테니까.[4] 그럼에도 불구하고 반려고양이 사이에서 '비우호적인' 성향이 계속 나타나고 있다. 고양이의 사회화 시기를 정의한 1980년대 실험에서 과학자들은 '적지만 지속적인 비율의 고양이들(대략 15퍼센트 정도)이 사회화를 거부하는 기질을 가진 것으로 보인다'고 지적했다.[5] 그러나 고양이는 기질과 학습 그리고 행동을 뒷받침하는 다양한 유전자를 가지고 있기에, 단지 외모만이 아니라 행동과 성격을 위한 품종개량에 착수할 수 있는 원료는 풍부하다 할 수 있다.

고양이 주인으로서 우리는 각각의 고양이가 도시라는 한정된 공간에서 많은 고양이와 부대끼며 사는 상황, 즉 야생 상태와는 아주 다른 상황에 적응하도록 도울 수 있다. 이를 위한 다양한 자원을 가지고 있기 때문이다. 하지만 많은 사람이 이것을 모르는 것처럼 보인다. 우리가 해야 할 일은 고양이가 자신을 둘러싼 환경에 대해 배워나가야 하는 시기에 이러한 자원을 활용하여 고양이를 돕는 것이다. 고양이의 생후 4주에서 12주까지의 기간은 결정적인 시기다. 이 시기에 새끼는 다른 고양이, 사람, 집에서 키우는 다른 동물과 사회적으로 어떻게 소통해야 하는지를 배운다. 이미 살펴보았듯이 바로 이 시기에 고양이는 자신의 사회적인 파트너를 식별하는 방법과 만족할 만한 결과(예를 들면 상대방이 친근함의 표시로 꼬리를 세우거나 귀 뒷부분을 핥아주는 것, 혹은 먹이가 담긴 그릇이나 주인의 포옹)를 얻기 위해 상대방에게 어떻게 행동해야 하는지를 배운다. 더 일반적으로 볼 때 이 시기는 예상치 못한 일에 대처하는 방법을 배우는 시기이기도 하다. 즉 호기심에 위험을 감수하고 새로운 것에 다가가서 조사하거나 혹은 안전책을 강구하며 도망가기도 할 것이다. 몇몇 연구는 위험을 감수하는 고양이의 능력이 유전적인 영향을 받는다는 것을 밝혔지만 학습 또한 일정한 역할을 한다.

이 생후 4주에서 12주 사이에 다른 사람들에 대한 노출이 제한되었던 고양이는 스스로 낯설다고 간주하는 사람이 집에 올 때면 안전한 장소로 숨을 것이다. 생후 8주까지 사람에게 노출되어본 적이 없는 고양이는 대체로 사람들을 두려워하게 될 것이다. 하지만 이것이 사회화 과정의 끝은 아니다. 이후에도 새끼들은 다양한 유형의 사람들과 자기만의 관계를 맺기 위한 기회를 가져야 한다.

생후 8주차에 새로운 가정에 혼자 입양된 많은 고양이는 다른 고양이와 함께하면서 겪을 수 있는 중요한 사회화 과정을 놓칠지도 모른다. 생후 12주가 되면 다른 고양이와 장난치고 노는 것이 최고조에 이르며 야생고양이는 대략 생후 24주가 될 때까지 자신의 또래집단과 강한 사회적 유대 관계를 유지한다. 수의사들은 종종 새끼 고양이를 잃어버리는 것을 막기 위해 입양 후 첫 몇 주 동안은 실내에만 머물도록 해야 한다고 조언한다. 하지만 집에 다른 고양이가 없다면 실내에만 머무는 녀석들은 사회적 기술을 발전시킬 수 있는 결정적인 단계를 놓치게 될지도 모른다.

낯선 상황에 직면했을 때, 고양이는 저마다 다른 전략을 사용한다. 많은 고양이가 뒤로 물러나 숨거나 상황을 지켜보기 좋은 안전한 장소로 올라간다. 일부는 공격적인 태도를 보일 수도 있다. 아마도 이 녀석들은 이전에 비숫한 상황에서 숨거나 물러날 수 있는 기회를 박탈당했을 것이다. 즉 주인이 녀석들이 뒤로 물러나도록 놔두기보다는 쫓아가서 녀석들을 들고 왔을 것이다. 이런 고양이는 할퀴거나 사납게 쉬익 하는 소리를 내거나 무는 행위를 통해서 원치 않는 상황을 피할 수 있음을 빠르게 배운다. 이런 고양이 가운데 일부는 이러한 전술을 더 발전시켜 자기가 잘 모르거나 안 좋은 기억이 있는 사람들에게 예방 차원에서 발톱을 세우고 공격하기도 한다.

고양이는 또한 잘 모르는 다른 고양이를 상대하기 위해서 자신이 선호하는 전략을 개발한다. 새끼일 때 다른 고양이와 처음으로 사회적인 대면을 하게 되면 어떤 고양이는 그냥 도망간다. 또 어떤 고양이는 한 걸음도 물러서지 않으려 하다가 한 대 얻어맞거나 더 큰 공격을 당하기도 한다. 서로 간에 우호적인 인사를 하는 경우는 거의 없고 설령 있다 해도 상대로부터 비슷한 반응이 오는 경우는 더 드물다. 따라서 싸움 혹은 도주 반응은 낯선 고양이를 만났을 때 어린 고양이가 선택하는 기본적인 반응이 된다.

자기 집에 또 다른 고양이를 들이고 싶은 주인은 원래 고양이와 새로 올 고양이가 서로를 즉각 좋아하게 될 것이라는 기대는 버리고 모두에게 좋은 결과를 낳는 현명한 방법을 모색해야 한다. 새 고양이는 갑자기 익숙한 환경을 떠나 다른 고양이의 영역으로 들어오면 스트레스를 받을 것이고, 원래 살고 있던 고양이도 낯선 고양이의 침입을 불쾌하게 여길 것이다. 그러므로 두 고양이의 영역을 분리시키는 것이 최고의 방법이다. 그러면 새 고양이는 자신만의 작은 '영토' 안에서 새 주인을 알아갈 기회를 갖게 된다. 물론 두 고양이는 냄새만으로 서로의 존재를 알게 되지만, 처음부터 직접 대면하는 것보다는 스트레스를 덜 받게 된다. 주인은 두 고양이의 만남이 이루어지기 전에 한 녀석이 사용하던 장난감과 침구를 다른 녀석에게 보여주면서 서로

간의 친밀감을 어느 정도 형성시켜줄 수 있다. 이때 음식도 제공해주면 상대방 고양이의 냄새는 차차 긍정적인 것으로 각인된다. 그리하여 두 녀석이 모두 상대방의 냄새를 싫어하지 않게 되었을 때 두 녀석을 만나게 해주어야 하며, 또한 그 만남은 처음에는 짧게 시작해 서서히 늘려가야 한다.[6]

고양이는 훈련시킬 수 없다는 것은 잘못된 통념이며, 주인은 훈련을 통해 고양이의 스트레스를 줄여줄 수 있다. 예를 들어 주인은 고양이를 캐리어에 들어가게 하기 위해 녀석을 억지로 집어넣기보다 스스로 걸어 들어가는 것을 유도하는 클리커 훈련(6장 참조)을 실시할 수 있는데,[7] 바로 그 훈련을 이용해 고양이가 새로운 사람과 대면할 때 느끼는 두려움을 극복할 수 있게 도울 수 있다. 고양이가 새로운 환경에 차분하게 대처하게 하려면, 강요가 아니라 설득이 필요하다. 주인이 훈련의 가치를 이해한다면 고양이는 물론이고 주인 스스로도 스트레스를 피할 수 있을 것이다. 고양이는 크고 작은 스트레스를 받으면 자신의 배설물을 집 안 곳곳에 남길 수 있기 때문이다.

고양이 훈련은 고양이를 정신적으로 자극할 뿐만 아니라 고양이와 주인 사이의 유대감도 강화해준다. 게다가 고양이를 실내에서 키울 때 생기는 부정적인 영향도 줄여줄 수 있다.

고양이는 필요에 의해 본능적인 행동을 한다. 예를 들어 발톱으로 집 안에 있는 가구를 긁는 것이 그런 행동 중 하나다. 당연히 주인들은 그런 행동을 싫어한다. 그래서 어떤 나라에서는 수의사가 외과수술을 통해 고양이 발톱을 제거하기도 하지만 이것은 고양이 입장에서는 최선의 방책이 아닐 것이다. 이러한 형태의 인간 개입이 불법인 나라도 있다(388쪽의 '발톱 제거'를 보라). 발톱이 제거된 고양이는 발가락 끝에서 환상통을 느낄 가능성이 있을 뿐만 아니라 다른 고양이가 공격할 때 제대로 방어할 수 없게 된다. 오직 특정한 장소에서만 발톱을 갈도록 고양이를 훈련시키는 것이 훨씬 인도적이고 확실한 대안이다. 특히 고양이가 아직 쿠션이나 커튼 같은 직물 제품에 대한 선호를 보이지 않는다면 더욱 그렇다.[8]

정확히 입증된 적은 없지만 장난감을 사용하는 놀이는 고양이의 사냥 욕구를 감소시킬 가능성이 있는 것처럼 보인다. 고양이는 장난감을 가지고 놀 때 실제로 사냥하고 있다고 생각하기 때문이다. 만약 놀이가 사냥 욕구 감소에 효과가 있다면 그 효과는 얼마나 지속될까? 주인과 고양이가 매일 '사냥' 놀이를 한다면 정원에 찾아오는 새들과 작은 포유류들의 생명을 구할 수 있을까? 그 놀이로 인해 고양이는 야생동물을 덮치지 않게 될 수 있을까?

우리는 고양이의 후천적 경험이 녀석들의 사냥 습관에 어떤 영향을 미치는지 거의 알지 못한다. 사냥에 대한 관심은 고양이마다 천차만별인데, 그 이유는 유전적인 요인 때문은 아닌 것 같다. 왜냐하면 영양소를 섭취하기 위해 모든 고양이가 사냥을 해야만 했던 때로부터 불과 몇 세대가 지났기 때문이다. 암컷 반려고양이가 한 번은 새끼를 낳도록 허락해야 한다고 주장하는 사람들 중에는, 요즘에는 주인이 자기 고양이가 낳은 새끼들도 잘 먹이기 때문에 녀석들이 사냥을 배우는 데 집중하지 않는다고, 즉 사냥 기술을 완전하게 익힐 수 있는 결정적인 시기를 놓친다고 말하는 사람도 있다. 정말로 그런 결정적인 시기가 있고 그 시기를 놓친 고양이의 사냥 욕구는 완전하게 발현되지 못하는 걸까? 이에 대한 추가적인 연구를 한다면 야생동물을 보호할 수 있을 뿐만 아니라 고양이와 야생동물 애호가 사이의 악화된 관계도 회복될 수 있을지 모른다.

발톱 제거

고양이는 앞발의 발톱으로 어떤 물체를 긁어대는 습성이 있다. 다른 고양이에게 자신의 존재를 알리기 위해 그런 식으로 냄새나 시각적인 표시를 남기는 것일 수도 있고, 발톱이 간지러워서 긁는 것일 수도 있다. 그렇게 긁으면 바깥으로 나온 고양이의 발톱은 주기적으로 떨어져 나가고 안에 있던 발톱이 새로 나오게 된다. 만약 고양이가 관절염 때문에 고통스러워서 긁는 행동을 하지 못하면 발톱이 너무 자라 발바닥에 염증이 생길 수도 있다.

고양이가 가구에 흠집을 내는 것을 싫어하는 몇몇 주인은 고양이 앞 발톱을 제거한다(며느리발톱까지 제거하는 주인도 있다). 수의학적인 수술 중에 발톱 제거술만큼 많은 논쟁을 불러일으키는 것은 없다. 발톱 제거술은 미국과 극동 지역에서는 일상적인 것으로 간주되지만 유럽연합과 브라질 그리고 호주를 포함하는 많은 나라에서는 불법이다.

발톱 제거술은 고양이 발가락의 첫 번째 관절을 모두 잘라내는 과정을 포함하는 수술이다. 수술로 인한 초기 통증은 진통제로 억제할 수 있다 해도, 우리는 몰라도 고양이는 수술 후에 잘려 나간 신경 때문에 환상통에 시달릴 수도 있다. 사실 고양이와 인간은 고통을 느끼는 데 있어서 거의 동일한 메커니즘을 가지고 있다. 손가락이 잘리는 사고를 입은 다섯 명 가운데 네 명은 환상통을 느끼기 때문에 고양이도 그럴 가능성이 높다(나도 사고로 한쪽 손가락 끝에 있는 신경이 거의 잘려 나간 후 10년 넘게 환상통을 경험했다. 환상통이 의미가 없다는 것을 알았기 때문에 나는 그 통증을 무시하는 법을 배울 수 있었다. 하지만 고양이는 그럴 수 없을 것이다). 발톱이 제거된 고양이는 자기 화장실 밖에다 오줌을 누는 경우가 많은데 아마도 환상통 스트레스 때문인 것 같다.

고양이에게 발톱은 필수적인 방어 체계다. 실내에서 고양이를 키우는 사람들 중 일부는 자기 고양이는 다른 고양이를 만날 일이 전혀 없기에 발톱이 필요 없다고 주장한다. 그런데 발톱이 제거된 고양이는 어떤 사람이 자신을 거칠게 들어 올리면 불쾌함을 표현하기 위해 그 사람을 물어버릴 수도 있다. 할퀼 수가 없기 때문이다. 즉 발톱이 제거된 고양이는 상대에게 훨씬 더 심각한 부상을 입힐 수도 있다.[9]

교배를 통한 이상적인 집고양이 품종

오늘날의 고양이는 미묘한 상황에 처해 있다. 한편으로는 빠르게 변화하는 우리의 요구에 적응해야 하지만 다른 한편으로는 손이 덜 가는 반려동물이라는 명성을 가지고 있다. 고양이를 키우는 사람들에게 녀석들의 행동을 바꾸기 위해 훈련에 많은 시간과 노력을 투자하라고 설득하는 것은 현실적으로 어려울 것이다. 그렇기 때문에 우리는 고양이의 완전한 가축화를 위해 유전자에 관심을 기울여야 한다.

이상적으로 말하면, 오늘날의 생활 조건에 쉽게 적응할 수 있는 고양이는 그렇지 못한 고양이와 구별되어야 하며 그런 녀석들이 우선적으로 교배되어야 한다. 고양이의 성격은 중성화를 시킬 수 있는 평균적인 나이가 지나서도 계속 발달하기 때문에 적응력이 높은 고양이를 구별하는 것은 쉬운 일이 아니다. 따라서 교배 계획을 시작하기 전에 고양이에게 미치는 바람직한 유전자의 영향과 사회적 환경의 영향을 구분하기 위한 연구가 필요하다. 더구나 인간의 모든 생활양식에 알맞은 고양이를 만들어주는 하나의 '완벽한' 유전자는 없을 것이다. 다만 실내에 살기에 이상적인 고양이와 야외에 살기에 이상적인 고양이는 분명 유전적으로 뚜렷한 차이가 있으며 주인에게 받는 영향력도 차이가 있다. 즉 실내에 사는 고양이는 다른 고양이와 관계를 형성할 때 주인에게 훨씬 더 많은 영향을 받는다.

우리는 생활 조건에 대한 적응력이 높은 고양이 유전자를 만들어내기 위해 잡종 고양이, 순혈종 고양이 그리고 하이브리드(집고양이와 다른 고양잇과 동물 사이에서 나온 잡종)라는 세 가지 자원을 이용해볼 수 있다. 순혈종 고양이는 거의 대부분 행동 개량이 아니라 외모 개량을 위해 생산되었기에 새로운 행동 특성을 풍부하게 가졌다고 보기는 어렵지만[10] 흥미롭게도 몇몇 예외적인 품종이 있다.

극단적으로 차분한 성격 때문에 래그돌Ragdoll〔봉제인형이라는 뜻〕이라는 이름이 붙은 중간 정도 털 길이를 가진 품종이 그중 하나다. 1990년대 초기에 처음으로 고양이 쇼에 등장한 래그돌은 사람이 안으면 축 늘어지는 특징이 있다. 마치 몸의 어느 부분을 만지더라도 '목덜미 반응'이 시작되는 것처럼. 한때 이 고양이는 통증에 둔감하다는 소문이 돌아서 동물 복지 단체들은 사람들이 이 고양이를 쿠션처럼 아무렇게나 던져도 괜찮다고 생각할까 봐 우려를 나타내기도 했다. 이제 이 품종은 더 이상 그런 극단적인 둔감한 반응을 보이지는 않지만 여전히 태평한 성격으로 유명하다. 래그돌에서 유래한 품종인 래거머핀은 '친근하고 사교적이며 영리한 성품을 가져서 사람에게 풍부한 애정을 표현한다'고 묘사된다.[11] 이 품종이 사람에게 보이는 사교성의 유전적인 토대는 밝혀지지 않았지만, 그런 특징은 이종교배를 통해 다른 고양이에게 옮겨질 가능성이 있다. 단 래그돌 타입의 고양이는 상대를 너무 쉽게 믿기 때문에 이웃에 사는 고양이들의 공격에 취약하다. 그래서 전문 사육사들은 그런 고양이는 실내에서 키우기를 권한다.

고양이와 다른 고양잇과 동물 사이에서 태어난 하이브리드는 '이국적인' 외모를 바라는 사람들에 의해 만들어졌지만, 새로운 집고양이의 유전적 자원으로 활용될 수 있다는 가능성이 제기되었다. 이러한 하이브리드 가운데 가장 널리 퍼진 것은 벵골고양이다. 하지만 벵골고양이의 유전자는 21세기에 적합한 고양이를 만드는 데 거의 도움이 안 될 것으로 보인다. 벵골고양이는 집고양이와 아시아표범살쾡이Prionailurus bengalensis 사이에서 태어난 하이브리드인데, 후자는 그 오랜 진화 과정 동안 한 번도 가축화된 적이 없기 때문이다.

아니나 다를까 많은 벵골고양이는 표범살쾡이의 매력적인 장미 무늬만 물려받은 것이 아니라 야생성도 물려받았다. 동물 행동 컨설턴트 데비 코놀리는 벵골고양이 구조 웹사이트에 다음과 같은 글을 올렸다.

벵골고양이는 강하며 때로는 지배적인 성격을 표출한다. 즉 애정이 넘

벵골고양이(위)와 사파리고양이(아래)

치는 고양이지만 기꺼이 사람 무릎에 올라와서 앉지는 않는다. 벵골고
양이는 공격적이기에 나는 새로 입양한 벵골고양이 한 쌍이 서로를 죽이
려고 한다는 연락을 받지 않고 일주일을 넘기는 적이 없었다. 이웃집에
들어가 거기 사는 고양이들을 해치기도 한다. 벵골고양이는 또한 여기

저기 오줌을 분사하기에 옷이나 커튼은 물론 당신이 소중히 여기는 장식
품이나 사진에도 오줌을 쌀 수 있다. 벵골고양이는 장난이 아니라 진지
한 자세로 그런 행동을 한다.[12]

따라서 다루기 쉬운 반려고양이를 만들어내려는 관점에서 보면 아시아표
범살쾡이는 교배를 위한 좋은 후보자감이 못 된다. 아시아표범살쾡이는 아
직 멸종 위기에 처하지 않은 몇 안 되는 고양잇과 동물 중 하나지만, 대다수
동물원에서 하나 혹은 둘밖에 찾을 수 없다. 녀석들은 길들일 수가 없기 때
문이다. 사육사들은 녀석들을 만지는 것은 물론이고 녀석들에게 접근하는
것조차 불가능하다고 말한다.[13]

집고양이를 변화시키는 데 유용한 유전자를 만드는 관점에서 보면, 적당
한 교배의 대상으로 몸집이 작은 몇몇 남아메리카산 고양잇과 동물을 들
수 있다. 특히 그중 집고양이와 크기가 비슷한 제프로이고양이와 이보다 살
짝 큰 마게이는 동물원에서 사육될 때 종종 사육사에게 친근한 모습을 보
인다. 그러므로 그런 동물들이 계속되는 고양이 진화 과정에서 유용한 유전
적 자원을 제공해줄지 모른다. 남아메리카산 고양잇과에 속하는 동물들은
약 800만 년 전에 나머지 고양잇과 동물에서 갈라져 나오자마자 염색체 한
쌍을 잃어버렸다. 그로 인해 그들과 집고양이 사이에서 태어난 자식들은 대
부분 새끼를 낳지 못하게 되었다. 하지만 놀랍게도 제프로이고양이와 집고
양이 사이에서 태어난 자식들은 새끼를 낳을 수 있었다. 바로 그렇게 생겨난
희귀한 품종이 1970년대에 생겨난 사파리고양이로, 몸집이 큰 것은 그 값이
수백만 원에 이른다. 즉 집고양이와 남아메리카산 고양잇과 동물 사이에서
태어난 자식들 중 소수는 다시 집고양이와의 교배를 통해 새끼를 낳을 수

있다. 한때는 마게이와 집고양이의 하이브리드인 '브리스틀'이라는 고양이가 있었는데, 교배 과정에서 생겨난 문제점 때문에 이제는 더 이상 만들어지지 않고 있다. 마게이는 나무 위에서 사는 고양잇과 동물로, 발목이 이중 관절로 되어 있어 능숙하게 나무를 기어오를 뿐 아니라 다른 고양잇과 동물과 달리 기어 내려오는 동작에도 거침이 없다. 또한 원숭이처럼 발 하나를 나무에 걸치고 매달릴 수도 있으며, 한 나뭇가지에서 다른 나뭇가지로 거의 4미터나 되는 거리를 뛸 수도 있다. 이러한 민첩성을 물려받은 하이브리드는 아주 매력적이겠지만 집고양이로서는 부담스러운 존재다. 만약 당신의 고양이가 이 집에서 저 집으로 날아다닌다면 감당할 수 있겠는가.

집고양이와 고양잇과 동물의 교배를 통해 만들어진 다른 집고양이 품종들도 있지만, 그 교배는 모두 '야생적인' 외모를 위한 것이었기에 집고양이의 성격 관련 게놈에 영향을 미치지는 않은 것으로 보인다. 여기에 해당되는 예로는 집고양이와 정글고양이의 교배종인 초시chausie와 서발 그리고 그 유래가 분명치 않은 괴상한 녀석들도 포함되며 일부는 반려고양이라기보다는 야생동물로 분류된다. 마치 늑대와 개 사이의 교배종이 야생동물로 분류되듯이.[14]

이렇듯 고양잇과 동물에게서 태어난 다양한 하이브리드 품종은 집고양이의 게놈을 오늘날의 환경에 더 적합하게 해줄 유전적 자원이라고 보기 어렵다. 다루기 쉬운 성격으로, 그 하이브리드가 가장 기대됐던 몇몇 남아메리카산 고양잇과 동물은 대부분 집고양이와 유전적으로 맞지 않는 것으로 밝혀졌고, 유전적으로 더 적합한 구세계 출신 고양잇과 동물, 즉 유럽과 아시아 및 아프리카 태생 고양잇과 동물도 오늘날의 일반적인 고양이보다 온순하지 않기 때문에 고양이 가축화의 완성을 위한 품종개량에 도움이 될 만한 것은 거의 없다.

따라서 집고양이 안에 존재하는 유전적 다양성이 고양이 가축화를 완성하기 위한 최상의 출발점이 되는 것 같다. 현대의 많은 고양이는 사냥을 그다지 내키지 않아 하는 느긋하고 편안한 성격을 보여주고 있다. 고양이의 이러한 성격 변화 중에 얼마나 많은 부분이 유전적 변화를 통해 일어났는지는 아직 연구를 통해 밝혀지지 않았다. 하지만 상당한 비율을 차지하고 있음은 분명하다. 우리의 목표는 이러한 변화된 기질을 가진 최상의 고양이들을 식별해 그들의 후손이 미래의 반려고양이가 되게 하는 것이다.

최근에 밝혀진 고양이의 유전적 다양성은 미래의 반려고양이를 위한 잠재적 자원이 될 것이다. 겉으로는 비슷해 보이는 집고양이들도 DNA를 들여다보면, 마치 샴고양이와 페르시아고양이의 외모 차이만큼이나 서로 다른 유전적 차이를 가지고 있다. 따라서 예를 들어 중국에 사는 평범한 반려고양이와 영국이나 미국에 사는 고양이를 이종교배하면 전혀 새로운 기질을 가진 고양이가 나올 수 있다. 즉 오늘날의 그 어떤 고양이보다 실내 생활에 적합하고 사교적인 고양이가 나올 수도 있다는 얘기다.

고양이 중성화의 문제점과 그 미래

그러므로 우리는 신중한 개입을 통해 집고양이 사이에서 미래의 고양이의 모습에 적합한 기질을 선별해야 한다. 지금까지는 자연적 진화 과정이 고양이의 보다 나은 삶에 기여했으나 앞으로는 이것만으로는 부족할 것이다. 한 가지 장애물은 고양이가 새끼를 낳기 전에 중성화 수술을 하는 관행이 점점 더 널리 퍼지고 있다는 사실이다. 해마다 환영받지 못하는 수많은 고양이에 대한 안락사가 시행되고 있는 상황에서 중성화 수술에 반대하는 의

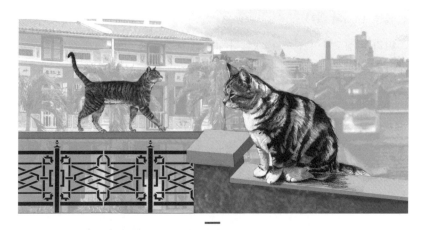

극동산 고양이(왼쪽)와 서유럽산 고양이(오른쪽)

견을 내는 것은 어려운 일이다. 하지만 장기적으로 보면 중성화 수술이 널리 시행되면 사람에게 친화적인 고양이보다 그렇지 않은 고양이가 더 많아질 것이다. 중성화 수술로 인해 다음 세대로 전달되지 못하는 고양이 유전자 중에는 분명 고양이가 소중한 반려동물이 되는 데 결정적인 도움을 줄 유전자도 포함되어 있을 것이기 때문이다.

거의 모든 반려고양이가 중성화될 때를 대비해서—현재 영국의 몇몇 지역은 이미 이런 상황이다—우리는 고양이의 다음 세대가 어떻게 될지 관심을 기울여야 한다. 이렇게 중성화 수술이 널리 시행되면 중성화 수술 자체에 관심이 없거나 윤리적인 이유로 중성화 수술에 반대하는 주인을 가진 고양이들을 제외하면, 야생고양이나 길고양이 같은 '아웃사이더'들만 새끼를 낳게 될 것이다. 그 녀석들의 사람에 대한 경계심과 사냥 욕구 등은, 불행하게도 우리가 반려고양이한테서 제거하고 싶어하는 특성들이다.

야생고양이나 길고양이는 일반적인 반려고양이보다 유전적으로 더 야생적이기에 우리가 원하는 '이상적인' 반려고양이와는 거리가 멀다. 물론 지금은 길고양이와 반려고양이의 차이가 크지 않다. 길고양이들 중 상당수는 원래는 집에서 길러졌다가 길을 잃거나 버려진 녀석들이기 때문이다. 하지만 중성화 수술의 대규모 시행으로 인해 시간이 갈수록 중성화되지 않은 반려고양이가 길고양이 집단에 속하는 경우는 점점 줄어들 것이고, 따라서 새끼를 낳는 고양이 대부분은 야생 습성을 많이 가진 녀석들일 것이다. 그러므로 '가장 책임감 있는' 고양이 주인들이 이른 시기에 중성화를 선택하는 것은, 어느 정도 가축화된 현재의 집고양이 유전자를 다시 야생 상태로 돌아가게 하는 위험을 야기할 수 있다.

1999년에 내가 수행한 한 연구의 결과는 이러한 추정이 한낱 SF적 상상력이 아님을 보여준다.[15] 당시 내 연구 팀은 반려고양이 98퍼센트 이상이 중성화된 사우샘프턴의 한 지역을 발견했다. 당연히 그 지역 반려고양이들에게서 태어나는 새끼는 매우 드물어서, 멀리까지 나가 새끼 고양이를 구해 오는 사람들도 있었다. 그런데 나이 든 고양이를 키우는 주인들과 얘기해보니, 그 지역의 고양이 개체 수는 10년 전인 1980년대 말 수준을 꾸준히 유지하고 있다고 했다. 우리는 그 지역에서 중성화되지 않은 암컷 반려고양이 열 마리를 찾아냈다. 그 암컷들이 새끼를 낳자 우리는 그 새끼들 대부분의 아비가 길고양이일 것이라고 확신했다. 그 지역에 번식력을 가진 수컷 반려고양이는 소수에 불과했고 나이도 어렸기에, 산전수전 다 겪은 수컷 길고양이들과의 짝짓기 경쟁에서 승리하기는 어렵다고 보았기 때문이다. 그 새끼들이 생후 6개월이 되어 새 가정으로 입양되자, 우리는 그들이 새 환경에서 보이는 기질을 중성화 수술률이 높지 않은 지역에서 태어난 새끼들의 기질과 비교해보기로 했다. 확실히 전자가 후자에 비해 주인의 무릎 위에 앉는 것을 꺼렸다. 전자와 후자 사이에는 사회화를 위해 제공되는 과정의 차이도 없었고, 어미의 기질도 구분이 안 될 정도로 비슷했음에도 그랬다. 따라서 우리는 부모 중 한쪽만 길고양이인 새끼도, 부모 모두가 반려고양이인 새끼에 비해 사회화되기 어렵다는 것을 알 수 있었다. 이 연구는 작은 지역과 표본만을 대상으로 했기에 그를 통해 밝혀진 사실을 일반화하기는 어렵다. 하지만 그 후로 중성화 수술은 더욱 널리 시행되었기에 지금 다시 연구를 실시하면 중성화의 결과가 고양이 후손의 기질에 어떤 영향을 미치는지 더욱 명백히 알 수 있을 것이다.

중성화는 극단적으로 강력하고 인위적인 '도태 압력'이지만, 우리는 지금까지 그 장기적인 결과에 대해서는 거의 생각하지 않았다. 사실 중성화는 현재로서는 원치 않는 고양이를 줄일 수 있는 유일한 인도적인 방법이며, 아직까지 집고양이 개체 수를 줄일 정도로 널리 시행되지는 않았다. 하지만 시간이 지나면 의도치 않은 결과를 가져올 수 있다. 다음과 같은 상황을 상상해보자. 100여 년 전, 즉 고양이에 대한 진료 수준이 미개했고 사회가 고양이의 번식을 기꺼이 받아들이던 그때, 다른 피해는 끼치지 않으나 고양이 새끼를 암수 모두 불임으로 만드는 매우 전염성 높은 기생충이 있었다면 어떻게 되었을까? 감염 저항력이 있는 고양이들만 번식할 수 있었을 테니 몇 년 후에는 그 기생충의 숙주가 될 만한 고양이가 사라져 그 기생충도 자취를 감췄을 것이다.

이러한 가상적인 기생충과 중성화 수술의 중요한 차이는, 후자는 숙주가 사라져도 계속될 수 있다는 것이다. 즉 중성화 수술은 그것의 결과와는 별도로 하나의 계획으로 계속 살아남을 수 있다.[16] 중성화 수술을 받는 고양이 대부분은 사람들과 함께 살며 최고의 보살핌을 받는 녀석들이다. 따라서 중성화 시행은 사실상 사람들에게 별 애정이 없는 녀석들에게만 번식을 허락하는 것과 같으며, 그 녀석들 중 상당수는 유전적으로 사회화되기 어려운 기질을 가지고 있다. 그러므로 우리는 중성화 수술이 장기적으로 가져올 결과를 신중하게 따져봐야 한다. 고양이의 미래를 생각한다면, 가장 비우호적이고 야생동물에게 가장 큰 피해를 끼치는 길고양이만 골라서 중성화 수술을 시켜야 한다.

우리는 고양이 품종개량에 대해 새로운 시각으로 접근해야 한다. 순혈종 고양이는 대부분 바람직한 기질이 아니라 외모를 목표로 만들어진다. 그리고 그 외 고양이들은 중성화 수술이라는 그물에 포위되어 있다. 광범위한 중성화 수술 시행이 다음 세대 고양이의 기질을 보다 야생적으로 만드는 결과를 낳는 것은 아니라고 쳐도, 보다 가축화되는 결과를 낳을 가능성 역시 거의 없다. 따라서 어떻게 보면 지금의 상황은 고양이의 외모나 복지를 생각하는 사람은 있어도 고양이의 미래를 생각하는 사람은 없는 셈이다.

미래의 고양이를 위해 무엇을 할 수 있는가

그렇다면 왜 우리는 고양이의 미래를 걱정해야 할까? 고양이 수는 언제나 잠재적인 주인의 수보다 많았고 고양이의 인기는 계속 증가해왔으니 녀석들을 키울 수 있는 가정은 수십 년 전보다 분명 많아졌을 터이다. 또한 고양이를 싫어하는 소수의 사람을 제외하면 일반적으로 사람들은 개보다 고양이에게 더 관대하기도 하다. 하지만 이러한 상황이 앞으로도 계속될지는 누구도 알 수 없다.

최근 수십 년 동안 개에 대한 새로운 규제가 생겨났고 특히 도시 지역에서 그런 변화가 많이 있었다. '개가 볼일을 보면 직접 치워주세요'와 같은 문구가 적힌 표지판을 공원이나 바닷가 등 어디서나 볼 수 있다. 또한 개가 들어갈 수 없는 공원이 하나둘씩 생겨나고 있으며 사람들이 개에게 물리는 것을 막기 위한 조항도 늘어나고 있다. 100년 전에 비하면 개는 훨씬 더 잘 통제되어 '교양 있는' 방식으로 행동함에도 불구하고 말이다. 그렇다면 얼마 안 가 고양이에 대해서도 규제가 생겨나지 않을까? 가령 고양이를 주인의 사유지 안에서만 키우도록 하는 법안을 만들기 위해 원예 애호가와 야생동물 애호가가 협력할 수도 있다. 그러나 그런 압력이 실제로 나타난다 해도, 고양이 애호가들이 보다 사회적으로 용인될 수 있는 고양이를 생산하기 위한 조치를 이미 취하는 중이라면 규제가 현실화되는 것을 막을 수 있다. 그런 조치로 인해 고양이가 예측하기 어렵게 변화하는 주인의 사회생활에 보다 쉽게 대처할 수 있게 된다면, 무엇보다 고양이 자신에게 큰 이득이 될 것이다.

궁극적으로 고양이의 미래는 고양이를 전문적으로 사육하는 사람들—고양이 쇼 우승만 생각하는 사람들이 아니라, 고양이 품종개량의 목표는 외모 개선이 아닌 기질 개선이어야 함을 받아들일 수 있는 사람들—의 손에 달려 있다. 고양이의 기질을 좀더 나은 방향으로 만들기 위한 유전적인 자원은 이미 고양이 안에 존재한다. 단 어떤 고양이가 적절한 유전자를 가졌는지를 알아낼 수 있는 기질 검사를 만들려면 더 많은 과학적 연구가 필요하다. 물론 많은 고양이는 특별한 유전적 기질 때문이 아니라 최선의 양육을 받은 덕분에 사람과 함께하는 삶에 잘 적응했다. 하지만 사람과 함께하는 삶에 잘 적응하게 만드는 유전자도 분명 존재할 것이고, 그런 유전자를 가진 고양이들은 세계 곳곳에 흩어져 있을 것이다. 따라서 우리는 전 세계의 수많은 고양이 애호가와 협력할 필요가 있다.

가장 흔한 잡종 고양이는 인간에게 가장 우호적이지만 가격이 그리 비싸지 않다. 따라서 그 새끼들도 거의 공짜에 가깝고 앞으로도 오랜 시간 그럴 것이다. 때문에 순혈종이 아닌 잡종 고양이 새끼가 상업적인 목적으로 사육장에서 사육되기는 어려울 것이다. 정서적으로 안정되고 환경에 잘 적응할 수 있도록 키우는 데 드는 비용에 비해 가격을 싸게 받을 수밖에 없기 때문이다. 따라서 그 녀석들에게 최적의 장소는 바로 고양이를 사랑하는 주인의 집일 것이다. 게다가 사육장에서 자란 새끼들은 일반 가정으로 입양되면 환경 변화가 크다고 느끼겠지만, 일반 가정에서 자란 새끼들은 다른 집으로 입양되어도 환경이 크게 변화되었다고 느끼지 않기 때문에 보다 빠르게 적응할 수 있다.

고양이가 사회화되는 방식에는 개선이 필요한 부분이 있다. 전문 사육사나 주인은 새끼 고양이의 사회화가 가장 활발하게 진행되는 생후 2, 3개월 시기에 특히 자신의 역할을 다해야 하는데, 이런 맥락에서 일부 사육사가 권장하는 생후 12주 미만의 새끼 고양이 입양 금지 방침은 신중하고 철저히 재검토되어야 한다. 이 방침으로 인해 생후 12주 미만 고양이들은 한배 새끼들과 어울리는 경험은 더 많이 할 수 있지만, 다양한 사람과 낯선 고양이를 대하는 전략을 배우는 경험은 놓치게 된다. 한편 고양이는 자라서도 훈련이 필요하기 때문에 특정한 상황에서 차분하게 행동하는 방법은 물론이고 일반적인 상황에서 더욱 바람직한 행동을 할 수 있게 해주는 훈련을 제공해주어야 한다. 이러한 훈련이 고양이의 삶을 개선시킬 수 있다는 점에서, 훈련의 가치는 더욱 널리 인정받아야 한다.

결론적으로 우리는 다수의 고양이는 침대에서 조는 생활에 만족하는 반면, 어떤 고양이는 여전히 강한 사냥 욕구에 사로잡히는 이유를 계속 연구해야만 한다. 아직 과학은 이런 차이가 고양이 각각의 초기 경험으로부터 비롯됐는지, 또 유전적 요인에 의해서는 얼마만큼의 영향을 받았는지 명확하게 밝히지 못했다. 하지만 우리는 고양이가 필요로 하는 모든 영양소를 쉽게 공급해줄 수 있기 때문에, 궁극적으로는 포식자가 될 필요를 느끼지 않는 고양이를 만들어낼 수 있을 것이다.

고양이는 우리의 이해를 필요로 한다. 즉 계속 증가하는 우리의 요구에 적응하려는 한 마리 동물로서, 또한 아직 완전히 길들지 않은 상태에서 진정한 가축으로 나아가는 과정에 놓인 하나의 종으로서, 우리의 도움을 필요로 하는 것이다. 우리가 이런 두 가지 입장을 모두 지지해준다면, 고양이는 오늘날보다 더 큰 인기를 누리며 번성할 뿐만 아니라 더 큰 보살핌을 받는 편안한 미래를 보장받게 될 것이다.

추천 읽을거리

이 책을 위해 내가 참고한 원자료 대부분은 학술지의 논문들인데, 논문은 대학에 소속되어 있지 않으면 접근이 어려운 경우가 종종 있다. 주석에는 가장 중요한 참고 문헌들을 포함시켜놓았고 일반 대중이 공유할 수 있는 자료인 경우에는 그것을 볼 수 있는 인터넷 주소도 기재해놓았다. 생물학 학위는 없지만 고양이에 대해 더욱 공부하고 싶은 독자들을 위하여, 권위 있는 교수들이 일반인도 독자로 포함시켜 집필한 다음의 책들을 추천한다.

『집고양이: 그 행동에 관한 연구The Domestic Cat: The Biology of Its Behaviour』(Cambridge University Press, 2013)는 데니스 터너 교수와 패트릭 베이트슨 교수가 편집한 책으로 현재 3판까지 나와 있으며, 다양한 분야의 전문가들이 고양이 행동에 대해 쓴 장들로 구성되어 있다.

내가 세라 L. 브라운, 레이철 케이시와 함께 쓴 『집고양이의 행동The Behaviour of the Domestic Cat』(Wallingford: CAB International, 2012) 2판은 대학교 3, 4학년 수준의 독자를 대상으로 고양이 행동과학에 대한 통합적인 소개를 제공한다. 보니 V. 비버의『고양잇과 동물의 행동: 수의사를 위한 안내서Feline Behavior: A Guide for Veterinarians』 (Philadelphia and Kidlington: Saunders, 2003)는 제목이 말해주듯이 수의사와 수의학을 전공하는 학생을 대상으로 한다.

야로미르 말렉의『고대 이집트 고양이The Cat in Ancient Egypt』(London: British Museum Press, 2006)와 도널드 엥겔스의『고대의 신성한 고양이들Classical Cats』 (London and New York: Routledge, 1999) 그리고 칼 밴 벡튼의『우리 집 호랑이The Tiger in the House』(London: Cape, 1938)는 고양이가 인간과 함께 살아온 역사의 다양한 단계에 대해 설명한다.

시드니대의 폴 맥그리비 교수와 밥 보크스 교수가 쓴『당근과 채찍: 동물 훈련의 원리Carrots and Sticks: Principles of Animal Training』(Cambridge: Cambridge University Press, 2008)는 두 부분으로 구성된 흥미진진한 책이다. 전반부는 이해하기 쉬운 언어로 학습 이론에 대해 설명하며 후반부는 영화 산업에서 폭탄 감지에 이르기까지 특정 목적을 위해 훈련된 동물(고양이도 포함된다)의 50가지 사례를 담고 있다. 동물들의 컬러 사진과 함께 훈련 방법을 설명한다.

문제가 있는 고양이에 대한 지침을 찾는 고양이 주인들에게 가장 필요한 것은 진정한 전문가와의 일대일 상담이지만, 이러한 전문가를 찾기는 쉽지 않다. 세라 히스나 비키 홀스 혹은 팸 존슨베넷의 책에 나와 있는 여러 조언을 통해서 도움을 받을 수 있다. 실리아 해든의 책 또한 작은 위안을 줄 것이다.

주

주석의 모든 웹사이트 주소는 2013년 4월 현재 유효하다.
(2015년 4월 현재 유효하지 않은 웹사이트 주소는 삭제했다.)

들어가는 글

1 이 비율에는 주인이 없는 개와 고양이 수백만 마리도 포함되었고, 개가 흔하지 않은 무슬림 국가에 사는 개의 개체 수도 추정하여 반영했다.

2 선지자 마호메트는 자기 고양이 무에자Muezza를 너무나 사랑해서 고양이가 자신의 망토 위에서 자고 있을 때는 깨우지 않고 망토 없이 업무를 처리했다고 전해진다.(Minou Reeves, *Muhammad in Europe*, New York: NYU Press, 2000, p. 52)

3 Rose M. Perrine and Hannah L. Osbourne, 'Personality Characteristics of Dog and Cat Persons', *Anthrozoos: A Multidisciplinary Journal of the Interactions of People & Animals* 11, 1998, pp. 33~40.

4 공인된 의학적 질환으로 'ailurophobia'라고도 한다.

5 David A. Jessup, 'The Welfare of Feral Cats and Wildlife', *Journal of the American Veterinary Medical Association* 225, 2004, pp. 1377~1383.

6 The People's Dispensary for Sick Animals, 'The State of Our Pet Nation… : The PDSA Animal Wellbeing (PAW) Report 2011', Shropshire, 2011; tinyurl.com/b4jgzjk. 개의 물리적·사회적 환경 점수는 고양이보다 조금 더 높은 71점이었다. 하지만 개의 행동에 대한 주인의 이해도는 고양이 행동에 대한 주인의 이해도보다 낮은 55점이었다.

7 영국 순혈종 개의 상황은 다음의 전문적인 보고서들에 요약되어 있다. The Royal Society for the Prevention of Cruelty to Animals(www.rspca.org.uk/allaboutanimals/pets/dogs/health/pedigreedogs/report), The Associate Parliamentary Group for Animal Welfare, The UK Kennel Club in partnership with the re-homing charity DogsTrust(breedinginquiry.files.wordpress.com/2010/01/final-dog-inquiry-120110.pdf).

1장 새로운 삶의 문턱에 선 고양이

1 Darcy F. Morey, *Dogs: Domestication and the Development of a Social Bond*, Cambridge: Cambridge University Press, 2010.

2 C. A. W. Guggisberg, *Wild Cats of the World*, New York: Taplinger, 1975, pp. 33~34에서 인용했다.

3 이 고양이들은 오늘날 키프로스에서 멸종되었고 그 자리는 붉은여우로 대체되었다. 붉은여우 역시 육지에서 키프로스로 유입된 종이며 이제 이 섬에서 유일한 육식 포유류가 되었다.

4 이러한 이동에 대한 더 자세한 설명을 위해서 Stephen O'Brien and Warren Johnson의 'The Evolution of Cats', *Scientific American* 297, 2007, pp. 68~75를 보라.

5 lybica는 사실 libyca로 써야 더 정확하다. '리비아에서 온'이라는 뜻이 있기 때문이다. 하지만 오늘날 대부분의 경우에 원래의 부정확한 버전을 사용한다.

6 '호상 생활자들'은 호숫가에 마을을 건설했다. 그들이 건설한 마을은 현재 물에 잠겼지만 당시에는 비옥한 땅이었을 것이다.

7 프랜시스 피트Frances Pitt(1888~1964)(아래 주석 9번을 보라)는 제1차 세계대전에 참전하기 위해 젊은 사냥터 관리인들이 소집되지 않았더라면 스코틀랜드 야생고양이는 영국, 웨일스의 야생고양이와 함께 멸종됐을 거라고 주장했다.

8 Carlos A. Driscoll, Juliet Clutton-Brock, Andrew C. Kitchener and Stephen J. O'Brien, 'The Taming of the Cat', *Scientific American* 300, 2009, pp. 68~75; (tinyurl.com/akxyn9c).

9 Frances Pitt, *The Romance of Nature: Wild Life of the British Isles in Picture and Story*, vol. 2, London: Country Life Press, 1936. 슈롭셔Shropshire 주의 브리지노스Bridgnorth 근처에 살았던 프랜시스 피트는 선구적인 야생동물 사진작가였다.

10 Mike Tomkies, *My Wilderness Wildcats*, London: Macdonald and Jane's, 1977.

11 이 단락과 다음다음 단락에 나오는 인용문은 Reay H. N. Smithers, 'Cat of the Pharaohs: The African Wild Cat from Past to Present', *Animal Kingdom* 61, 1968의 pp. 16~23에서 가져왔다.

12 Charlotte Cameron-Beaumont, Sarah E. Lowe and John W. S. Bradshaw, 'Evidence Suggesting Preadaptation to Domestication throughout the Small Felidae', *Biological Journal of the Linnean Society* 75, 2002, pp. 361~366. 남아프리카야생고양이를 별도의 아종으로 분류한 카를로스 드리스콜의 DNA 연구가 발표되기 전에 제출된 이 논문에서는 남아프리카야생고양이를 리비아고양이에 포함시켰다.

13 Carlos Driscoll 외, 'The Near Eastern Origin of Cat Domestication', *Science* (Washington) 317, 2007, pp. 519~523; www.mobot.org/plantscience/resbot/Repr/Add/DomesticCat_Driscoll2007.pdf. 논의된 자료는 온라인상에 있는 추가 정보의 그림 S1에서 확인할 수 있다.

14 David Macdonald, Orin Courtenay, Scott Forbes and Paul Honess, 'African Wildcats in Saudi Arabia', in David Macdonald and Francoise Tattersall, eds., *The Wild CRU Review: the Tenth Anniversary Report of the wildlife Conservation Research Unit at Oxford University*, Oxford: University of Oxford Department of Zoology, 1996, p. 42.

15 15~20이라는 추정치는 미국 메릴랜드 주 프레더릭에 있는 국립암연구소 산하 유전자 다양성 연구소Laboratory of Genomic Diversity의 카를로스 드리스콜에게서 나왔다. 현재 그는 고양이를 사람에게 친화적으로 만들기도 하고 그 반대로 만들기도 하는 유전자들이 고양이 염색체의 어디에 있고 어떻게 작동하는지를 찾아내기 위해 연구하고 있다.

16 앞의 주석 13번을 보라.

17 O. Bar-Yosef, 'Pleistocene Connexions between Africa and Southwest Asia: An Archaeological Perspective', *The African Archaeological Review* 5, 1987, pp. 29~38.

18 카를로스 드리스콜과 그의 동료들은 오늘날의 집고양이에게서 다섯 가지 유형의 미토콘드리아 DNA를 발견했는데 미토콘드리아 DNA는 오직 모계를 통해서만 유전된다. 이를 물려준 다섯 종류의 야생 암고양이는 약 13만 년 전에 살았다. 그 후손들은 이후 12만 년 동안 점점 중동과 북아프리카 지역으로 이동했으며 그 와중에 그들의 미토콘드리아 DNA도 조금씩 변했다. 그들 중 몇몇이 오늘날 반려고양이의 조상이 되었다.

2장 야생을 벗어나는 고양이

1 J.-D. Vigne, J. Guilane, K. Debue, L. Haye and P. Gerard, 'Early Taming of the Cat in Cyprus', *Science* 304, 2004, p. 259.

2 James Serpell, *In the Company of Animals: A Study of Human-Animal Relationships*, Canto edn, Cambridge and New York: Cambridge University Press, 1996; Stefan Seitz, 'Game, Pets and Animal Husbandry among Penan and Punan Groups', in Peter G. Sercombe and Bernard Sellato, eds., *Beyond the Green Myth: Borneo's Hunter-Gatherers in the Twenty-First Century*, Copenhagen: NIAS Press, 2007.

3 Veerle Linseele, Wim Van Neer and Stan Hendrickx, 'Evidence for Early Cat

Taming in Egypt', *Journal of Archaeological Science* 34, 2007, pp. 2081~2090; *Journal of Archaeological Science* 35, 2008, pp. 2672~2673; tinyurl.com/aotk2e8를 참고하라.

4 Jaromir Malek, *The Cat in Ancient Egypt*, London: British Museum Press, 2006.

5 이 석관은 현재 카이로의 고대 이집트 박물관에 전시되어 있다. 석관의 측면에는 오시리스 타미우의 모습은 물론이고 여신 네프티스와 이시스의 모습이 그려져 있고, 몇 가지 말도 새겨져 있다. 오시리스 타미우의 말은 '오시리스 타미우는 몸도 마음도 죽지 않았습니다. 위대한 신 앞에 나아갈 준비가 되었습니다'이고, 이시스의 말은 '오시리스 타미우, 나는 당신을 받아들입니다'이며, 네프티스의 말은 '나는 나의 형제이자 불멸의 승리자 오시리스 타미우를 봉합니다'이다.

6 동시에 이때 처음 림프절 페스트가 발생하면서 고양이에게도 영향을 미쳤다. 이 전염병은 나중에 곰쥐를 통해 유럽으로 전파되었지만, 본래의 숙주는 나일 강 쥐임이 분명하다. 림프절 페스트는 보통 나일 강 쥐의 몸에 있는 벼룩을 통해 인간에게 전염되지만 때로는 고양이 몸에 있는 벼룩을 통해서도 전염된다. Eva Panagiotakopulu, 'Pharaonic Egypt and the Origins of Plague', *Journal of Biogeography* 31, 2004, pp. 269~275를 보라. tinyurl.com/ba52zuv에서도 볼 수 있다.

7 제닛과 몽구스 모두 때때로 가정에서 애완동물로 길러졌다. 하지만 이들은 유전적으로 야생성이 강해서 가축화되지 못했기에 기르기가 매우 힘들었다.

8 *The Historical Library of Diodorus the Sicilian*, Vol. 1, Chap. VI, trans. G. Booth, London: Military Chronicle Office, 1814, p. 87에서 발췌했다.

9 Frank J. Yurko, 'The Cat and Ancient Egypt', *Field Museum of Natural History Bulletin* 61, March-April 1990, pp. 15~23.

10 세계 여러 지역, 특히 뱀을 잡아먹는 다른 포식자가 없는 하와이나 피지 같은 섬에서 뱀을 통제하기 위해 몽구스를 들여왔다.

11 Angela von den Driesch and Joachim Boessneck, 'A Roman Cat Skeleton from Quseir on the Red Sea Coast', *Journal of Archaeological Science* 10, 1983, pp. 205~211.

12 Herodotus, *The Histories(Euterpe)* Volume II, trans. G. C. Macaulay, London and

New York: Macmillan & Co, 1890, p. 60.

13 Herodotus, *Histories*, Volume II, p. 66.

14 *The Historical Library of Diodorus the Sicilian*, trans. Booth, p. 84에서 발췌했다.

15 Herodotus, *Histories*, Volume II, p. 66.

16 Elizabeth Marshall Thomas, *The Tribe of Tiger: Cats and Their Culture*, New York: Simon & Schuster, 1994, pp. 100~101.

17 Paul Armitage and Juliet Clutton-Brock, 'A Radiological and Histological Investigation into the Mummification of Cats from Ancient Egypt', *Journal of Archaeological Science* 8, 1981, pp. 185~196.

18 Stephen Buckley, Katherine Clark and Richard Evershed, 'Complex Organic Chemical Balms of Pharaonic Animal Mummies', *Nature* 431, 2004, pp. 294~299.

19 Armitage and Clutton-Brock, 'A Radiological and Histological Investigation'.

20 표범의 검은 색소 과다증 형태인 흑표범black panther은 남아시아의 열대우림 지역에서 흔하다. 아프리카 수풀에서는 정상적인 표범의 점무늬가 위장에 효과적이듯이, 나무가 우거져서 지표면에 햇빛이 거의 닿지 않는 이 열대우림 지역에서는 흑표범의 색깔이 위장에 효과적인 것으로 보인다.

21 황갈색(오렌지색) 돌연변이에 대한 데이터를 수집한 닐 B. 토드Neil B. Todd는 다른 의견을 제시한다. 그는 황갈색 돌연변이 유전자는 알렉산드리아보다 황갈색 고양이가 드물었던 소아시아 지역(대략 지금의 터키 지역)에서 처음으로 나타났다고 주장한다. 'Cats and Commerce', *Scientific American* 237, 1977, pp. 100~107.

22 Dominique Pontier, Nathalie Rioux and Annie Heizmann, 'Evidence of Selection on the Orange Allele in the Domestic Cat Felis catus: The Role of Social Structure', *Oikos* 73, 1995, pp. 299~308.

23 Terence Morrison-Scott, 'The Mummified Cats of Ancient Egypt', *Proceedings of the Zoological Society of London* 121, 1952, pp. 861~867.

24 Frederick Everard Zeuner, *A History of Domesticated Animals*, New York: Harper & Row, 1963의 16장을 보라.

25 고양이가 중국을 거쳐 일본으로 이렇게 빨리 전파된 것은, 개가 중국에 들어온 이후 수천 년 동안 일본으로 전파되지 못했던 것과 대조를 이룬다.

26 Monika Lipinski 외, 'The Ascent of Cat Breeds: Genetic Evaluations of Breeds and Worldwide Random-Bred Populations', *Genomics* 91, 2008, pp. 12~21.

27 Cleia Detry, Nuno Bicho, Hermenegildo Fernandes and Carlos Fernandes, 'The Emirate of Cordoba(756-929 AD) and the Introduction of the Egyptian Mongoose(Herpestes ichneumon) in Iberia: The Remains from Muge, Portugal', *Journal of Archaeological Science* 38, 2011, pp. 3518~3523. 인도 몽구스는 뱀을 통제하는 용도로 세계 곳곳으로 전파되었는데 특히 뱀을 잡아먹는 포식자가 부족한 하와이나 피지 같은 섬으로 전해졌다.

28 Lyudmila N. Trut, 'Early Canid Domestication: The Farm-Fox Experiment', *American Scientist* 87, 1999, pp. 160~169; www.terrierman.com/russianfox-farmstudy.pdf 참조.

3장 한 걸음 뒤로, 두 걸음 앞으로

1 집고양이에게는 다행스럽게도, 곰쥐보다 훨씬 크고 더욱 위협적인 시궁쥐Rattus norvegicus는 중세 말기가 되어서야 유럽 전역으로 퍼져 나갔다. 그리하여 마을과 도시에서 전염병을 옮기던 곰쥐 대신 시궁쥐가 창궐하기 시작했다. 오늘날 곰쥐는 대체로 기온이 따뜻한 지역에서만 볼 수 있다. 대부분의 고양이는 시궁쥐가 서식지를 형성하는 것은 효과적으로 막을 수 있지만 다 자란 시궁쥐를 사냥할 수 있을 만큼 힘이 세거나 능숙하지는 못하다. Charles Elton, 'The Use of Cats in Farm Rat Control', *British Journal of Animal Behaviour* 1, 1953, pp. 151~155를 보라.

2 과학자들은 이러한 사례를 영국, 프랑스, 스페인에서 무수히 발견했다. 더블린의 크라이스트 처치 대성당 오르간 파이프에서 고양이가 발견된 것 또한 이러한 미신이 낳은 사례임에 틀림없다. 공식적으로는 고양이가 우연히 파이프 안에 갇힌 것이라고 발표되었지만 말이다.

3 이번 볼런드Eavan Boland가 번역한 homepages.wmich.edu/~cooneys/poems/ pan-gur.ban.html을 보라. '밴Bán'은 고대 아일랜드어로 하얀색을 의미한다. 따라서 이 시를 쓴 사람의 고양이는 아마도 하얀색이었을 것이다.

4 Ronald L. Ecker and Eugene J. Crook, *Geoffrey Chaucer: The Canterbury Tales-A Complete Translation into Modern English*, online edn; Palatka, Fl.: Hodge & Braddock, 1993; english.fsu.edu/canterbury를 보라.

5 Tom P. O'Connor, 'Wild or Domestic? Biometric Variation in the Cat Felis silvestris Schreber', *International Journal of Osteoarchaeology* 17, 2007, pp. 581~595.

6 16세기에 프랑스 의사 앙브루아즈 파레Ambroise Paré는 고양이를 '털과 호흡과 뇌를 통해서 사람을 감염시키는 아주 해로운 동물'이라고 묘사했다. 또한 1607년에 영국 성직자 에드워드 톱셀Edward Topsell은 '고양이의 숨결과 체취는 사람의 폐를 손상시키는 것이 거의 확실하다'고 썼다.

7 Carl Van Vechten, *The Tiger in the House*, 3rd edn, London: Cape, 1938, p. 100.

8 J. S. Barr, *Buffon's Natural History*, Vol. VI, translated from the French, 1797, 1.

9 Neil Todd, 'Cats and Commerce', *Scientific American* 237, 1977, pp. 100~107.

10 위와 같음.

11 Manuel Ruiz-Garcia and Diana Alvarez, 'A Biogeographical Population Genetics Perspective of the Colonization of Cats in Latin America and Temporal Genetic Changes in Brazilian Cat Populations', *Genetics and Molecular Biology* 31, 2008, pp. 772~782.

12 심지어 검은 고양이도 '줄무늬' 유전자를 가지고 있지만, 나이가 들어서 털의 끝부분이 연해져서 갈색이 되기 전에는 그 무늬가 나타나지 않는다. 단 새끼일 때는 몇 주간 줄무늬가 나타난다. 아비시니아고양이의 줄무늬 유전자는 몸통은 털끝이 갈색인 털로, 머리와 꼬리, 다리에는 검은 줄무늬가 생기게 만든다. 이런 무늬를 가진 고양이는 아비시니아고양이 외에는 거의 없다.

13 Todd, 'Cats and Commerce'의 각주 9번을 보라.

14 Bennett Blumenberg, 'Historical Population Genetics of Felis catus in Humboldt County, California', *Genetica* 68, 1986, pp. 81~86.

15 Andrew T. Lloyd, 'Pussy Cat, Pussy Cat, Where Have You Been?', *Natural History* 95, 1986, pp. 46~53.

16 Ruiz-Garcia and Alvarez, 'A Biogeographical Population Genetics Perspective'.

17 Manuel Ruiz-Garcia, 'Is There Really Natural Selection Affecting the L Frequencies (Long Hair) in the Brazilian Cat Populations?', *Journal of Heredity* 91, 2000, pp. 49~57.

18 영국 자연사박물관의 수석 연구원이었던 줄리엣 클러튼브록은 1987년에 발간된 자신의 책 *A Natural History of Domesticated Mammals*(Cambridge and New York: Cambridge University Press, 1987)에서 바로 이 사실을 지적했다. 야생과 완전한 가축화 사이에 놓인 또 다른 가축으로는 인도코끼리와 낙타 그리고 순록이 있다.

19 고양이의 영양과 생활양식의 상호작용에 대한 더 많은 구체적인 정보를 얻으려면 Debra L. Zoran and C. A. T. Buffington, 'Effects of Nutrition Choices and Lifestyle Changes on the Well-Being of Cats, a Carnivore That Has Moved Indoors', *Journal of the American Veterinary Medical Association* 239, 2011, pp. 596~606을 보라.

20 '영양에 관한 지혜'라는 개념은 1993년에 시카고의 소아과 의사 클라라 마리 데이비스가 실시한 실험에서 나왔다. 이 실험에서 아기들은 '자연적인' 영양소가 들어 있는 서른세 가지 식품들 중 균형 잡힌 식단을 이루는 것을 선택했다.

21 Stuart C. Church, John A. Allen and John W. S. Bradshaw, 'Frequency-Dependent Food Selection by Domestic Cats: A Comparative Study', *Ethology* 102, 1996, pp. 495~509.

4장 반려고양이와 사람

1 내 생각에는―추측일 뿐이지만―사람이 창조해낸 환경 안에서 자신의 보금자리를 찾을 줄 아는 고양이와 개가 모두 육식동물에 속한다는 것은 우연이 아닐 듯하다.

2 Dennis C. Turner and Patrick Bateson, *The Domestic Cat: The Biology of Its Behaviour,* Cambridge and New York: Cambridge University Press, 1988, p. 164. 이 실험은 필라델피아 템플대의 아일린 카시 교수 팀이 진행했는데, 놀랍게도 이 실험의 내용은 권위 있는 학술지에 게재된 적이 없다. 그럼에도 지금까지 이 실험의 결론에 대해 근본적으로 반대하는 사람 역시 없다.

3 M. E. Pozza, J. L. Stella, A.-C. Chappuis-Gagnon, S. O. Wagner and C. A. T. Buffington, 'Pinch-Induced Behavioural Inhibition ('Clipnosis') in Domestic Cats', *Journal of Feline Medicine and Surgery* 10, 2008, pp. 82~87.

4 John M. Deag, Aubrey Manning and Candace E. Lawrence, 'Factors Influencing the Mother-Kitten Relationship', in Dennis C. Turner and Patrick Bateson, eds., *The Domestic Cat: The Biology of Its Behaviour,* 2nd edn, Cambridge and New York: Cambridge University Press, 2000, pp. 23~39.

5 Jay S. Rosenblatt, 'Suckling and Home Orientation in the Kitten: A Comparative Developmental Study', in Ethel Tobach, Lester R. Aronson and Evelyn Shaw, eds., *The Biopsychology of Development,* New York and London: Academic Press, 1971, pp. 345~410.

6 R. Hudson, G. Raihani, D. Gonzalez, A. Bautista and H. Distel, 'Nipple Preference and Contests in Suckling Kittens of the Domestic Cat are Unrelated to Presumed Nipple Quality', *Developmental Psychobiology* 51, 2009, pp. 322~332.

7 햄프셔 주 페어오크스에 위치한 세인트프랜시스 동물 복지 재단이다.

8 암고양이는 때때로 몇 마리의 수고양이와 연속적으로 교미를 한다. 그 결과 한배 새끼들 가운데 아비가 다른 새끼도 있을 수 있다. *The Domestic Cat*(2nd edn), pp. 119~147을 보라.

9 태어나자마자 사람 손에서 자란 새끼 고양이는 바로 그 사람과 평생을 보내는 경우가 많다. 그 사람이 자기 손에서 자란 새끼 고양이를 다른 집으로 보내려 하지 않기 때문인지 아니면 새끼 고양이를 입양시키는 것 자체가 어려워서인지는 모르겠지만 말이다.

10 John Bradshaw and Suzanne L. Hall, 'Affiliative Behaviour of Related and Unrelated Pairs of Cats in Catteries: A Preliminary Report', *Applied Animal Be-*

haviour Science 63, 1999, pp. 251~255.

11 Roberta R. Collard, 'Fear of Strangers and Play Behaviour in Kittens with Varied Social Experience', *Child Development* 38, 1967, pp. 877~891.

12 앞의 주석 2번을 보라.

13 우리는 고양이 주인들에게 직장에서 힘든 하루를 보낸 날이나 외롭다고 느껴지는 날 등 아홉 가지 상황을 주고 고양이에게 감정적으로 얼마나 의지하는지를 알아보는 관계 친밀도 조사를 실시해 이와 같은 결론을 얻었다. Rachel A. Casey, John Bradshaw, 'The Effects of Additional Socialisation for Kittens in a Rescue Centre on Their Behaviour and Suitability as a Pet', *Applied Animal Behaviour Science* 114, 2008, pp. 196~205를 보라.

14 새로운 집으로 입양된 고양이가 받는 스트레스를 최소화하기 위한 실제적인 조치들은 영국고양이보호협회 웹사이트에서 찾을 수 있다(www.cats.org.uk/uploads/documents/cat_care_leaflets/EG02-Welcomehome.pdf).

15 가르랑거리는 소리를 내는 것이 사람에 대한 친화력을 나타내는 유일한 지표는 아니지만, 이 말은 사실이다.

16 놀랍게도 고양이 주인들은 자신의 고양이가 야생성을 많이 가졌다 해도 별로 신경 쓰지 않는다. 어떤 고양이 주인은 고양이의 야생성을 가치 있는 것으로 여겨, 자기 고양이의 짝짓기 상대로 야생적인 고양이를 선택하기도 한다.

5장 고양이 눈에 비친 세상

1 새는 고양이보다 훨씬 더 색깔을 잘 본다. 포유류에게는 보이지 않는 자외선을 포함하여 네 가지 색깔을 볼 수 있다.

2 사람도 적록색맹이면 빨간색과 녹색이 회색으로 보인다. 그런데 양쪽 눈 하나는 정상이고 하나는 적록색맹인 사람도 극소수 존재한다. 그들은 정상인 눈만 사용해서 색깔을 나타내는 용어를 학습한 뒤에, 적록색맹인 눈을 통해서는 색깔이 어떻게 보이는지를 학습한 용어를 통해 설명하기도 한다.

3 당장 하나의 실험을 해보자. 이 페이지에 초점을 맞춘 상태에서 손가락을 서서히 당신 코 쪽으로 움직여보라. 그러면 우리는 이 페이지에 있는 글자는 물론 손가락에도 초점을 맞출 수 있음을 알게 된다. 하지만 만약 우리가 고양이의 눈을 가졌다면 손가락에는 초점을 맞출 수 없을 것이다.

4 David McVea and Keir Pearson, 'Stepping of the Forelegs over Obstacles Establishes Long-Lasting Memories in Cats', *Current Biology* 17, 2007, pp. 621~623.

5 en.wikipedia.org/wiki/Cat_righting_reflex의 애니메이션을 참고하라.

6 Nelika K. Hughes, Catherine J. Price and Peter B. Banks, 'Predators are Attracted to the Olfactory Signals of Prey', *PLoS One* 5, 2010, e13114, doi: 10.1371.

7 인간의 태아에게서도 서비골 기관을 발견할 수 있지만, 신경이 연결되지 않아 그 기능이 작동하지는 않는다.

8 Ignacio Salazar, Pablo Sanchez Quinteiro, Jose Manuel Cifuentes and Tomas Garcia Caballero, 'The Vomeronasal Organ of the Cat', *Journal of Anatomy* 188, 1996, pp. 445~454.

9 포유류는 오직 사회적인 기능, 특히 성적인 기능을 위해서만 서비골 기관vNO을 사용하는 것처럼 보이는 반면, 파충류는 이를 보다 다양하게 활용한다. 뱀은 미뢰가 없는 자신의 혀를 사용하여 갖가지 냄새 표본을 왼쪽과 오른쪽 서비골 기관에 전달한다. 이런 기능은 먹잇감을 추적할 때나 이성을 추적할 때 유용하다.

10 Patrick Pageat and Emmanuel Gaultier, 'Current Research in Canine and Feline Pheromones', *The Veterinary Clinics: North American Small Animal Practice* 33, 2003, pp. 187~211.

6장 생각과 감정

1 우리도 일부 감정은 의식하지 못한다는 것이 최근에 과학적으로 밝혀졌다. 하지만 의식하지 못하는 감정도 우리의 행동 방식에 영향을 미친다. 예를 들어 우리가 전혀 의식하지 못하는 이미지와 감정이 우리의 자동차 운전 방식에 영향을 미친다는 것이다.

Ben Lewis-Evans, Dick de Waard, Jacob Jolij and Karel A. Brookhuis, 'What You May Not See Might Slow You Down Anyway: Masked Images and Driving', *PLoS One* 7, 2012, e29857, doi: 10.1371/journal.pone.0029857을 보라.

2 Leonard Trelawny Hobhouse, *Mind in Evolution*, 2nd edn, London: Macmillan and Co., 1915.

3 이 실험의 구체적인 내용을 확인하려면 M. Bravo, R. Blake, S. Morrison, 'Cats See Subjective Contours', *Vision Research* 18, 1988, pp. 861~865 및 F. Wilkinson, 'Visual Texture Segmentation in Cats', *Behavioural Brain Research* 19, 1986, pp. 71~82를 보라.

4 고양이가 이러한 차이를 구별하는 능력에 대한 구체적인 내용은 John W. S. Bradshaw, Rachel A. Casey, Sarah L. Brown, *The Behaviour of the Domestic Cat*, 2nd edn, Wallingford: CAB International, 2012, 3장에서 확인할 수 있다.

5 Sarah L. Hall, John W. S. Bradshaw and Ian Robinson, 'Object Play in Adult Domestic Cats: The Roles of Habituation and Disinhibition', Applied Animal Behaviour Science 79, 2002, pp. 263~271. 실험실 쥐에 비해 고양이가 장난감에 대해 '고전적인' 둔감화 반응을 보이는 시간은 꽤 길다. 즉 몇 초가 아니라 몇 분이다. 우리는 개도 같은 반응을 보인다는 것을 알아냈다.

6 Sarah L. Hall and John W. S. Bradshaw, 'The Influence of Hunger on Object Play by Adult Domestic Cats', *Applied Animal Behaviour Science* 58, 1998, pp. 143~150.

7 고양이 장난감은 견고하게 만들어지기 때문에 잘 부서지지 않지만, 때때로 그 파편이 고양이 내장에 박힐 수도 있고 목구멍에 걸릴 수도 있다.

8 배가 고프든 안 고프든 고양이는 사냥 욕구를 해소하기 위해 밖으로 나가지만 배가 고플 때는 사냥 흉내만 내는 것이 아니라 실제로 먹잇감을 죽이는 경향이 강하다. 이와 관련해서는 10장을 보라.

9 대안적인 관점을 위해 코미디언 에디 이자드의 '파블로프의 고양이' 동영상을 보라 (tinyurl.com/dce6lb).

10 심리학자들은 대체로 고통을 감정이 아니라 감각으로 분류한다. 하지만 동물이 세상

에 대하여 배우는 방식에 있어서 감각과 감정 모두 똑같이 관련되어 있다는 것은 확실하다.

11 Endre Grastyan and Lajos Vereczkei, 'Effects of Spatial Separation of the Conditioned Signal from the Reinforcement: A Demonstration of the Conditioned Character of the Orienting Response or the Orientational Character of Conditioning', *Behavioural Biology* 10, 1974, pp. 121~146.

12 Adam Miklosi, Peter Pongracz, Gabriella Lakatos, Jozsef Topal and Vilmos Csanyi, 'A Comparative Study of the Use of Visual Communicative Signals in Interactions between Dogs (Canis familiaris) and Humans and Cats (Felis catus) and Humans', *Journal of Comparative Psychology* 119, 2005, pp. 179~186.

13 Nicholas Nicastro and Michael J. Owren, 'Classification of Domestic Cat (Felis catus) Vocalizations by Naive and Experienced Human Listeners', *Journal of Comparative Psychology* 117, 2003, pp. 44~52.

14 Edward L. Thorndike, *Animal Intelligence: An Experimental Study of the Associative Processes in Animals*, chap. 2, New York: Columbia University Press, 1898; tinyurl.com/c4bl6do.

15 Emma Whitt, Marie Douglas, Britta Osthaus and Ian Hocking, 'Domestic Cats (Felis catus) Do Not Show Causal Understanding in a String-Pulling Task', *Animal Cognition* 12, 2009, pp. 739~743. 개도 줄 두 개가 교차되어 있을 때는 어느 줄에 먹이가 매달려 있는지 알아맞히지 못하지만, 두 줄이 평행하게 놓였을 때는 대부분 먹이가 매달린 줄을 알아맞힌다. 따라서 개의 물리적 이해력이 고양이보다 우수한 것으로 보인다.

16 Claude Dumas, 'Object Permanence in Cats (Felis catus): An Ecological Approach to the Study of Invisible Displacements', *Journal of Comparative Psychology* 106, 1992, pp. 404~410; Claude Dumas, 'Flexible Search Behaviour in Domestic Cats (Felis catus): A Case Study of Predator-Prey Interaction', *Journal of Comparative Psychology* 114, 2000, pp. 232~238.

17 스티븐 애플비의 작품을 감상하고 싶다면 www.stevenappleby.com을 방문하라.

18 George S. Romanes, *Animal Intelligence*, New York: D. Appleton & Co., 1886.

19 C. Lloyd Morgan, *An Introduction to Comparative Psychology*, New York: Scribner, 1896.

20 Paul H. Morris, Christine Doe and Emma Godsell, 'Secondary Emotions in Non-Primate Species? Behavioural Reports and Subjective Claims by Animal Owners', *Cognition and Emotion* 22, 2008, pp. 3~20.

21 이러한 문제성 행동 원인에 대한 더욱 구체적인 내용은 저자가 레이철 케이시, 세라 브라운과 함께 저술한 *The Behaviour of the Domestic Cat*(2nd edn), Wallingford: CAB International, 2012의 11, 12장에 나와 있다.

22 Anne Seawright 외, 'A Case of Recurrent Feline Idiopathic Cystitis: The Control of Clinical Signs with Behaviour Therapy', *Journal of Veterinary Behaviour: Clinical Applications and Research* 3, 2008, pp. 32~38. 고양이 방광염에 대한 지식을 얻으려면 영국고양이 자문사무국의 웹사이트를 방문하라(www.fabcats.org/owners/flutd/info.html).

23 뉴욕 버너드대의 인지 심리학 교수 알렉산드라 호로비츠가 이 연구를 시행했다. 그녀의 논문 'Disambiguating the 'Guilty Look': Salient Prompts to a Familiar Dog Behaviour', *Behavioural Processes* 81, 2009, pp. 447~452와 저서 *Inside of a Dog: What Dogs See, Smell, and Know*, New York: Scribner, 2009를 보라.

7장 고양이와 사회적 동물

1 '호기심 강한 고양이The Curious Cat'라는 제목의 다큐멘터리로 1979년에 제작된 BBC의 'The World about Us' 시리즈 중 하나다. 같은 제목으로 나온 마이클 왈라비와 피터 크로퍼드의 책(London: Michael Joseph, 1982)에는 이 다큐멘터리를 만든 과정에 대한 유쾌한 설명도 포함되어 있다. 같은 시기에 포츠머스 조선소의 제인 다즈, 스웨덴의 올로프 리베리, 일본의 마사코 이자와가 비슷한 연구를 시행했다.

2 엄격히 말해서 '유전자'라는 용어는 특정한 염색체에 있는 한 부분을 가리킨다. 같은

자리에 있지만 서로 다른 특성을 나타내는 대립유전자의 예로 고양이의 얼룩무늬 유전자와 줄무늬 유전자를 들 수 있다.

3 우리는 유전자들이 어떻게 기능하는지 거의 알지 못하지만 이것은 사실일 가능성이 높다. 왜냐하면 동물 사이의 거의 모든 협력은 같은 가족 구성원 사이에서만 일어나기 때문이다. 유전자는 단백질을 암호화하기 때문에 이렇게 가족 충성도를 증가시키는 단백질을 구체적으로 상상해보기는 쉽지 않다. 하지만 가족 충성도와 유전자는 분명 관련이 있으며 각각의 유전자는 작은 부분에서 전체에 이르기까지 가족 충성도를 높이는 데 기여하고 있다. 예를 들어 어떤 유전자는 다른 일반적인 고양이에 대한 적개심을 줄일 것이고 어떤 유전자는 VNO를 통해 들어오는 정보를 처리하는 뇌의 부분인 후각신경구에서 감지되는 변화를 통해 가족 구성원 특유의 체취를 인식하게 해줄 것이다.

4 Christopher N. Johnson, Joanne L. Isaac and Diana O. Fisher, 'Rarity of a Top Predator Triggers Continent-Wide Collapse of Mammal Prey: Dingoes and Marsupials in Australia', *Proceedings of the Royal Society B* 274, 2007, pp. 341~346.

5 Dominique Pontier and Eugenia Natoli, 'Infanticide in Rural Male Cats (Felis catus L.) as a Reproductive Mating Tactic', *Aggressive Behaviour* 25, 1999, pp. 445~449.

6 Phyllis Chesler, 'Maternal Influence in Learning by Observation in Kittens', *Science* 166, 1969, pp. 901~903.

7 Marvin J. Herbert and Charles M. Harsh, 'Observational Learning by Cats', *Journal of Comparative Psychology* 31, 1944, pp. 81~95.

8 영국 자연사박물관에 전시되어 있는 편지 원본에서 발췌했다.

9 이에 대한 연구는 내가 동료 세라 브라운, 샬럿 캐머런보몬트와 함께 수행했다. 이 연구에 대한 더 자세한 내용을 보려면 내가 레이철 케이시, 세라 브라운과 함께 집필한 *The Behaviour of the Domestic Cat*(2nd edn), Wallingford: CAB International, 2012의 8장을 보라.

10 이러한 실루엣 장치는 대부분의 고양이를 딱 한 번만 속일 수 있었다. 두 번째부터는 거의 아무 반응도 이끌어낼 수 없었다.

11 과학자들은 어렸을 때의 특질을 다 자란 후에도 가지고 있는 것, 즉 유형성숙幼形成熟이 특히 개를 포함한 많은 동물이 가축화될 수 있었던 주된 요인이었다고 생각한다. 예를 들어, 언뜻 보기에 페키니즈의 두개골은 녀석의 조상인 늑대의 두개골과 전혀 달라 보이지만 사실 이것은 늑대 태아의 두개골 모양과 거의 비슷하다. 집고양이는 체형에서는 아니지만 꼬리를 수직으로 드는 행동 등 사회적 신호 행동에서 유형성숙을 찾아볼 수 있다.

12 고양이 가족(고양잇과 동물)이 신호를 보내는 행동이 어떻게 진화했는지에 대한 보다 완전한 설명은 저자와 샬럿 캐머런보몬트가 쓴 'The Signalling Repertoire of the Domestic Cat and Its Undomesticated Relatives', *The Domestic Cat: The Biology of Its Behaviour*, 2nd edn, Cambridge: Cambridge University Press, 2000, pp. 67~93에서 찾아볼 수 있다.

13 Christina D. Buesching, Pavel Stopka and David W. Macdonald, 'The Social Function of Allo-marking in the European Badger (Meles meles)', *Behaviour* 140, 2003, pp. 965~980.

14 Terry Marie Curtis, Rebecca Knowles and Sharon Crowell-Davis, 'Influence of Familiarity and Relatedness on Proximity and Allogrooming in Domestic Cats (Felis catus)', *American Journal of Veterinary Research* 64, 2003, pp. 1151~1154; Ruud van den Bos, 'The Function of Allogrooming in Domestic Cats(Felis silvestris catus): A Study in a Group of Cats Living in Confinement', *Journal of Ethology* 16, 1998, pp. 1~13.

15 내가 저술한 *Defence of Dogs*, London: Penguin Books, 2012를 보라.

16 늑대의 직접적인 후손인 야생 개들에게서는 늑대의 이러한 사회성을 발견하기가 어렵다. 여러 마리의 수컷과 암컷이 영역을 공유하는 무리를 형성하기는 해도 새끼들은 대부분 그 새끼를 낳은 어미만 돌본다. 두 마리의 어미가 자신들이 낳은 새끼들을 한데 모아 기르는 곳에 수컷이 먹이를 가져다주었다는 기록이 간혹 있기는 하지만.

17 '폭발적인 종 분화'를 가장 잘 보여주는 예는 빅토리아 호수에 서식하는 시클리드 종 물고기다. 빅토리아 호수는 아프리카에서 가장 큰 호수이자 세계에서 두 번째로 큰 담수호지만 1만5000년 전에는 마른 땅이었다. 오늘날 빅토리아 호수에는 수많은 시클리

드 종 물고기가 살고 있는데 다른 아프리카 호수에서는 이 종류의 물고기를 찾아볼 수 없다. 그러니까 이 종의 물고기는 불과 1만4000년 전쯤에 그 땅이 호수로 변하면서 생겨난 물고기로부터 진화한 것이다. Walter Salzburger, Tanja Mack, Erik Verheyen, Axel Meyer, 'Out of Tanganyika: Genesis, Explosive Speciation, Key Innovations and Phylogeography of the Haplochromine Cichlid Fishes', *BMC Evolutionary Biology* 5, 2005, p. 17.

18 Rudyard Kipling, *Just So Stories for Little Children*, New York: Doubleday, Page & Company, 1902; www.boop.org/jan/justso/cat.htm를 참고하라.

19 우리의 코는 특히 티올에 민감하다. 그래서 아무 냄새가 나지 않는 천연가스에 소량을 첨가시킨다. 가스가 새는 것을 보다 쉽게 감지할 수 있기 때문이다.

20 Ludovic Say and Dominique Pontier, 'Spacing Pattern in a Social Group of Stray Cats: Effects on Male Reproductive Success', *Animal Behaviour* 68, 2004, pp. 175~180.

21 한 예로 고양이 중성화 수술을 권장하는 세계에서 가장 큰 단체인 고양이보호협회의 정책들을 보라(www.cats.org.uk/what-we-do/neutering/).

8장 고양이와 주인

1 Gary D. Sherman, Jonathan Haidt and James A. Coan, 'Viewing Cute Images Increases Behavioural Carefulness', *Emotion* 9, 2009, pp. 282~286; tinyurl.com/bxqg2u6.

2 Robert A. Hinde and Les A. Barden, 'The Evolution of the Teddy Bear', *Animal Behaviour* 33, 1985, pp. 1371~1373.

3 www.wwf.org.uk/how_you_can_help/the_panda_made_me_do_it/을 보라.

4 Kathy Carlstead, Janine L. Brown, Steven L. Monfort, Richard Killens and David E. Wildt, 'Urinary Monitoring of Adrenal Responses to Psychological Stressors in Domestic and Nondomestic Felids', *Zoo Biology* 11, 1992, pp. 165~176.

5 Susan Soennichsen and Arnold S. Chamove, 'Responses of Cats to Petting by Humans', *Anthrozoos: A Multidisciplinary Journal of the Interactions of People & Animals* 15, 2002, pp. 258~265.

6 Henry W. Fisher, *Abroad with Mark Twain and Eugene Field: Tales They Told to a Fellow Correspondent*(New York: Nicholas L. Brown, 1922), p. 102. 인용된 마크 트웨인의 말에는 이러한 내용이 생략되어 있다. '물론 당신이 좋아하는 여자 외에는 말이다.'

7 Karen McComb, Anna M. Taylor, Christian Wilson and Benjamin D. Charlton, 'The Cry Embedded within the Purr', *Current Biology* 19, 2009, pp. 507~508.

8 어떤 반려동물 식품 회사는 건조시킨 고양이 먹이에 소금을 첨가하기도 한다. 하지만 이것은 맛을 위한 것이 아니다. 고양이가 물을 마시도록 자극하는 것이 주된 이유이며 이로 인해 방광결석이 생기는 위험을 최소화할 수 있다.

9 고故 페니 번스타인은 고양이를 쓰다듬는 행위에 대한 구체적인 연구를 시행했다. 하지만 그녀는 2012년에 사망했고 그 연구의 세부적인 내용은 아직 출간되지 않았다. 그 연구에 대한 요약적인 정보는 트레이시 보걸이 쓴 'Petting Your Cat—Something to Purr About'(www.pets.ca/cats/articles/petting-a-cat/)과 번스타인 본인이 쓴 'The Human-Cat Relationship', in Irene Rochlitz, ed., *The Welfare of Cats*(Dordrecht: Springer)를 보라.

10 Soennichsen and Chamove, 'Responses of Cats'.

11 Mary Louise Howden, 'Mark Twain as His Secretary at Stormfield Remembers Him: Anecdotes of the Author Untold until Now', *New York Herald* 13, December 1925, pp. 1~4; www.twainquotes.com/howden.html.

12 Sarah Lowe and John W. S. Bradshaw, 'Ontogeny of Individuality in the Domestic Cat in the Home Environment', *Animal Behaviour* 61, 2001, pp. 231~237.

13 벵골고양이가 서로를 향해 내는 야옹 소리와 새 지저귐 비슷한 소리를 들으려면 tinyurl.com/crb5ycj를 방문하라. 고양이가 창문을 통해 새들이 보이면 내는 재잘거리는 소리는 tinyurl.com/cny83rd에서 확인할 수 있다.

14 Mildred Moelk, 'Vocalizing in the House-Cat: A Phonetic and Functional

Study', *American Journal of Psychology* 57, 1944, pp. 184~205.

15 Nicholas Nicastro, 'Perceptual and Acoustic Evidence for Species-Level Differences in Meow Vocalizations by Domestic Cats (Felis catus) and African Wild Cats (Felis silvestris lybica)', Journal of Comparative Psychology 118, 2004, pp. 287~296. 이 논문이 발표되었을 때는 아프리카산 야생고양이는 모두 리비아고양이라고 부르는 것이 관행이었다. 하지만 현재는 그중에서 남아프리카야생고양이를 따로 분류하고 있으며, 이 고양이는 집고양이와 특별히 가까운 관계는 아니다. 남아프리카야생고양이는 중동 및 북아프리카의 리비아고양이로부터 적어도 15만 년 전에 갈라져 나왔다.

16 Nicholas Nicastro and Michael J. Owren, 'Classification of Domestic Cat (Felis catus) Vocalizations by Naive and Experienced Human Listeners', *Journal of Comparative Psychology* 117, 2003, pp. 44~52.

17 Dennis C. Turner, 'The Ethology of the Human-Cat Relationship', *Swiss Archive for Veterinary Medicine* 133, 1991, pp. 63~70.

18 Desmond Morris, *Catwatching: The Essential Guide to Cat Training*, London: Jonathan Cape, 1986.

19 물론 많은 고양이가 자기 주인을 핥는다. 하지만 녀석들은 다른 어른 고양이들을 핥기도 한다.

20 Maggie Lilith, Michael Calver and Mark Garkaklis, 'Roaming Habits of Pet Cats on the Suburban Fringe in Perth, Western Australia: What Size Buffer Zone is Needed to Protect Wildlife in Reserves?', in Daniel Lunney, Adam Munn and Will Meikle, eds., *Too Close for Comfort: Contentious Issues in Human-Wildlife Encounters*(Mosman, NSW: Royal Zoological Society of New South Wales, 2008), pp. 65~72. 그리고 Roland W. Kays Amielle A. DeWan, 'Ecological Impact of Inside/Outside House Cats around a Suburban Nature Preserve', *Animal Conservation* 7, 2004, pp. 273~283도 보라. 이 논문은 www.nysm.nysed.gov/staffpubs/docs/15128.pdf에서도 볼 수 있다.

21 무선 추적기는 배터리 크기가 아주 작고 가벼워 동물 목줄에 부착하기 좋고 몇 초마다

수신기로 신호를 보낸다. 일단 신호가 수신되면 동물의 행동을 방해하지 않기 위해 적절한 거리를 유지하며 따라가야 하는데, 그래도 여러 방향에서 오는 신호를 종합해서 동물의 정확한 위치를 알아낼 수 있다. 반려고양이는 다가가도 도망가지 않기 때문에 신호의 근원지를 향해 그저 걸어가기만 하면 녀석을 찾아낼 수 있다.

22 이 사실은 조지아 주 아테네에 사는 고양이 쉰다섯 마리에게 초경량 비디오 레코더를 목줄에 부착해 실시한 조지아대의 키티캠 프로젝트를 통해 드러났다. 그 고양이들 중 네 마리는 가끔씩 자신의 '두 번째' 주인의 집에 방문해 그곳에서 먹이를 제공받기도 하고 애정 어린 보살핌도 받았다. 'The National Geographic & University of Georgia Kitty Cams (Crittercam) Project: A Window into the World of Free-Roaming Cats', 2011; www.kittycams.uga.edu/research.html을 보라.

23 레이철 케이시가 제공한 자료를 기반으로 작성했다. 나와 레이철 케이시, 세라 브라운이 쓴 *The Behaviour of the Domestic Cat*, 2nd edn(Wallingford: CAB International, 2012)의 11장을 보라.

24 위와 같음.

25 Ronald R. Swaisgood and David J. Shepherdson, 'Scientific Approaches to Enrichment and Stereotypes in Zoo Animals: What's Been Done and Where Should We Go Next?', *Zoo Biology* 24, 2005, pp. 499~518.

26 www. rspca.org.uk/allaboutanimals/pets/cats/environment/indoors에서 가져옴.

27 Cat Behaviour Associates의 'The Benefits of Using Puzzle Feeders for Cats', 2013; www.catbehaviourassociates.com/the-benefits-of-using-puzzlefeeders-for-cats에서도 볼 수 있다.

28 Marianne Hartmann-Furter, 'A Species-Specific Feeding Technique Designed for European Wildcats (Felis s. silvestris) in Captivity', *Saugetierkundliche Informationen* 4, 2000, pp. 567~575.

9장 각각의 고양이

1 Monika Lipinski 외, 'The Ascent of Cat Breeds: Genetic Evaluations of Breeds and Worldwide Random-Bred Populations', *Genomics* 91, 2008, pp. 12~21.

2 www.gccfcats.org/breeds/oci.html을 보라.

3 Bjarne O. Braastad, I. Westbye and Morten Bakken, 'Frequencies of Behaviour Problems and Heritability of Behaviour Traits in Breeds of Domestic Cat', in Knut Bøe, Morten Bakken and Bjarne Braastad, eds., *Proceedings of the 33rd International Congress of the International Society for Applied Ethology, Lillehammer, Norway*(Ås: Agricultural University of Norway, 1999), p. 85.

4 Paola Marchei 외, 'Breed Differences in Behavioural Response to Challenging Situations in Kittens', *Physiology & Behaviour* 102, 2011, pp. 276~284.

5 내가 저술한 *Defence of Dogs*(London: Penguin Books, 2012)의 11장을 보라.

6 어미 고양이가 아비 고양이만큼이나 새끼에게 유전적 영향을 미친다는 것은 명백한 사실이다. 하지만 어미는 양육 방식을 통해서도 새끼에게 영향을 미치기에, 어미가 새끼에게 미치는 영향 가운데 유전적인 부분만 찾아내는 것은 어려운 일이다.

7 보다 구체적인 논의를 위해 세라 하트웰의 'Is Coat Colour Linked to Temperament?', 2001; www.messybeast.com/colour-tempment.htm을 보라.

8 Michael Mendl and Robert Harcourt, 'Individuality in the Domestic Cat: Origins, Development and Stability', in Dennis C. Turner and Patrick Bate-son, eds., *The Domestic Cat: The Biology of Its Behaviour*, 2nd edn(Cambridge: Cambridge University Press, 2000), pp. 47~64.

9 Rebecca Ledger and Valerie O'Farrell, 'Factors Influencing the Reactions of Cats to Humans and Novel Objects', in Ian Duncan, Tina Widowski and Derek Haley, eds., *Proceedings of the 30th International Congress of the International Society for Applied Ethology*(Guelph: Col. K. L. Campbell Centre for the Study of Animal Welfare, 1996), p. 112.

10 Caroline Geigy, Silvia Heid, Frank Steffen, Kristen Danielson, Andre Jaggy and

Claude Gaillard, 'Does a Pleiotropic Gene Explain Deafness and Blue Irises in White Cats?', *The Veterinary Journal* 173, 2007, pp. 548~553.

11 John W. S. Bradshaw and Sarah Cook, 'Patterns of Pet Cat Behaviour at Feeding Occasions', *Applied Animal Behaviour Science* 47, 1996, pp. 61~74.

12 앞의 주석 8번을 참고하라.

13 Sandra McCune, 'The Impact of Paternity and Early Socialisation on the Development of Cats' Behaviour to People and Novel Objects', *Applied Animal Behaviour Science* 45, 1995, pp. 109~124.

14 Sarah E. Lowe and John W. S. Bradshaw, 'Responses of Pet Cats to being Held by an Unfamiliar Person, from Weaning to Three Years of Age', *Anthrozoos: A Multidisciplinary Journal of the Interactions of People & Animals* 15, 2002, pp. 69~79.

15 고양이라면 치를 떠는 사람들인 고양이 혐오자들에 대한 실험은 내 동료 데버러 굿윈 박사의 도움으로 수행했다.

16 Kurt Kotrschal, Jon Day and Manuela Wedl, 'Human and Cat Personalities: Putting Them Together', in Dennis C. Turner and Patrick Bateson, eds., *The Domestic Cat: The Biology of Its Behaviour*, 3rd edn(Cambridge: Cambridge University Press, 2013).

17 Jill Mellen, 'Effects of Early Rearing Experience on Subsequent Adult Sexual Behaviour Using Domestic Cats (Felis catus) as a Model for Exotic Small Felids', *Zoo Biology* 11, 1992, pp. 17~32.

18 Nigel Langham, 'Feral Cats (Felis catus L.) on New Zealand Farmland. II. Seasonal Activity', *Wildlife Research* 19, 1992, pp. 707~720.

19 Julie Feaver, Michael Mendl and Patrick Bateson, 'A Method for Rating the Individual Distinctiveness of Domestic Cats', *Animal Behaviour* 34, 1986, pp. 1016~1025.

20 Patrick Bateson, 'Behavioural Development in the Cat', in Turner and Bateson, eds., *The Domestic Cat*, 2nd edn, pp. 9~22.

10장 고양이와 야생동물

1 Michael C. Calver, Jacky Grayson, Maggie Lilith and Christopher R. Dick-man, 'Applying the Precautionary Principle to the Issue of Impacts by Pet Cats on Urban Wildlife', *Biological Conservation* 144, 2011, pp. 1895~1901.

2 Michael Woods, Robbie Mcdonald and Stephen Harris, 'Predation of Wildlife by Domestic Cats Felis catus in Great Britain', *Mammal Review* 33, 2003, pp. 174~188; tinyurl.com/ah6552e. 이 논문은 그 조사가 주로 어린이들에 의해 실시되었다는 사실과 질문지의 형식으로 인해 왜곡된 결과가 나올 수 있다는 사실을 언급하지 않았다.

3 Britta Tschanz, Daniel Hegglin, Sandra Gloor and Fabio Bontadina, 'Hunters and Non-Hunters: Skewed Predation Rate by Domestic Cats in a Rural Village', *European Journal of Wildlife Research* 57, 2011, pp. 597~602를 보라. 조지아대에서 시행한 키티캠 프로젝트는 실외에 사는 고양이 가운데 30퍼센트만 실제로 먹잇감을 죽인다고 발표했다. 실내에 사는 고양이까지 포함시키면 고양이가 실제로 먹잇감을 죽이는 비율은 15퍼센트까지 감소된다.

4 tinyurl.com/ak8c4ne를 보라.

5 자기 정원을 세심하게 가꾸는 사람들도 고양이를 싫어하는 것으로 보인다. 영국포유동물학회가 2003년에 실시한 조사에서 고양이는 쥐, 두더지와 함께 정원에서 보고 싶지 않은 포유류로 평가되었다.

6 Natalie Anglier, 'That Cuddly Kitty is Deadlier Than You Think', *The New York Times*, 29 January 2013, tinyurl.com/bb4nmpb; and Annalee Newitz, 'Domestic Cats are Destroying the Planet', io9, 29 January 2013, tinyurl. com/adhczar.

7 Ross Galbreath and Derek Brown, 'The Tale of the Lighthouse-Keeper's Cat: Discovery and Extinction of the Stephens Island Wren (Traversia lyall)', *Notornis* 51, 2004, pp. 193~200; notornis.osnz.org.nz/system/files/Notornis_51_4_193.pdf.

8 B. J. Karl and H. A. Best, 'Feral Cats on Stewart Island: Their Foods and Their

Effects on Kakapo', *New Zealand Journal of Zoology* 9, 1982, pp. 287~293. 이 논문이 발표된 후 결국 스튜어트 섬의 고양이들이 박멸되자 예상대로 카카포 개체 수도 계속해서 감소하여, 과학자들은 남아 있는 모든 카카포를 포식자가 없는 다른 섬으로 이주시켰다.

9 Scott R. Loss, Tom Will and Peter P. Marra, 'The Impact of Free-Ranging Domestic Cats on Wildlife of the United States', *Nature Communications*, 2013, DOI: 10.1038/ncomms2380.

10 한편에서는 호주로 고양이가 들어온 것은 최근이 아니라, 수천 년 전 동남아시아로부터 딩고가 들어온 바로 그 경로를 따라 들어왔다는 주장이 꾸준히 제기되어왔다. Jonica Newby, *The Pact for Survival: Humans and Their Companion Animals* (Sydney: ABC Books, 1997), p. 193을 보라.

11 Christopher R. Dickman, 'House Cats as Predators in the Australian Environment: Impacts and Management', *Human-Wildlife Conflicts* 3, 2009, pp. 41~48.

12 위와 같음.

13 Maggie Lilith, Michael Calver and Mark Garkaklis, 'Do Cat Restrictions Lead to Increased Species Diversity or Abundance of Small and Medium-Sized Mammals in Remnant Urban Bushland?', *Pacific Conservation Biology* 16, 2010, pp. 162~172.

14 'The Hunter of Suburbia', *BBC Wildlife*, November 2010, pp. 68~72; www.discoverwildlife.com/british-wildlife/catsand-wildlife-hunter-suburbia. 제임스 페어가 실시한 이 조사는 레딩대의 레베카 토머스가 지휘했다.

15 Loss, Will and Marra, 'The Impact of Free-Ranging Domestic Cats'의 주석 9번을 참조하라.

16 위와 같음.

17 Philip J. Baker, Susie E. Molony, Emma Stone, Innes C. Cuthill and Stephen Harris, 'Cats About Town: Is Predation by Free-Ranging Pet Cats Felis catus Likely to Affect Urban Bird Populations?', Ibis 150, Suppl. 1, 2008, pp. 86~99.

18 Andreas A. P. Moller and Juan D. Ibanez-Alamo, 'Escape Behaviour of Birds

Provides Evidence of Predation being Involved in Urbanization', *Animal Behaviour* 84, 2012, pp. 341~348.

19 Eduardo A. Silva-Rodriguez and Kathryn E. Sieving, 'Influence of Care of Domestic Carnivores on Their Predation on Vertebrates', *Conservation Biology* 25, 2011, pp. 808~815. 고양이와 쥐의 실험이 1970년대 초에 시행되었는데 이때는 동물 실험에 대한 윤리 의식이 오늘날과는 달랐다. Robert E. Adamec, 'The Interaction of Hunger and Preying in the Domestic Cat (Felis catus): An Adaptive Hierarchy?', *Behavioural Biology* 18, 1976, pp. 263~272.

20 'Cat's Bibs Stop Them Killing Wildlife', *Reuters*, 29 May 2007. tinyurl.com/c9jfn36의 동영상을 보라.

21 www.rspb.org.uk/advice/gardening/unwantedvisitors/cats/birdfriendly.aspx에 서 보다 구체적인 조언을 찾아볼 수 있다.

22 David Cameron Duffy and Paula Capece, 'Biology and Impacts of Pacific Island Invasive Species. 7. The Domestic Cat (Felis catus)', *Pacific Science* 66, 2012, pp. 173~212.

23 Andrew P. Beckerman, Michael Boots and Kevin J. Gaston, 'Urban Bird Declines and the Fear of Cats', *Animal Conservation* 10, 2007, pp. 320~325.

24 www.rspb.org.uk/wildlife/birdguide/name/m/magpie/effect_on_songbirds. aspx를 보라.

25 James Childs, 'Size-Dependent Predation on Rats (Rattus norvegicus) by House Cats (Felis catus) in an Urban Setting', *Journal of Mammalogy* 67, 1986, pp. 196~199.

11장 미래의 고양이

1 John W. S. Bradshaw, Rachel Casey and Sarah Brown, *The Behaviour of the Domestic Cat*, 2nd edn(Wallingford: CAB International, 2012), 11장.

2 Darcy Spears, 'Contact 13 Investigates: Teens Accused of Drowning Kitten Appear in Court', 28 June 2012, www.ktnv.com/news/local/160764205.html.

3 왕립동물학대방지협회와 동물복지를 위한 영국의회모임, 또한 도그트러스트Dogs Trust와 제휴한 영국애견가클럽the UK Kennel Club의 전문적인 보고서 몇 편의 요약본을 볼 수 있다. www.rspca.org.uk/ allaboutanimals/pets/dogs/health/pedigreedogs를 보라.

4 물론 사람들이 집에서 키우는 개를 선택할 때도 이러한 특성을 가진 녀석들을 선택했다. 왜냐하면 개 훈련을 가능하게 하는 가장 중요한 요인이 개가 우리에게 보이는 애정이기 때문이다.

5 Eileen Karsh, 'Factors Influencing the Socialization of Cats to People', in Robert K. Anderson, Benjamin L. Hart and Lynette A. Hart, eds., *The Pet Connection: Its Influence on Our Health and Quality of Life*(Minneapolis: University of Minnesota Press, 1984), pp. 207~215.

6 두 고양이를 단계적으로 만나게 하는 절차에 관한 추가적인 세부 사항은 고양이보호협회 홈페이지 www.cats.org.uk/cat-care/cat-care-faqs에서 찾을 수 있다.

7 6장 219쪽의 '클리커 훈련'을 보라. 세라 엘리스 박사가 클리커 훈련을 통해 고양이가 캐리어 안으로 들어오도록 훈련시키는 동영상은 www.fabcats.org/behaviour/training/videos.html에서 확인할 수 있다.

8 영국고양이자문사무국Feline Advisory Bureau 웹페이지에 있는 비키 홀스Vicky Halls의 기사를 보라(www.fabcats.org/behaviour/scratching/article.html).

9 발톱 제거 수술에 대한 더 많은 정보는 수의사가 쓴 'A Rational Look at Declawing from Jean Hofve, DVM', 2002에서 찾아볼 수 있다(declaw.lisaviolet.com/declaw-drjean2.html).

10 그러나 개는 예전부터 사냥, 양 떼 몰기, 집 지키기 등 특유의 장점을 더욱 발달시키기 위해 근친 교배되었기에 지금은 그런 방식의 교배가 드물어졌어도 몇몇 순혈종은 여전히 고유의 장점을 가지고 있다. 일부 개 사육 클럽들은 각 품종의 개가 전통적인 역할을 계속 수행할 수 있도록 교배 라인을 분리시키기도 한다.

11 The Governing Council of the Cat Fancy, 'The Story of the RagaMuffin Cat',

2012; www.gccfcats.org/breeds/ragamuffin.html.

12 Debbie Connolly, 'Bengals as Pets', 2003; www.bengalcathelpline.co.uk/ben-galsaspets.htm.

13 Charlotte Cameron-Beaumont, Sarah Lowe and John Bradshaw, 'Evidence Suggesting Preadaptation to Domestication throughout the Small Felidae', *Biological Journal of the Linnean Society* 75, 2002, pp. 361~366. 이 연구의 대상에는 오실롯 열여섯 마리와 제프로이고양이 여섯 마리가 포함되었다.

14 Susan Saulny, 'What's Up, Pussycat? Whoa!', *The New York Times*, 12 May 2005, www.nytimes.com/2005/05/12/fashion/thursdaystyles/12cats.html.

15 John W. S. Bradshaw, Giles F. Horsfield, John A. Allen and Ian H. Robinson, 'Feral Cats: Their Role in the Population Dynamics of Felis catus', *Applied Animal Behaviour Science* 65, 1999, pp. 273~283.

16 이 문맥에서 중성화는 한 사람의 머릿속에서 다른 사람의 머릿속으로 전달되어 생물학적인 결과를 야기하는 '문화 요소meme'라 할 수 있다. 수전 J. 블랙모어의 *The Meme Machine*(Oxford and New York: Oxford University Press, 1999)을 보라.

찾아보기

캣 센스: 고양이는 세상을 어떻게 바라보는가

1판 1쇄	2015년 6월 29일
1판 3쇄	2020년 11월 25일

지은이	존 브래드쇼
옮긴이	한유선
펴낸이	강성민
편집장	이은혜
편집	고나리 곽우정
마케팅	정민호 김도윤
홍보	김희숙 김상만 지문희 김현지

펴낸곳	(주)글항아리	출판등록 2009년 1월 19일 제406-2009-000002호

주소	10881 경기도 파주시 회동길 210
전자우편	bookpot@hanmail.net
전화번호	031-955-1936(편집부) 031-955-2696(마케팅)
팩스	031-955-2557

ISBN	978-89-6735-225-7 03490

글항아리는 (주)문학동네의 계열사입니다.

이 도서의 국립중앙도서관 출판시도서목록(CIP)은 서지정보유통지원시스템 홈페이지
(http://seoji.nl.go.kr)와 국가자료종합목록 구축시스템(http://kolis-net.nl.go.kr/kolisnet)에서
이용하실 수 있습니다. (CIP제어번호 : CIP2015016090)

geulhangari.com